养 牛 手 册

（第 2 版）

孙国强　李金林　主编

中国农业大学出版社

主　编　孙国强　李金林

副主编　胡昌军　李艳慧　刘　刚　李　东

参　编　胡昌军　刘　刚　刘会智　刘爱梅　李　东
李金林　李美玉　李艳慧　吕永艳　闵令江
孙国强　杨振宇　赵德云

第2版前言

《养牛手册》第1版出版以来，受到广大读者的大力支持，我们深表谢意。近年来国内外养牛业同其他养殖业一样发展迅速，第1版的内容已经不能很好地服务于养牛生产，鉴于此，我们在《养牛手册》第1版的基础上进行了修订。

经过修订后，本书主要内容包括牛的生物学特性、牛的品种、牛的体形外貌鉴定、牛的繁殖、动物营养基础、牛的消化生理与瘤胃发酵调控、牛的饲料资源及其利用、牛的日粮配制技术、牛的生产能力及其评定、奶牛的饲养管理技术、肉牛的饲养管理技术、牛群保健、牛场的建设及附录。

本书系统地论述科学养牛理论，介绍现代养牛生产技术和生产实践的成功经验，理论联系实际，可作为教学、生产和科研等方面的参考资料。

由于受编者水平所限，错误在所难免，恳请广大读者指正。

编者

2006年10月

第 1 版前言

随着经济的发展，人们的膳食结构有了新的变化，对动物性产品的需求不断增加，这就要求畜牧业不断提高畜产品的产量以满足人们日益增长的动物性产品的需要。但是，我国人口众多，人均占有耕地少，我国要以占世界 7%的耕地养活占世界 22%的人口，而且人口每年在递增，耕地却逐步在减少。据有关方面预测，从现在起到下个世纪初的相当长的一段时期内，我国人均粮食占有量将可能一直停留在 400 kg 的水平上，饲料用粮不足的状况一时难以根本解决，因而，对粮食依赖性强的养禽、养猪业受到其严重影响。但另一方面，我国有着巨量的粗饲料资源，仅农作物秸秆每年的产量就有 5 亿多吨，这是发展以秸秆畜牧业为主的节粮型畜牧业的雄厚的物质基础，而养牛业是秸秆畜牧业的重要组成部分。

虽然，目前我国乳牛、肉牛及乳肉兼用牛的数量还较少，但是随着农业机械化程度的提高和经济的发展，黄牛的役用价值日益降低，大量的黄牛品种由生产资料向生活资料转化，由役用向乳用、肉用和乳肉兼用方向改良已势在必行，这是我国养牛业的根本出路。为此，本书以乳牛、肉牛为重点，有关役牛的内容则较少，全书内容包括牛的品种、体型外貌鉴定、育种与遗传改良、繁殖技术、消化生理、饲料资源及开发利用、生产能力及其评定、乳牛饲养管理技术、肉牛的育肥技术、牛群保健及牛场建设等十一章，书后另有附录 9 个。本书科学性、先进性、实用性强，是当前养牛生产上较全面、系统而实用的养牛专著，对不同规模的

乳牛场、肉牛场和个体养牛专业户均很适用，也可供院校、科研、生产技术人员学习参考。

由于时间仓促和作者水平有限，书中谬误之处，恳请读者批评指正。

编者
1998.7.30

目　录

第一章　牛的生物学特性

重点提示：本章重点学习牛的行为特性及牛对环境的适应性。

第一节　牛的一般形态特征及主要生理指标

一、毛色

毛色一般与生产性能无关，但它是最明显的品种特征。另外，在热带和亚热带地区，毛色与调节体温以及抵抗蚊蝇袭击的能力有关，浅色牛较深色牛更能适应炎热的环境条件并具有较强的抵抗蚊蝇袭击的能力。

当今人们饲养的牛绝大多数是家牛，家牛的毛色比较杂化，具有黑、白、黄、红、褐及各种相间的毛色。而未经人类驯养的原牛其毛色是单纯的黑色或暗褐色。

二、形态特征

（一）角

在牛的系统发育过程中，角作为防御性器官而被保存下来。角的有无和形状是牛品种特征之一。在有角牛中，角的质地和角基的粗细与骨骼的粗细有直接的关系。我国的大部分黄牛为有角品种。国际上常见的无角品种主要是安格斯牛等。

（二）肩峰及胸垂

肩峰是指牛鬐甲部的肌肉状隆起，胸垂指胸部发达的皮肤皱

褶。瘤牛及我国南方牛具有明显的肩峰和胸垂。从环境和生态条件来看，热带地区牛的肩峰和胸垂比温带和寒带地区的牛发达。公牛的肩峰和胸垂比母牛明显发达，这是因为雄激素有助于肩峰和胸垂的发育。

（三）其他形态特征

1. 双肌尻　指牛的臀部和股部肌肉异常发达，肌肉之间由于缺乏脂肪组织填充而形成界限分明的两块。这一现象在夏洛来牛和皮埃蒙特牛等肉牛品种中经常出现。

2. 副乳头　正常情况下，母牛有 4 个乳区，每个乳区有一个乳头，但少部分牛具有额外的 1～3 个乳头，而无相应的乳腺组织，称副乳头。

3. 体形　牛体形与用途是一致的，如肉牛呈长方形，奶牛呈三角形，而役牛则为倒三角形。

三、主要生理指标

体温、脉搏和呼吸的测定对于确定牛机体代谢特点、健康状态以及对外界生态条件的适应能力有着极其重要的意义。

牛正常体温范围应为 37.5～39.1℃，且不随年龄变化。一日内上下午体温变化幅度有时可达 0.4℃。

脉搏的变化有如下特点：初生犊牛最高，70～80 次/分钟，以后则减少，2 岁时 40～60 次/分钟。胎次不同而生产性能相同的母牛，其脉搏次数几乎是相同的，成年母牛在泌乳和妊娠后期的脉搏次数比空怀时高。

牛正常的呼吸次数是 20～28 次/分钟，其变化规律与脉搏的变化基本相同。

第二节　牛的行为特性

一、一般行为

(一)牛的一般习性

1. 合群性　多头牛在一起组成一个牛群时，开始有相互顶撞现象。一般年龄大、胸围和肩峰高大者占统治地位。待确立统治地位和群居等级后就会合群，相安无事。这个过程视牛群大小及是否有2头或2头以上优势牛而定，一般需6～7天。母牛在运动场上往往是3～5头在一起结帮合卧，但又不是紧紧靠在一起，而是保持一定距离。

2. 好静性　牛好静，不喜欢嘈杂的环境。强烈的噪声会使奶牛产生应激反应，产奶量下降，或出现低酸度酒精阳性乳，会使肉牛的生长速度下降，但播放音乐则有利于提高产奶性能和肉用性能。

3. 温顺性　牛一般比较温顺，靠在一起也不会相互争斗，高产奶牛特别明显。但也有少数母牛在牛群中争强好斗，在采食、饮水或进出牛舍时以强欺弱。要注意犊牛去角和淘汰特别好斗、比较凶猛的牛只。对手工挤奶时踢人的牛应驯服，不应抽打，迫不得已时才将其捆绑，以免形成坏习惯。

(二)牛的系统行为

1. 好斗行为　主要表现在公牛身上。母牛则一般性情温顺。

2. 模仿行为　是指牛之间的模仿行为。当牛群中某一头牛做出某一动作时，其他的牛跟着做同样的动作，由于其他牛正在做此动作使得原来的这头牛继续做下去。例如，一头母牛开始从运动场走入挤奶厅时，其他奶牛就跟着走入厅内。又如群饲的牛相互争吃饲料，因而采食量比单独饲喂时要多一些。

3. 护犊和恋母行为　简称“母-犊行为”。犊牛出生后，母牛出于天性有极明显的护犊行为，将犊牛全身舔干并发出亲昵柔和的叫声。当新生犊牛试图起立而身体摇晃、步态不稳时，母牛表现出十分关切和紧张不安的神情。

新生犊牛的视觉不十分完善，依靠听觉、嗅觉、触觉和味觉行事，能辨出母亲的呼唤声。当犊牛离开一段时间再回来时，母牛要用鼻嗅一嗅犊牛身体加以辨别。母牛产犊后1～2小时内，将其犊牛抱走，再回来时常遭到拒绝。这一特性对高产奶牛有特定的意义。带犊的奶牛其产奶性能明显偏低。只有将母犊分开饲养，母牛才能发挥出良好的生产性能。

犊牛断奶后有依恋原牛群现象。如将一头犊牛从牛群隔开，会使它产生强烈的逆境反应而紧张不安，甚至跳越围栏重新回到原来的牛群中，这对断奶分群管理显得特别重要。理想的避免办法就是对犊牛从小开始就实行单圈饲养(即犊牛小岛)。

4. 探索行为　奶牛有好奇并具探索周围环境的脾性。他们通过视、听、闻、触等感官对周围事物进行探索。每当奶牛进入新环境，他们的第一反应就是进行探索。因此对新调入的奶牛，在进行管理或训练时要容许他们有一定时间对新环境做一番“调查研究”。犊牛比成年奶牛对周围事物更为好奇。

5. 寻求遮蔽行为　奶牛具有躲避日晒、风吹、雨淋以及蚊虫袭扰而寻求遮蔽自己的行为。在夏季炎热时奶牛寻求阴凉处或水坑歇息，最爱在泥泞、柔软处卧息，不愿在硬质运动场卧息。

二、牛的生理性行为

(一)牛的生理性行为习性

1. 摄食习性　牛采食相对比较粗放，采食时不加选择，采食后不经仔细咀嚼即吞下，待卧息进行反刍时再咀嚼。因此饲喂草料时要注意清除混在饲草中的铁丝、铁钉等金属异物，块根类饲料要切片或打碎后饲喂,整块饲喂易引起食道堵塞。

牛习惯于自由采食,每天采食 10 余次之多,每次 20～30 分钟,累计每天 6～7 小时。当日粮搭配不当,缺乏钙、磷、微量元素和维生素时,牛常发生异食行为,如食粪尿、胶皮、木块、砖瓦、石块等。

2. 饮水习性　牛是一种饮水量很大的动物,特别是奶牛,这与它大量产奶有关。据研究,高产和中产牛产奶量与饮水行为尤为显著。且奶牛产奶量与耗水量呈正相关($r=0.815$)。

一天的饮水量是日粮干物质进食量的 4～5 倍,是产奶量的 3～4 倍。夏天的饮水量更多些,高产奶牛的饮水应得到充分的保障,并要求水质良好。冬季犊牛宜饮用 20℃的温水。当奶牛饮水时,突然头抬高,左右甩动,颈伸直,口内流出大量唾液,可能是发生食道阻塞,应及时治疗。

3. 反刍习性　牛采食时经初步咀嚼混入唾液形成食团吞下,进入瘤胃,经碱性唾液软化和瘤胃内水分浸泡后,待卧息时再进行反刍。反刍包括逆呕、再咀嚼、再混入唾液、再吞咽四个过程。

牛一般采食后 30～60 分钟开始反刍,每次反刍持续时间40～50 分钟,每个食团约需 1 分钟,一昼夜反刍 10 余次之多,反刍累计时间 6～7 小时。因此牛采食后应给予充分的休息时间和安静舒适的环境,以保证牛的正常反刍。反刍是牛健康的标志之一,反刍停止则说明牛已患病。据研究,反刍咀嚼速度与产奶量的相关达到了极显著水平,咀嚼速度快的牛,其产奶量也较高。另外,日反刍时间、反刍周期间隔时间和日采食青贮时间与产奶量的相关达到了显著水平。

4. 排泄习性　牛是一随意排泄的动物,通常是站立排便或边走边排,排尿则往往站立着。由于牛的采食量和饮水量大,粪尿的排泄量也大,是家畜中排粪尿量最大的动物。成年牛一昼夜排粪量多达 30 千克,占日采食总量的 70%左右,一昼夜排尿量约 22

千克，占饮水总量的30%左右。成年奶牛一年的排粪量多达11吨，排尿量达8吨。据研究，产奶量与日排粪次数、排尿时间呈正相关。但与高产奶牛日排粪次数呈负相关。

5.发情行为(或习性)　牛发情时，首先表现性兴奋，不停地走动，哞叫，与其他母牛在运动场相互追逐、顶撞、打转，接受其他母牛的亲近、爬跨，发情结束后则逃脱其他母牛的爬跨。牛发情持续时间平均18小时，变化范围6～30小时。当发情母牛接受其他母牛爬跨且站立不动时，是配种的最佳时间。

6.清洁行为　健康牛通过舐舔、抖动等行为来清理被毛和皮肤，保持体表清洁卫生。体弱的牛清洁能力差，导致被毛逆立、粗乱无光，体表后肢污染严重。牛喜欢清洁干燥的环境，因此牛舍地面应在饲喂结束后及时清扫，冲洗干净；运动场内的粪便应及时清除，保持干燥、清洁、平整，防止积水，夏季要注意排水。

另外，牛喜欢在松软处卧息反刍，不喜欢硬质的运动场地(如水泥、砖块铺成的运动场地)。

(二)牛的群居关系和联络方式

1.牛的群居关系

(1)群居等级(优胜序列)　在同种类的畜群中，存在着组织良好的群居等级，在牛群称为“抵撞顺序”或“勾角顺序”。牛群内先入群的个体通常占有优势或统治地位，而后来者处于从属地位或被统治的地位。将若干头母牛组成一个新牛群时，在一段时间内为建立等级关系，它们之间互相抵撞和摆出威胁姿态，这对奶牛群是一种干扰并导致产奶量下降，为此在生产中牛群应相对稳定，不宜频繁调换牛只及床位。如必须调动(特指拴系管理)，应让其在新床位上固定5～7天，待其习惯后再放入运动场。

牛群通常是由年长和身体高大的牛只占据统治地位，待群居关系确定之后就可使牛群和平共处。其后只要占统治地位的母牛稍一吓唬，从属者就会屈服而避免争斗。在实行限量饲养时群居等级尤其重要。

(2)领头牛和跟随牛　所谓领头牛是指牛群中经常在游动行列(放牧牛群)的最前面,常常开始做一个新动作的母牛。领头牛体格可能不大,但总是聪明、敏捷的牛。称王称霸的牛在中间。跟随的牛始终走在后面,怀孕的牛多在后列。

(3)影响群居等级的因素　有年龄、入群先后、体重和体格大小、气质上的侵略性和怯懦性。在舍饲中,促进和改善群居关系具有重要意义,如牛群中有 2 头以上优势者必须挑出来,重新组群确立一个新的群居等级关系,使得所有牛只采食量提高,从而获得较高的饲料利用率、更高的产奶量和经济效益。

2. 牛的联络方式

(1)听觉　具有极敏感的听觉,能听到微弱的声音。

(2)嗅觉　牛比人能嗅出更远距离的气味,在风速 5 000 米/小时,相对湿度 75%时,牛能嗅到 3 000 米以外的气味,如果风速和湿度增加,还会嗅得更远些。

(3)视觉　眼睛和头稍微转动就可看到周围的宽阔全景,只有体躯正后方的一小部分景物看不到。

3. 人与牛之间的关系　牛受到去角、修蹄、采血和疫苗注射等"伤害"处理,使有些牛变得难以驾驭和训练,不易与人接近。在生产中要将几项"伤害"处理一次完成。建立人牛亲和。

三、牛的病理性行为

牛的许多疾病首先是由于行为的改变而被怀疑的,例如食欲下降、精神不振、呼吸困难、姿态改变、不停地摩擦或舔,脱离牛群孤零零地走开等。因而,必须熟悉牛的行为规范。

(一)牛的正常行为

健康状况良好的牛表现为:神态自如,机灵活泼,皮肤有弹性,粪尿正常,体温、脉搏、呼吸正常。

牛睡眠的姿势是伏卧并朝一侧倾斜，两前肢置于体躯下面，一后肢前伸而另一后肢伸向外侧。在躺卧时也短时间地闭着眼睛，但这是和普通睡眠含义不同的一种休息方式。

(二)牛的病理性行为(异常行为)

牛的鼻镜通常由于鼻唇腺的分泌而湿润，成年奶牛的分泌量5分钟80毫克/20平方厘米，给予适口性良好的饲料时分泌量可增加3倍。10日龄内的犊牛除哺乳外鼻镜是干燥的，其湿润程度随年龄而增加。睡眠时鼻镜的光泽和潮湿外观消失。在采食和同类接触时分泌有所增加。牛患病时分泌停止，鼻镜干燥，结痂和发热。牛的异食癖多数是营养缺乏、厌烦无聊或生理紧张而造成的。表现有：吃沙、吃土、吃布条、啃食槽等，少数牛由于痛感、被吓唬或受虐待(抽打等)而产生踢癖。

(三)牛的恶癖及其预防

1. *成年牛的恶癖(恶习)及预防措施* 在管理简陋的中小型奶牛场，极个别的母牛有偷吃他牛或自吮奶的现象，造成产奶量锐减或挤不到奶，并容易引发乳腺炎，对这类牛应从牛群中果断淘汰、及时调离或戴嘴笼等措施，以防偷奶现象的蔓延。

2. *犊牛吮奶习性及其预防* 处于哺乳期的犊牛在哺乳后总有不足之感，为此而产生相互吮吸嘴巴上的余奶，以致延伸到相互舔毛或吮吸奶头。牛毛进入胃中易形成毛球，甚至堵塞幽门而丧命；习惯性的吮吸奶头易引起乳头发炎。预防措施如下：用0.5%的高锰酸钾溶液(温水)给饮乳后的犊牛揩洗嘴巴，除去乳香味，可避免犊牛间相互吮吸嘴巴上的余奶；犊牛哺乳结束后不要马上松开颈枷，可在奶桶中撒入少量的犊牛料让其自由采食，使其忘却乳香并逐渐适应植物性饲料；单栏饲养，2月龄断奶。

(四)牛的应激反应与管理

1. *应激反应* 任何一种视作奶牛的应激环境事件，例如刺耳的噪声、外伤、拥挤的摄食场地等场所引起采食量的减少；应激突然出现，则立即停止采食行为；应激的作用是持续性的，例如拥挤、高温、空气污浊等，奶牛将减少采食量，神情不安，日产奶量下降，体重下降，易感疾病及表现凶蛮等。

2. 去角、剪除副乳头等　一般应选择幼龄阶段进行较为合适，以降低奶牛的应激反应。

3. 牛对饲料的爱好与管理　牛在自由采食的情况下，精粗饲料供应充足，牛以相当固定的比例选择两种饲料，个别饲喂也照样非常频繁地轮流采食。如果每日 8 小时不供给粗饲料，则这一期间的精料采食量减少，当恢复正常供给粗饲料时，精料、粗饲料采食量增加超过正常水平。由此可见，牛在采食精料的同时，有想吃粗饲料的欲望，这种欲望有避免单吃精料造成瘤胃生理伤害的功能。但在生产中也有发生牛偷吃大量精料发生瘤胃急性胀气而导致死亡的现象。

4. 粪便清除的管理　定时饲喂，饲料有规律的进入瘤胃而产生一种反射，这时使牛处于轻微紧张度之下，或对牛十字部施加轻微压力，牛便排粪，据此可在适当时刻将牛赶至排粪地点排粪。

四、牛的行为与集约化生产

(一)牛的行为与集约化生产

1. 集约化生产条件下牛行为发生异常　集约化限制牛的活动，干扰牛的行为。有时出现不正常行为，如食欲下降、异食癖、缺乏母性、性行为异常、适应性退化等。

2. 牛群变化对行为和生产性能的影响　如牛在舍饲条件下组群后不宜过多地调动，例如在泌乳盛期调换 15%的奶牛与调换前相比，采食时间减少 8%，躺卧时间减少 40%左右，产奶量下降 4%～5%；泌乳中期调换奶牛前后采食量减少 7.18%，躺卧时间减少 24.23%，产奶量无明显变化。奶牛调换 6 天后趋于正常。

头胎牛应单独饲养，如将它们混养在经产奶牛群中，产奶量会

大幅度下降。改变饲养或挤奶的地方，10 天内产奶量下降 7%～10%，15～20 天产奶量才恢复正常。

以上说明，牛的群体关系一旦建立后不要轻易打乱，也不要频繁改变母牛所处的位置，拴系饲养条件下的“定位”是必要的。

3. 挤奶顺序与产奶量的关系　在牛群随意走动的情况下，早进入挤奶厅的母牛产奶量比后进入的母牛产奶量高。因而产奶量高的母牛应较早地进入挤奶厅，而产奶量低的母牛后进入挤奶厅。研究认为：产奶量高的母牛愿较早地进入挤奶厅以得到泌乳“酬赏”（指在挤奶厅投放精料）。另外，高产奶牛乳房内压较高，促使奶牛尽早进入挤奶厅挤奶，借以减轻乳房的负担；而低产奶牛乳房内压较低，负担相对较轻，不急于进入挤奶厅挤奶。

第三节　牛对环境的适应性

一、牛对环境温度的适应性

在所有气候因素中，环境温度对动物的影响是最大的，牛能在环境温度较大的变动范围内，借助其调节机能以维持体温的恒定。但牛一般不能耐受高温，环境气温高于其体温 5℃，便不能长期生存。

牛耐寒不耐热，夏季对高温、高湿特别敏感。奶牛最适温度为 10～15℃，变化范围为 5～21℃。犊牛的最适温度为 17℃。奶牛对温度的耐受范围为－15～26℃，超出此范围，奶牛的产奶量和采食量开始下降。夏季气温超出 26℃，产奶量有较明显的下降，高于 35℃，产奶量大幅度下降，一般下降 30%～50%。高温降低牛的繁殖性能，主要表现为公牛的精液品质下降和和母牛的受胎率降低。在生产实践中降温防暑是提高奶牛和肉牛生产性能的重要技术措施。

牛对低温环境条件的调节能力较强，能耐受低于其体温 20～60℃的温度范围，试验证明当气温从 10℃降到－15℃时，对牛的体温并无不良影响。但冬季对寒风特别敏感，冬季风力达到 5 级以上，产奶量下降明显。

二、牛对空气湿度的适应性

在高温条件下，如空气湿度升高，则抑制蒸发散热，对牛的热调节不利，加剧热应激；而在低温环境中，湿度过高，加快非蒸发散热，会使牛感到更加寒冷。高温高湿和低温高湿的环境对牛都是不利的，凉爽干燥的环境才最适合于牛发挥其生产潜力。

三、牛对海拔高度的适应性

随着海拔的升高，气温逐渐下降，海拔每升高 100 米，空气温度约下降 0.6℃。另外，海拔愈高，空气中含氧量愈少，植被条件愈差。家牛对高海拔条件的适应性具有品种特异性，这主要是由于长期风土驯化的结果，也由此产生了高海拔牛品种。这些品种包括两类，一类是牛群夏季在 2 000～3 000 米或以上的山地牧场放牧，冬季则转移到低海拔的冬季牧场过冬的品种，如瑞士褐牛、西门塔尔牛；另一类则常年生活在 3 000 米以上的高海拔地区的品种，如我国青藏高原的黄牛品种。

思考题

1. 牛的生物学特性主要包括哪些内容？
2. 如何利用牛的行为改善饲养管理？
3. 如何利用牛的行为减少发病率？

第二章　牛的品种

重点提示：本章主要学习内容为奶牛品种、乳用及乳肉兼用牛品种和肉牛品种的特点及引进品种对我国黄牛的杂交改良效果。解决我国奶牛、肉牛来源的途径；我国黄牛的特点及利用途径。

第一节　奶牛品种

一、荷斯坦牛

荷斯坦牛 原称黑白花牛，原产荷兰滨海地区的弗里生省、丹麦的日德兰半岛和德国的荷斯坦地区。美国曾由德国北部的荷斯坦省和荷兰的弗里生省引进这一品种，于是荷斯坦弗里生牛成为美国这一品种的正式名称，简称荷斯坦牛（holstein），在荷兰和其他欧洲国家则称之为弗里生牛（friesian）。由于其经济价值较高，近年荷斯坦乳牛在世界各国得到进一步发展，质量也有了很大提高。据统计，全世界荷斯坦牛现有头数占乳牛总数的60%以上。

在牛的品种中，荷斯坦牛的产奶量最高，最高单产可达34 175千克。生产每单位牛乳所需饲料费用最低（表 2-1）；在总产奶量基本不变的情况下养荷斯坦牛，可以减少乳牛饲养头数（表 2-2），以节约饲料、人工和设备。

荷斯坦牛以往为纯乳用型，为了满足市场对牛肉日益增长的需求，近几十年来，除美国、加拿大、日本等国仍保持纯乳用型外，原产地荷兰以及大多数欧洲国家，均将荷斯坦牛培育成了以产奶为主的乳肉兼用型。

表 2-1　美国荷斯坦牛与其他乳牛品种生产性能的比较

品种	统计（群数）	产奶量（千克）	每 45 千克牛乳的饲料费（美元）	除去饲料费后的收入（美元）
荷斯坦牛	73	6 591	4.43	948
爱尔夏牛	45	5 354	4.71	782
瑞士褐牛	46	5 495	4.65	775
更赛牛	54	4 832	5.01	761
娟姗牛	67	4 572	5.12	751
短角牛	32	4 632	5.10	611

表 2-2　为生产一定数量牛乳所需饲养乳牛头数

年需奶量（千克）	所需饲养乳牛头数	
	美国荷斯坦牛	荷兰红白花牛
100 000	14	19
200 000	29	38
500 000	71	95
1 000 000	143	185

纯乳用型荷斯坦牛体格高大，成年公、母牛体高分别为 145 厘米和 136 厘米，体重分别为 900～1 200 千克和 600～700 千克，年产奶量为 5 000～6 000 千克，乳脂率为 3.5%～3.6%。兼用型黑白花牛体形较乳用型稍小，肌肉较丰满，年产奶 4 000～5 000 千克，乳脂率 4.0%左右。荷斯坦牛中有一定数量的红白花牛（red and white holstein）。它和黑白花牛属同一来源，也有很好的产乳性能。全世界有许多优秀的荷斯坦公牛，含有红色基因，其后代也会出现毛色为红白花的牛。考虑到今后的发展，如果仍以“黑白花牛”命名，则这类公牛我们就不能使用，是非常可惜的。因此，1991 年根据联合国粮农组织的建议，将“黑白花牛”更名为“荷斯坦牛”，其毛色特征主要为黑白花，也有部分红白花牛。这样，全世界带有红色基因的优秀荷斯坦公牛的精液和胚胎，我们都可使用，在中国

荷斯坦奶牛群中出现的红白花牛也就不必淘汰了。

荷斯坦牛的缺点是乳脂率和乳蛋白率较低，耐粗、耐热性较差，故适于鲜奶需要量大、饲料条件较好的大中城市、工矿区和我国北方地区饲养。

二、娟姗牛

娟姗牛是英国培育出的乳牛品种。该品种以乳脂率高、乳房形状良好而闻名。

该品种个体小，毛色深浅不一，由银灰至黑色，以栗色毛为最多。鼻镜、舌和尾帚及角尖为黑色。该牛体形清秀，轮廓清晰，头轻而短，两眼间距宽，额部凹陷，耳大而薄，鬐甲狭窄，肩直立，胸浅，背线平坦，腹围大，尻长平宽，尾帚细长，四肢较细，蹄小，全身肌肉清瘦，皮肤单薄，乳房发育良好。成年公牛体重550～650千克，母牛300～450千克，体高115.5厘米。一般平均年产奶量为4 000千克左右，每100千克体重约产奶1 000千克。乳脂率高，平均为5.3％，是乳牛品种中高乳脂品种。乳脂黄色，脂肪球大，适于制作黄油。美国娟姗牛已占乳牛总数的13％，比过去有较大的提高。美国娟姗牛饲养数量之所以增加，是因为美国牛奶的价格体系越来越依据奶的质量，这经历了四个阶段：第一，只根据奶量；第二，根据奶量和乳脂率；第三，根据奶量和乳脂率和乳蛋白率；第四，根据乳脂量和乳蛋白量。随着牛奶价格体系的改进，娟姗牛显示了优势。许多资料表明，在南美饲养中，该品种对高温高湿的抗逆性、饲养上的耐粗性和对热带疾病较强的抵抗力的种质特性得到进一步发掘，并广泛应用到热带、亚热带乳牛和奶牛的杂交中，取得了巨大成功。故一些热带国家用以杂交改良当地牛，以提高其产奶性能，并育成了一些优良的乳牛品种。许多国家用娟姗牛改良低乳脂品种，取得明显效果。在娟姗牛同荷斯坦牛的杂交中，通常杂交一代比荷斯坦牛母本的乳脂率提高0.81个百分点，娟姗牛杂交改良牛的效果实际上是通过改善牛群的早熟性、顺产性、乳质及对热带疾病如肢蹄病、寄生虫病（蜱及由蜱所传播的焦虫病等寄生虫病）的抵抗力而实现的。多年来，世界各国利用娟姗牛的经验表明，娟姗牛完全可能成为我们改良高温高湿地区奶牛群的主导外血。该品种对于改良我国奶牛尤其是南方的奶牛很有必要。据悉，北京、哈尔滨和山东临沂已引进部分娟珊牛。

三、中国荷斯坦牛

中国荷斯坦牛的来源是纯种荷斯坦牛及其与各地黄牛的高代杂交种，经过长期选育而形成的。由于各地引用的荷斯坦公牛和本地母牛类型不同，以及饲养环境条件的差异，我国荷斯坦牛的体格不够一致，但基本上可划分为大、中、小三大类型。

大型，主要引用美国荷斯坦公牛与北方母牛长期杂交和横交而培育的荷斯坦牛，成母牛体高 136 厘米以上。

中型，主要引用日本、德国等中等的荷斯坦公牛与本地牛杂交及横交培育而来，成母牛体高 133 厘米以上。

小型，主要引用荷兰等国欧洲类型荷斯坦公牛与本地牛杂交，或引用荷斯坦公牛，与体形小的本地母牛杂交而形成，成母牛体高 130 厘米左右。

十多年来，由于冷冻精液、人工授精技术的应用，以及多次从欧、美洲和澳大利亚、新西兰、日本等国引进种牛和冻精，种公牛站的建立和完善，饲养条件不断改善，各类型之间的差异开始逐渐缩小。目前，中国荷斯坦牛体形外貌多为乳用型（有少数个体稍偏兼用型），具有明显的乳用特征。毛色多呈黑白花或白黑花。体质细致结实，体躯结构匀称。泌乳系统发育良好，乳房附着良好，质地柔软，乳静脉明显，乳头大小及分布适中。肢势端正，蹄质坚实。据测定，中国荷斯坦牛成年公牛的平均体高为 150 厘米，平均体重为 1 020 千克；成年母牛的平均体高为 133 厘米，平均体重为 590

千克。

中国荷斯坦牛的产乳量，据 21 905 头良种登记牛的统计，305 天各胎次平均产乳量为 6 359 千克，平均乳脂率为 3.56％。在饲养条件较好、育种水平较高的京、沪等市，个别乳牛场全群平均单产已超过 8 000 千克；超万千克乳牛个体不断涌现。北京市在群牛中产乳量万千克以上的高产个体有数百头。如北京东郊农场 71089 号母牛，305 天产乳量为 16 090 千克，为全国产乳量最高纪录。

中国荷斯坦牛性成熟早，具有良好的繁殖性能。据调查，全国 105 035 头配种母牛，年平均受胎率 88.8％，情期受胎率为 48.9％；全国各地 105 802 头可繁殖母牛，年内产犊 94 207 头，繁殖率为 89.1％。

据测定，中国荷斯坦牛未经肥育的淘汰母牛屠宰率为 49.5％～63.5％，净肉率 40.3％～44.4％。经肥育 24 月龄的公牛屠宰率为 57％，净肉率为 43.2％。

1987 年 3 月农业部对中国荷斯坦牛进行了鉴定验收，与会专家一致认为该品种各项指标均已达到了国际同类品种的水平。它的育成，对我国今后乳牛业的大力发展将起到重要的促进作用。1987 年获农业部科技进步一等奖，1988 年获国家科技进步一等奖。

四、如何选择荷斯坦母牛

我国同国际奶牛业一样，饲养的主要品种是荷斯坦牛。在奶牛交易中几乎只购买母牛，因此，如何选择荷斯坦母牛就是购买奶牛过程中最关键的问题。选择荷斯坦母牛时面临的问题主要是：第一，如何选择纯种的荷斯坦母牛？第二，如何选择高产的荷斯坦母牛？第三，如何选择健康的荷斯坦母牛？第四，如何选择年龄适宜的荷斯坦母牛？下面就分别谈谈这些问题。

(一)如何选择纯种的荷斯坦母牛

1.根据系谱进行挑选　在大中型奶牛场,一般都建立了系谱档案。系谱中明确记载了奶牛的三代血统,根据记载,可以很容易判断该牛是否纯种。如果没有系谱记载或对系谱记载有怀疑时,就要根据体形外貌来挑选。

2.根据体形外貌进行挑选

(1)毛色　我国的荷斯坦牛目前基本上是黑色荷斯坦牛,其毛色有如下特征:黑白相间,花色分明,额部多有白斑,腹下、四肢膝关节以下及尾端呈白色。凡是无系谱记载又出现下列情况的牛不是纯种:①全黑;②全白;③尾帚黑色;④腹部全黑;⑤一条或几条腿环绕黑色达到蹄部者;⑥一条或几条腿从膝部到蹄部全部为黑色;⑦灰色。

(2)根据关键部位的特征进行挑选　荷斯坦母牛头部的特征是:清秀,鼻镜宽,鼻孔大,额宽,鼻梁直。头轻并稍长,其长度一般可达到体长的1/3以上;杂种牛则相对较短而宽,个别还显粗重。荷斯坦母牛的颈部较薄,长而且平直,颈侧有纵行的细致花纹;杂种牛的颈较粗,肌肉较发达。荷斯坦母牛的尻部宽大而且有棱角,乳房基部宽阔,四肢较高;而杂种牛的尻部一般较窄(如乳役杂交牛),有的虽然较宽但缺乏棱角(如乳肉杂交牛)。乳房基部狭窄,两后肢间距小,而且四肢较短。

(3)根据体形大小进行挑选　荷斯坦母牛的体形大,其体高和体长与杂种牛有明显的区别。

(二)如何选择高产的荷斯坦母牛

1.根据系谱进行挑选　在大中型奶牛场,可通过系谱了解个体及其祖代的生产性能水平。对未建立系谱的牛群或对系谱有怀疑时就要通过体形外貌进行挑选。

2.根据体形外貌进行挑选　如何根据体形外貌进行挑选高产的荷斯坦母牛(高产荷斯坦母牛的体形外貌特征)将在第三章牛的

体形外貌鉴定中进行较详细的阐述。

(三)如何选择健康的荷斯坦母牛

1. 避免购进有传染病的牛　首先要调查要买牛的奶牛场、奶牛小区在近几年内有没有发生过传染病,最好由当地畜牧主管部门进行检疫或出具具有法律效力的检疫证明。不要到3年内曾发生过传染病或近期检出阳性牛的奶牛场、奶牛小区购牛。

2. 了解清楚计划买牛的奶牛场、奶牛小区的免疫情况　不要到没有进行有关疫苗注射的牛场、小区购牛。

3. 避免购进有先天性繁殖障碍的牛　计划购买育成牛时,一定要检查其生殖器官,避免购进有先天性繁殖障碍的牛即异性孪生、两性畸形和患有幼稚病的牛。异性孪生者阴道短小,一般只有正常阴道的1/3,手不能伸入,只能有羊的阴道开膣器,而且阴门狭小,位置较低,阴蒂较长,直检摸不到子宫颈,子宫角细小,卵巢大小如西瓜子,很难摸到。其次,乳房极不发达,乳头与公牛相似。两性畸形牛也是阴门狭窄,而且阴唇不发达,但其下角较长,阴蒂特别发达,类似小阴茎,呈暗红色突出,阴毛长而且粗。患幼稚病的牛,阴道、阴门均特别狭小。

4. 避免购入瞎乳头和患乳房炎的牛　瞎乳头的牛比较容易辨别。对于产奶牛,一定要试挤,看看4个乳池是否都饱满,4个乳头是否都通畅,乳头内是否有异物感,乳中是否有乳瓣,乳房是否红肿,乳牛有无疼痛表现等。

5. 避免购入曾流过产或难配的牛　对怀孕牛,首先要通过直检确认其确实已怀孕,其次要注意其妊娠期与母牛年龄或产后天数是否相符,如月龄较大的育成牛或产后时间已很长的经产牛其妊娠期却较短时,则要谨慎挑选,这种牛很可能是曾流过产或较难配的牛。对未怀孕的牛,则要通过直检检查其子宫、卵巢、阴道是否正常。对后躯不洁的牛(如有脓痂)、尾根高举的牛要谨慎挑选,后躯不洁的牛往往有子宫炎症,而尾根高举的牛很可能患有卵巢疾病。

6. 避免购入患有肢蹄病的牛　有抗拒挤奶、踢人、顶人等恶癖的牛也应避免购买。

(四)如何选择年龄适宜的荷斯坦母牛

购入的荷斯坦母牛一般不要超过 5 岁，牛的年龄可通过其牙齿(门齿)的出生、脱换和磨损情况来判断，这部分内容将在第三章第六节奶牛的年龄鉴别中进行较详细的阐述。

第二节　肉 牛 品 种

一、夏洛来牛

夏洛来牛(charolais)原产于法国，是著名的大型肉牛品种之一。原为役用品种，后经引入外血和提纯选育，1920 年成为专门的肉用品种，分布法国各地，相继输入世界许多国家。我国于 1964 年及 1974 年从法国引进 2 批夏洛来牛，分布全国各地，该牛对我国各地自然生态条件适应，耐粗饲、耐寒，饲料报酬高。

夏洛来牛全身为乳白色或灰白色，体形大，体质结实，骨骼粗壮，体躯呈圆筒形，全身肌肉发达。头大小适中且短而宽，颈短多肉，体躯长，胸宽深，背腰宽厚，尻部平、宽而长，臀部肌肉圆厚丰满，大腿长而宽，肌肉向后突出。常见“双肌牛”，腰部略凹陷。

双肌牛具有屠宰率高、瘦肉率高、优质高价肉比例大、肉质较嫩等优点。研究表明，双肌性状可以使牛在相同饲喂条件下肌肉产量增加，肉骨比较普通牛高。双肌牛的肌肉分布特点是外周和表层肉肥大，后肢较前肢更肥大。双肌牛肌间和胴体脂肪窝的沉积较大，而普通牛的皮下脂肪沉积更多，双肌牛的脂肪沉积从内到外呈逐渐减少的趋势。肉骨比、肉脂比及瘦肉率较高，脂肪率和骨百分比较低。

双肌牛的缺陷：母牛的生殖系统发育不好；犊牛（多出现大舌）不易饲养管理；骨骼发育不良，骨细且易骨折；母牛骨盆狭窄，容易发生难产；受胎率较低；被皮和肝脏重量轻；消化系统不发达；对热敏感，抵抗力差等。

夏洛来牛犊牛初生重大，公犊 46 千克，母犊 42 千克，增重速度快，断奶重 270～340 千克，周岁牛体重 500 千克以上，最高日增重 1.88 千克。成年公牛体重 1 200 千克，母牛 800 千克；屠宰率 60%～70%。胴体脂肪少，肌肉多，肉质细嫩。平均产奶量2 600 千克，乳脂率4.08%，泌乳期 260～270 天。

夏洛来牛以体形大、增重快、饲料报酬高、能生产大量含脂少的优质肉（肉中水分含量高）而驰名。但繁殖率较低，在法国为 85%～90%，难产率高，约 13.7%。

二、利木赞牛

利木赞牛（limousin）原产于法国。初为役用品种，现已培育成大型肉用品种。目前，不少国家已引进该品种，尤以美国和加拿大较多。我国于 1974 年以来从法国输入，分布于东北、山东、河南等地。

利木赞牛被毛红色或黄色，眼嘴圈、腹下、四肢、尾部毛色稍浅。头短，额宽，有角，体形大，骨骼较细，体躯长而宽，全身肌肉丰满，尻部和臀部肌肉发达，肋骨开张，背腰较短而宽直，尻平，四肢强健。

利木赞牛犊牛初生重，公犊 36 千克，母犊 35 千克，生长发育快，7～8 月龄体重 240～300 千克，平均日增重 900～1 000 克，周岁体重可达 450～480 千克，成年公牛体重 950～1 000 千克，母牛 600 千克；屠宰率 68%～70%。肉质细嫩，沉积脂肪薄，脂肪少而瘦肉多，肉为大理石状，瘦肉率多达 80%～85%。母牛平均产奶 1 200 千克，乳脂率 5.0%。利木赞牛引入我国，用于改良地方良种黄牛，根据山东等地资料，利木赞牛改良鲁西牛，所生杂种牛毛色好，生长快，体形外貌好，产肉量大，肉质优良，故深受改良区群众欢迎，很有推广价值。

鲁西黄牛肉品比利鲁杂交牛肉品明显表现出柔软多汁、富有弹性且肉质细嫩风味好，肉中脂肪含量极显著高于利鲁杂交牛；而在氨基酸和矿物质营养特性方面，则是利鲁杂交牛肉品优于鲁西黄牛。

三、安格斯牛

安格斯牛(angus)产于英国，是早熟的中小型肉牛品种。早在19世纪即向世界各国输出，它是英国、美国、加拿大、新西兰和阿根廷的主要肉牛品种。我国从1974年从英国、澳大利亚引入安格斯牛，目前分布在北方各省。

安格斯牛无角，全身被毛黑色，故称“无角黑牛”。体躯深、宽，腿短，颈短，腰和尻部丰满，有良好的肉用体形；大腿肌肉延伸到飞节，皮松而薄且有弹性。

犊牛初生重32千克。生长发育快，早熟，易肥育，周岁体重可达400千克。成年公牛体重为700～750千克，有的可达950千克，母牛500千克，有的可达600千克。屠宰率为60%～65%。

安格斯牛体质结实，抗病力强，无皮肤病，适应性强，繁殖力强，母牛到17～18岁尚可产犊，且极少难产，遗传性稳定，改良肉质效果显著。它可以作为经济杂交的父本，山区黄牛的主要改良者，深受人们的喜爱，如在贵州地区，它是黄牛经济杂交的首选父本。

欧美等发达国家已将安格斯牛列为生产高档牛肉的首选品种，在美国，安格斯牛居养种牛总数的首位。安格斯牛的耐粗性比西门塔尔牛更强，而耐粗性越高，适应性越强，生产潜能就越大。

澳大利亚利用生长速度较低的安格斯公母牛，经过20年时间

育成了澳洲矮牛，该品种是世界上个体最小的肉牛品种，1992年澳大利亚正式注册。哺乳期和生长期的平均日增重为500～700克。成年体高：公牛1.10米，母牛1.00米。饲料报酬高，胴体丰满，而且肉质好，特别适合于快速生产高档牛肉，屠宰率56%～60%。

四、皮埃蒙特牛

原产于意大利北部皮埃蒙特地区，原为役用，后选育成肉乳兼用品种，在上世纪初引入夏洛来牛杂交，故含“双肌”基因，毛色为乳白或浅灰色。公牛肩胛部毛色较深，通常为黑眼圈，公母牛尾帚均呈黑色。是世界上肉用性能最好的品种，屠宰率达70%，也是瘦肉率最高的品种，胴体瘦肉率为82.5%，眼肌面积大，为121.8平方厘米（夏、西、利、荷分别为107.9平方厘米、84.6平方厘米、80平方厘米和62平方厘米）。肌肉嫩度好，背最长肌切割力为10.99，而夏、利、荷分别为13.50，12.49和14.98。肉中的胆固醇含量低，为48.8毫克/100克，而一般牛肉为73毫克，猪肉79毫克，鸡肉76毫克。该品种在选育时，注重其早熟，包括提早达到屠宰体重时的月龄，对肉质和肌肉嫩度进行重点选育，不求大型体格，体重要求适中，成母牛体重570千克，成公牛体重850千克，但种公牛体重要求不低于1 000千克。育成公牛15～18月龄体重550～600千克为适宜屠宰期。皮埃蒙特牛性格温顺，肌肉丰满发达，产肉量的遗传力高，平均日增重1 500克，生长速度为肉牛品种之首。适于海拔1 500～2 000米的地区放牧。母牛平均产奶量为3 500千克。

皮埃蒙特牛对我国黄牛的改良效果（杂交一代）比西杂牛、利杂牛、海杂牛、短杂牛及安格斯杂交牛的效果都好。创造了杂交牛18月龄耗精料800千克，体重达到500千克，眼肌面积为121.8平方厘米的国内最佳纪录。

皮埃蒙特牛杂交改良西杂牛，在粗饲料为轧干玉米秸，每日补混合精料 2.5 千克的情况下，18 月龄平均活重达到 512.6 千克，日增重达到 0.96 千克，而西杂牛为 0.60 千克左右。

皮秦 F_1 生长发育、产肉性能明显优于秦川牛，也优于短角牛、利木赞牛的杂交后代。

皮鲁杂交牛牛肉比鲁西黄牛牛肉的蛋白质含量高 28.31 个百分点(83.7%，55.39%)，而粗脂肪低 30.61 个百分点(4.91%，35.52%)。因此皮鲁杂交牛牛肉具有高蛋白、低脂肪和多汁性能的优点，营养价值较高，对人体健康有好处。对人体需要的主要 8 种氨基酸和不饱和脂肪酸及亚油酸的含量，皮埃蒙特杂交牛牛肉均显著高于鲁西黄牛牛肉，因此，食用皮埃蒙特杂交牛牛肉，在充分补充蛋白质和必需氨基酸，以及不饱和脂肪酸和必需脂肪酸的同时，不仅有利于脂溶性维生素的吸收，而且对预防高血压等心血管疾病和毛发异常等，都有一定的益处。

皮埃蒙特是世界公认的终端父本。据吴乃科试验，在山东省就皮西本、利西本和夏西本的生长发育、增重和饲料报酬而言，以皮西本最好，其次是利西本。

第三节　乳肉兼用牛品种

一、西门塔尔牛

西门塔尔牛产于瑞士阿尔卑斯山区。西门塔尔牛在 17 世纪以后，成为瑞士西部乳酪业的基础，在产乳性能上被列为高产的乳牛品种，在产肉性能上并不比专门化肉用品种逊色，役用性能也很好，是大型的乳、肉、役三用品种。畜牧界将其誉称为“全能牛”，故为世界各国的主要引种对象，在全世界广为分布。我国于 20 世纪初引入西门塔尔牛，分布于呼伦贝尔盟的三河地区和滨州沿线，与

当地蒙古牛进行杂交，育成了三河牛。建国后先后又从苏联、瑞士、联邦德国、奥地利等国分别引入，饲养于全国各省区。

中国西门塔尔牛，是由国外引进的西门塔尔牛与我国本地黄牛级进杂交，选育高产改良牛的优秀个体培育而成的大型乳肉兼用新品种。

西门塔尔牛平均产乳量 5 000 千克左右，乳脂率 3.9%左右。西门塔尔牛也具有良好的肉用性能，肉质好，胴体瘦肉多。屠宰率为 55%～60%，经肥育的公牛屠宰率可达 65%。

西门塔尔牛对我国黄牛的体尺、产奶量、净肉量、胴体中优质切块比例改良效果显著；对眼肌面积、屠宰率亦有所改进。目前，西门塔尔牛改良我国黄牛正向着综合利用方向发展，许多地区对西杂牛综合利用进行了试验分析，结果表明：首先，西杂牛的体形比地方黄牛有了明显的改善。第二，体尺体重增大。初生重提高了 39.15%；18 月龄前两者的差异主要表现在体躯的长度和体重的增加方面，体长提高了 15.43%，体重增加 43.05%；成年时的差异主要表现为体躯高度的增加，西杂牛比地方黄牛提高 11.26%，并且管围也增大 14.4%。第三，产肉性能好，肉质优良。胴体重、屠宰率、净肉重、净肉率和眼肌面积等都有了提高，分别比地方黄牛提高了 39.13%，2.37%，40.58%，14.57%和 26.61%，肉品中粗蛋白含量提高 4.95%，粗灰分提高 7.40%，粗脂肪降低3.08%。经肥育的西杂牛，其高档肉块总量占肉产量的 21%，优质肉块总量为净肉重的 34%，其肉的品质达到了美国农业部部颁肉牛标准“优等”等级。第四，产奶量高，乳脂率高。一代西杂牛平均泌乳期为 211 天，平均产奶量为 1 470 千克，乳脂率为 4.2%～6.0%；二代的产奶量比一代提高 15%～30%。第五，役用性能好，最大挽力、耕作速度、持久力比地方黄牛分别提高了 38.22%，36.67% 和 21.61%，充分表明西杂牛的役用性能显著优于地方黄牛。另外，由于西杂牛性情温驯、易调教，其使役时间一般可提前一年左右，很能胜任农业生产中的使役需要。第六，良好的适应性。在我国南方、北方，无论是山区还是平原，西杂牛均能表现出良好的适应能力，生长发育快，耐粗饲，放牧性能好，并有较好的抗寒（30～40℃）和耐热（35～40℃）能力，在南方还具有抗病（焦虫病）能力。

二、丹麦红牛

原产于丹麦。属乳肉兼用品种，全身被毛紫红色，鼻镜、眼圈多黑灰色，在丹麦，其饲养量仅次于黑白花牛。我国于1984年引入丹麦红牛数10头，分别饲养于吉林省农业科学院和西北农业大学。西北农业大学以丹麦红牛杂交改良部分秦川牛，效果十分显著。其他地区如河南、甘肃、宁夏、福建等地以其冻精改良当地黄牛，也取得了良好效果。据各地反映，丹麦红牛适应性好，能抗热耐寒，采食能力也优于黑白花牛。

丹麦红牛以产奶量高、乳脂率高和乳蛋白率高而闻名于世。50年代时，产奶量为4 500千克，乳脂率为4%；近年来，丹麦红牛导入外血，产量大有增加，1989—1990年度有记录的母牛平均产奶量为6 712千克，乳脂率为4.21%，乳蛋白率为3.3%。丹麦红牛体形中等，公牛体重为1 050千克，母牛为675千克。

三、短角牛

短角牛产于英国，是经杂交改良育成的古老品种，18世纪初开始选育工作，采用了严格的选种和近交繁育方法，20世纪初英国的育种学家们对肉的品质和乳用特征又进行了严格的选择，因而育成了乳用、肉用和兼用3种类型的短角牛品种，世界各国都有分布，世界上不少著名的品种都含有短角牛的血液，如丹麦红牛、中国草原红牛、日本短角牛、美国圣格鲁迪牛、澳大利亚黑瑞灰牛、美国肉牛王等品种。

该品种牛，头短宽，背腰宽直，胸呈圆桶形状，乳房大小适中，

尻部宽平方，四肢短，毛色以红色为多。性温顺，耐粗饲。成年公牛体重 1 000 千克，母牛 700 千克。屠宰率 65.7%。平均产奶量一般约 3 600 千克，乳脂率 3.5%～4.0%。我国张北牧场饲养的兼用型短角牛产奶性能，在以放牧为主的条件下，据吉林省农业科学院畜牧所统计 125 个泌乳期的泌乳量：1 胎、3 胎、5 胎、7 胎平均产奶量分别为 2 537.1，2 826.3，3 124.9，3 819.6 千克。肉用性能好。

四、瑞士褐牛

原产于瑞士阿尔卑斯山区东南部。体形较荷斯坦牛稍小，成年公牛体重平均为 950 千克，母牛 600 千克以上。毛色为浅褐、灰褐或深褐色，皮肤及鼻镜均为黑灰色。平均年泌乳量 4 000～5 000千克，乳脂率为 3.98%。瑞士褐牛耐粗饲，适应性强，在世界许多国家都有饲养，并参加了一些品种的形成，如前苏联的阿拉塔牛、我国新疆褐牛等品种，均含有瑞士褐牛的血液。

五、三河牛

原产于内蒙古呼伦贝尔草原，是我国培育的第一个乳肉兼用品种。年产奶量平均 2 000 千克左右，在良好的饲管条件下可达 3 000～4 000 千克，乳脂率平均 4%左右。产肉性能，未经肥育的阉牛，在一般饲养条件下，屠宰率可达 50%～55%，净肉率为 44%～48%，肉质良好，瘦肉率高，毛色以红（黄）白花占绝大多数。三河牛体躯高大，成年公、母牛平均体高、体重分别为 156.8 厘米、131.3 厘米及 1 050 千克、547.9 千克。三河牛目前无论在外貌上和生产性能上，个体间差异很大，有待于进一步改良提高。

六、新疆褐牛

是引进瑞士褐牛及含有瑞士血液的苏联的阿拉托乌公牛，对新疆当地黄牛进行长期杂交改良选育成的。该品种牛适应性强，可在高温达47.5℃，低温－40℃环境中生存觅食，抓膘能力与当地黄牛一样都很强，平均年产奶量为2 900千克，乳脂率为4.08%。产肉性能，在天然牧场良好条件下，1.5～2.5岁的平均屠宰率为50.5%，净肉率为38.4%，骨肉比为1∶3.5，眼肌面积为73.4平方厘米。毛色主要为褐色。该品种牛体形中等，成年牛平均体高121.6厘米，成牛公牛体重490千克，母牛平均则为430千克。

七、中国草原红牛

中国草原红牛是利用乳肉兼用型短角公牛与蒙古牛母牛杂交，经过长期选育而形成的乳肉兼用品种，1985年正式命名，分布在吉林、河北、内蒙古三省区。该品种牛的特点是适应性强，耐粗饲，在以放牧为主条件下，年产奶量1 500多千克，如补料，年产奶量可达2 000千克以上，乳脂率4.02%。产肉性能：在完全放牧条件下秋季膘最肥时进行屠宰，屠宰率及净肉率可分别达到50.8%和40%，宰前如经过短期育肥，则屠宰率、净肉率可分别达到58.1%和49.5%，可见，其乳、肉的生产性能潜力是很大的。

八、科尔沁牛

科尔沁牛主要分布在内蒙古东部地区的科尔沁草原，是以西门塔尔牛为父本、蒙古牛及三(河)蒙(古)杂种牛为母本、采用育成杂交方法培育而成的乳肉兼用品种。该品种牛毛色为黄(红)白花，体大结实，成年母牛体高131.4厘米，体重507.8千克，成年公牛体重991.2千克，初生公犊重41.7千克，母犊38.1千克。产乳性能：全放牧时，产乳量各胎平均为1 256千克，乳脂率为4.17%。产肉性能：在长年放牧，短期中等饲养水平肥育条件下，18月龄、20月龄、30月龄屠宰率分别为53.34%，52.6%和57.33%；净肉

率分别为 41.93%,41.74%和 47.57%。

第四节 中国黄牛品种及其改良

中国黄牛分布全国,头数最多,约占全国各类牛总头数的 70%。在我国,黄牛是泛指牦牛和水牛以外的产于我国的所有家牛,起源上包括普通牛和瘤牛两种,这是历史上的传统称法。就全国而言,黄牛的毛色虽以黄色居多,但是其他毛色也不少,如秦川牛、郏县红牛和晋南牛其毛色为红色。而渤海黑牛则为黑色,这些品种都统称黄牛。中国黄牛依其自然分布及生态条件,体格大小和品种特性,可分为 3 大类,即中原黄牛、北方黄牛和南方黄牛。

一、北方黄牛

北方黄牛的共同特点是:第一,耐粗饲、适应性强。除延边牛、复州牛外,都能长年在野外放牧饲养;第二,抓膘能力强;第三,体态结构上充分表现为役肉兼用体形;第四,除复州牛外,被毛粗长,绒毛较多,皮肤较厚,所以能抗寒耐热;第五,肩峰较低或无肩峰。

(一)蒙古牛

蒙古牛体形中等,头短而宽,粗重,眼大明亮有神,角向前上方弯曲,颈短薄,垂皮不发达,背腰平直,胸宽而深,后肋开张良好,腹大而圆,后躯短窄而斜。乳房基部宽大,但容积不大,乳头也小。四肢短,后腿肌肉发达,蹄质坚实。从整体看,前躯发育比后躯好。毛色一般多为黑色和黄(红)色,此外也有狸色和烟熏色。蒙古牛的体尺、体重随着草原类型不同,而有很大变化,以草甸草原的蒙古牛为最大。

蒙古牛发情有明显的季节性,一般从 4 月份开始至 8 月份止。育成母牛集中在 5～7 月份发情,蒙古牛繁殖率一般仅为 50%～60%,犊牛成活率为 90%左右。初情期 10～12 月龄,发情周期

23.65 天，产后第一次发情 102.6 天。公牛 14 月龄性成熟，蒙古牛大部分为自然交配，其公母比例为 1：(30～40)，怀孕期 285 天左右。

蒙古牛 100 天内的平均泌乳量第一、二、三胎分别为 493.66 千克、512.37 千克和 518 千克，以 6～7 月份产乳量最高，日平均在 5 千克左右，最高日产量达 8.16 千克。蒙古牛的平均乳脂率为 5.22%，最高能达 9%。蒙古牛的产肉能力随膘情而变化，一般中等营养水平的犍牛，屠宰率为 53.04%，净肉率 44.56%，骨肉比为 1：5.26，眼肌面积偏小，仅 55.98 平方厘米，蒙古牛沉积脂肪的能力比较强。

蒙古牛的抓膘能力强，牧区试验 90 天，日增重可达 0.48 千克，舍饲肥育 103 天平均日增重达 0.64 千克，肉的品质好。

蒙古牛役用能力强，持久力也强，能吃苦耐劳，生产潜力大，抗病力强，平均每头每小时耕地 0.47 亩。蒙古牛的主要缺点是生产性能不高，后躯发育较差，成熟晚；生态条件较好的地区，应全面开展杂交改良，以便提高其经济效益。

(二)延边牛

延边牛产于吉林省延边朝鲜族自治州，分布于东北三省。属寒温带山区的役肉兼用品种。体质结实，适应性强，皮厚骨粗，公牛额宽，角基粗大，母牛角细长，毛色呈黄色。18 月龄育肥公牛平均屠宰率 57.7%，净肉率 47.23%。眼肌面积 75.8 平方厘米。该品种体躯较窄，后躯和母牛乳房发育较差。今后，以本品种选育为主，还应向肉用方向改良。

(三)复州牛

复州牛主产于辽宁省复州市，分布于金县和新金县。该品种牛体质健壮，骨骼粗壮，背腰平直，尻部稍斜。全身被毛浅黄或浅红色。公牛体重 764 千克，母牛 415 千克；20～21 月龄牛，平均屠宰率 50.7%，净肉率 40.3%，骨肉比 1：4.1，眼肌面积 59.5 平方

厘米。今后应坚持本品种选育为主，纠正缺点，逐步向肉役和肉用方向发展。

(四)哈萨克牛

哈萨克牛产于新疆北部地区，分布于伊犁哈萨克自治州等地。外貌与蒙古牛相似，骨粗皮厚，毛色以黄黑为主。18 月龄秋季屠宰率 43.5%，净肉率 31.9%；上等膘情屠宰率 55.0%；具有抗寒力强、耐粗饲、抗病力强等特点，持久耐劳。今后的改良方向应以乳肉兼用型为主，牧区和部分山区可向兼用或肉用方向改良。

二、中原黄牛

中原黄牛有秦川牛、南阳牛、鲁西牛、晋南牛及渤海黑牛等品种。

中原地处温带，地势平坦(海拔 50～400 米)，气候温和(年平均气温 12～15℃)，雨量适中(年降雨量 550～800 毫米)，无霜期长(190～210 天)，土壤肥沃，农业发达，农作物种类多，主产小麦、玉米、豌豆、棉花等，且群众素有种植苜蓿的传统习惯，饲料来源极其丰富。牛终生舍饲，管理精细，有“寸草铡三刀，料少也上膘”和“有料无料，四角拌到”的农谚，以及“三勤”(勤喂、勤饮、勤歇)、“五知”(知热、知冷、知饥、知饱、知力量大小)和“六净”(草净、料净、水净、槽净、体净、圈净)等科学的饲养管理技术。产区耕作精细，农活繁重，往昔农村运输工具多为笨重的铁轮大车，非体大力强的耕牛难以胜任，因此，产区群众历来爱选大牛作种用。这一类型的黄牛品种，在当地优越生态条件、长期人工选择和精心培育下，均具有体格高大，结构紧凑匀称、肌肉丰满、役肉性能俱佳等特点。上述 4 个品种中，就体高而言，公牛以鲁西牛为最高，以下依次为南阳牛、秦川牛和晋南牛；母牛则以南阳牛为最高，以下依次为秦川牛、鲁西牛和晋南牛。

中原黄牛在外貌上的另一特点是：公牛一般具有明显的肩峰，

特别是邻近南方地区的南阳牛和鲁西牛肩峰较高，晋南牛、秦川牛肩峰稍低。这可能与不同地程度含有瘤牛的血统有关。

(一)秦川牛

秦川牛产于陕西省渭河流域的平原地区。肉用性能经试验肥育测定，6～18 月龄平均日增重：公牛 0.70 千克，母牛 0.55 千克，阉牛 0.59 千克。饲料报酬：每千克增重需饲料单位，公牛 7.83 千克，母牛 8.69 千克，阉牛 9.63 千克。平均屠宰率 58.28%，净肉率 50.5%，胴体产肉率 86.65%，骨肉比 1∶6.13，肉脂比 6.52∶1，眼肌面积 97.02 平方厘米。肉样分析表明其化学成分的百分比是：水分 53.75，脂肪 28.08，蛋白质 17.47，灰分 0.77。牛肉的生熟比为 1∶0.575，肉质细嫩，大理石纹明显，肉中赖氨酸含量达 9.5%。测定结果说明秦川牛肉是一种营养全价食品。

秦川母牛初情期为 9.3 月龄，体重 230～240 千克，发情周期 20.9 天。发情持续期 25～63 小时，妊娠期 285 天。产后第一次发情 53.1 天。群众习惯在母牛 2 岁时配种，在正常情况下，母牛可利用到 14～15 岁，公牛一般 12 月龄性成熟，2 岁开始配种，可使用到 10 岁。

秦川牛已被许多地区引入改良当地黄牛，效果良好。随着人民生活水平的日益提高，秦川牛在中心产区应坚持本品种选育，纠正尻部狭斜，大腿肌肉不丰满等外形缺陷，提高产肉性能，向肉用方向发展，并注意提高其泌乳性能。

(二)鲁西牛

鲁西牛产于山东省西部、黄河以南及运河以西一带，其中心产区是山东省的菏泽、济宁两地市的郓城、巨野、梁山、嘉祥、金乡和汶上。现在聊城地区和泰安地区也有分布，尤以中心产区质量最高，数量最多，边缘产区的数量较少，质量也稍差。

鲁西牛是我国著名的役肉兼用品种，更以肉质鲜美驰名中外，鲁西牛体躯高大、粗壮、结构匀称紧凑，肌肉发达，前躯较深，背腰

宽广，皮薄毛细，具有良好的役肉兼用牛体形，被毛有棕色、深黄、黄色和淡黄色四种，其中以黄色为多数，约占70%，多数鲁西牛具有眼圈、嘴圈和腹下四肢毛色较浅的“三粉”特征。蹄色不一，从红到蜡黄，少数为黄色。管围较细，尾椎细长。公牛头短而宽，呈“倒八字”角或担子角，前躯发达，颈部短厚，颈垂明显，肩峰高大，胸深而宽，后躯发育较差，尻部肌肉欠丰满。母牛头长而清秀，角形多数呈龙门角，眼大明亮，口形方大，鼻镜和皮肤多为肉红色，并有少数黑斑点，颈细长，鬐甲较低而平，背腰宽平直，尻部较倾斜，四肢健壮，筋腱明显，蹄质细密而坚实。产肉性能：鲁西牛产肉性能较好，皮薄骨细，肉质细嫩，肌纤维间能沉积均匀的脂肪，是历史上有名的优质牛肉地方品种牛，据菏泽地区鲁西牛育种辅导站试验，在以粗饲料为主的条件下，日喂精料2千克，18月龄育肥公犊平均日增重为650克，母犊平均为430克；每增重1千克体重公、母犊需消耗6.52和8.6个饲料单位，可消化蛋白质分别为669.41克和853.03克；平均屠宰率为58.88%，净肉率为49.16%，骨肉比为1∶5.62，眼肌面积为95.5平方厘米，并具有明显的大理石状花纹，深受国际市场消费者的欢迎。鲁西牛具有较强的繁殖性能，公牛的性成熟在1岁左右，开始配种年龄为2～2.5岁，利用年限5～7年，正常的射精量为5～10毫升。母牛性成熟一般在10～12月龄，初配年龄为1.5～2岁，正常情况下，一生可产犊10～12胎，妊娠期为285天左右，难产率很低。鲁西牛今后的选育或改良方向是向肉用。

(三)南阳牛

南阳牛产于河南省南阳地区，属大型役肉兼用品种牛。南阳公牛体格高大，体质结实，公牛颈短，而肩峰发达。尻短且尖，体形分高脚牛、矮脚牛及短脚牛3种类型。高脚牛体高身短，胸浅且窄。矮脚牛体矮且长，四肢短，胸围大，短脚牛介于两者之间。毛色以黄色、米黄色、草黄色为主。该品种牛产肉性能良好，15月龄育肥牛，屠宰率 55.6%，净肉率 46.6%，胴体产肉率 83.7%，骨肉比 1∶5.1，眼肌面积 92.6 平方厘米；每日可耕地 2～3 亩。南阳牛通过选育和改良，今后应向肉用方向发展。

（四）晋南牛

晋南牛产于山西省南部晋南盆地运城地区。属大型役肉兼用品种，体躯高大结实，具有役牛的外貌特征。公牛中等长，额宽，顺风角，颈粗短，前胸宽阔，尻部窄斜。毛色以紫红色为主。产肉性能好：成年牛育肥试验，屠宰率平均为 52.3%，净肉率为 43.6%。今后非选育区可导入外血，向肉用方向发展。

（五）渤海黑牛

渤海黑牛产于山东省滨州地区的无棣、沾化、滨县和阳信一带，及东营市的利津、垦利和市区周围，其中以滨州地区的渤海一带数量最多，质量最好。渤海黑牛因被毛、鼻镜、皮肤和蹄角全呈黑色，故有"黑金刚"之美称。渤海黑牛身躯较低，四肢粗壮而短，体躯显得较长，胸围大，整个体形呈长筒状，角质致密，并多为小龙门角或倒八字角。成年公牛平均体高为 129.6 厘米，体长为145.9 厘米，胸围为 182.9 厘米，管围为 19.8 厘米，体重为 426.3 千克；母牛平均体高为 116.6 厘米，体长为 129.6 厘米，胸围 161.7 厘米，管围为 16.2 厘米，体重为 298.3 千克。

渤海黑牛具有较好的产肉性能，据山东省滨州地区畜牧兽医研究所测定，在一般饲养管理水平的条件下，未经育肥的公牛和阉牛屠宰率达 50%～55%，净肉率为 41%～45%。渤海黑牛性成熟早，公犊 6 月龄时即有性欲表现，性成熟为 10～12 月龄，2 岁左右开始配种，可利用到 8～10 岁；母牛初情期 8～10 月龄，初配年龄 18～24 月龄，发情周期平均 20.2 天，发情持续期 2～3 天，妊娠期 279.5 天，产后第一次发情的时间为 80 天左右，正常情况下，一年一犊，终生产犊 7～8 胎，高者可达 10 胎以上。

0.5～1 岁的中上等膘情的渤海黑牛，不同性别、不同部位的

测定结果表明嫩度和熟肉率均比非专门化育肥18月龄鲁西牛的6.53千克和61.53%为低，因此，1岁内渤海黑牛的牛肉要比非专门化育肥18月龄的鲁西牛的牛肉肉质细嫩，脂肪含量几乎一致，总氨基酸含量为18.75%，而非专门化育肥的18月龄鲁西牛为14.74%。

三、南方黄牛

我国南方幅员辽阔，山区与平原交错，地形复杂，属亚热带，气候炎热（年平均气温23～25℃），湿度大（年降水量1 500～2 000毫米，相对湿度85%左右），无霜期长（220天以上），农业发达，农作物种类多而产量高，饲料资源丰富。山区草场辽阔，牧草丰盛，牛多以放牧为主，冬季很少补饲或常年不喂精料，饲养管理较粗放，农区多水田，黄牛水旱均能兼作；南方黄牛头数最多，分布最广，品种也最多，主要包括：雷琼牛、温岭高峰牛、云南高峰牛、巴山牛、巫陵牛、盘江牛等品种。

南方牛的共同特点是：第一，体格矮小（公牛体高120～130厘米，体重250～300千克；母牛相应为107～112厘米和216～294千克），肢细而短，蹄质坚实，行动敏捷，能爬陡坡，适于山区放牧。第二，公牛具有高耸的肩峰，峰高8～15厘米，特别是含有瘤牛血液较多的雷琼牛、温岭高峰牛和云南高峰牛。第三，毛色较杂，有黄、棕黄、黑、棕黑、褐、草白等色，个别品种被毛还有白色带碎黑色的（如峨边花牛）。近年由于坚持选育工作，毛色已逐渐趋向一致。如巴山牛中的地方类群西镇牛，以红黄色为主的毛色已占整个牛群的70%左右。温岭高峰牛经多年选育，现绝大多数均为黄色或棕黄色，体形也明显增大。第四，耐粗饲，终年放牧，不加补饲，仍能保持良好膘情。耐潮湿、抗炎热、抗蜱。

四、中国黄牛的杂交改良

从历史上来看，在从新石器时代到铁器时代初期的数千年历史中家牛的主要经济价值在肉用，其次是驮载、驾车和乳用，实际上，家牛的驯养就是以用作食用为目的而开始的，在开始应用铁制农具之际，大多数黄牛才逐渐转为以役用为主的家畜，这个时期持续了 2000 多年，此间大多数家牛，可以说是兼备动力资源性质的农耕、运输工具，当今世界上的许多著名的肉用或肉乳兼用品种当时均以役用为主，从 18 世纪第一次产业革命到今天，由于多种能源的开拓和机械的发展，役牛在人类社会中的作用逐渐被机械取代，第二次世界大战以后，许多发展中国家，相继进入这一过程。今日世界已无需很多役牛，而对乳肉等畜产品的需要却日益增加，为了提高生产水平，大型役用草食家畜中的大多数转变为肉用或乳用家畜是一个客观趋势，即黄牛已进入生产力方向的第二次转变时期，我国也不例外，即我国的黄牛也要改良。

农业部于 1986 年制定了我国牛品种改良区域规划，现将黄牛改良区域规划介绍如下：

大中城市和新的经济区，人口密集，对鲜奶的需求量大，其郊区的黄牛，应选用北美型的荷斯坦牛进行杂交与改良，培育高产奶牛。

优质草原及商品牛基地县，有丰富的草料资源，是我国的乳制品生产基地，其黄牛的改良方向应以乳用为主，乳肉兼用，可选用欧洲型的荷斯坦牛、西门塔尔牛等品种改良，部分地方视需要与可能也可向肉用方向改良。

半农半牧区、山区和丘陵区，以生产加工奶和肉为主，应主要用西门塔尔牛进行改良，部分地方也可用欧洲型的荷斯坦牛及其他肉牛改良。

牧区，多数自然条件较差，三河牛、草原红牛、新疆褐牛等品种要继续选育提高，并视需要与条件，可用上述品种或西门塔尔牛改良当地黄牛，发展乳、肉兼用型牛；也可用夏洛来、利木赞牛进行改良，发展肉用型牛。

地方良种黄牛产区，应以开发促保种，优良品系的利用与杂交利用相结合，根据当地人民群众和市场对乳、肉的不同需要，可分别选用利木赞、丹麦红牛、短角牛等品种进行杂交改良。

关于纯种基因的保存，可采用在中心产区建立核心群的方法。随着纯种的不断选育提高，血统、系别更加清楚，也可用冻精或冻胚做基因保存。

思考题

1. 我国引进的主要奶牛品种有哪些？对我国黄牛改良效果最好的奶牛品种是什么？

2. 我国培育的乳肉兼用品种有哪些？

3. 荷斯坦牛的主要优缺点有哪些？生产中应注意哪些问题？

4. 解决我国奶牛来源的途径有哪些？

5. 我国引进的主要肉牛品种有哪些？对我国黄牛改良效果最好的肉牛品种是什么？

6. 我国黄牛分为几类？各有什么特点？

7. 我国黄牛中肉用性能最好的品种是哪些？

8. 我国黄牛今后的育种方向是什么？

第三章　牛的体形外貌鉴定

重点提示:本章重点学习高产奶牛的外貌特征、奶牛外貌鉴定的方法(评分鉴定法、测量鉴定法),奶牛年龄鉴定方法(牙齿鉴定法);肉牛的外貌特点。

第一节　体质外貌与生产性能之间的关系

家畜有机体的形态结构、生理机能、生产性能、抗病力、适应性等相互之间协调性的综合体现即为体质。所谓体质的强弱是由体质健壮结实程度和刻苦耐劳性来体现的,是由其对外界生活条件的适应性来体现的,是由其对抗病和恶劣环境的抵抗能力来体现的,是由其繁殖能力和生产性能的高低来体现的。

外貌可以反映经济价值,所以外貌又是生产性能的表征,不同生产用途的牛都有与其生产性能相适应的外貌,例如肉牛具有宽深肌肉丰满的体躯,役牛骨骼健壮、肌肉坚实,利于役力发挥的发达的前躯和健壮的四肢;乳牛则具有发育良好的泌乳器官,一般地说凡体质外貌优良的牛,其生产性能也是较高的,如表 3-1 所示。

表 3-1　锦州市畜牧场奶牛外貌与产奶量的关系

外貌等级	一胎(头数)	产奶量	1,3,5 各胎平均产奶量
特级	81	5 103	5 707
一	53	4 721	5 144
二	20	4 639	5 021

外貌不仅与生产性能,而且与奶牛的健康,种用价值等有密切

关系，因此，无论过去、现在，人们对于牛，特别是高产奶牛的外貌鉴定极为重视，实践证明，外貌上的某些缺陷，除影响乳牛本身外，还会影响其后代，在一般情况下，缺点的遗传力，往往高于其优点，例如，乳房韧带不良，后乳房下垂，后乳头特向后，后肢过直以及尻斜等缺点的遗传力均高于各该项优点的遗传力，因此我们在选择时，对于那些遗传力高的缺点部位，应特加注意。

牛的外貌虽与生产性能、牛体健康、种用价值有着密切的关系，而且这种现象是普遍存在的，但它们之间的关系不是绝对的，因为生产性能的高低除与外貌结构有一定关系外，还要受内部结构的影响，例如，乳牛的泌乳性能，除与乳房的外部形态、质地等因素有关以外，还要受本身的内分泌系统，神经系统、消化系统、呼吸系统等机能及其相互作用的制约。肉牛役牛也是如此，所以，外貌只能作为选择或鉴别牛的体质和生产性能的手段之一。外貌鉴定有 3 个目的，首先，是鉴定外貌有无功能性（如瞎乳头）及管理上的缺陷（乳房太下垂）；其次，是鉴定外貌是否符合品种标准；第三，是根据外貌估计奶牛的生产性能，前两个目的易，而后一目的就难得多。

第二节　牛体各部位形态及要求

一、头颈部

1. 头部　可以表示出牛的类型、品种特征、改良程度及其性能的高低。公牛头短、宽、厚、骨粗，额部生有卷毛，具有雄伟的相貌；母牛头轻小、狭长，细致清秀，具有温和的相貌。每一品种类型的头各有其特征，如役牛头比较粗重，肉牛的头宽短，奶牛的头多细长而清秀。头有笨重、轻小、长短、宽狭之分。笨重的头，说明骨骼结构粗糙，与体躯相比所占比例较大，往往角粗大、皮厚毛粗，役牛往往如此。乳牛和肉牛头部笨重则表示生产能力低。牛头的轻重是指牛头的大小与体躯相适应的程度；而牛头的长短是指牛头的长度与体斜长的比，在26%～34%之间为适中，否则，为短头或长头。头的宽度，一般是指头宽与头长之比，最小额宽与头长之比应为37%～40%，最大额宽与头长之比应为47%，否则，为宽头或窄头。

2. 颈部　有长短厚薄之分，颈长应为体长的27%～30%。乳牛颈部应薄长，肌肉发育适中，两侧有许多皱褶，公牛颈部较母牛厚短，颈峰明显。

二、鬐甲

鬐甲与颈、前肢和躯干相连接，因此必须结合良好，以保证前肢的自由运动。鬐甲有宽、窄、高、低、尖起及分岔等几个类型。公牛鬐甲高；役牛鬐甲高；肉牛鬐甲宽。

三、背腰

有长、短、宽、窄、凹陷、拱起等类型。除与遗传有关以外，还与饲料、运动等有密切的关系。良好的背、腰应长宽平直。

四、尻部

有长、短、尖斜、平直屋脊等几种类型。长宽平直为乳牛和肉牛的理想类型。

五、胸部

应宽深，以利于心脏和肺脏的发育。

六、腹部

有充实腹、平直腹、草腹、卷腹等几个类型。充实腹在胸的

直后呈浅弧形向后部延伸，直至欠部下方，开始逐渐收缩，显得饱满、充实而美观，故又称饱满腹。这种腹型在牛的后面可以看到最后肋壁，不显鼓胀、低垂状态，腰壁丰圆，紧张有力。草腹如不影响背线的发育，不算是严重缺点，但公牛不宜有草腹，以免影响配种；卷腹、垂腹是严重缺点，其形成原因正相反。平直腹比充实腹更丰满，呈圆筒形，其腹下线与地平线平行向后部延伸，直至欠部下方也不呈浅弧形、不显紧缩状态，对后肢运步有一定影响。

七、生殖器官

要注意公母牛生殖器官的发育情况，公牛应有发育良好的睾丸，两侧大小、长短一致，附睾发育良好，包皮没有缺陷。母牛有发育良好的阴门，以利分娩。

八、乳房

乳房是母牛的重要器官，尤其是对奶牛和乳肉兼用牛，更要求乳房容积大，乳腺发达，结缔组织不宜过分发达。还要注意乳房的形状、质地、乳静脉及乳头等的发育情况。

九、四肢

应强壮、结实，肢势端正、乳牛和肉牛运动时省力，节省能量消耗，役牛可以充分发挥役力。蹄应圆大、厚实、整齐，蹄叉紧密，蹄壳坚实、光滑而无裂纹。

十、皮肤和被毛

乳牛和肉牛皮薄而有弹性，毛细而短。役牛皮厚、被毛也较乳牛和肉牛粗长，皮肤和被毛与气候、放牧还是舍饲等有很大关系。

十一、尾

应细长，下垂时超过飞节，表示骨骼细致，生产力高。

第三节　不同用途牛的体形与外貌特点

一、乳牛的体形外貌特点

乳牛的外貌，从整体上看应具有薄的皮肤，较细而结实的骨骼，血管显露，棱角明显，被毛细短而富有光泽，肌肉不甚发达，皮下脂肪沉积不多，全身清秀、紧凑、细致，属细致紧凑体质类型。乳牛的胸腹宽深，后躯和乳房十分发达，体呈三角形(侧望、前望、上望)。并具有三宽三大的特点：即背腰宽，腹围大；腰角宽，骨盆大；后裆宽，乳房大。具有发育良好的胸腔。必须指出的是：三角形所表示的前躯较浅、较窄的外貌，绝不是浅胸平肋的绝对孤立现象，而是指前后躯相比较来说的，否则，如果片面追求后躯而忽视前躯必然导致胸腔狭小，心肺不发达，不仅不能提高产奶量，反而成为提高产奶量的障碍。实际上，高产奶牛的胸腔很发达，解剖之会发现其肺脏很发达，鼻孔大，气管长而粗，心脏也很发达，血管粗而明显。

20 世纪 80 年代有的学者又提出了“腹围型”学说，该学说认为腹围型是乳牛的理想型。具体要求是：腹围率等于 125%或略高于此；躯长率为 120%或略高于此。腹躯率为 122.5%，属于此种类型的牛一般为高产牛，也为培养和选种之方向。腹围率＝(腹围÷胸围)×100%；躯长率＝(体斜长÷体高)×100%，腹躯率＝(腹围率＋躯长率)/2。腹围测定的最恰当的时间是在产后 2 个月内饱腹以后测定其最大围度。“腹围型”学说认为比三角形更全面地研究了乳牛外部形态与内部机能、各部分与整体的关系。因为

腹围型的牛既要具有圆大的腹围又要求它与胸围有正常的比例。就是说高产奶牛应该具有庞大的腹腔，以保证胃肠的形态与机能的充分发展，能够采食、消化和吸收大量的饲草饲料，从而为大量泌乳奠定坚实可靠的物质基础，同时又要保证乳牛具有相应发达的胸腔，使它的代谢系统——心、肺得以相应地发育，使其具备消化吸收大量饲草、饲料所必须具有的代谢能力。此外，在要求乳牛有一定的腹胸比例时，又要求乳牛体躯有一定的长度，即躯长率，以保证整个有机体的协调性，躯长又是腹腔、胸腔扩大之保证。

局部要求主要谈尻部和泌乳系统，尻部要求长宽平直。泌乳系统要求 5 个方面良好：

①容积大，其前乳房延伸到腹部，后乳房充满于两大腿之间并突出于体躯的后方。

②乳房形状要好，4 乳区均匀、对称，乳头间距 8～12 厘米，若大于 15 或小于 8 时，挤乳时乳头要弯曲，影响乳的排出。其底线略高于飞节且平坦，呈浴盆状，底线与韧带有关，而韧带又与年龄有关。不良形状有碗状、球状、漏斗状（山羊乳房）

③质地柔软，富有弹性即腺体组织发达（75%～80%），挤奶前后形状变化较大——称之为腺体乳房；如果乳房内部结缔组织和脂肪组织过多，如大于 40%，就会抑制腺体组织，这种乳房虽大，但缺乏弹性，挤奶前后形状变化不大——称之为肉乳房。

④乳静脉发达，腹下静脉粗大弯曲、乳房静脉粗大弯曲交织成网状，乳井粗，这在腹下静脉位于深层暴露不明显时，乳井粗就说明了腹下静脉粗大。

⑤乳头距地面高度为 40～45 厘米，乳头长度 5～7 厘米，有利于乳杯吸附，和手工挤奶，放乳速度快。粗 2～3 厘米。过低、过高、过长、过短、过粗、过细均不利于人工挤奶和机器挤奶。

除注意以上几方面的选择外，在育种过程中应加强选择的几个性状：悬韧带、后乳房宽度、乳房纵沟深、乳头长度、乳头直径，这些性状是影响产奶量的主要性状，特别是后乳房宽、乳房纵沟深、乳头直径。后乳房宽即后乳房左右两附着点之间的距离，乳房后宽度理想为25厘米，过窄影响了乳房的容积；后乳房高即后乳房附着点至飞节的距离，后乳房高度理想为15厘米；乳房纵沟深即悬韧带沟底与乳房底平面之间的距离；后乳房深即乳房底平面与飞节间的距离。后乳房深可以说明悬韧带的松紧程度。

高产奶牛不仅外貌好、高产，而应胎胎高产且长寿。长寿是对生产寿命（也叫在群能力）而言的，通过外貌鉴定即可间接了解其生产寿命，即附着坚实的乳房、坚实的蹄腿、大的体躯和良好的乳用特征。

二、肉牛的体形外貌特点

从整体上看，肉牛的体形外貌特点是：不论侧望、上望、前望和后望，其体躯均呈明显的矩形或圆筒状；体躯低垂，皮薄骨细，全身肌肉丰满，疏松而匀称，属细致疏松体质类型。

从局部来看，能体现肉牛产肉性能的主要部位有：头颈、鬐甲、背腰、前胸、尻部及四肢等，尤以尻部最为重要。

头颈：头较宽而颈粗短。

鬐甲：宜宽厚多肉，与背腰在一条直线上，两肩与胸部结合良好，无凹陷痕迹，显得非常丰满。垂肉细软，中等发达。

前胸：宜饱满，突出于两前肢之间。肋骨弯曲度大。

背腰：宜平直、宽广、多肉。脊柱两侧和背腰肌肉非常发达。腹线平宽而丰圆，整个中躯呈一粗短圆筒形状。

尻部：宜宽长平直、丰满，肌肉一直延伸到飞节处。两腿宽而深厚，腰角钝圆，坐骨端距离宽，厚实多肉。

四肢：粗短、肢间距较宽。

我国不少地方引用专门化肉牛杂交改良当地牛，所产杂交牛在体形外貌上一般具有其双亲品种的中间特点。背腰宽平表现明

显，后躯欠不发达的外观有较大改善，前后裆增宽，头较宽而颈粗短。

第四节　奶牛评分鉴定和测量鉴定

乳牛的外貌鉴定通常采用以下 2 种方法：评分鉴定和测量鉴定，其中以评分鉴定应用最广。在种牛场鉴别乳牛时，也可以将二者结合进行，以获得准确可靠的结果。

一、评分鉴定

评分鉴定是根据乳牛体各部位的重要程度分别给予一定的分数。其总分是 100 分。

评分鉴定时，被鉴定的乳牛应自然地站立在宽广平坦的场地上，鉴定人员根据外貌评分要求，站在距乳牛 10～15 米的地方，首先对乳牛体形进行观察，以便有一个轮廓的认识。然后走近牛体，按其品种外貌鉴定标准所列项目，逐一仔细触摸，评出分数。最后汇总分数，并按外貌鉴定等级评分标准，确定该乳牛的等级。

鉴定前，一般要了解被鉴定牛的年龄、胎次、产犊日期、产奶量、是否怀孕等情况，然后，按统一的评分标准进行鉴定。

(一)评分标准

评分鉴定按中华人民共和国国家标准进行。中国黑白花奶牛(中国荷斯坦牛)标准已于 1982 年在昆明审定通过，并于 1983 年 5 月 1 日由国家标准局正式批准(国标 GB 315782)，颁布实施(表 3-2)。

荷斯坦牛依外貌优劣程度划分为特等、一等、二等、三等，各等给分标准如表 3-3 所示。

表 3-2　母牛外貌鉴定评分

项目	细目与评满分标准	标准分
一般外貌与乳用特征	1. 头、颈、鬐甲、后大腿等部位棱角和轮廓明显	15
	2. 皮肤薄而有弹性，毛细而有光泽	5
	3. 体高大而结实，各部结构匀称，结合良好	5
	4. 毛色黑白花，界限分明	5
	小　计	30
体躯	5. 长、宽、深	5
	6. 肋骨间距宽，长而开张	5
	7. 背腰平直	5
	8. 腹大而不下垂	5
	9. 尻长、平、宽	5
	小　计	25
泌乳系统	10. 乳房形状好，向前后延伸，附着紧凑	12
	11. 乳房质地、乳腺发达，柔软而有弹性	6
	12. 四乳区：前乳区中等长，四个乳区匀称，后乳区高宽而圆，乳镜宽	6
	13. 乳头：大小适中，垂直呈柱形，间距匀称	3
	14. 乳静脉弯曲而明显，乳井大，乳静脉明显	3
	小　计	30
肢蹄	15. 前肢：结实，肢势良好，关节明显，蹄形正，质坚实，蹄底呈圆形	5
	16. 后肢：结实，肢势良好，左右两肢间宽，系部有力，蹄形正，蹄质坚实，蹄底呈圆形	10
	小　计	15
	总　计	100

表 3-3　荷斯坦奶牛外貌鉴定等级评分标准

	特级	一级	二级	三级
给分	80	75	70	65

评分表中，母牛外貌鉴定包括：一般外貌与乳用特征、体躯、泌

乳系统及肢蹄4大部分，共16个细目。

一般外貌与乳用特征占总分(100分)的30%。其中头、颈、鬐甲、后大腿等部位棱角和轮廓明显占15分；皮薄而有弹性；毛细而有光泽占5分，体高大而结实，各部位结构匀称，结合良好占5分；毛色黑白花，界线分明占5分。

体躯占总分的25%。其中有5个细目：体躯长、宽、深占5分，肋骨间距宽，长而开张占5分，背腰平直占5分；腹大而不下垂占5分；尻长、平、宽占5分。

泌乳系统占总分30%。其中5个细目：乳房形状好，向前后伸延，附着紧凑占12分；乳房质地(乳腺发达，柔软而有弹性)占6分；4乳区(前乳区中等长，4个乳区匀称，后乳区高、宽而圆，乳镜宽)占6分；乳头(大小适中，垂直呈柱形，间距匀称)占3分；乳静脉弯曲而明显，乳井大，乳房静脉明显占3分。

肢蹄占总分15%。包括前肢(结实、肢势良好，关节明显、蹄形正，蹄质坚实，蹄底呈圆形)和后肢(结实，肢势良好，左右两肢间宽，系部有力，蹄形正，蹄质坚实，蹄底呈圆形)2个细目。前肢占5分，后肢占10分。

(二)外貌缺陷与扣分

外貌鉴定评分表中明确指出：乳房、四肢和体躯，其中1项有明显生理缺陷者，不能评为特等；有2项时不能评为一等，有3项时不能评为二等. 良种母乳牛，凡乳房、四肢、凡乳房、四肢、尻部和中躯4个部位中，其中一项有明显外貌缺陷者，不予以登记。

目前，国内外公认乳牛有下列缺陷者，应淘汰或适当扣分。

头部：

- 两眼失明——淘汰。
- 一眼失明——适当扣分。
- 黑身白头——淘汰。
- 母牛公相——大量扣分。

● 笨重或过度发育——大量扣分。

● 面部凹陷——大量扣分。

● 下颌骨过短——大量或适当扣分。

颈部：

● 过长过短、过粗过细或与头、肩结合太差——大量或适当扣分。

鬐甲：

● 肩胛骨分开、肩胛骨后部狭窄或鬐甲过低、过尖——大量或适量扣分。

背部：

● 背过窄、过短、凸起或凹下——大量或适量扣分。

腰部：

● 腰过窄、下陷、弓背——大量或适量扣分。

胸部：

● 胸过窄、过浅、与肩胛骨结合太差——大量或适量扣分。

腹部：

● 肋骨短而不开张——大量或适量扣分。

● 中躯发育太差、卷腹或垂腹——大量或适量扣分。

尻部：

● 尻部短、下陷、尖尻或腰角下陷——大量或适量扣分。

尾：

● 尾巴位置不正(歪斜)——适量扣分。

乳房：

● 4个乳区机能不全或发育不匀称——大量扣分。

● 牛乳异常、带血、凝结变酸——淘汰。

● 附着不良或下垂——大量或适当扣分。

● 肉乳房或乳头孔过紧、有瞎乳头、副乳头——大量或适当扣分。

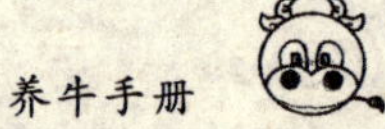

四肢：

● 跛行（经常影响乳牛机能）——淘汰。

● 腕跗关节不好、后肢外弧、系部软弱——大量扣分。

● 后肢关节有关节炎——大量扣分。

● 腕关节过于粗大、蹄质软弱或蹄裂——大量扣分。

营养状况：

● 营养过度（全身脂肪沉积过多）、粗糙笨重——大量扣分。

用评分法鉴定，首先应熟悉各细目的标准和满分要求。每个项目和细目评分，一般可按良、中、差 3 类划分。因为十全十美的整体和部位是很少见的。所以，除最好者外，良好的可按满分的 4/5 给分，中等的可按满分的 3/5 给分，差的可按满分的 2/5 或 1/5 给分。评分时应反抓住关键部位，如关键部位有严重缺陷，该牛或该部位不予评分。

评分结束后，根据 16 个细目的评分，最后累加，即为外貌总评分。再根据外貌等级标准（表 3-3）即可知该牛的外貌鉴定等级。

（三）外貌鉴定复审

母牛在 1 胎、3 胎、5 胎产后第二个泌乳月各鉴定一次。

外貌评分简便易行，但不易为人们所掌握。这就要求鉴定人员必须对鉴定的乳牛品种外貌特征有深刻的认识和了解，否则很难鉴定准确。同一头乳牛，不同人鉴定，可能会得出不同鉴定结果。为了避免这一缺点，凡已经过某个人鉴定的乳牛，可由 3～5 个人组成鉴定组进行复审。另外，为了逐步提高鉴定人员的鉴定水平，几个人可同时鉴定一组乳牛（3～5 头），在个人鉴定评分基础上，进行优劣名次排列，比较复审，现举例如下：

现有年龄相同的 4 头荷斯坦牛（母），1 号、2 号、3 号、4 号，鉴定人员认为，4 号最好，3 号次之，1 号最差。其理由是：

4 号乳用型比其他 3 头表现明显，胸宽而深，胸围大，尻平、长，乳房附着好，形状好，乳头也比较一致，另外性格温顺。

3 号与 2 号相比，2 号头清秀、尻平；但 3 号乳腺发育好，乳房大，乳静脉粗，长而弯曲。2 号比 1 号好，2 号乳静脉较长而粗，头清秀，且 2 号背腰平，尻长而平，中躯深而丰满，乳房好；1 号乳房小，4 个乳区不匀称，背不结实，中躯容积小。

二、测量鉴定

测量鉴定包括体尺测量和体重测量两项内容。体尺、体重是鉴定乳牛的 2 项重要指标，不同品种均规定有各自的标准。

(一)体尺

根据体尺测量结果，可以矫正评分鉴定时的误差；同时将所得的数字经过统计分析，可以了解牛体生长发育和外貌特征。因此，休尺测量是乳牛选种的一项重要指标。

在乳牛育种工作中，常用的有以下几项体尺：

(1)鬐甲高　从鬐甲最高点到地面的垂直高度(用测杖量)。

(2)体斜长　由肱骨前突起的最高点(即肩端)到坐骨结节最后内隆凸间的距离(测杖)

(3)体直长　切于肱骨前突起(即肩端)的垂线到切于坐骨结节最后突起(坐骨端)的垂线之间的直线距离(测杖)。

(4)胸围　在肩胛骨后角处牛体躯的周径(卷尺)。

(5)腹围　腹部最膨大处的周径(卷尺)

(6)腰角宽　两腰角外缘的最大宽度(测杖或圆形触测器)。

(7)尻长　从腰角前隆凸到坐骨结节最后突起间的距离(测杖)。

(8)管围　在左前肢管骨上 1/3 部测量的周径(卷尺)。

测量体尺，必须校正好量具，被测量的牛必须站在平坦场地，使牛呈自然姿势，然后进行测量。体尺一般用厘米表示。

(二)体重

体重是育种的一项重要指标。称量体重可准确地了解牛生长

发育情况，并以此作为配合日粮的依据。

称量体重最好是进行实际称重。

牛的体重也可根据体尺进行估计。

各龄奶牛体重估测可以用以下公式：

6～12 月龄：

$$体重(千克)=胸围^2(米)\times体直长(米)\times 98.7$$

16～18 月龄：

$$体重(千克)=胸围^2(米)\times体直长(米)\times 87.5$$

初产至成年：

$$体重(千克)=胸围^2(米)\times体直长(米)\times 90.0$$

肉牛和肉乳兼用牛体重估测可以用以下公式：

$$体重(千克)=胸围^2(米)\times体直长(米)\times 100$$

第五节　牛的体形线性评定方法

一、奶牛体形外貌线性鉴定

传统的体形外貌评定方法一般属于“经验型”，即以选择“理想型”牛体为指导思想。这些鉴定受主观意识影响很大，因人而异，重复性较差。近年来普遍推行的线性评定方法是根据奶牛的生物学特性进行的，因此被誉为“功能型”鉴定方法，其最大特点是其客观性。乳牛体形线性评定方法，着重哪些对奶牛生产经济效益以及对奶牛生产性能的发挥起明显作用，而又可以育种手段改进的体形外貌性状进行评定。将模糊概念(性状的具体表现状态)数量化，从一个极端到另一个极端，然后对照奶牛活体，按线性方式排列比较，最后根据实际表现判分。

美国、加拿大奶牛体形线性评定(美国实行 1～50 分，加拿大实行 1～9 分)于 1982 年正式公布应用以来，很快得到了多数国家的承认、推广和发展。中国奶牛协会，结合我国实际，于 2002 年讨论研究确定在全国推广使用中国荷斯坦牛体形线性鉴定 9 分制评分法。

体形线性鉴定不同于外貌评分鉴定，它是根据生物学特点，按线性尺度从一个生物学极端向另一个生物学极端来鉴定乳牛体形外貌性状，而不是按照鉴定人员的理想型概念打分。9 分制是把性状表现的生物学两极端范围看作一个线段，把该线段分为 1～3 分、4～6 分、7～9 分三个部分。两个极端和中间三个区域观察该性状所表现的状态在三个区域内哪个区域，再看其属于该区域中哪一个档次而确定其评分分数。

中国奶牛协会规定，凡参加牛只登记、生产记录监测及公牛后裔测定的牛场所饲养的全部成年母牛，必须在第一胎、第二胎、第三胎和第四胎分娩后第 60～150 天内，在挤奶前进行体形鉴定，用最好胎次成绩代表该个体水平。

鉴定部位为：体躯结构/容量；尻部；肢蹄；乳房；乳用特征。

1. 体躯结构/容量

(1)体高　是牛体骨骼结构的综合表现。体高是地面到牛体十字部的相对高度(线性鉴定时采用的体高)。体高 130 厘米为极低个体，评 1 分，140 厘米属中等，评 5 分；150 厘米为极高个体，评 9 分，为最好。

(2)前段　观察部位为鬐甲部与十字部的相对高度差。鬐甲部高于或低于十字部的变化范围为 10 厘米。鬐甲部低于十字部 5 厘米为极低，高于十字部 5 厘米为极高，评 9 分。从生物学角度来看，鬐甲部与十字部的比高过大，对肺、心脏、甚至系统、后肢均为不利。理想是鬐甲部比十字部高 3 厘米，评 7 分。

(3)体躯大小(体重)　体躯大小主要根据体重进行评分。体

重可根据胸围的大小进行估计。1 胎母牛胸围 173 厘米，估重为 410 千克，为极小个体，评 1 分；胸围 188 厘米，估重为 500 千克，为中等，评 5 分；胸围 200 厘米，估重为 590 千克，为极大个体，评 9 分。

(4)胸宽　观察是否高产及持久力的强弱。胸宽肋骨开张，表示肺活量大，心力强、代谢强、健康。胸宽 37 厘米以上为极宽，评 9 分；胸宽 25 厘米为中等，评 5 分；胸宽 13 厘米为极窄，评 1 分。

(5)体深　大容积体躯，表示具有庞大的瘤胃和消化系统，采食能力强，也利于胎儿发育。但不可过深或腹下垂。其评分是以体躯最后一根肋骨处、腹下沿的深度为评分基准。如腹下沿很深，呈下垂状，评 9 分；如腹下沿比较深，不下垂，评 7 分，为理想体深；中等评 5 分；腹深很浅评 1 分。

(6)腰强度　观察腰部结实程度、臀部的荐椎至腰部第一腰椎之间的连接强度和腰部短肋的发育状态。腰部的腰椎骨微有隆起，其短骨发育长者，为极强个体，评 9 分；腰部下凹，其短骨发育短而细，为极弱个体，评 1 分；中等评 5 分。

凡有以下性状者为缺陷性状：面部歪；头部不理想；双肩峰；背腰不平；不匀称；肋骨不开张；凹腰；胸窄；体弱。

2. 尻部

它是乳房的“根部”，为乳房提供“支持”。尻部与奶牛生殖系统紧密连接，直接影响奶牛的产犊难易和繁殖效率。

(1)尻角度　指腰角到臀部之坐骨结节端的倾斜角度。根据坐骨结节端高于或低于腰角进行评分。腰角高于坐骨结节端 8 厘米，尻角度为极斜，评 9 分；腰角高于坐骨结节端 4 厘米，尻角度为理想，评 5 分；腰角低于坐骨结节端 5 厘米，尻角度为极逆斜，评 1 分。

(2)尻宽　尻的宽窄与产犊难易、后乳房发育均有直接关系。评分以臀端之两坐骨结节的宽度为依据。两坐骨结节宽 10 厘米，为极窄评 1 分；每增加 2 厘米加 1 分，18 厘米为中等，评 5 分；26 厘米为极宽，评 9 分。

凡有以下性状者为缺陷性状：肛门向前；尾根凹；尾根高；尾根向前；尾歪；髋关节过后。

3. 肢蹄

(1)蹄角度　指后蹄外侧蹄壁与地面所形成夹角的陡峭程度。夹角小的牛，蹄冠薄使蹄壁变得长而平展，蹄子易于损伤，引起蹄变形和蹄病，并影响运动采食和产奶性能。评分方法是把蹄壁上沿的蹄线做一条延伸线，看其达到乳牛前肢的部位进行评分。如延伸线达到乳牛前肢的肘部，即表示蹄角度很小(15°角)，评 1 分；达到前膝关节处为中等(45°角)，评 5 分；达到前膝关节下，管骨中段下，蹄角度大(75°角)，评 9 分。

(2)蹄踵深度　指后蹄踵上沿与地面间的相对高度。蹄踵深度极浅，蹄后部易受伤、发生蹄感染和炎症。评分方法是蹄踵深度 0.5 厘米，为极浅，评 1 分，每增加 0.5 厘米，增加 1 分；蹄踵深度 2.5 厘米为中等，评 5 分；蹄踵深度 4.5 厘米为极深，评 9 分。

(3)骨质地　指后肢骨骼的细致程度与结实程度。后肢骨骼粗圆疏松，评 1 分；后肢骨骼宽、扁平、细致评 9 分；中等评 5 分。

(4)后肢侧视　指后肢飞节处的弯曲程度。腿越直，弯曲度越小，评分越低。165°角，为极直，评 1 分；125°角，为极曲，评 9 分；145°角，为中等程度，评 5 分。

(5)后肢后视　指后肢站立姿势及两飞节间的距离和弯曲状况。两飞节间距离宽，两后肢呈平行状态站立，两后裆间空间大，最理想，评 9 分；两飞节内向，后肢呈 X 状，后裆狭窄，最不理想，评最低分，1 分；中等状态评 5 分。

凡有以下性状者为缺陷性状：卧系；后肢抖；飞节粗大；蹄叉张开；后肢前踏或后踏；过于纤细；前蹄外向。

4. 乳房

(1)泌乳系统　包括乳房深度、乳房质地和中央悬韧带。

①乳房深度：以乳房底部到飞节的距离进行评定。乳房过浅，乳房容积小，泌乳量低；乳房过深，容积大，易受伤或感染。一胎乳牛乳房底部距飞节 12 厘米，评 5 分，最理想；距飞节 18 厘米，极浅，容积小，评 8～9 分。三胎以上乳房底部距飞节 5 厘米最理想，评 5 分；距飞节 12 厘米，很浅评 8 分，与飞节平评 4 分，低于飞节较深或极深评低分。

②乳房质地：观察和触摸乳房腺体组织和结缔组织构成进行评分。乳房皮薄，手触乳房有弹性，挤奶前后收缩明显，评最高分，9 分；半腺体组织乳房为中等，评 5 分；结缔组织乳房（肉乳房）不理想，评 1 分。

③中央悬韧带：中央悬韧带也称乳房中隔。它与乳房深度，乳头的正常分布和减少乳房受伤机会均有密切关系。中央悬韧带极强的个体很明显地把乳房分为 4 个乳区。乳中沟很深，达 5～6 厘米，把乳房分为左右两部者，可评 8～9 分；中等状态，乳中沟成钝角，深 3 厘米，乳房后部乳沟不太明显，评 5 分；乳房底部呈圆形，乳中沟不明显，后乳房无乳沟为极弱个体，评 1 分。

凡具有以下性状者为缺陷性状：乳房前吊；乳房后吊；乳房形状差。

(2)前乳房　包括前乳房附着、前乳头位置和前乳头长度。

①前乳房附着：它决定前乳房的悬重能力和可能引起的损伤，直接与前乳房的泌乳量和健康相联系。评分方法是从侧面观察，触摸，手很难深入乳房基部，附着极强的个体可评最高分 9 分；手摸几乎无阻力，很容易伸入腹壁与前乳房基部之间者，为极弱，评最低分，1 分，中等评 5 分。

②前乳头位置：以乳头基部的附着位置进行评分。如附着在乳区内侧为极内，评 9 分；附着在乳区最外侧为极外，评 1 分；附着

在乳区中间，评 5 分；理想位置是附着在中间微偏内点，评 6 分。

③前乳头长度：乳头过长或过短都不理想。长度为 5 厘米，手工和机器挤奶都较适宜，评 5 分；10 厘米为极长，评 9 分；2.5 厘米为极短，评 1 分。

凡具有以下性状者为缺陷性状：膨大；前乳房肥赘；左右不均衡；短；乳头不垂直；有副乳头；有瞎乳区；乳头形状差。

(3)后乳房　包括附着高度、宽度和乳头位置。

①后附着高度：以后乳房腺体组织的最上缘与阴门基部间的距离进行评分。乳腺上沿距阴门基部的距离越近越好，距阴门基部间的距离小于或等于 16 厘米，评最高分 9 分；距 24 厘米为中等，评 5 分；距离大于或等于 32 厘米，评 1 分。

②后附着宽度：观察后乳房腺体组织上缘在乳牛后裆间的附着宽度，附着宽度大于或等于 23 厘米为极宽，评 9 分；宽度 15 厘米为中等，评 5 分；宽度小于或等于 7 厘米为极窄，评 1 分。

③后乳头位置：评分方法与前乳头位置基本一致，最佳评分为 5 分。

凡具有以下性状者为缺陷性状：后乳房左右不对称；后乳房短；后乳头不垂直；后乳头位置向后；后乳房上有副乳头；瞎乳头。

5. 乳用特征　棱角性与产奶量的相关系数高达 0.6，是奶牛泌乳能力的一个指示性性状。主要观察奶牛整体乳用特点是否明显，三个“锲形”是否明显，骨骼轮廓是否明显、清秀、结实，肋骨的开张程度及间距的大小，牛尾的粗细，股部大腿肌肉丰满和凹凸程度，以及颈长、鬐甲棘突的高低，皮肤的厚薄等。三个“锲形”极明显，整体匀称，评最高分 9 分；中等评 5 分，极差的个体评 1 分。

如两肋骨间小于 1 指宽(约 2 厘米)为肋间近，是一缺陷性状。

二、线性评分转换功能表

见表 3-4。

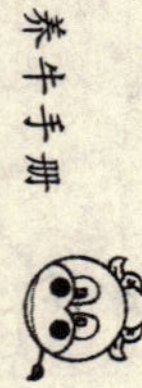

表 3-4　线性评分转换功能表

性状＼评分	性状描述								
	9	8	7	6	5	4	3	2	1
1. 体高(厘米)									
30 月龄以下	≥150	147	145	142	140	137	135	132	≤130
30 月龄以上	≥152	150	147	145	142	140	137	135	≤132
功能分	95	100	95	90	85	75	70	64	57
2. 前段(厘米)	极高 后低 5		高 后低 3		平		低 前低 3		极低 前低 5
功能分	85	90	100	90	80	76	68	64	56
3. 体躯大小(千克/厘米)									
一胎体重/胸围	590/200	566/197	544/194	522/191	500/188	478/184	451/181	434/178	410/173
三胎体重/胸围	635/206	612/203	590/200	576/197	544/194	522/191	500/188	470/184	454/181
功能分	100	95	90	80	80	75	65	60	55
4. 胸宽(厘米)	极宽 37		宽 31		中等 25		窄 19		极窄 13
功能分	95	90	85	80	75	70	65	60	55
5. 体深	极深 腹下垂		深		中等		浅		极浅
功能分	85	90	95	90	80	75	68	64	56
6. 腰强度	极强		强		中等		弱		极弱
功能分	95	90	85	80	75	70	65	60	55
7. 尻角度(厘米)	+8 腰角高	+7	+6	+5	+4	0	−1	−3	−5
功能分	65	70	75	80	90	80	70	62	55

续表 3-4

性状＼评分	性状描述								
	9	8	7	6	5	4	3	2	1
8. 尻宽(厘米)	26	24	22	20	18	16	14	12	10
功能分	95	90	82	79	75	70	65	60	55
9. 蹄角度	75°	70°	65°	55°	45°	40°	35°	25°	15°
	到前肢膝关节以下				到前肢膝关节				到前肢肘部
功能分	85	95	100	90	81	76	70	64	56
10. 蹄踵深度(厘米)	4.5		3.5		2.5		1.5		
功能分	100	95	90	85	80	75	69	64	57
11. 骨质地	极宽扁平细致		宽扁平细致		中等		粗圆疏松		极粗圆疏松
功能分	100	95	90	85	80	75	69	64	57
12. 后肢侧视	125°		135°		145°		155°		165°
	极曲飞节		较曲飞节				较直飞节		直飞节
功能分	55	65	75	80	95	80	75	65	55
13. 后肢后视	飞节间宽后肢平行				中等				飞节内向后肢X状
功能分	100	90	85	81	78	74	69	64	57
14. 乳房深度	极高	飞节上	高	飞节上	适中	飞节上	低	飞节上	极低
一胎(厘米)	飞节上 20	18	飞节上 16	14	飞节上 12	8	飞节上 6	3	飞节平
三胎(厘米)	飞节上 15	飞节上 12	飞节上 9	飞节上 7	飞节上 5	飞节平	飞节上 2	飞节上 4	抵于飞节 6
功能分	55	65	75	85	95	85	75	65	55

续表 3-4

性状＼评分	性状描述								
	9	8	7	6	5	4	3	2	1
15. 乳房质地	全腺体组织				半腺体组织				结缔组织
功能分	95	90	85	80	75	70	65	60	55
16. 中央悬韧带(厘米)	乳中沟极深 6	5.2	深 4.5	3.7	3.0	2.1	浅 1.5	0.6	乳中沟极浅 0
功能分	95	90	85	80	75	70	65	60	55
17. 前乳房附着	极强		强		中等		弱		极弱
功能分	95	90	85	80	75	70	65	60	55
18. 前乳头位置	极内		偏内		中间		偏外		极外
功能分	75	80	85	90	85	80	75	65	57
19. 乳头长度	极长 10		长 7.5		适中 5		短 4		极短 2.5
功能分	55	65	70	75	80	75	65	60	55
20. 后乳房附着高度(厘米)	极高 16		高 20		中等 24		低 28		极低 32
功能分	100	95	90	85	80	75	70	65	55
21. 后乳房附着宽度(厘米)	极宽 23		宽 19		中等 15		窄 11		极窄 7
功能分	100	95	90	85	80	75	70	65	55
22. 后乳头位置	极内		偏内		中间		偏外		极外
功能分	55	65	70	75	90	75	65	60	55
23. 棱角性	极明显		明显		中等		差		极差
功能分	95	90	85	81	78	74	69	64	57

三、计算各部分得分

根据线性评分转换表，查取被评定牛功能得分，并分别填入一般外貌、乳用特征得分见表3-5至表3-12。

表3-5 体躯结构/容量得分表

体形性状	体高	前段	体躯大小	胸宽	体深	腰强度	合计
权重(%)	15	8	20	29	20	8	100
评分							
功能分							
加权分							

表3-6 尻部得分表

体形性状	尻角度	尻宽	腰强度	合计
权重(%)	36	42	22	100
评分				
功能分				
加权分				

表3-7 肢蹄得分表

体形性状	蹄角度	蹄踵深度	骨质地	后肢侧视	后肢后视	合计
权重(%)	20	20	20	20	20	100
评分						
功能分						
加权分						

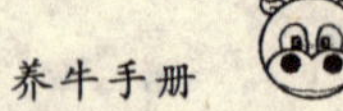

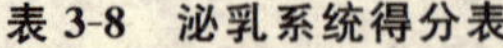

表 3-8　泌乳系统得分表

体形性状	乳房深度	乳房质地	中央悬韧带	合计
权重(%)	30	35	35	100
评分				
功能分				
加权分				

表 3-9　前乳房得分表

体形性状	前乳房附着	前乳头位置	前乳房长度	乳房深度	乳房质地	中央悬韧带	合计
权重(%)	45	20	5	8	12	10	100
评分							
功能分							
加权分							

表 3-10　后乳房得分表

体形性状	后乳房附着高度	后乳房附着宽度	后乳头位置	乳房深度	乳房质地	中央悬韧带	合计
权重(%)	23	23	14	12	14	14	100
评分							
功能分							
加权分							

表 3-11　乳房评分表

系统	泌乳系统	前乳房	后乳房	合计
权重(%)	20	35	45	100
评分				
加权分				

表 3-12　乳用特征评分表

体形性状	棱角性	骨质地	乳房质地	胸宽	合计
权重(%)	60	10	15	15	100
评分					
功能分					
加权分					

四、计算外貌总分

体躯结构/容量、尻部、肢蹄、乳房、乳用特征加权后得分，计算被评定牛外貌总得分，填入表 3-13。

表 3-13　体形外貌总分表

	权重(%)	评分	加权分
体躯结构/容量	18		
尻部	10		
肢蹄	20		
乳房	40		
乳用特征	12		
			体形外貌总分＝$\sum$(各部位加权分)

五、等级评分

等级说明一头牛的外貌完美程度，获得的整体评分可按以下标准划级定等。

90～100 分——优秀(EX)；

85～89 分——很好(VG)；

80～84 分——好＋(G＋)；

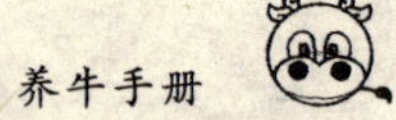

75～79 分——好(G)；

65～74 分——一般(F)；

65 分以下——差(P)。

第六节　奶牛的年龄鉴别

购买奶牛时，准确的年龄鉴定，不仅可以确定奶牛的利用潜力和年限，而且可通过奶牛年龄与胎次的对应关系，判断其繁殖性能的好坏。如正常情况下，3 岁第一胎，以后每年一犊，即胎次与年龄之间关系是：年龄＝胎次＋2，如差别太大，如 6 岁牛只有 2 胎，则说明该牛有过空怀现象，可能存在繁殖障碍。

奶牛年龄鉴定最准确的方法是根据档案记录，如 98013 号奶牛，是 1998 年出生的奶牛，其年龄显而易见。在缺乏档案资料时，尤其是购买奶牛时则需看牛的牙齿和角轮来判断年龄。

一、根据牙齿鉴别年龄

1. *牙齿的种类、数目和齿式*　牛的牙齿随着出生的先后分为乳齿和永久齿(恒齿)。乳门齿小而洁白，齿间有空隙，表面平坦，齿薄而细致，有明显的齿颈。长到一定的年龄就脱换为永久齿。乳齿一共 10 对 20 枚，无后臼齿，其齿式：2×(门齿 0/4，犬齿 0/0，前臼齿 3/3，后臼齿 0/0)＝20。永久门齿的外形比较大而粗壮，齿冠长而排列整齐，齿间无空隙，齿根呈棕黄色，齿冠色白带微黄，远不如乳齿洁白与细致，故容易辨认。永久齿一共 16 对 32 枚，其齿式：2×(门齿 O/4，犬齿 0/0，前臼齿 3/3，后臼齿 3/3)＝ 32。牛上额无门齿，鉴别年龄时主要看下额的 4 对门齿。中间 1 对门齿称为钳齿，其两侧的 1 对称内中间齿，再次 1 对称外中间齿，最边上的 1 对称隅齿。臼齿有前、后臼齿之分，每侧各 3 对，无特殊名称，大多用牙齿的对数依次命名。

2. 鉴别的依据和方法　按牙齿鉴别牛的年龄，主要依据门齿的发生、脱换和磨蚀形状等规律性的变化。一般犊牛出生时已长有1～2对乳门齿，3～4月龄乳门齿发育完全，4～5月龄乳齿面逐渐磨损，磨损到一定程度乳门齿开始脱落换生永久齿。更换的顺序是从钳齿开始，最后及于隅齿。当门齿换齐时，又逐渐磨损。所以，由门齿的更换和磨损，就可以较准确地判断奶牛的年龄。牛的门齿从中间到两侧，其脱换时间相差1年，故外侧1对牙齿的形状变化比中间牙齿晚1年，但规律是一致的。

门齿更换齐全称为“齐口”。奶牛齐口的年龄为5岁。齐口以前，牛的年龄鉴定方法概括为：“一岁半，一对牙；两岁半，二对牙；三岁半，三对牙；四岁半，四对牙。”即钳齿1.5岁开始脱换，呈现1对永久齿。一般长齐需半年，即2岁长齐。其外侧1对牙齿分别晚1年脱换。也可用“永久门齿的对数＋1＝年龄”的方法判断。

齐口以后的年龄主要依据永久门齿的齿面磨蚀情况来判断。齿面形状的变化规律是：初为长方形或横椭圆形，随着磨蚀程度加深，逐步由长方形先后向三角形、四边形或不等边形和圆形过渡。每一个形状变化需1年时间，即钳齿6岁呈长方形，7岁呈三角形，8岁呈四边形或不等边形，9岁呈现圆形。其余各对门齿分别比中间1对晚1年呈现上述规律性变化。

10岁以后，牛的钳齿齿髓腔暴露，即出现齿星。内中间齿、外中间齿、隅齿分别在11岁、12岁、13岁出现齿星。再往后，齿面圆形纵径加大，终成卵圆形，年龄在13岁以上，统称老牛，不再鉴定。

为便于记忆，奶牛的年龄鉴别方法可概括为口诀：“2，3，4，5看牙换，6，7，8，9看磨面，10，11，12，13看珠点”。

鉴定时，鉴定人员站立于被鉴定牛只头部左侧附近，用徒手或鼻钳法捉住牛鼻。左手握住牛鼻中隔最薄处（鼻软骨前缘），顺手抬举头，使呈水平状态。随后，迅速以右手插入牛的左侧口角，通过无齿区，将牛舌抓住，顺手一扭。用拇指尖顶住上颚，其余四指握住牛舌，并拉向左口角外。然后检查牛门齿变化情况，按判定标准衡量牛的年龄。

二、根据角轮鉴别

按照奶牛的生产规律，正常情况下，每年只有一个胎次，出现一个泌乳高峰，即明显的角轮数只有一个。奶牛初配的时间一般在18月龄，故第一个泌乳高峰在3岁左右，在3岁出现第一个角轮，因此，奶牛的年龄与角轮之间的换算关系就是：奶牛的年龄＝角轮数＋2。

由于形成角轮的原因比较复杂，常使角轮分辨不清，确实数目难以计算，故此法判定年龄的准确性不高。但根据角轮的形状和数目，可反映出奶牛的泌乳能力，如角轮清晰，说明产奶量高；角轮模糊或角轮数少，说明该牛有空怀现象或产奶量低，都说明其生产力低下。

思考题

1.试述体质和外貌的概念。

2.选择奶牛时对外貌是如何要求的？

3.阐明“腹围型”学说并与“三角形”学说比较。

4.简述根据牙齿和角轮鉴别奶牛年龄的方法。

5.购买奶牛时应注意哪些问题？

6.肉牛的外貌特点是什么？

第四章　牛的繁殖

重点提示：本章重点学习牛的发情鉴定技术、人工授精技术、提高牛受胎率的关键技术、检胎技术及牛繁殖管理，最后介绍牛的胚胎移植。

第一节　牛的生殖生理

一、母牛生殖器官的解剖特点与功能

母牛生殖器官包括卵巢、输卵管、子宫、阴道和外阴部。前 4 部分称为内生殖器官；外阴部包括尿生殖前庭、阴唇、阴蒂，是外生殖器官。母牛的主要生殖机能是产生卵子并发育胎儿。

(一)卵巢

1. *形状位置*　卵巢是分泌激素和产生卵子的一个性腺器官。形状为椭圆形，如青枣大，平均长 2～3 厘米，宽 1.5～2 厘米，厚 1～1.5 厘米。它位于母牛骨盆前缘后方的两侧子宫尖端外侧下方，附着在卵巢的系膜上。一般青年母牛的卵巢都在骨盆腔内、耻骨前缘之后；经产母牛的卵巢被牵引到耻骨前缘下方。

2. *组织构造特点*　卵巢组织分皮质部和髓质部，外周为皮质部，中间是髓质部，两者的基质均为结缔组织。在皮质的外面是白膜。白膜外面有一层生殖上皮。皮质部有卵泡，卵子在卵泡中发育。通常只有一个卵泡成熟破裂，释放卵子。约有千分之几的母牛有 2 个卵泡同时成熟排卵。排卵后在卵巢上形成黄体。卵巢的髓质占卵巢的一小部分，主要分布着血管、淋巴管和神经组织，它

们从卵巢附着缘的卵巢门出入。

3.机能　卵泡发育和排卵；分泌雌激素和孕酮。

(二)输卵管

1.解剖　输卵管是卵子进入子宫的通道，包在输卵管系膜内，弯曲较少。管前半部较粗称为壶腹部，是卵子受精的地方，其余部分较细称峡部，两者连接处称壶峡接合部，后端与子宫相接处叫宫管接合部，此部位的分界不明显。管的前端(卵巢端)扩大呈漏斗状，叫做漏斗。漏斗边缘有许多皱褶和突起称为伞，包在卵巢外面，以确保卵子进入输卵管中。输卵管壁由浆膜、肌肉层和黏膜构成，可进行有规律地收缩。黏膜上皮有纤毛细胞，有助于卵子运动。

2.机能

(1)承受并运送卵子　排出卵子进入输卵管漏斗，靠细胞的纤毛运动进入壶腹。精卵结合后，借助输卵管的分节蠕动及逆蠕动，纤毛活动及液体流动，使合子向子宫方向运行。

(2)精子完成获能、受精的部位　精子获能、精卵结合受精、卵裂及早期发育均在输卵管中进行。一般刚受精的合子能继续留在输卵管3～4天。因为据观测，母牛宫管处，只允许受精后3～4天合子进入子宫，而子宫的环境也是在发情后3～4天才有利于胚胎生存。

(3)分泌机能　输卵管的分泌细胞可分泌大量黏蛋白和黏多糖，它是精子、卵子的运载工具，也是精子、卵子及早期胚胎的培养液。

(三)子宫

1.解剖　子宫是胚胎发育和胎盘附着的地点，它靠子宫阔韧带悬挂于腹膜腔中。母牛子宫是由一个子宫颈、一个子宫体和两个子宫角组成，属于双角子宫，因为两角基部有一间隔，在外形成角间沟，又称双间子宫。子宫角长20～40厘米，基部粗1.5～3厘

米，子宫体长 3～4 厘米，子宫颈长 5～10 厘米，粗 3～4 厘米，子宫颈阴道部突出于阴道中 2～3 厘米，呈菜花样，并与阴道之间形成阴道穹窿。因子宫颈环状肌很厚与黏膜构成几个彼此嵌合的皱褶，使子宫颈管成为螺旋状，且细而弯曲，质地较硬。在子宫的黏膜上排列着肉质突起叫子宫阜(或子叶)。

2.组织 子宫肌肉很发达，能大大扩张以容纳生长的胎儿，分娩后不久又迅速恢复正常大小。宫壁分为内膜层、肌肉层和外膜层。其内膜含大量腺体、淋巴管和血管，内膜上皮具有分泌作用。肌肉层分环肌和纵肌，外膜为浆膜层。子宫颈是由括约肌样结构的厚壁组成的管腔，颈黏膜的腺体特别发达，由 2 类柱状上皮细胞组成：即纤毛细胞和分泌细胞，发情时可分泌大量液体。黏膜表面形成初级与次级隐窝为精子的贮存库。

3.机能

①贮存、筛选和运送精液，有助于精子获能。发情配种后，开张的子宫颈口有利于精子进入，并具有阻止死精子和畸形精子的能力，可防止过多的精子到达受精部位。大量的精子贮存在复杂的子宫颈隐窝内。进入的精子借助子宫肌的收缩作用运送到输卵管，在子宫内膜分泌液的作用下，使精子初步获能。

②胚胎的附植、妊娠和分娩。子宫内膜的分泌液既可使精子获能，还可供胚泡的附植，附植后子宫内膜形成母体胎盘，与胎儿胎盘结合，为胎儿的生长发育创造一个良好的环境。妊娠时，子宫颈黏液高度黏稠形成栓塞，封闭子宫颈口，起屏障作用，防止子宫感染。分娩前子宫颈栓塞液化，子宫颈扩张，随着子宫的收缩使胎儿和胎膜排出。

③调节卵巢黄体功能，导致发情。未妊娠子宫角在发情周期的一定时期分泌 $PGF_{2\alpha}$，通过局部的子宫——卵巢的动静脉循环对调节黄体功能起着重要作用。使卵巢的周期黄体消融退化，在促卵泡素的作用下引起卵泡的发育，导致发情。

(四)阴道

母牛阴道位于骨盆腔后方,背侧直肠、腹侧膀胱与尿道,是连接子宫和外阴部的部位,是自然交配时精液注入的地点。阴道长度为 25～30 厘米,与尿生殖前庭是以尿道外口和阴瓣为界限的。阴道壁内膜为扁平的上皮细胞,肌膜为一厚的内环层和一薄的外纵层构成。除了在阴道与前庭连接处有后括约肌外,还有其他动物所不具备的前括约肌,阴道既是交配器官,又是分娩时的通道。

(五)外阴部

包括尿生殖前庭、阴唇与阴蒂。尿生殖前庭位于阴道之后,前高后低,稍倾斜,尿道外口位于前下方的阴瓣之后,两侧有前庭小腺开口,背侧有前庭大腺开口。尿生殖道为产道、排尿、交配器官。阴唇构成阴门的两侧壁,为尿生殖道外口,位于阴门下方,阴门裂上角钝、下角锐。阴蒂位于阴门裂下角的凹陷内,由海绵体构成,具有丰富的感觉神经末梢。

二、母牛生殖器官解剖的异常现象

据国外调查表明,母牛患有某种能损害繁殖力的生殖解剖异常的比率在 8%～29%之间。可是对于临床正常而反复配种受胎力低的青年母牛有 10%～20%的患有阻碍受胎的严重的生殖道异常。这表明,解剖的缺陷是不孕的一个重要的而不是主要的原因。生殖解剖的异常现象原因有先天性异常、后天性异常和异性双胎异常等方面。

(一)先天性生殖解剖的异常

先天性的异常主要是生殖器发育不全、畸形及配子、合子有生物学缺陷(种间杂种)等。

1. 幼稚症　指母牛达到配种年龄后,生殖器官发育不全或没有繁殖机能。如卵巢发育不全时,只有豌豆大小,若双侧发育不全,则母牛永不发情,这种现象是遗传因素造成的。其他一些生殖器官也发现发育不全，如子宫角细小，阴道阴门细小到无法交配和受精。这些器官异常的发生率是较低的，仅有1.1%～3.7%。

2. 雌雄间性　雌雄间性是指一动物体具有两种性腺或一种性腺而生殖道为另一种性别。类型有真半雌雄体和假半雌雄体，前者是具有两种性腺，生殖道介于雌雄之间；后者一种性腺，其他为另一性别。这种情况主要是影响激素的正常分泌。其两性畸形的牛的生殖器官都近似母牛。间性牛外观上看各种各样，应注意辨别。雌雄间性的牛不能繁殖，仅可作役用或肉用。

3. 生殖道畸形

(1)子宫角畸形　在母牛只有一个子宫角，或仅有一条稍厚组织，无管腔。这种畸形并不一定导致不育。

(2)子宫颈畸形　常见有缺乏子宫颈或子宫颈闭锁不通。这样的母牛不能生育，应予淘汰。有时母牛有双子宫颈或两个子宫颈外口。此种母牛通常有生殖力，但分娩时会发生难产。

(3)阴道及阴门畸形　有的母牛阴瓣发育过度，阴茎不能伸入阴道，此时可用手术法切开阴瓣。若阴道、阴门过于狭窄或者闭锁不通，则不宜用作繁殖。

(二)后天性生殖解剖的异常

后天性异常包括饲养管理不当或疾病造成的异常现象。饲养管理不当造成的异常现象也较多。过肥的母牛，易造成卵巢体积缩小，而且没有卵泡或黄体，有时还发现子宫缩小，变软。主要因为卵巢内脂肪沉积，卵泡上皮发生脂肪变性所致。维生素的缺乏，也能导致生殖器官异常，如维生素A不足或缺乏，可以使子宫内膜的上皮细胞变性(角质化)；维生素B的缺乏，可造成卵巢的变性等。还有一种情况是衰老性异常，指母牛过早丧失生殖机能，此种母牛阔韧带与子宫松弛，子宫由骨盆腔下垂到腹腔，阴道的前端也下垂。卵巢缩小，无卵泡和黄体，子宫角缩小变细。这种母牛，应予以淘汰。疾病也是引起生殖器官解剖异常现象发生的重要因素，输卵管炎易引起内积液，从而引起输卵管喇叭口与卵巢的分离，输卵管炎在牛群中的发生率为 1.3%。在接产、手术助产、人工授精及其他产科处理过程中，一方面可引起直接的生殖道损伤造成炎症，另一方面因消毒不严引起生殖道感染等，都会引起生殖解剖的异常现象的发生，最终会引起母牛的不育。

(三)异性双胎引起的解剖异常

异性双胎在牛中是比较多见的，占双胎的 57%。异性双胎的青年母牛约有 90%以上因生殖道各部分发育不全或残缺而出现不育；但与母牛双生的公牛不受影响。这并非遗传因素所造成的，如果双胎母牛和公牛移植其中之一，单独在子宫中发育，则就不会出现不育的现象。其原因主要是在生殖脊出现后，生殖器官分化发育过程中，由于雄性生殖腺的出现早、发育快、生长势高，抑制了雌性器官的生长发育，其抑制作用主要是通过激素来实现的。通常异性双胎的青年母牛阴道是闭合的，所以检查的简单方法是只用一根玻璃管等插入阴道即可，异性双胎母牛只能插进短浅的距离，而正常的青年母牛至少能插入 15 厘米。另外不育母牛阴门狭小，阴蒂较长，子宫角细小，卵巢小如瓜子等。

三、牛体内生殖激素

(一)牛生殖激素概述

牛的繁殖生理活动是相当复杂的，而生殖器官几乎全部受着生殖激素的直接控制，例如：母牛卵子的形成、卵泡的发育、卵子的排出以及发情周期的变化；公牛精子的发生和交配行为；受精过程；受精卵朝向子宫的运行；胚胎的附植及子宫的变化；母牛的妊娠、分娩及泌乳等。这些生理活动必须是相互协调，而且要按照严格的顺序来进行，使有关的器官和组织产生相应的变化。所有这些微妙的生理机能和组织变化，都与生殖激素的作用有密切的关系。

牛体之所以能成为一个统一协调的整体，完成极为复杂的繁殖机能，是因为机体有着精确完备的整合机构，内分泌和神经系统就是构成该整合机构的两个重要系统。可以认为，几乎所有的激素在一定程度上都参与动物的繁殖过程，不同的是有的是直接影响某些生殖生理活动，有的则是间接地通过维持机体正常的生理状态来保证正常的繁殖机能。生殖激素是指那些对生殖机能有直接的调节或控制作用的激素。

生殖激素分为：含氮激素、类固醇类激素、脂肪酸类激素。生殖激素按其来源和生理功能不同又可分为：神经生殖激素、促性腺激素、性腺激素等。

生殖激素的作用特点：

①微量效应：激素本身是一种高效能的生物活性物质，极少量的生殖激素即能发挥很强的生理效应。

②选择性：生殖激素的作用具有明显的特异性，各种生殖激素均有其一定的靶器官和靶组织，在这些生殖激素的靶器官和靶组织中具有其相应的激素受体。

③累积性：生殖激素分泌的量受代谢的需要和失活的速度所控制。机体有复杂的自动调节反馈系统，因而可使其浓度能够维持在正常生理水平。有些激素的半衰期很短，但常呈积累性，其作用在若干小时或若干天后才显现出来。

④协同与抗衡性：生殖激素之间（或与其他激素之间）具有协同与抗衡作用。

⑤抗原性：有些激素（如蛋白质或多肽类激素）长期使用于牛身上，会产生抗激素（抗体）而出现反应性降低或消失的现象。

（二）促性腺激素释放激素（GnRH）的生理作用

①生理剂量的 GnRH 可引起垂体促黄体素（LH）和促卵泡素（FSH）的释放与合成，但以 LH 为主。由于 GnRH 引起 LH 和 FSH 的释放，故可促使卵巢的卵泡成熟而排卵。对公牛 GnRH

可促进精子的形成。

②长时间或大剂量应用 GnRH 或高效类似物会产生抗生育作用。外源性 GnRH 会抑制排卵,延缓着床,阻碍妊娠,甚至引起卵巢和睾丸的萎缩,妨碍精子产生等。故又称 GnRH 对生殖系统的“异相作用”。

③GnRH 的垂体外作用,即 GnRH 或其高效类似物具有对垂体外的一些组织直接发生作用。GnRH 不经垂体促性腺激素途径,能直接作用于卵巢,影响性腺激素的合成,或直接作用于子宫胎盘发挥作用。

(三)催产素(OXT)的生理作用

①OXT 能强烈地刺激子宫平滑肌的收缩。催产素是催产的主要激素,促进分娩完成。此外雌激素可以增强平滑肌对催产素的敏感性,妊娠后期雌激素不断使子宫肌“致敏”,使子宫对催产素的反应性增强。

②OXT 能使输卵管收缩频率增加,有利于两性配子的运行。

③OXT 能刺激乳腺导管肌上皮细胞收缩,引起排卵。

(四)促性腺激素的生理作用

①促卵泡素(FSH)的生理作用:在生理条件下,促卵泡素和促黄体素具有协同作用。促卵泡素对母牛的生理作用,主要是刺激卵泡的生长和发育。FSH 促进卵泡内膜细胞分化,颗粒细胞增生和卵泡液的分泌。FSH 能影响生长卵泡的数量,只有在促黄体素的协同作用下,才能激发卵泡的最后成熟、诱发排卵并使颗粒细胞变成黄体细胞。对公牛,FSH 的作用主要是促进生精上皮发育和精子形成。FSH 能促进曲精细管的增长,促进生精上皮细胞分裂,刺激精原细胞增殖。而且在睾酮的协同作用下促进精子形成。

②促黄体素(LH)的生理作用:对母牛,LH 可促使卵巢血流加速,在 FSH 作用的基础上,促进发育成熟的卵泡排卵,排卵后使颗粒细胞转变为黄体细胞,并能刺激黄体产生和分泌孕酮;对公

牛，LH 可刺激睾丸间质细胞合成和分泌睾酮，这对副性腺的发育和精子最后形成起决定作用。

③促乳素(PRL)的生理作用：刺激乳腺发育和促进泌乳。与雌激素协同作用于乳腺导管系统；与孕酮协同作用于腺泡系统；与皮质类固醇一起则可激发和维持发育完全的乳腺泌乳。与 LH 协同维持黄体分泌孕酮。对公牛，还可具有维持睾酮分泌的作用，并与雄激素相同，刺激副性腺的分泌。

(五)性腺激素的生理作用

母牛的性腺激素主要来自卵巢，由卵巢所分泌的主要有雌激素、孕酮和松弛素。这些激素除来自性腺以外，还可能来自胎盘；肾上腺皮质部也可能分泌少量的性腺激素如睾酮、孕酮等。值得指出的是在母牛体内也产生少量雄激素。

1. 雌激素的生理作用　雌激素刺激并维持母牛生殖道的发育。如在初情期前摘除卵巢，生殖道就不能发育；初情期后摘除卵巢，则生殖道退化。发情时，在雌激素增多的情况下，可以使生殖道充血，黏膜层增厚，子宫腺体长度增加、分泌加强，子宫肌肥厚，收缩蠕动增强，子宫颈松软，阴道上皮增生和角化等。子宫经雌激素作用后，才能为以后接受孕酮作用做好准备，因此，雌激素对创造胚胎附植环境也是不可少的。雌激素在少量孕酮协助下，可以使母牛出现性欲及性兴奋。雌激素使母牛发生并维持第二性征，抑制长骨生长，因而成熟的母牛较公牛小。刺激乳腺管道系统的生长，与孕酮共同刺激并维持乳腺的发育。雌激素在分娩时浓度水平升高，是参与分娩发动的激素之一。雌激素可以使牛睾丸萎缩，副性腺退化，最后引起不育。

2. 孕激素的生理作用

(1)孕酮能促进生殖道发育　牛生殖道受到雌激素刺激而开始发育，但只有在经过孕酮的作用后，才能发育得更充分。

(2)调节发情的作用　少量孕酮与雌激素有协同作用，促进发

情的行为表现。大量孕酮具有对下丘脑或垂体前叶的负反馈作用,抑制 FSH 和 LH 的释放而抑制发情。当孕酮水平急剧下降时,卵泡即开始发育,引起发情和排卵。大量孕酮还能对抗雌激素作用,阻止子宫敏感化和抑制发情,所以妊娠期黄体和胎盘分泌的孕酮对妊娠后期产生的雌二醇具有对抗作用。

(3)对妊娠的作用　孕酮维持妊娠,安宫保胎。在每一个情期中,子宫黏膜经雌激素预先作用下,孕酮促使子宫内膜增厚,刺激子宫腺增长,弯曲增多,分泌功能加强;抑制子宫的自发性活动,降低子宫肌层的兴奋作用。这些均有利于胚胎的发育和附植,维持正常妊娠,并促使子宫颈口和阴道收缩,子宫颈黏液变黏稠,防止异物侵入,有利于保胎。

另外,孕酮还能在雌激素刺激乳腺管发育的基础上,刺激乳腺泡系统的发育,并与雌激素共同维持乳腺的发育。

3.松弛素的生理作用　松弛素由黄体产生,分泌量随妊娠期延长而增多,在妊娠末期的含量达到高峰,分娩后从血液中消失。

松弛素的主要生理功能是配合分娩,在雌激素和孕酮预先把靶器官致敏的条件下,可使骨盆韧带和耻骨联合松弛,子宫颈扩张。子宫颈的阵缩是由催产素阵发性释放引起的,而间歇期与松弛素的释放有关。

(六)前列腺素(PG)的生理作用

①溶解黄体。由子宫产生的 $PGF_{2\alpha}$通过“逆流机制”由子宫静脉透入卵巢动脉而作用于黄体。给予外源性的 $PGF_{2\alpha}$可使黄体迅速溶解诱发母牛发情,从而应用于群体母牛的同期发情,治疗持久黄体,子宫积脓,排出木乃伊胎等。

②影响排卵。$PGF_{2\alpha}$刺激卵泡壁平滑肌收缩促使其排卵。其机理可能是 PG 触发卵泡壁降解酶的合成作用,同时 PG 可由于刺激卵泡外膜组织的平滑肌纤维收缩,增加了卵泡内压力而导致卵泡破裂和卵子排出。

③对子宫肌的作用。PGE 与 PGF 对子宫平滑肌都有强烈的收缩作用，子宫收缩和分娩时血浆 $PGF_{2\alpha}$ 的水平立即上升。PG 可增加 OXT 的分泌，$PGF_{2\alpha}$ 可提高怀孕子宫对 OXT 的敏感性。PGE 可促使子宫颈的松弛，有利于分娩。

④可提高精液品质。精液中的精子数与 PG 的含量成正比，PG 还能影响精子的运动和获能。PGE 能够使精囊腺平滑肌收缩，引起射精。PG 还可以通过精子体内的腺苷酸环化酶使精子完全成熟，获得穿过卵子透明带使卵子受精的能力。

⑤有利于受精。PG 对子宫肌有局部刺激作用，使子宫颈舒张，有利于精子的运行通过。$PGF_{2\alpha}$ 能增加精子的穿透力和驱使精子通过子宫颈黏液。

（七）生殖激素应用注意事项

生殖激素的应用因其自身的特点而有其严格的要求，其具体内容为：

①生殖激素应在低温下避光保存，否则会引起其效能降低。

②严格控制用量，避免引起不良后果。如 FSH 使用剂量过大会引起母牛的多卵泡囊肿及超数排卵等。

③用激素时要慎重，不可滥用，或经常使用激素。如 HCG 的频繁使用（尤其是静脉注射）会引起免疫性过敏反应，患牛会出现虚脱、痉挛、血压下降、体温不定、呕吐及腹泻等症状；GnRH 长时间或大剂量使用，会引起牛生殖系统的“异相作用”。

④掌握好应用时机及激素的类型与特点。生殖激素的半衰期较短，活性消失得较快，所以要把握好用药时机。如使用 FSH，应对牛直肠检查后视卵巢检查情况而定用药次数及用药量。

⑤有生殖道疾病的牛，不用促性腺激素。生殖系统有其他并发症，则先对症治疗。

⑥在确诊后再选用何种激素，对症治疗，2 种激素或多种激素不可混用。

四、母牛的发情

母牛的发情是母牛发育到一定阶段后，性活动表现出的周期性变化的生理现象，其实质是母牛卵巢呈周期性排放成熟卵子的行为，是母牛繁殖后代的基础。了解母牛发情的机理，对于控制母牛繁殖，掌握繁殖技术，提高繁殖率，具有重要作用。

（一）初情期与初配年龄

初情期是母牛生殖道和第二性征开始达到成熟状态的时期，简单地说，母牛一生中第一次开始出现发情现象，标志着从没有繁殖能力转变为具有繁殖力的阶段。从生殖器官发育看，青年牛在初情期前生殖道与身体成比例生长，但约从 6 月龄起生殖器官的生长速度大大超过身体的生长，约在 10 月龄，生殖道迅速生长的阶段停止，初情期已结束，最后进入了性成熟阶段。从卵巢上看，已发育完全，发情、排卵和黄体形成进入正常循环。一般初情期结束，性机能也进入成熟阶段，但母牛身体发育并没有结束，因此还不能进行配种利用，所以初配年龄应该在接近体成熟阶段。一般以体重达到成年母牛体重 70％为宜。此时奶牛体重为 350～420 千克。奶牛初情期一般为 8～14 月龄，初配年龄为 18～24 月龄。近年来，我国为了育种工作，在 14～16 月龄就对育成母牛配种。试验证明：14～16 月龄配种的母牛，产奶性能与 18～24 月龄配种的无大差别。但是对于能否提前配种利用应据生长发育和健康状况而定。

初情期的年龄受品种、营养、气候环境等因素的影响，凡是阻碍牛生长的因素，都会延长母牛的初情期。一般体形较大的品种初情期年龄较小型品种晚，母牛先于公牛达到初情期，温和的气候初情期晚于炎热的气候，营养水平高时，在较早的年龄就发生第一次发情。

在青年母牛发生第一次排卵和形成黄体时，70％以上不出现发情的行为征状。诱导其出现发情征状，必须有孕酮和雌激素的共同作用。第一次排卵时静默发情的发生率之所以高，大概是由于没有先存的黄体，以致没有有效数量的孕酮引起。到第二次排卵则会出现外部的发情征状。

母牛的繁殖年限较公牛长，一般可达 11 或 12 胎，但老龄母牛因产奶下降多在此以前就被淘汰。

(二)母牛的发情和发情周期

1. 发情　发情是母牛性活动的表现，是由于性腺内分泌物的刺激和生殖器官形态变化的结果。它主要是受卵巢的活动规律所制约。当母牛卵巢上的卵泡发育与成熟时所分泌的雌二醇在血中浓度增加到一定数量时，就引起了母牛生殖生理的一系列变化。母牛就表现为性冲动，愿接近公牛，并接受交配。正常的发情具有明显的性欲及性行为的外部表现，以及生殖器官的形态与机能的内部变化。卵巢上卵泡的发育，成熟和雌激素的产生是发情的本质。而性行为等外部变化只是发情的外部现象。牛发情征状表现为如下 3 个方面：

(1)求偶表现　当母牛处于发情旺盛阶段，主动接近公牛或其他牛，或者两后肢叉开、举尾，接受爬跨与交配；当公牛等爬跨时表现静立不动。

(2)生殖道产生一系列的变化　由于雌激素的作用，子宫和输卵管平滑肌的蠕动加强；外阴部、阴蒂和阴道上皮充血肿胀，黏膜潮红；子宫颈松弛；子宫颈和阴道前庭的分泌机能增强，分泌的黏液增多，流出阴门外。随着发情的进展，黏液由多变少，由稀薄变黏稠，牵缕性增强。

(3)行为变化　母牛在发情时往往表现出兴奋不安，对外界的变化十分敏感，频繁走动，食欲下降，泌乳量减少，哞叫等。这些发情征状在母牛发情的初期、盛期和末期各阶段所表现的强度不尽相同。在发情初期，性欲表现并不明显，而随卵泡的发育，雌激素

分泌的增强，性欲加强，静立接受爬跨，渐渐达到性欲高潮；当排卵后，即发情后期性欲减弱至消失，不允许公牛接近。

2.发情周期及特点

(1)发情周期的概念　初情期以后的未孕母牛，呈周期性的出现性兴奋、性欲、生殖道充血肿胀、排出黏液、卵巢上有卵泡成熟和排卵，一直到性机能停止活动为止。这种周期性的性活动叫发情周期。通常把上一次发情开始到下一次发情开始间隔的时间叫一个发情周期。一个发情周期平均21天左右，范围18～24天，青年母牛稍短。在母牛的发情周期中，卵巢上卵泡的发育、成熟和排卵，以及黄体的形成与退化反复进行，即卵泡与黄体的交替发生，产生相应的激素，而使机体产生周期性变化。母牛发情周期类型属于无季节性的，也就是说它的发情周期不受季节影响，全年任何季节均可发情。

(2)发情周期的阶段划分　一般有2种划分方法。一是根据卵巢上卵泡发育、成熟和排卵，与黄体的形成和退化的两个阶段，将发情周期分为卵泡期和黄体期。卵泡期指卵泡开始发育至排卵的时间；而黄体期是在卵泡破裂排卵后形成黄体，直到黄体退化为止。卵泡期较短，而黄体期较长。二是根据牛性欲表现和相应的机体及生殖器官变化，可将发情周期分为发情前期、发情期、发情后期和间情期(休情期)4个阶段。卵泡期相当于发情前期和发情期，而黄体期相当于发情后期和间情期。各阶段由于卵巢机能状态不同而产生相应的变化。

(3)发情周期中生殖器官的变化　在母牛发情周期中，卵巢及副性器官，均随时间呈现出一系列周期性的变化，这是判断牛发情程度的一个主要依据之一。

①卵巢的周期性变化：母牛卵巢上卵泡的发育、成熟、排卵和黄体的消长等变化可通过直肠检查来探知。牛在发情后卵巢上仅有一个卵泡发育成熟，极少成熟两个。即将排卵的卵泡在发情期

间迅速生长，在排卵前数小时，达到最大的膨胀度和大约 20 毫米的直径。当接近排卵时，在卵泡膜上逐渐产生侵蚀区，卵泡内的压力降低，卵泡膜破裂，卵子遂被释放出来，进入输卵管的喇叭口。据资料报道，奶牛排卵时间是在发情结束后 10.49(3～18)小时发生的。排卵后，卵巢上形成血红体、黄体，黄体的生长在周期的第 7 天完成。约在第 14 天，黄体开始退化，孕酮水平降低，卵泡又开始发育，下一个发情周期又将开始，母牛发情周期中雌激素与母牛孕酮水平变化。

②副性器官的周期性变化：输卵管黏膜的上皮细胞在发情期增长，在黄体期降低，发情期黏膜的分泌液增加，黄体期减少；输卵管的运动随受雌激素支配的发情期加强，有助于接纳排出的卵细胞；黄体形成以后受孕酮支配，输卵管的运动消失。

卵泡期子宫内膜上皮细胞呈低的单层圆柱状，而在黄体期变成高圆柱状，并且增殖为多层，同时子宫内膜也增厚。子宫腺在卵泡期呈直线形走向，排卵后卷曲，黄体期分支增多，成为相互交错的结构并进行旺盛的分泌。子宫腺的发育也随发情周期而变化。子宫腺在发情时颇为平整，但在 2 天之内就显著地发育并开始分泌浓厚的液体，叫做组织营养物，即“子宫乳”。这种分泌物是抑菌剂，并在所受精的卵子附着于子宫内阜之前给它提供营养。在孕酮的影响下，子宫腺在发情周期的第 12 天达到最大体积，这与子宫内膜细胞的高度恰好一致。如未受孕，在第 15 天即开始退化。然而子宫液虽不像子宫颈和阴道黏液那样多，但从发情前期到发情期，在数量上也有所增加，呈水样；黄体期黏液变黏稠、浓厚。子宫液对精子获能和胚胎附植前的营养获得具有重要作用。正在发情之前或在发情期间，雌激素引起子宫积水(水肿)、血管分布增加和白细胞渗入子宫基质和子宫腔较多。在黄体阶段的初期水肿减退，但血管分布依然保留直至休情后期为止。这增加血液的供给，大概是为了分泌子宫乳需要给子宫细胞提供营养。母牛发情结束

后，由于雌二醇量急剧降低，于是子宫黏膜，特别是子宫阜之间的黏膜上皮中的微血管出现淤血，血管壁变脆而破裂，血液流出，排到体外。这种发情后排血现象，育成牛多于经产牛。排血时间是发情结束后1～4天，以2天者居多，延续时间为1.5～2天。

（4）产后发情与乏情　正常情况下，奶牛产后第一次发情出现的较晚，多在产后35～50天，除了与营养有关外，出现时间早晚还与带犊哺乳、季节等因素有关。高产奶牛往往影响发情的到来。但大约46%的奶牛在产后25～30天出现安静发情，比黄牛出现比例高，因其发情征状不明显，不易观察与判断。

牛在某些情况下也会出现乏情现象，一方面是生理性乏情，如牛初情期前，怀孕期间及哺乳期等正常生理条件下卵巢上无卵泡发育，既无周期性功能活动，又无性欲表现，而处于相对静止状态；另一方面是病理性乏情，如营养不良、母牛衰老、卵巢子宫疾病或异常及应激等造成牛的乏情状态。

3.异常发情　牛异常发情多见于初情期后，性成熟前及营养不良、生殖器官疾患、外界因素刺激等造成的内分泌失调而引起。

（1）安静发情　安静发情即卵巢上有正常卵泡发育并排卵，但无明显的发情征状。也叫静默发情。多见于初次发情的青年母牛及营养不良的母牛，在牛产后也易出现安静发情。

（2）短促发情　短促发情指母牛发情期很短，不注意观察，易错过配种时机。这在奶牛中的发生率较高，尤其是青年母牛。其原因一是卵泡很快成熟排卵，二是卵泡发育受阻造成的，均为内分泌功能失调。

（3）持续发情　持续发情也称长期发情，指发情持续时间长，卵泡迟迟不排卵。这在牛中较少见。

（4）慕雄狂　慕雄狂是母牛出现的持续强烈的发情行为。患牛表现为极度不安，大声哞叫，尿频，经常追逐爬跨其他母牛，产乳量下降，食欲减退，身体消瘦，被毛粗乱，失去光泽。往往具有雄性特征。阴部肿大，排出黏液多。发生慕雄狂的母牛多是卵泡囊肿引起的，另外卵巢炎、卵巢肿瘤及内分泌失调也是可能的诱因。激素使用不当也可引起慕雄狂。

(5)孕后发情　母牛在怀孕后也有发情现象发生。据资料报道母牛头3个月内有3%～5%的个体出现发情。一般情况下，虽发情，但不排卵，不影响正常怀孕。

五、牛的受精作用与胎盘的形成

(一)受精作用及性别决定

1. 受精作用

(1)受精　受精是公母牛交配后，精子进入卵子，两细胞核互相融合形成一个新的、并具有双方遗传物质的结合子的过程。结合子是新个体发育的始发点，也是整个繁殖过程中的重要环节。

(2)受精意义　受精在生物学上具有重要意义，就受精过程而言，卵子受精子激活而发育，卵子如没有精子的刺激，就不能发育成熟，更不能发生卵裂，也不能有胚胎发育。通过受精把雄性的遗传物质(DNA)传递到卵子内，使父母双方的遗传性状能在新的生命中表现出来，这种结合不仅能在自然选择过程中促进物种变化，而且在畜牧业中也可通过人为选择培养出更多的优良品种。

(3)受精过程及特点　受精前，两性配子(即精子、卵子)有个运行和准备过程，初射出来的精子无受精能力，只有在母牛生殖道中经过孵育后，才获得受精力，这叫精子的获能。这一变化开始于子宫，结束于输卵管。精子获能后，还要发生顶体反应，这也是获能的必然结果，且只有获能的精子，才可发生顶体反应，而该反应是精卵融合必须经历的反应之一。经过顶体反应，精子顶体破裂，释放出各种内含物(主要是酶)。除此，在受精前，必须把精子从精液注入的地点运送到输卵管上半部卵子所在处。催产素大概在交配或人工授精期间释放出来，促使子宫和输卵管收缩，约在几分钟

以内就把精子推进到卵子附近。据资料报道，牛精子在交配后15分就可在输卵管壶腹部发现精子，这样快到达的精子，多属无效精子，真正具备受精能力的精子是缓慢运行的。精子在到达输卵管上部以前，它自身的活力对于它在生殖道内向上的运行大概没有起到显著的作用。卵子约在发情结束后12小时从卵巢释放出来并在6小时以内移动到输卵管上半部。卵子排出后能受精的寿命不过10小时，而精子大概在母牛生殖道内生存不过24小时，刚射出的精子不能立即使卵子受精，而在子宫和输卵管停留约6小时才能获得卵子受精的能力。因而，在发情中期至发情结束后约6小时之间授精，可提供最高的受精能力。精子在此时以前注入则在卵子到来之前死亡，在此时以后注入则尚未在生殖道内度过足够的时间变为有受精“能力”的精子。而且，老于10小时的卵子受精，时常导致异常的胚胎和早期胚胎死亡。受精通常发生在排卵后4～6小时以内或约在发情后16小时。上述事实使注入精子与排卵同期化的重要性更加显得突出。

注入生殖道的亿万精子到达输卵管上部的不到1 000个。因此，大多数精子是在运行过程中被清除掉，这少数精子是经过生殖道(子宫颈、子宫、输卵管)的精选的结果。对于授精要求要保证输入一定的有效精子数，鲜精3 000万个，冻精1 000万个以上，防止因精子数不多而影响受胎率。精子一与卵子接触就垂直地排列在卵上。一个精子以某种未知的方式穿过卵子外膜，此刻所有其他精子都被排斥在卵子之外。精子的活力可能有助于穿入卵子。据研究分析，这一过程是复杂的，它包括精卵的识别、穿入及连续发生3个反应，即皮质反应、卵黄膜反应和透明带反应。最后实现了一精入卵，正常受精。

唯一穿入卵子的精细胞丢掉尾部，包围精子头部的薄膜溶解，2个性细胞的核融合成一个单结构的胚胎，即合子，这就是受精作用。它使染色体的数目恢复二倍体的状态，并推动有丝细胞分裂，以致成功地形成囊胚、胚胎、胎儿、犊牛，以及最后的成年母牛或公牛。

2. *性别决定*　一半的精子携带一个 X 染色体，另一半精子携带一个 Y 染色体。如果一个携带 X 染色体的精子使卵子受精则产生母犊，一个携带 Y 染色体的精子使卵子受精则产生公犊。

3. *卵裂*　受精卵通常在最初 20 小时以内分裂一次，第 3 天这 2 个细胞再分裂，产生 4 个细胞的结构。第 5 至第 6 天受精卵就含有 8～16 个细胞。上述的细胞分裂发生在输卵管下部，但是调节纤毛运动和使受精卵向输卵管下部移动的确切机制尚不清楚。

4. *异常受精*　包括多精受精、雌核发育、雄核发育等。多精受精指由 2 个以上精子进入卵子，这在母牛体内很少发生，仅在配种延迟、发热或高温环境引起体温升高的情况下才偶尔可见，多精受精胚胎早期就死亡。其他几个方面的异常受精在牛上均极少见。

(二)胎盘的形成

发育中的胚胎细胞球一进入子宫就逐渐形成充满液体的腔，经过一系列的转变，细胞层形成了 3 种基本胚胎组织(外胚层、中胚层和内胚层)。这些胚胎组织的分化，不但形成发育中犊牛的特定器官，而且形成产生胚盘的胚外组织。受精后 22 天以内，犊牛的心脏开始跳动。2 个月时大部分的器官已经形成，3 个月时就易认出胎儿为犊牛。

在最初 30 天，发育中的胚胎是由宫腔中的液体供给营养，因为它尚未附着于子宫肉阜。第 15 天以后，胚外膜迅速生长且充满液体。胚胎完全被包围在羊膜内，羊膜又被绒毛膜包围。当发育中的膜因充满液体而膨胀并压迫子宫内膜时，胎儿子叶就对着母体肉阜发育，在受精后 30～36 天，两者就紧密联合形成胎盘。

从发育中的胚胎生出两条动脉和一条静脉形成脐带，通过羊膜，在绒毛膜上的胎儿子叶中作为毛细管而终止。胎儿子叶上的绒毛(指状突出物)长入子宫的肉阜。母牛的动脉也终止于母体的

肉阜中的毛细血管。胎儿和母牛的血液由5层组织隔开。从母牛来的营养物质和由胎儿产生的废物必须穿过这些细胞层来扩散,但并非所有的物质都能穿过这个胎盘障碍物,例如抗体和维生素A就不能穿过。因而,初生的犊牛产后不久即需从初乳中得到这些维持生命所必需的养分。

胎膜　胎膜指胎儿的附属膜。包括羊膜、尿膜绒毛膜的卵黄囊,其作用是保护和维持胎儿的生长发育。胎膜内含有羊水和尿液(通常称胎液),胎液呈碱性,含有多种成分,可对胎儿起到缓冲、防止膜组织粘连、利于分娩、调节渗透压等作用。

胎盘　胎盘包括胎儿胎盘和母体胎盘,二者构成完全的胎盘系统,供应胎儿营养,维持胎儿的消化、呼吸等生理功能。牛的胎盘是子叶型胎盘,由妊娠子宫内膜的宫阜组成母体胎盘,而尿膜绒毛膜上的子叶组成胎儿胎盘,二者紧密嵌合共同形成胎盘突。胎儿和母体的血液交换所穿过的胎盘5层组织依次为子宫血管内皮层、子宫结缔组织层、绒毛膜上皮层、绒毛膜间质层、绒毛膜血管内皮层。胎盘除了进行母体与胎儿间的物质交换外,还能产生激素(如雌激素、孕酮、催乳素等)。

脐带　脐带是联结胎儿与胎盘的纽带,内含脐血管、脐尿管和卵黄囊的黏膜组织。犊牛脐带长30～40厘米。

六、牛的怀孕与分娩

(一)牛的怀孕

1. 怀孕的维持　怀孕也叫妊娠,是受精与分娩的间隔期。通常,受精后黄体就持续存在而不是像在正常的发情周期中那样退化。在配种后的13～17天,孕体产生一种抗溶解黄体或阻断溶黄体作用的物质,以维持黄体的存在。这也是母体识别妊娠的信号,存在一种阻止 $PGF_{2\alpha}$ 进入卵巢静脉而将其分泌到子宫腔内的机制,从而使卵泡在卵巢上的生长和发情的征状受到抑制,虽然在妊娠初期可能在预计的 21 天间隔期出现某些发情征状。黄体和孕酮的分泌是在整个妊娠期间维持母牛妊娠所不可缺少的，因为摘除卵巢或移去黄体就会引起流产。因而，特别是试图在最后一次配种 60 天以内诊断妊娠时，应轻轻地触摸卵巢以免意外地移动黄体。可是，随着妊娠的进展，孕酮的来源有所改变，因为卵巢的孕酮减少而颈静脉的孕酮的数量（测定外周循环水平的一种方法）没有变化，因而，母牛的黄体在整个妊娠期间都是有机能性的，但在妊娠 200 天以后，孕酮的某种卵巢以外的来源（大概是肾或胎盘）则变得重要了。

在整个妊娠期间，血液中雌激素的浓度一直在上升，但在最后 1 个月显著增加。雌激素刺激子宫细胞的生长和代谢活动，如果给予大剂量则会引起流产。可是，在妊娠初期孕酮刺激子宫腺的发育并缓和子宫的收缩。因而，孕酮抑制雌激素的作用使妊娠处于支配地位，直到即将分娩之前雌激素才占优势。

2. 胚胎生长发育　受精卵形成后，开始在母体中进行胚胎发育。其整个过程包括卵裂、囊胚形成、胚胎着床、组织器官的形成及胚体生长发育等。

牛受精卵进入子宫后，7～8 天透明带崩解，12～13 天胚泡呈椭圆或成管状，又迅速变成长带状。发育着的胚泡长出绒毛膜，内含液体，悬着胚胎。营养物质即可从母体经过子宫、脐带进入胚胎，绒毛膜迅速延长，第 15 天占有原子宫角长度的 2/3，第 20 天开始进入另一子宫角，30～35 天绒毛膜和子宫黏膜通过胎盘建立了牢固的联系。胎膜在 180～210 天以前生长很快，而胎儿在妊娠 120 天以后迅速增长，但增重最快的时间是在妊娠的最后的一个月当中。

（二）母牛的分娩

母牛的妊娠期长短随品种、犊牛性别、母牛的年龄和胎次以及所怀犊牛的头数而不同。怀公犊的妊娠期比怀母犊多一天，双胎

约比单胎早产一周。

1.临床征状　母牛临产时会出现一系列的行为上及生殖器官和乳房方面的变化，据这些变化可预测分娩时间，做好接产、助产准备。

通常出现分娩的一些征状为：尾根和骨盆周围韧带松弛，阴门肿大，常有黏液流出，乳房充血。其他肉眼看不到的变化有：骨盆带的韧带变软（因为这些韧带松弛则产道扩大，犊牛较易娩出）；封锁子宫颈的栓塞液化；子宫颈扩张；犊牛转动至正常娩出的位置；接着子宫逐渐开始收缩。松弛素和雌激素参与有关骨盆和子宫颈松弛的变化。

2.分娩过程　分娩过程分为开口期、产出期、胎衣排出期。起初和缓的子宫收缩持续 4～20 小时，在此期间母牛显得越来越不安宁。等到子宫的收缩加剧时，随着腹肌也开始收缩，犊牛就被推向子宫颈并逐渐被排出产道。当犊牛前肢通过阴门时胎膜就破裂，但其子叶通常要到分娩以后才与肉阜分离。由于犊牛通过脐带仍与子叶连接，所以即使分娩持续的时间过长，犊牛也能得到够用的血液供给。当犊牛离开阴门时脐带就断裂，此时犊牛则需开始呼吸。分娩后，子宫仍继续收缩以排出胎膜。可是，在全部母牛中约有 10％产犊后脐带滞留 12 小时以上。

3.激素的控制　控制分娩的因素尚未充分明了，但并非由单一的因素负责发动。当胎儿生长，子宫扩大到使子宫肌层变得对刺激较敏感的程度时，仍对其他发动收缩的因素易起反应。孕酮阻碍分娩，所以这种激素在发生分娩以前必须减少。孕酮减少时，雌激素就显著地增加，使子宫的收缩能力加强并使子宫对催产素的作用敏感。的确，正在最后排出犊牛之前，血液的催产素水平有显著的增加，而催产素能引起动物阵痛。此外，分娩前胎儿分泌的 ACTH 和肾上腺皮质类固醇显著上升。据推测，胎儿的肾上腺糖皮质类固醇促进前列腺素 $F_{2\alpha}$ 的合成，而这种前列腺素发动临产时减少母体孕酮的合成。

(三)产后母牛

1. 子宫复原　子宫恢复孕前的大小所需的时间由 12～56 天不等。这个时期是重要的，因为子宫未复原会使繁殖力降低。经产的母牛和分娩时发生过并发症的牛，子宫复原较慢。产后第一次配种，在受孕过的一侧子宫角排卵的受胎率比在未受孕过的一侧子宫角排卵的受胎率低。总的说来，在产后第一个发情期配种比在以后的发情期配种受胎率低。子宫颈通常在产后 24～36 小时恢复正常大小，可是胎盘滞留会推迟其闭合的时间。

2. 发情周期的恢复　母牛从分娩至产后第一次有行为的发情间隔期，通常在 30～72 天的范围内。恢复发情的速度随挤乳强度而不同，挤乳次数较多的母牛则恢复发情较迟。而且，高产牛恢复发情约比低产牛推迟 9 天。在产后的初期，约有 45%的乳用母牛排卵而无明显的发情征状。反之，约有 10%的乳用母牛有发情征状而随后并不排卵。产后初期的母牛卵巢的卵泡发育显著地受到抑制。由于促性腺激素一般在妊娠期间减少，所以在产后初期没有大的卵泡存在并不意外。分娩后多久才有卵泡开始生长，变异很大。但据一个研究的报道，卵泡的活动在分娩后 10 天以内开始。卵泡重新开始生长大概是由于 FSH 的释放。正如在关于正常发情周期那一部分讨论的，垂体分泌的促性腺激素与第一次产后排卵密切相关。

3. 产后配种适期　为了达到一年的产犊间隔期，必须在产后 85 天以内受胎。目前，一般的母牛产后 90 天才第一次配种。因而，相对缩短产犊的间隔期是可能的。在产后最初 20 天内恢复发情和配种的少数母牛，受胎率约只有 25%；产后 40～60 天之间配种的受胎率平均约为 50%；产后 60 天以上配种的受胎率约稳定在 60%。目前的建议是在产后 30～45 天由技术员触诊子宫，如果生殖道已复原，母牛就应于产后 40 天左右开始第一个发情期配种。

第二节 牛的繁殖技术

一、牛的发情鉴定

发情鉴定的意义是通过发情鉴定技术，一是判断母牛的发情程度，确定配种适期，以便及时进行配种或人工授精，达到提高受胎率的目的；二是判断母牛的发情是否正常，若发现异常，及时采取措施，加以解决；三是对妊娠诊断也有一定参考作用。因此，发情鉴定是奶牛繁殖生产中的一个重要技术环节。

母牛的发情表现，是由生殖激素的调节作用，引起其生殖器官和性行为等发生的明显变化。这种变化，有外部变化和内部变化，其外部变化为可观察到的体外表现的现象；而内部变化，主要为生殖器官的变化，其中卵泡的生长发育及成熟变化起主导作用，是决定整个发情变化中的本质因素。为此进行发情鉴定时，既要观察母牛的外在发情表现，更要掌握卵泡发育状况的内在本质特征，同时也应考虑影响发情的各种因素，加以综合的科学分析，做出较为准确的判断，最后确定适宜的配种时间。

发情鉴定方法有多种，一般实践中常规方法有利用公牛试情、外部观察、阴道检查、直肠检查等，多年来生产上已广泛应用，取得了一定的效果。近些年来有人提出：观察注入外源激素的反应，检测体液内的激素水平以及利用电子仪器鉴定等新方法，经实践应用表明，也有一定的效果，但其中有些操作繁琐、时间较长，需要的设备价值高，准确性不稳定。

（一）发情鉴定的常用方法

奶牛的发情期较短，外部表现发情特征也较明显。因此，在生产中对母牛的发情鉴定，主要采用外部观察法、试情法和阴道检查法，但对于技术熟练的人员来说，最好利用直肠检查法，触摸卵巢变化及卵泡发育程度来确定配种适期，有利于提高受胎率。

1. 外部观察法　一般发情牛在放牧场或运动场中较易被发现，也可在牛舍里查看，早晚各观察一次。主要着眼于母牛爬跨或接受爬跨的状况，进行详细观察去寻找发情牛。一般母牛发情变化过程的外部表现可归纳如下：

(1)发情初期　母牛开始出现发情表现，食欲减退，兴奋不安，四处张望，走动不安，时常发出叫声。当有试情公牛在场时，发情母牛往往被追随或爬跨，而不愿接受爬跨，逃避但不远离。在牛舍内多为站立不卧，主动接近人。

(2)发情盛期　食欲明显减退，甚至拒食，更加兴奋不安，常常大声哞叫，四处走动。经常爬跨其他母牛，并同时也愿意接受试情公牛或其他母牛的爬跨而稳立不动。用手拍压牛背十字架，表现凹腰和高举尾根，若手握牛尾上段，向上抬举不觉费力。外阴部肿胀明显，流出黏液。此时可给予发情母牛配种，如果采取人工授精，可比自然交配时间稍推后。

(3)发情末期　母牛兴奋性减弱，哞叫声减少，虽仍有公牛跟逐，已较不愿意接受爬跨并表示躲避而不远离。外阴部肿胀减退。发情末期后转入发情后期，此时母牛兴奋性明显减弱，稍有食欲。试情公牛基本上不再尾随和爬跨母牛，母牛也避而远之。再此后，逐渐恢复正常，进入休情期。

2. 试情法　此法是根据母牛在接近公牛时的亲疏行为表现，来判断其发情程度的。发情时，母牛通常表现为愿意接近公牛，弓腰举尾，后股开张，频频排尿，有求配动作等；而不发情或发情结束后则表现为远离公牛，当强行牵拉接近时，往往会出现躲避行为，甚至踢、咬等抗拒行为。试情公牛一般选用体质健壮、性欲旺盛、无恶癖的非种用公牛。可采用输精管结扎、带试情兜布等方法来处理公牛，以防止交配成功。如发现母牛接受交配，并有交配欲的，可进行适期配种。

3. 阴道检查法　这种方法是应用阴道开张器或扩张筒插入母牛阴道中，观察其阴道黏膜的色泽和充血程度、子宫颈的弛缓状态、子宫颈外口开口的大小和黏液的颜色、分泌量及黏稠度等，以判断母牛的发情程度。在检查时，器械要灭菌消毒，插入时要小心谨慎，以免损伤阴道壁。

(1)发情初期　阴道黏膜潮红肿胀，子宫颈口微开，有大量透明黏液排出。

(2)发情盛期　阴道黏膜潮红肿胀增强，子宫颈潮红肿胀明显，其开口较大。由阴道流出透明黏液，牵缕性强。此期的母牛可实施配种，如进行人工授精，时间可稍推后。

(3)发情末期　阴道及子宫颈的肿胀稍减退，排出的黏液由透明变为稍有乳白的混浊状态，黏液性减退，牵拉如丝状。

(4)发情后期　阴道肿胀消退明显，其黏液量少而黏稠，由乳白色渐变为浅黄红色，有个别混有血液。阴道检查法可配合黏液 pH 值测定和宫颈黏液结晶花纹观察。

4. 直肠检查法　母牛的发情期短，卵泡发育成熟快，为此生产中在发情期配种两次即可。然而直肠检查法可具体判明卵泡发育的程度及排卵时间，掌握得好一次输精配种即可。尤其适用于那些表现发情异常，不易观察的母牛，还有一些卵泡发育与排卵过快或过缓的母牛以及已妊娠又表现发情的母牛等情况。对这些母牛通过直肠检查来判断其排卵时间是极为必要的。总之，有利于防止漏配或误配，减少输精次数，提高受胎率。

(1)母牛直肠检查的操作方法　先将母牛保定妥善。操作者手指甲剪短磨光，戴上长臂型塑料膜手套或乳胶薄手套，手套外表蘸取少量水以利润滑。手指并拢呈锥状伸入肛门内直肠，如有宿粪可排出，手伸入骨盆腔内展平手掌，掌心向下手指轻轻左右抚摸，可摸到坚硬的子宫颈。再沿宫颈向前移动，便可摸到较软的子宫体、子宫角及角间沟。再向前伸至角间沟分叉处时，手移至一侧子宫角，沿子宫角大弯至子宫角尖端外侧，即可触摸到卵巢。此时以手指肚轻稳细致地触摸卵巢的大小、形状、质地及卵泡的大小、形状、弹性和卵泡壁厚薄等发育状况。这一侧卵巢摸完后，将手以同样的手法移至另一侧卵巢上，触摸其各种性状。

(2)母牛卵泡发育的各阶段　母牛在休情期，多数情况是一侧卵巢大些，卵巢存有较硬的或大或小的黄体。而在发情期，卵巢上只有发育的卵泡，其卵泡发育由小到大，由硬变软，由无弹性到有弹性，逐渐呈半球状突出卵巢表面。按卵泡发育的大小和形状，可划分如下几个阶段：

第一期：卵泡出现期　卵巢稍增大，卵泡直径为0.5～0.75厘米，触诊时为软化点，波动不明显。此时母牛一般均已开始发情。卵泡出现期约为10小时。

第二期：卵泡发育期　卵巢明显增大，卵泡增大至1～1.5厘米，呈小球形突出于卵巢表面，波动明显。此期为10～12小时。此期的后半期，母牛的发情表现已经减弱，甚至消失。

第三期：卵泡成熟期　卵泡不再增大，其泡壁变薄，弹性增强，触摸时有一触即破之感。此期为6～8小时。

第四期：卵泡排卵期 卵泡破裂排卵，卵泡液流失，卵泡壁变松软，成为一个小凹陷。排卵多发生在性欲消失之后的10～15小时，并多发生于夜间。

黄体形成期：一般为排卵后6～8小时开始形成黄体。原来卵泡破裂出现的小凹陷已摸不到，由新形成的柔软黄体所充实，其大小为0.7～0.8厘米。待黄体完全发育成熟可达2～2.5厘米，此时已进入休情期。

在母牛卵泡处于成熟期时，可实施冷配。当第一次配种完成后8～12小时，可采取复配的方法以保证较高的受胎率。

(二)发情鉴定的其他方法

1. 生殖激素检测法　这种方法是应用激素测定技术(放射免

疫测定法、酶联免疫测定法等)，通过对母牛体液(血浆、血清、乳汁、尿液等)中生殖激素(FSH、LH、雌激素、孕激素)水平的测定，依据发情周期中生殖激素的变化规律，来判定母牛的发情程度。该法可精确测出激素的含量，如母牛排卵前孕酮的含量由每分钟0.24微克增加到1.52微克。采用放射免疫测定法测定母牛血液中孕酮的含量，为0.12～0.48微克/毫升，输精后情期受胎率可达51%。但本方法所需仪器和药品制剂较贵，目前尚较难普及。

2.离子选择性电极法　离子选择性电极是以特制的电极敏感膜，对溶液中特定离子浓度产生电极电位变化过程，在离子浓度的变化过程中测定电位的变化。在母牛发情周期中，生殖道黏液中的无机盐浓度特别是 NaCl 浓度有明显变化。这种变化可用离子选择电极测出的电位变化反映出来，从而判断发情阶段。

3.仿生学法　该法是模拟公牛的声音(放录音磁带)和气味(天然或人工合成的气雾制剂)刺激母牛的听觉和嗅觉器官，观察其受到刺激后的反应状况，判断母牛是否发情。如用录音带记录公牛叫声，在放牧场播放，可使发情母牛自己跑到配种室来。

4.宫颈黏液结晶法和透析法　母牛宫颈黏液中所含的各种成分如水、糖、蛋白质、盐类等在发情周期的各阶段，其含量会发生规律性的变化。其中不同含量的盐类可呈现出形态不同的结晶，根据宫颈黏液的结晶形态可进行发情鉴定。操作时，先用灭菌长柄钳伸入阴道，蘸取宫颈黏液，再把取出的黏液涂在载玻片上抹片，自然干燥后在显微镜下观察其结晶花纹，据此判定发情阶段。通过对发情牛的宫颈黏液结晶观察结果发现在发情盛期，其黏液一般呈现羊齿植物状的结晶花纹，结晶花纹较典型，排列整齐，并且保持时间持久，常达数小时以上，其他如上皮细胞、白细胞等杂质很少。发情末期黏液结晶结构较短，呈短金鱼藻或星芒状，且保持时间较短，白细胞较多。

有少数个体虽处于发情盛期，但宫颈黏液抹片不呈结晶花纹。

再者，即使能清楚观察到结晶花纹，也很难判定母牛的排卵时间和确定适宜的配种时间。因此，这种方法仅可作为一种辅助性的发情鉴定方法。宫颈黏液透析法是以精子是否易于透入宫颈黏液为标准，测定输精适期的方法。对于阴道内射精的牛来说，子宫颈部黏液是否易于精子通过对受精作用的关系极大。精子透入黏液的程度决定于黏液本身的化学成分和渗透性等物理性质。

(1)抹片法　取米粒大的黏液一滴，放于载玻片上，取一盖玻片，在三个边缘涂抹凡士林，将黏液压在中间。另取适量精液，在未抹凡士林的一边注入精液，在37℃温度下经5～10分钟后在显微镜下观察。如果大多数精子透入黏液界面很大，且活动良好，为发情盛期，适于输精。

(2)毛细管法　将宫颈黏液吸入长10～15厘米，内径0.9～1毫米的毛细玻璃管中，扁形玻璃管优于圆形玻璃管，便于在显微镜下观察。毛细管的顶端用塑料胶封口，下端插入0.2毫升的正常精液中。垂直放入37℃水浴内1小时观察结果，测定精子在毛细管中的透析高度，并记录活动精子数及活力。

透析高度：毛细管中领先精子到达的高度。

透析密度：进入黏液中的精子数。

活率：根据毛细管中上1/3段直线前进运动精子的比率分为0～Ⅲ级。0级为无直线前进运动精子；Ⅰ级为0.25；Ⅱ级为0.25～0.5；Ⅲ级为0.5以上。

5. pH值测定法　这是测定生殖道黏液pH值，以鉴别发情周期的方法。母牛发情周期中黏液的pH值呈现一定的变化，在发情盛期为中性或偏碱性，黄体期偏酸性。母牛宫颈液pH值一般在6.0～7.8范围之内，而在6.6～6.8时输精的受胎率最高。测定生殖道黏液不能明显区别发情周期的各时期，但是在一定的pH值范围内输精的受胎率较高，因此，在发情周期表现正常的情况下，具有发情表现再测定pH值方有参考价值。

6.电阻测定法　是利用母牛发情周期中阴道黏液导电率的变化判断发情的一种方法。人们据此研制了一种发情测定仪,可通过仪表直接读出电阻变化值。母牛发情期的电阻较低,平均303(164～472)欧,而其他阶段为454(362～604)欧。一般电阻值大于等于250欧时配种,受胎率较高,可达77%。

7.颜色标记法和里程计法

(1)颜色标记法　本法是以发情母牛接受公牛或其他母牛爬跨为依据,在母牛尾根上贴附一个盛有颜色的塑料薄胶囊。当被爬跨时受压破裂流出颜色液,在母牛背部留下明显标记。有人将标记器安装在试情公牛的胸部,同样可使接受爬跨的母牛身上留下标记。此外,还有人用粉笔涂擦在母牛的尾根上,如母牛发情时,则因公牛爬跨其上而将粉笔字迹擦掉。

(2)里程计法　这是根据牛在发情期活动频繁,追逐爬跨,行程增加的现象,将记录运动员活动的里程计,改制成牛发情鉴定用的仪表,进行测定的方法。母牛在发情期内爬跨动作平均可达50～60次,而且夜间活动多。发情母牛的活动里程要比不发情母牛多2.5～4倍,因此在散放饲养条件下,如果用里程计监测,并结合观察可以发现大部分发情母牛

二、牛的人工授精

(一)人工授精在养牛生产中的意义

1.人工授精的概念　人工授精就是指借助于专门器械,用人工方法采取公牛精液,经体外检查与处理后,输入发情母牛的生殖道内,使其受胎的一种繁殖技术。人工授精技术包括采精、精液品质的评定、稀释、保存、运输和输精等6个环节。

2.人工授精的意义　人工授精作为现代的动物繁殖方法,在畜牧业中已显出了众多的优点和其应用价值。

(1)人工授精可提高优良种公牛的配种效率,扩大配种母牛的

头数　人工授精不仅有效地改变了公母牛的交配过程,更重要的是选择最优良种公牛实行人工授精配种,它超过自然交配的配种母牛头数的很多倍,有时达到数百倍。特别是在现代技术条件下,一头优良公牛每年配种母牛甚至可达上万头。

(2)加速奶牛的繁殖改良,促进育种工作进程　由于人工授精选用优良种公牛,配种母牛的头数增多,进而扩大了良种遗传基因的影响。此外,有利于保证配种计划实施和提供完整配种记录。因而促进了奶牛的改良及育种工作的进程。

(3)降低饲养管理费用　由于每头公牛可配的母牛数增多,为此相应减少饲养公牛头数,降低饲养管理费用,提高了经济效益。

(4)可防止各种疾病,特别是生殖道传染病的传播　由于公母牛不接触,且人工授精有严格的技术操作规程,可有利于防止参加配种的公母牛之间发生疾病的传播。

(5)有利于提高母牛的受胎率　人工授精能克服公母牛自然交配中因体格相差太大不易交配或生殖道某些异常不易受胎的困难,又可便于发现繁殖障碍与疾病,采取相应的治疗措施消灭不孕。更主要的是人工授精的发情母牛,事先要经过发情鉴定,掌握在适宜时机配种,同时所用的精液均经检查合格,保证质量,因此可有利于提高母牛的受胎率。

(6)人工授精可扩大公牛配种的地区范围　用保存的公牛精液尤其是冷冻保存的精液,便于携带运输,可使母牛配种不受地区的限制和有效地解决无公牛或公牛不足地区的母牛配种问题。

综上所述,牛的人工授精在严格遵守操作规程和周密鉴定种公牛的情况下,有着巨大的优越性,对发展畜牧业生产有着重要的意义。但是,如果不遵守操作规程,卫生要求不严格,缺乏无菌观念,则会造成受胎率下降,甚至发生生殖道疾病传播,如果使用遗传上有缺陷的公牛,会造成更坏的后果。

(二)人工授精器械的消毒技术

人工授精器械必须经过彻底消毒。消毒不严,细菌等微生物污染了精液,不但影响了精液质量,而且也是造成母牛不孕的重要原因。

人工授精器械主要使用物理学消毒法(煮沸、蒸汽、干热、紫外线等)和化学消毒法(酒精等)。

1.化学消毒法

(1)人工授精器械的化学消毒法主要指用酒精消毒　它适用于橡胶、金属、玻璃器械等。假阴道内胎在用酒精消毒后,必须用生理盐水或5%的蔗糖溶液冲洗,风干后放在无尘处保存备用。用上述溶液冲洗的目的,一是冲去可能残留的酒精,二是减少内胎的黏附性,以防止采精时内胎黏附精液。消毒用酒精浓度一般为75%。

(2)新洁尔灭浸泡消毒　可用于橡胶、塑料等器械。

(3)过氧乙酸溶液消毒　操作人员的手可用0.1%过氧乙酸溶液消毒。工作服可用熏蒸法消毒。把工作服挂于房间内,按实际体积计算。每立方米用5毫升过氧乙酸溶液(内含过氧乙酸0.75克),另外加1克高锰酸钾进行催化,用电炉加热熏蒸。

2.物理消毒法

(1)煮沸消毒　人工授精器械的消毒应以煮沸消毒为主,它适用于一切器皿及稀释液。80℃ 5～10分钟,炭疽菌、结核菌等微生物均可被杀死。100℃ 1分钟,炭疽菌芽孢可被杀死。在实践中,可用100℃ 15分钟煮沸消毒。在煮沸过程中,煮沸水应浸没消毒器皿,而稀释液以水浴消毒为宜。

(2)蒸汽消毒　适用于一切器皿及稀释液。在密闭情况下,100℃ 1分钟可以达到消毒目的。如果灭菌器不严密,混入空气,消毒则需10分钟。空气混入1/3,消毒则需30分钟。在实践中,除用高压灭菌器外,凡属自制的蒸汽消毒锅,一般都应在水开后,消毒30分钟。

(3)干热消毒　适用于玻璃器械和金属器械。使用电热干燥灭菌器,温度达到160℃,经过30～60分钟达到消毒目的。这种消毒效果比湿热消毒(煮沸、蒸汽法)差。链球菌70～75℃1小时,大肠杆菌60℃13分钟,结核菌100℃1小时可被杀死。另一干热消毒法是烧灼,操作中使用的白金耳以及阴道开张器等金属器械均可用无烟火焰(酒精灯)烧灼消毒。

(4)紫外线消毒　适用于橡胶、塑料、玻璃器械、工作服、日常用品等。

(三)人工采精技术

人工授精的首要环节是采精。为此,认真做好采精前的准备,正确掌握采精技术,科学安排采精频率,才能获得大量的优质精液。

1.采精前的准备

(1)采精场地　采精应在良好的环境中进行,以利种公牛形成稳定的性条件反射,又能避免精液不受污染。为此,要求室外采精场地应宽敞、平坦、安静、清洁、避风;室内采精场地,应宽敞明亮、地面平坦,注意防滑。总之,采精场地要固定,有利采精操作方便,获得优质精液为原则。同时避免损害种公牛性行为和健康的不良因素的影响,使种公牛经常处于准备定时采精的良好状态。场内一般设有采精架。

(2)台畜的准备　台畜是供种公牛爬跨射精同时进行采精液用的采精台架。台畜分为活台畜和假台畜两种。

采精时,用发情良好的母牛作活台畜最好,有利于刺激种公牛的性反射。活台畜应选择健康体壮、大小适中、性情温驯,易被人接近的或已有作台畜习惯的母牛。采精前,先将活台畜牵至采精架加以保定,然后将尾部系向一侧,再对尾根部、肛门、会阴部进行彻底清洗消毒,最后用灭菌干净抹布擦干。用假台畜采精,更为方

便，安全可靠。假台畜可用木材或金属材料制作支架。要求规格大小适宜、坚实牢固，表面应柔软干净、尽量模拟母牛的外形和颜色。利用假台畜采精，要事先调教好公牛，引诱其爬跨上假台畜。调教有如下几种方法：

①在假台畜的后躯涂抹发情母牛的阴道黏液和尿液，这样公牛会因气味（外激素）的刺激而引起性欲并爬跨假台畜，经几次采精后即可调教成功。

②在假台畜旁牵一头发情旺盛的母牛，诱使公牛进行爬跨，但不让交配而将其拉下，反复上下几次，待公牛的性冲动达到高峰时，迅速牵走母牛，令其爬上假台畜采精，一般可获得成功。

③如上述 2 种方法不生效时，也可将待调教的公牛拴系在假台畜附近，让其"观摩"另一头调教好的公牛爬跨假台畜采精，然后再令其爬跨。

在调教过程中，要反复进行训练，耐心诱导，切勿强迫、恐吓，甚至抽打等不良的刺激，否则会造成调教困难。在调教过程中，获得第一次爬跨采精成功后，还要经几次重复，以便使公牛建立巩固的性反射。此外，还应注意人畜安全与公牛的生殖器官的清洁卫生，加强种公牛的科学饲养管理。

(3)种公牛的准备

①种公牛的选用：选择和确定种公牛时，应按家畜育种常规进行体质外貌鉴定、性能测定、同胞测定、后裔测定、估测育种值及多个性状的综合评定等方法进行全面检测，最后达到种公牛的 6 条基本要求，即：完全符合本品种的标准特征；发育正常，健康强壮；体质外形良好；生产性能高，遗传性强；种用价值高；繁殖机能旺盛。只有完全符合这 6 项指标的优良个体，才可作为种公牛。

②加强种公牛的饲养管理：为获得大量优质的精液，必须经常保持种公牛良好繁殖体况，只有体质健壮、精力充沛、性欲旺盛，才能保证产生优质精液。如果营养不良（消瘦或过于肥胖）、管理不

善及配种利用不当等，都会造成精液品质低劣和性欲下降。为此，用于采精的种公牛必须加强饲养管理，给予全价饲料，精心饲养，适当运动，合理利用，注意牛体和牛舍卫生，严格定期检疫。此外，必须定期（半个月或 1 个月）用灭菌生理盐水加入抗生素，冲洗公牛的阴茎和包皮，经常保持其清洁卫生。尤其在每次采精前，更应严格冲洗一次，防止精液的污染。

③性准备：公牛采精前性准备的充分与否，直接影响到精液的数量和质量。因此，在临采精前，均须以不同诱情方法使公牛有充分的性欲和性兴奋。一般可采取让公牛在活台畜附近停留片刻，进行几次爬跨或观看其他公牛爬跨射精等方法，可增加性刺激强度，表现出较强烈的性行为，为顺利采精操作和获得质量良好的精液创造有利条件。

2. 采精技术　一般正规采精技术的基本要求是：利用采精的器械要简单，便于装拆、洗涤、消毒和操作；要收集公牛一次射出的全部清液；不能影响精液品质；有利于人畜安全，不可发生有损公牛生殖器官和影响性机能的现象。公牛的采精方法有多种，包括假阴道法、按摩法、电刺激法等。但最常用的主要是假阴道法。

（1）假阴道法采精

①假阴道的构造：假阴道是模拟母牛阴道内的环境，仿生制作的人工阴道，假阴道为筒状结构，主要由外壳、内胎、集精瓶及附件组成。外壳可用薄铁板、硬质塑料或硬橡胶制成圆管状。内胎为弹性强，无毒的柔软薄橡胶管，作为仿生母牛阴道制作的假内腔，供公牛交配射精之用。集精瓶用于收集精液。集精瓶（杯）一般为棕色玻璃瓶，也可用大刻度试管或玻璃保温杯代替。集精瓶安装在假阴道的后端，有的以橡胶漏斗连接集精瓶。为防止精液受污染，可在假阴道入口处（前端）覆盖一层较薄的呈丫状开口泡沫塑料软垫。牛的假阴道长度为 25～50 厘米，外壳内径约 8 厘米。

②假阴道的准备：假阴道在使用前要进行洗涤、安装、消毒、冲

洗、注水、涂油、测温和调压等步骤的准备。使假阴道具有模拟母牛发情时阴道的特点，创造引起公牛正常射精的条件。其具体程序如下。

洗涤：将假阴道的主要部件如内胎和集精杯等，在使用的前一天以 1%～2%的碳酸氢钠温液彻底洗净，也可配合使用肥皂脱去油脂，再用清水冲洗 3～4 遍，最后晾干。

安装内胎：在采精当天安装假阴道。安装内胎时，将内胎的光滑面向里，粗糙面向外，然后置于外壳内并拉直，再将内胎两端外翻在外壳的两端，并用固定胶圈扎紧加以固定，防止滑脱。注意安装好内胎后，其形成的内腔应呈平直的空筒状，不能出现扭曲和皱襞。

消毒：安装后的内胎，以长柄镊子夹取含 75%酒精浸湿的纱布块，全面涂擦内胎进行消毒。待酒精彻底挥发后，再安装灭菌集精杯。集精杯消毒，可蒸煮消毒或酒精消毒。

冲洗：将灭菌的内胎和集精杯共同用灭菌的精液稀释液全面冲洗一遍，以利消除不良的残存液（如酒精或蒸馏水等）对精液的不良影响。

注水：由外壳的注水孔，向假阴道内注入适量的温水，并加盖塞，使假阴道内腔具有一定的压力和温度。其注入的水温，一般在 45～50℃之间，依不同季节气温来掌握水温的高低；依牛阴茎大小的差异和个体对压力的要求注入一定量的水。

涂油：用灭菌的涂油玻璃棒（其玻棒前端应钝圆），蘸取灭菌的医用凡士林油少许，伸入假阴道前端 1/3～1/2 处涂油至外口周围。其目的是润滑假阴道的内腔，以模拟达到发情母牛阴道内有黏液存在的润滑程度。

调压：按公牛个体的要求调整阴道内腔的压力，以利刺激阴茎产生射精的生理反应。调整压力的方法，除注入一定量温水外，再注入一定量的空气，达到适宜的内腔压力。

测温：临采精前，用灭菌温度计插入假阴道内腔测试其温度，一般要求应保持在 38～40℃为宜，温度不可过高。此外，在低温季节里，集精杯也应保持在 30～35℃，以防冷刺激造成精子的冷休克。

③假阴道法采精操作：利用假台畜采用假阴道法采精，最好是将安装调试好的假阴道安置在假台畜后躯内，任由公牛爬跨假台畜而于假阴道内射精，来收集精液。这是一种比较安全而简单的方法，但应注意安置在假台畜体内的假阴道集精瓶端，要稍向下倾斜，以防精液发生逆流造成收集不全的损失。当然，利用假台畜采精时，也可采用手握假阴道在假台畜体外进行采精，其操作方法和利用活台畜的采精方法一致。

利用活台畜采用手握假阴道采精时，采精技术人员应站在台畜的右后侧，当种公牛爬跨上台畜时，将假阴道立即紧靠并固定于台畜尻部右侧，其倾斜角度呈 35°左右，亦即与公牛勃起的阴茎伸出方向成一直线，迅速将阴茎导入假阴道内，任其阴茎在假阴道内腔抽动射精。当射精时应将假阴道集精杯一端向下倾斜，以便精液流入集精瓶内。待公牛跳下时，不可硬行抽出假阴道，应随着阴茎后移，放掉假阴道内空气，在阴茎自行软缩脱出后，随即自然取下假阴道。

公牛对假阴道的温度比对压力更敏感。为此，调试假阴道内腔的温度应按其种公牛个体的习性要求，力求准确。对牛向假阴道内导入阴茎时，切勿用手直接抓握裸露的阴茎，而必须以掌心托住包皮及其内的阴茎，加以导入。此外，牛交配时间短促，只有数秒钟，其表现是爬跨上台畜向前一冲后，即行射精。因此，采精动作力求迅速敏捷准确，同时要避免阴茎突然弯折和损伤。

(2)按摩法采精　对种公牛的按摩采精操作，是先排除直肠内的宿粪，再将手伸入直肠膀胱背侧稍后，轻柔按摩精囊腺，刺激精囊腺分泌部分精清，可排出包皮之外，再将食指伸入输精管末端的

壶腹部之间，而壶腹部外侧是一侧为中指和无名指，另一侧为拇指。按摩时手指由前向后滑动并有适当压力，这样反复进行按摩，即可引起公牛精液流出，由助手接入集精瓶内。为减少细菌污染精液，助手最好配合于后腹部由上向下按摩阴茎尤其阴茎的“S”状弯曲部，使阴茎伸出包皮之外，收集精液。按摩法采精比用假阴道法所采集的精子密度低，细菌污染程度高。

(3)电刺激法采精　利用电刺激采精器，通过电流刺激公牛引起射精而进行采精的一种方法。电刺激采精器，是由电子控制器和电极探棒两部分组成。电刺激采精时，采精前先将公牛保定或麻醉。用生理盐水对包皮及周围洗净，并擦干。然后消除直肠内宿粪，最后将少许涂油的电极探棒，经脏门缓慢插入直肠，达到靠近输精管壶腹部的直肠底壁，插入的深度为20～30厘米。当电极探棒与电子控制器连接后，开通电源，再调接控制器。调控时，先选择好频率，再调电压，电压由低开始，以一定时间通电与间歇，逐步增高电压和刺激强度，直到公牛的阴茎伸出并勃起，立即将有保温装置的集精瓶接取精液，直到射精结束。电刺激采精法的刺激电压为3—6—9—12—16伏，频率20～30赫，刺激电流150～250毫安，通电持续时间3～5秒，间隔时间5～10秒电刺激采精所获得的精液，一般射精量较多，而精子密度较低，有时混入尿液而污染精液。

3.采精频率　采精频率是指每周内对种公牛采精的次数。为能持续地获取大量优质精液，又能维持公牛的健康水平和正常的生殖生理功能，因此合理安排公牛的采精频率是极为必要的。

公牛的采精频率应依据：正常生理条件下可产生精子的数量与贮存量；每次射精量及其精子总数、精子活率、精子形态正常率；公牛的饲养管理状况和表现的性活动等因素来决定。对于在科学饲养管理条件下的壮龄公牛，可以适当增加采精次数。但是，随意加大采精频率，会导致精液质量下降，又能造成公牛的生殖机能降低和体质衰弱等不良影响。牛的正常采精频率，每周可采精 3 天，每天采精 2 次。对于科学饲养管理的体壮公牛，每周采精 6 次，不会影响繁殖力。青年公牛精子生成较成年公牛少 1/3～1/2，采精次数应酌减。正常采精情况下，其生理值如下：每次射精量 5～10 毫升；每次射出精子总数 50 亿～150 亿；每周射出精子总数 150 亿～250 亿；精子活率 50%～75%；正常精子率为 70%～95%。

在人工授精的生产实践中，通常以是否出现精液品质下降，出现未成熟精子(带原生质滴)数量增多，或公牛性欲下降等现象来判断采精频率是否过高。若发现这种现象，应立即减少或停止采精。

(四)精液品质检查

精液品质检查目的在于鉴定精液品质的优劣，以便决定配种分担能力；同时也反映出公牛饲养管理水平和生殖机能状态、技术操作水平，是检验精液稀释、保存和运输效果的依据。

精液品质检查的项目很多，在生产实践中，一般分为常规检查项目和定期检查项目两大类。常规检查项目包括：射精量、色泽、气味、pH 值、精子活率、精子密度等；定期检查项目包括：精子计数、精子形态、精子死活率、精子存活时间及指数、美蓝褪色试验、精子抗力等。

1. 外观项目检查

(1)射精量　射精量指公牛一次采精所射出精液的体积，可以用带有刻度的集精杯(管)直接测出。当公牛的射精量太多或太少时，都必须查明原因。若射精量太多，可能是由于副性腺分泌物过多或其他异物(尿、假阴道漏水)混入；若过少，可能是由于采精技术不当、采精过频或生殖器官机能衰弱所致，凡是混入尿、水及其他不良异物的精液均不能使用。

(2)色泽和气味　正常牛的精液颜色为乳白色或浅乳黄色。若精液颜色异常，表明公牛生殖器官有疾病。如精液呈淡绿色表

示混有脓液，呈淡红色表示混有血液；呈黄色是混入尿液等，诸如此类色泽的精液，应当弃去，任何精液若有异味如尿味、腐败臭味时应停止使用。

(3)云雾状　正常牛的精液因精子密度大则混浊不透明，肉眼观察时由于精子运动翻腾滚滚如云雾状。精液混浊程度越大，云雾状越显著，乳白色越浓，表明精子密度和活率也越高。

2.显微镜的检查项目

(1)精子活力　活力是指精子的活动能力，通常用“活率”来评定。活率是指在精液中呈直线前进的精子数占总精子数的百分率。精子活率是评价精子品质的一个重要指标，与精子受精力密切相关，一般来说，在每次采精后，精液处理前后以及输精之前均应进行检查。检查时，取一滴精液于载玻片上压制成压片标本，放在400倍显微镜下观察。牛的精液因精子密度较大，通常用生理盐水，或等渗稀释液稀释后检查，这样可以仔细观察精子的运动情况，低温保存的精液必须升温后，才可检查评定。

评定精子活力等级，通常采用十级评分法，即按视野中呈直线前进中的精子数占总精子数的百分比评定。100％直线运动者活力评为1.0；90％者为0.9；80％者为0.8，以此类推，无直线前进运动精子时活力为0，这种评分法完全是靠检查者的主观经验评定。可以在显微镜上装置闭路电视以显示精子图像或显微镜投影法反映在荧屏上，这样可同时由多人观测，进行较客观的评定。牛的新鲜精液，精子活力一般为0.7～0.8。用以输精的精液活力，液态保存精液应在0.6以上，冷冻精液在0.3以上。

此外，精子的死活染色法也是目前采用的一种鉴定精子活率的方法。其依据是：在某些特定的染料中，死精子着色而活精子不着色。因为活精子的细胞膜为半透膜，能阻止色素的进入，而死亡后其细胞膜特别是头部核后帽的通透性增强，易着色，死亡时间越长，染色越深。因此精子头部后方着色的即为死精子，不着色或几乎不着色的为活精子。用此法测得的结果要比实际活率高，这是因为活的但不能前进的精子也不着色。

(2)精子密度 精子密度也称精子浓度，指每毫升精液中所含有的精子数目。由此可计算出每次射精的总精子数，它直接关系到输精剂量的有效精子数，因此也是评定精液品质的重要指标。目前测定精子密度的方法常采用估测法、血细胞计算法和光电比色计测定法等。

①估测法：估测法是观察显微镜视野中精子的稠密程度及其分布情况来估测精液内所含精子数的多少。精子的密度可分为密、中、稀三等级。

密：整个视野中充满精子，几乎看不到空隙，很难见到单个精子活动。

中：在视野内精子之间有相当于一个精子长度的明显空隙，清晰可见单个精子的活动。

稀：视野内精子之间的空隙很大，甚至可查出所有的精子个数。

此种方法由于在某种程度上，有赖于检查者的经验而有一定的主观性，误差较大。

②血细胞计算法：可用红细胞计数器计算精子密度。

红细胞吸管用后先要弃掉管内残余精液，再用蒸馏水多次冲洗，然后用95%酒精冲洗2～3次和乙醚冲洗，最后吹入空气，直至乙醚完全挥发为止。检查吸管是否干净，是以管内无水球和膨大部内小玻璃珠不粘附管壁并能自动滚动为好。计数板不可用酒精或乙醚洗涤，只用常水或蒸馏水冲洗，最后用干净细布轻轻擦干即可。

③光电比色计测定法：光电比色计测定法是目前较准确的用于评定精子密度的一种方法。此法是根据精子数越多，精液浓度越高，其透光性越低的特性，利用光电比色计通过反射光和透光度

来测定精子密度。

将原精液稀释成不同比例，并以红细胞计计数法测定其各种稀释比例的精子密度，制成标准管。用光电比色计测定已知精子密度的各种标准管的透光度。求出相差1%透光率的级差精子数，根据其不同透光度与其相对应的精子数，制成精子查数表。当检测精液样品时，将原精液按一定比例稀释，置于光电比色计上可测知其透光度，根据其透光度来查对精子查数表，便可从其中找出被测精液样品的精子密度。

若利用高敏度的分光光度计时，将0.1毫升的精液注入1毫升的二水柠檬酸钠等渗溶液内，再用色滤光片比色，以测知透光度，查对精子查数表，即可知精子密度。在利用光电比色计测定精子密度时，应避免精液内的细胞碎屑、血细胞和副性腺分泌的胶状物等干扰透光性，造成误差。为了获得更为准确的测定结果，最好每头种公牛制一份精子查数表。

在目前实际生产中，电子式精子计算器已被广泛使用，其使用方便，计数准确。

(3)精子形态　精子形态正常与否对受精率有着密切关系。如果精液中含有大量畸形精子和顶体异常精子，则受精能力就会降低。因此，为了保证受精率，必须检查精子的形态。精子形态检查有畸形率和顶体异常率检查两种。

①精子畸形率：精液中形态不正常的精子叫畸形精子。精液中畸形精子占精子总数的百分比叫精子畸形率。

畸形精子有各种各样，按其形态结构一般可分为如下几类：头部畸形，如缺损、巨大、瘦小、膨胀、皱缩、细长、圆形、梨形、双头轮廓不清等；颈部畸形，如粗大、纤细、折屈、断裂、双颈等；尾部畸形，如粗大、纤细、短尾、长尾、双尾、无尾、弯曲、屈折、回旋等；有的精子带有原生质滴，标志发育未成熟的精子，虽形态正常，但也列于畸形精子之列。在正常精液内，一般以尾部畸形最为多见。精液中出现大量畸形精子的原因，可能是精子的生成过程受阻；或输精管或副性腺发生病理变化，或精液处理不当，各种外界不良环境因素的刺激等造成的。

检测畸形精子的方法：先取一滴精液样品，滴在洁净载玻片的一端，迅速推抹制片（若精子密度大，可先用生理盐水稀释处理）。自然干燥后染色，其染色液可选用姬姆萨液、苏木精伊红液、石炭酸复红液、龙胆紫酒精液，也可用红或蓝色自来水笔墨水等。染色3～5分钟后水洗。待自然干燥后，置于显微镜下以600倍放大观察，查数的精子总数不得少于200个，最后计算其中畸形精子数占查数全部精子总数的百分率。牛输精用的精液，其畸形率不得超过18%。

②精子顶体异常率：精子顶体异常率是指精液中顶体异常的精子数占查数精子总数的百分率。

精子的正常顶体内含有多种与受精有关的酶类，在受精过程中起着重要的作用，直接关系对受配母牛的受胎率。精子顶体异常，一般表现为膨胀、缺损、部分脱落、全部脱落等情况。其发生原因，可能与精子生成过程和副性腺分泌性状的不良有关，尤其是离体精子遭受低温打击和冷冻伤害更易引起畸形。因此精子顶体异常率是评定液态精液及其保存精液，尤其是冷冻精液品质检查的重要指标之一。

检测精子顶体异常的常用方法，是将被检测的精液样品制成抹片，待自然干燥后，用固定液（24小时前配好6.8%重铬酸钾液，临用时以8份6.8%重铬酸钾液和2份福尔马林液混合）加以固定约15分钟。再经水洗和自然干燥后，进行染色，以姬姆萨缓冲液染色1.5～2小时，再经水洗和自然干燥，然后用树脂封装成标本，最后置于高倍显微镜下（1 000倍以上）观察。观察200个以上精子中顶体异常数，计算出精子顶体异常率。

凡已稀释过的精液包括冷冻精液（含有卵黄、甘油），必须将样

品在含有2%甲醛的柠檬酸盐中固定，涂片各在37℃下干燥，才能有利于染色和观察清晰。此外，要求冷冻精液解冻后，应以37℃孵育3小时为准，进行制片观测。牛的精液中精子顶体异常率如超过14%，就会直接影响受胎率。

3.其他检查项目

(1)pH值　新采集的正常牛精液的pH值呈弱酸性。pH值高低对精液品质有一定影响，相对来说，pH值偏低的精液品质好，pH值偏高的精液其精子活力、受精能力及保存效果明显降低。为此，测定精液的pH值，对鉴定精液品质具有一定作用。

测定pH值的最简单的方法是用近中性的pH值试纸(pH测值范围在5.5～8.0)比色，即可测得；用比色计测量，量取精液0.5毫升移入比色管内，再滴入0.05毫升溴化麝香蓝充分混合均匀后，置于比色计上进行比色观察，依所显的不同颜色，便可测知pH值；目前更为先进的pH值测定仪，电子显示数字的酸度计测量结果更为准确。

(2)精子的存活时间及存活指数　精子存活时间，是指精子在体外一定保存条件下(稀释液、稀释倍数、保存温度和方法等)的总生存时间。精子存活指数，是指精子存活时间及其精子活率变化的一项综合指标，它是反映精子活率下降速度的标志，指数大说明活率降低慢，反之则快。总之精子存活时间越长，存活指数越大，反映精子生活力越强，精液品质越优。同时也反映所用的稀释液处理和保存环境越佳。

将欲检的原精液，以精液稀释液按1∶3比例进行稀释后，镜检第一次精子活率并记录开始时间，然后分装在2个小试管(瓶)内塞紧管口，并标明精液瓶的种公牛号。再将精液试管逐渐降温，置于低温0～5℃保存，每隔6～8小时，按常规方法镜检一次精子活率。对于冷冻精液按常规方法解冻，解冻后即进行第一次镜检精子活率。此后将解冻的精液置于5～8℃或37℃环境中保存，并每隔 0.5 小时按常规方法镜检一次精子活率。

不论液态精液或冷冻精液，每隔一定时间应在 37～38℃中镜检精子活率，直到精子全部停止活动或只有个别精子呈摆动活动为止。当镜检第一试管内的精子全部停止活动为止时，同时再将另一管精液取出检查精子活率，以作对照。如果后者精子尚未全部死亡，则应继续保存检查，直到精子全无活动为止，而以后者的存活时间为准，计算精子存活时间。

精子存活时间(小时)＝检查间隔时间的总和减去最末两次检查间隔时间的一半。

精子存活指数＝每前后相邻两次检查精子活率的平均数与间隔时间乘积的总和。

一般品质良好的精液，适用于良好稀释液的存活时间，低温至 0～5℃保存时应在 24～28 小时或以上；37～38℃保存时应在 4～6 小时或以上，而解冻的冷冻精液应在 4 小时以上。

(3)美蓝褪色试验　美蓝是氧化还原剂，氧化即呈蓝色，还原则为无色。精子在美蓝溶液中，呼吸时氧化脱氢，美蓝即被还原为无色。因此，根据美蓝褪色时间可测知精液中存活精子的多少，判定精子的活率和密度的高低。

牛的美蓝褪色试验，一般是把 0.01％美蓝溶液与等量精液混合后，装在内径为 0.8～1.0 毫米，长 6～8 厘米的细玻璃管内。置于白纸上在 18～25℃下观察。

(4)精液果糖分解测定　精液果糖分解能力与精子活力密切相关，因此，测定精液果糖分解系数可作为精子活力评定指标。果糖分解测定是以 1 亿精子每小时消耗果糖的毫克数表示，测定时在嫌气条件下，用一定量的精液(如 0.5 毫升)在 37℃恒温箱中培养 3 小时，每小时取 0.1 毫升精液样本经果糖定量测定，将所得结果与培养前的果糖含量比较，计算出果糖分解系数。由于精子还可以利用果糖以外的其他简单糖类，因此用葡萄糖等稀释过的精

液不能据此测定。

(5)精子耗氧量测定　精子呼吸所消耗的氧量与精子活力和密度有密切关系。此外,也受精清中含有的代谢基质量、pH 值及保存温度等因素的影响,因此,一般用原精液进行耗氧量测定。耗氧量是以 1 亿精子在 37℃下 1 小时所消耗的氧气量。是将一定量的原精液放置在 37℃的恒温培养箱内孵育 1 小时,用瓦氏呼吸器测定其耗氧量。精子耗氧量一般为 5～22 微升。

(6)微生物学检查　牛的正常精液里不含任何微生物,但在体外受污染后其精子存活时间缩短,受精力降低,特别是含有病原微生物的精液,使用后还会造成动物传染病的传播。因此,精液微生物的检查已被列为检查的重要指标之一,并作为精液交换和贸易的重要检验项目。

检查方法严格按照常规微生物学检验操作规程进行,检测精液中的细菌和病原微生物。目前在牛的精液中已发现的病原微生物有:布氏杆菌、结核杆菌、副结核杆菌、传染性牛鼻气管炎病毒(IBR)、传染性阴道炎病毒(IPV)、牛痘病毒、传染性肺炎病毒等。精液中不应含有病原微生物,每毫升精液中的细菌菌落数不得超过 1 000 个,否则视为不合格精液。

此外,还有检测谷草转氨酶(GOT)、乳酸脱氢酶(LDH)及精液的渗透压、导电性、比重、黏度等指标,以反应精液品质状况。

(五)精液的稀释技术

精液稀释是向精液中加入适宜精子存活的稀释液,其目的在于扩大精液的容量、延长精子的存活时间及受精能力、便于精液的保存和运输。

1. 稀释液的成分与作用

(1)营养物质　主要提供营养以补充精子生存和运动所消耗的能量。常用的营养物质有葡萄糖、果糖、奶和卵黄等,此外还有一些糖醇,如山梨醇、甘露糖醇等。

(2)保护性物质　对精子能起保护作用的多种制剂,如维持精液 pH 值的缓冲剂,防止精子发生冷休克的抗冻剂,以及创造精子生存的抑菌环境等。

①缓冲物质:在精液保存过程中,随着精子代谢产物(如乳酸和二氧化碳)的积累,pH 值会逐渐降低,超过一定限度时,会使精子发生不可逆的变性。因此,为防止精液保存过程中的 pH 值变化,需加入适量的缓冲剂。常用的缓冲物质有柠檬酸钠、酒石酸钠、磷酸二氢钾、碳酸氢钠等。近年来又出现一些有机缓冲剂,如三羟基甲基氨基甲烷(简称三基)和乙二铵四乙酸二钠(EDTA)等。

②抗冻物质:在精液的低温和冷冻保存中,必须加入抗冻剂,以防冷休克和冻害的发生。抗冻物质,一般多用甘油和二甲基亚砜(DMSO)等。此外,奶类和卵黄也具有抗冷休克的作用。

③抗菌物质:在精液稀释液中必须加入一定量的抗生素,以防止、抑制细菌的繁衍。常用的抗生素有青霉素、链霉素以及氨苯磺胺等。最近国外又将数种广谱抗生素和磺胺类药物(如卡那霉素、林肯霉素、多粘霉素、氯霉素等)试用于精液的稀释保存,也取得了良好的效果。

(3)稀释液　主要用于扩大精液容量。多种营养物质和保护物质的等渗溶液都具有稀释精液、扩大容量的作用,只不过作用有主次之分而已。一般单纯用于扩大精液量的物质多采用等渗的氯化钠、葡萄糖、果糖及奶类等。

(4)其他添加剂　主要作用于改善精子外在环境的理化特性,以及母牛生殖道的生理机能,以利于提高受精率,促进受精卵发育。

①酶类:如过氧化氢酶等具有能分解精子代谢过程中产生的过氧化氢,消除其危害性以提高精子活率的作用。

②激素类:如催产素(OXT)、前列腺素(PGE)等可促进母牛

生殖道蠕动有利于精子运行而提高受胎率。

③维生素类：如维生素 B_1、维生素 B_2、维生素 C、维生素 E 等具有改善精子活率，提高受胎率的作用。另外，如 CO_2、乙酸、植物汁液等可调节稀释液的 pH 值；ATP、精氨酸、咖啡因、冬眠灵等具有提高精子保存后活率的作用。

2. 稀释液配方的筛选与配制

(1)稀释液配方的筛选　目前，已有的牛精液稀释液种类很多。在生产中，可根据生产目的选择不同种类的稀释液。

①现用稀释液：适用于采精后立即稀释输精，以单独扩大精液容量，增加输精母牛头数为目的。此类稀释液常以简单而等渗的糖类和奶液为主体。

②常温保存稀释液：适用于精液在常温下作短期保存，具有以糖类和弱酸盐为主体的 pH 值偏低(弱酸性)的特点。

③低温保存稀释液：适用于精液低温保存，具有含卵黄或奶液为主体的抗冷休克的特点。

④冷冻保存稀释液：适用于精液超低温冷冻保存，具有含甘油，二甲基亚砜等为主体的抗冻物质。此类稀释液较复杂，并配有配套的解冻液。

在实践中究竟选用何种配方的稀释液，一般应依据以下几点作出综合判断：精液的保存方法不同，应选择相应的稀释液；应选择实际稀释保存效果好(即精液有效保存期长和受胎率高)、药物来源广、生产成本低、配制程序简单和贮藏使用方便等具有综合优点的稀释液配方。

(2)稀释液的配制

①各种成分的准备：

A. 蒸馏水　应现用现制或医用的密封瓶装的灭菌蒸馏水，最好采用灭菌的双重蒸馏水。如果无蒸馏水，也可用离子交换水或冷却沸水代替。但沸水应在冷却后用脱脂棉和滤纸过滤 2～3 次，而使用沸水时应经精液保存试验后，证明对精子无不良影响方可利用。

B. 化学药品　所用糖类和盐类等物质一般应采用化学分析纯的药品，配制时称量要准确（用分析天平或普通药物天平称量），待药品充分溶解后经过滤，密封后进行消毒（隔水煮沸消毒、蒸汽消毒或高压灭菌消毒）。在消毒过程中应缓慢加热，以防玻璃容器爆裂。

C. 奶类　所用的奶类（包括全奶和脱脂奶、纯奶粉或脱脂奶粉等）必须是新鲜的，而且不应含其他物质如糖、果汁、微量元素或其他添加剂等以防不适应精液的渗透压、影响精子的存活。将一定量的鲜奶或充分溶解后的奶粉溶液，经过滤后，再置于 92～95℃的水浴中灭菌 10 分钟，取出降温，除去奶皮后备用。

D. 卵黄　取卵黄方法是用新鲜的鸡蛋，先将外壳洗净擦干，再用 75％酒精消毒外壳，待酒精挥发后，轻轻破壳，尽量除去蛋清，再用灭菌注射器刺破卵黄膜吸取卵黄，或者将卵黄倾倒于灭菌的滤纸或玻璃平皿内，以灭菌镊子挑破卵黄膜，轻轻倾出卵黄入灭菌量杯内，但注意不可混入蛋清和卵黄膜。将一定量的卵黄倾入已灭菌降温的稀释液内，混匀。

E. 抗生素　常用的抗生素为青霉素钾盐和双氢链霉素，两者合用或单用链霉素。抗生素必须在灭菌稀释液冷却后才可加入。氨苯磺胺也是一种常用的抗菌物质，用时将其溶于少量蒸馏水中（用量要计入总量），单独加热到 80℃，待完全溶解后加入稀释液里。

一般用量为每毫升稀释液里，加入青霉素 500～1 000 国际单位，链霉素 500～1 000 微克；氨苯磺胺的用量占稀释液 0.3％的浓度。

②配制稀释液注意事项：配制稀释液和分装保存稀释精液所用的一切量具及物品，事先均应彻底清洗严格消毒；精液稀释液必

须新鲜，为此应现用现配，严格消毒。如有条件，可将灭菌的密封稀释液置于冰箱内可保存数日，但卵黄、抗生素、奶类等成分，应在临用时现加入。

3. 稀释倍数与稀释方法

(1)精液的稀释倍数　精液用稀释液进行适当稀释可以提高精子的存活，如果稀释倍数超过一定限量，精子的存活则会受到影响。因此，稀释精液要选择适当的稀释倍数。确定精液的稀释倍数应根据精液的质量，尤其是精子的活率和密度、每次输精所需要的有效精子数、稀释液的种类和保存方法。

公牛精液稀释倍数的计算方法是：

已知：射精量＝5 毫升，精子密度＝12 亿/毫升，精子活力＝0.7；

则：每毫升原精液中含有效精子数＝12 亿个×0.7＝8.4 亿个；

由于输精时每毫升稀释精液中要求含有有效精子数 3 000 万个，因此稀释倍数＝8.4/0.3＝28 倍；

所以，5 毫升的原精液稀释后为 5 毫升×28＝140 毫升。

(2)稀释方法　精液稀释应在采精后尽快进行，不经稀释的精液不利精子存活。特别是在精液处理室温较低时(20℃C 以下)，精子易受低温打击，出现冷休克。为此，要求在采精时，应注意集精杯的保温，使采出的精液维持在 30℃左右，同时将采集的精液迅速置入 30℃环境中存放。一般最好在 0.5 小时之内进行稀释。对采集的新鲜精液应尽快进行精液品质检测，如精液量、精子活率及精子密度等主要指标，以便确定精液的稀释倍数，并要求稀释液的温度与精液温度一致。可将精液和稀释液置于同一温度(30℃)中预热后进行稀释。

稀释方法是按确定的稀释倍数，将一定量的稀释液沿盛精液瓶壁或沿插入瓶内的灭菌玻璃棒，缓慢倾入精液内，轻轻搅匀，勿剧烈震荡。若稀释倍数大,应先低倍后高倍,分几次进行稀释。以防精子因环境突然改变而发生稀释打击。

(六)精液的液态保存

1.精液的常温保存

(1)原理　精子在弱酸性环境中可被抑制,减少运动、降低消耗,一旦 pH 值恢复到中性左右,精子还可以复苏。因此,在精液稀释液中加弱酸类物质抑制精子的活动,来减少其能量消耗并维持其受精能力,使精子处于可逆性的静止状态。精子只能在一定 pH 值范围内是可逆的,而超越这一范围,就要出现不可逆的抑制,失去保存的作用。常温保存精液,对微生物的生长也有利,必须要加入抗生素。

(2)常温保存方法　将稀释后的精液瓶,密封瓶口,用纱布或毛巾包裹好,置于室内避光处 15～25℃温度环境中存放即可。若夏季室温较高,可在室内挖一个深 0.5 米左右的小地窖,把精液瓶放入其中保存。

2.精液的低温保存

(1)原理　精子随着温度的缓慢下降,其代谢机能和活动力逐渐减弱,当温度降至 0～5℃时则呈现休眠状态。为此,利用低温能抑制精子活动,降低其代谢和能量的消耗,同时也能抑制微生物的生长,在精液内加入营养及抗低温物质,又隔绝空气,就可延长精子一定的存活时间。温度回升后,精子又恢复正常代谢并维持受精能力。精子对冷刺激敏感,特别是从体温急剧下降至 10℃以下时,会使精子发生不可逆的冷休克现象。为此,除在稀释液中加入卵黄、奶类等抗低温物质外,要采取缓慢降温的方法,并维持温度恒定不变。

(2)低温保存方法　目前一般是采用冰箱保存,将稀释后的精液瓶,密封瓶口,采取缓慢降温的方法降至 10℃以下,然后置于 0～5℃的冰箱保存。也可用盛入冰块的广口保温瓶代替。

(3)低温保存前后的精液处理

①稀释分装:将精液用低温保存稀释液按一定比例稀释后,经缓慢降温至室温即可进行分装。分装时通常按发情母牛的一次输精剂量为一头份,分装一瓶或多头份分装一瓶。每瓶分装后其瓶口加盖密封。

②降温处理:从 30℃降至 5～0℃时,以每分钟下降 0.2℃左右的速度为宜,需 1～2 小时完成。缓慢降温方法是,用数层纱布或毛巾包缠好分装好的精液瓶,再装入塑料袋防水,置放于0～5℃冰箱内存放。也可将分装好的精液瓶放入 30℃温水杯内一起置于冰箱 1～2 小时,其精液温度可降至 5～0℃。

③低温保存精液的利用:在输精前取出精液瓶直接投入到30℃的温水中做升温处理,其升温速率的大小对精子复苏率影响较小。当精液升温至 30℃时,启开瓶口,将精液吸入输精器内进行输精。

3.精液的冷冻保存

(1)精液冷冻保存的意义　冷冻精液是一种能将动物精液长期保存的方法,使精子长期保持受精能力。冷冻精液在生产中的广泛应用,展示了其自身的众多优点。利用冷冻精液能够提高优秀种公牛的利用率,促进品种改良,提高生产性能;使用冷冻精液不受地域、时间限制,可以大幅度减少种公牛数,节省开支。

(2)种公牛的质量要求　用于制作冷冻精液的种公牛,其体形外貌和生产性能均应符合本品种的种用公牛特级和一级标准,经后裔测定后方能作为主力种公牛。种公牛须经检疫确认无传染病,体质健壮。成年种公牛每周可采精 2 次,每次可根据情况和需要连续采 2 回。采精前应先用温水清洗公牛阴茎和包皮,然后用灭菌生理盐水冲洗干净。新鲜精液的色泽应呈乳白色稍带黄色,直线前进运动精子数不低于 60%,精子密度每毫升不低于 6.0亿,精子畸形率不超过 15%,精液应有良好的耐冻性。

(3)冷冻精液生产技术

①精液的稀释。

A.冷冻稀释液

成分:有低温保护剂(卵黄、奶液)、抗冻保护剂、维持渗透压物质(糖类、柠檬酸钠)、抗生素及其他添加剂。

组成:冷冻稀释液根据配制要求和稀释的需要,将冷冻稀释液配制成3种溶液。基础液:将糖类、盐类等可经高温消毒的药品,成批量地配制成溶液,用瓶装密封保存。A液:根据每次采精所需冷冻稀释液量,在基础液中加入一定量的卵黄和抗生素等配制成A液,用作精液的第一次稀释。B液:取需要量的A液,按照比例加入经灭菌处理的甘油,配制成含甘油的B液,用作精液的第二次稀释。

B.稀释倍数　精液冷冻之后,约有半数以上的精子因遭受冻害而死亡。冷冻后的精子活力一般在0.3～0.5。因此稀释倍数应该按照解冻后每头份精液中含有直线前进运动的精子数为1 000万～1 200万个来确定。细管型冷冻精液的剂量为0.25～0.5毫升,因此稀释倍数较低。

C.稀释方法 稀释方法有如下2种。

一次稀释法:按照精液稀释的要求,将含有甘油抗冻剂的稀释液按一定比例加入精液内。

二次稀释法:采出的精液在等温条件下立即用不含甘油的第一稀释液作第一次稀释,稀释比例应根据精液品质作1～2倍稀释。稀释后的精液经40～60分钟缓慢降温至4～5℃,再加入等温的含甘油的第二液,加入量为第一次稀释后的精液量。这样在2～5℃下作第二次稀释的精液中,其甘油含量可保持为第二液的一半,不因为稀释比例变化而使精液中最终含甘油浓度发生改变。因此采用二次稀释法可以保持甘油最终浓度不变,在低温下稀释又可以减少甘油的毒害作用。

D. 稀释精液的平衡　精液经含甘油的稀释液稀释后，需在原温度（2～5℃）环境下放置一段时间，使甘油充分渗透进入精子内，产生抗冻保护作用。甘油稀释液对精液作用的时间称为平衡过程。通常平衡时间为 2～4 小时为宜，在平衡过程中注意温度不得有变化。在低温环境下的平衡可以增强精子的耐冻性，为下一步低温冷冻做好生理上的准备，减少在冷冻过程中有害温度区冰晶对精子的伤害。

E. 稀释精液的分装和剂型　凡作冷冻保存的精液均需按头份进行分装。目前多采用的剂型为细管型，如果是在平衡温度中进行精液的分装，要注意防止精液温度回升。

以长 125～133 毫米，容量为 0.25 毫升的各种颜色的聚氯乙烯复合塑料细管，通过吸引装置将平衡后的精液进行分装，用聚乙烯醇粉末、钢珠或超声波静电压封口，置液氮蒸气上冷冻后，再浸入液氮中保存。细管型精液具有许多优点：适于快速冷冻，精液细管内径小，每次冻制细管数多、精液受温均匀、冷冻效果好，精液不在外暴露可直接输入母牛子宫内，因而不受污染，剂量标准化，标记明显，精液不易混淆，容积小，便于大量保存，精液损耗少；输精母牛受胎率高，适用于机械生产，功效高。

②精液的冷冻。

A. 精液冷冻温度曲线　在精液冷冻技术中，由冷冻温度和降温速度构成的冷冻温度曲线，是影响精子冷冻后活率、顶体完整率、受精率等的主要因素。冷冻效果是其通过对细胞产生致死性伤害的危险温区（0～60℃）的速度，决定冷冻后精子存活率的高低，通过测定精液在容器中冷冻面的温度变化，反映精液温度的变化曲线。

B. 精液冷冻温度曲线的构成

始冻温度：冷冻容器中冷冻面的最初温度，即精液接触冷冻环境的开始温度。

热平衡温度：精液和冷冻面接触后温度迅速下降，冷冻面温度随之急剧上升，达到一定温度并维持一段时间。热平衡温度从理论上讲，即为精液的冰点温度。

入氮温度：完成冻结的精液与冷冻面温度同步下降，最后达到浸入液氮前的精液温度。

降温温区：从精液冷冻开始到浸入液氮（－196℃）所经历的时间包括Ⅰ，Ⅱ，Ⅲ 3个温区。

细管型冷冻精液温度曲线：细管型冷冻精液是成批生产，数百支细管精液一次放入冷冻罐中。每一支细管精液的始冻温度是一致的，并减少了外界气温的影响，降温速度加快，能迅速地越过危险温区达到热平衡。但是细管精液的生产是将精液装入塑料细管中并放置于金属架或网盒等承载物体上的，这样就大大增加了精液细管的总热容量，延缓了精液的降温速度，同时也导致热平衡温度的升高。

C. 精液冷冻方法　颗粒冷冻精液和安瓿冷冻精液现在基本不用了，不做叙述。细管冷冻精液的制作是事先在大口径（80厘米以上）的冷冻专用罐中装入占罐腔1/2容积的液氮，调节罐中冷冻支架和液氮面的距离，使冷冻支架上的温度维持在－130～－135℃。

将精液细管铺在梳齿状的冷冻屉上，注意彼此不能相互接触，放置于冷冻液氮罐中的冷冻支架上，以液氮蒸气逐渐使其降温，经10～15分钟，使细管精液遵循一定的降温曲线。当温度降至－130℃以下并维持一定时间后，即可直接投入液氮中。

③精液的保存。

A. 质量检测　完成冷冻的精液，必须再抽样2～3头份，按照有关规定项目进行精液质量检测。不合格的精液坚决废弃，决不允许入库贮存。

B. 分装　在液氮中计数分装，细管精液可以每10支装入一

小塑料筒内，或按50～100支装人纱布袋中。

C.标记　冷冻精液的包装上须标明公牛品种、牛号、生产日期、精子活率及数量，再按照公牛品种及牛号将冷冻精液分装入液氮罐提筒内，浸入固定的液氮罐内贮存。

D.分装、取用　分发、转移、取用冷冻精液，应在5升广口液氮罐或其他小容器的液氮中进行。精液分次脱离液氮时间不得超过5秒。

E.储存期抽检　作长期储存的冷冻精液，每隔半年左右需抽样检查精子活率，如发现有异常情况应立即检查，确保贮存精液品质符合国家标准要求。

F.储存　储存精液时液氮罐应放置在干燥凉爽、通风和安全的专用室内。由专人负责，每隔5～7天检查一次液氮容量。当剩余液氮为液氮罐容量的2/3时，须及时补充。要经常检查液氮罐的状况，如发现罐外壳有小水珠或挂霜或发现液氮消耗过快时，说明液氮罐的保温性能有问题，应及时更换。

G.记载　每次入库或分发，耗损的冷冻精液数量，均须记载清楚，每月结算一次。

④冷冻精液的使用技术。冷冻精液的使用技术主要包括冷冻精液的解冻与输精技术，另外还包括冷冻精液的运输、保存、精液品质检查等项目。

A.冷冻精液的解冻

解冻温度：冷冻精液解冻过程，如同冷冻过程一样，必须迅速通过精子冷冻的危险温区，不致对精子细胞造成损伤。目前常用的解冻温度为40℃。

解冻后精液温度：精液全部融化后的温度应维持在5～8℃之间。如果解冻后精液温度较高，而在输精时气温低，会使输精器的精液温度急剧下降，而输入母牛生殖道后温度又上升，从而使精液温度反复变化影响精子的存活时间。因此在精液解冻过程中，当细管中的精液融化 1/2 时，应脱离解冻温度，使解冻后的精液温度维持在 5～8℃之间。

解冻方法：细管冻精可直接投入一定解冻温度的水浴中，待精液融化 1/2 即取出，然后在常温下摇动至完全解冻。

B. 冷冻精液的输精　冷冻精液输入母牛生殖道以后，其存活时间大大缩短。这就给选定输精时机提出了更高的要求。输精时间过早，待卵子排出后，精子已经衰老死亡；输精时间过晚，排卵后输精的受胎率又很低。所以使用冷冻精液输精的时间应当比使用新鲜精液适当推迟一些，输精间隔时间应该短一些。和用新鲜精液作人工授精相比较，一般用冷冻精液输入母牛生殖道的有效精子数大为减少，因此，要求将每头份的精液全部输入到子宫颈内口以前的部位，才能保证较高的受胎率。使用牛冷冻精液输精，不可再采用输精部位较浅的阴道开张器输精法，而宜改用输精部位可到子宫颈内口和子宫体的直肠把握深部输精法。

⑤冷冻精液的冷源、保存容器及温度测量。

A. 冷冻精液的冷源　冷冻精液在制作和贮存期间，要求保持一定的低温条件。目前冷冻精液的冷源一般使用液态氮。液态氮的温度可达－196℃，距精子的危险温区的温差大，冷冻及储存效果安全可靠。液氮的温度可以对流，故在液氮容器中的温度稳定，可长期保存精液，而精子活率下降极为缓慢。使用操作十分方便。

液氮的性质是无色、无味、无毒的气体。在一个大气压下，当温度降到－196℃时，氮气即变为液态。氮的化学性质很不活泼，为电、热的不良导体。打开液氮容器或取出存物时，有白色不透明的气体放出。液氮沸化时吸收大量热量，每千克液氮能从周围夺取大约 199 千焦的热能。变成气体后，温度每升高 1℃，还要从周围吸取 1.07 千焦的热能，这就是液氮的制冷能力。由于这种超低温性可使精子经冷冻后，最大限度地抑制了精子的代谢，使精液得以长期保存。另外，液氮是压缩冷却制成的，因此随温度的升高，

体积也就增大。当温度上升到15℃时，1升的液氮可气化为680升氮气，气体的膨胀率为680倍。当贮存液氮的房舍通风不良时，大量气化氮气的增加，可使室内空气中21%的氧下降到16%～13%。由于缺氧，使人有窒息感，身体疲倦、出汗、头晕甚至于昏迷。液氮在－196℃的超低温下还可使多数细菌、病毒停止繁殖活动。

在工业生产中，液氮以空气为原料生产的。首先将空气增压至20 265千帕(200个大气压)，经过纯化、预冷，得到高压纯净的冷空气，再通过节流阀作节流膨胀，使之进一步降温，从而其中一部分空气液化，经分馏而使它们分离。

B.冷冻精液的保存容器　冷冻精液多以液氮做冷源，而液氮容器包括冷冻精液贮存容器和液氮贮运器2种，前者为贮存精液用，一般多为容量不等的液氮罐，大的可达数百升，小的不到1升。液氮储运器为储存和运输液氮用，有大容量的液氮槽、液氮车，也有小容量的液氮运输罐。

液氮罐的使用及注意事项：

第一保证安全。不得用液氮罐来盛液氧，液态空气，以免对罐体造成氧化腐蚀，新购或长期未用的液氮罐，必须经检查外部无破损，无异常，内部干燥无异物，颈管和盖塞完好，贮精提筒完好，盛装液氮经一天的预冷并观察其损耗率，各项指标合格后方可使用。

第二注入液氮。大型液氮贮槽内一般均保持有0.2～0.3千克/平方厘米的压力，利用自身压力即可将液氮注入罐内，或将液氮运输罐的液氮经漏斗注入贮存罐内，为了防止液氮飞溅，可在漏斗内衬一块纱布，切不可将贮存罐作为运输罐倾倒液氮，因罐颈处是用塑料黏合的易于损坏。

第三储存精液。各种剂型的精液须迅速放入经预冷的贮精提筒内，浸入罐内液氮面以下，将提筒底部套入底座，手柄置于罐口的槽沟里。颗粒冷冻精液可装入纱布袋或小瓶内，浸入液氮、纱布袋或小瓶系一标签固定在罐口外。

第四取用精液。为了缩短开盖时间，应事先做好准备工作，贮精提筒提至颈管基部在5秒内完成取用精液操作，并注意将精液容器再次浸入液氮中。

第五补充液氮。当液氮消耗掉1/2时，应补充液氮。罐内液氮的剩余量可用称重法来估计，也可用细木条插至罐底，经10秒取出，测量结霜的长度来估算。

第六液氮罐的保养。液氮罐放置在凉爽、通风且干燥的室内，严防撞击。注意保护质地脆弱易于损坏的盖塞和罐的颈管部。罐体不可横倒放置。每年应清洗一次罐内杂质。空罐放置2天后用40～50℃中性洗涤剂擦洗，再用清水多遍冲洗，使之自然干燥。

⑥超低温的测量。用于测量超低温的仪器是一种热电偶温度计，在液氮温区中测量温度，它具有结构简单，使用方便，反应灵敏等优点。

(七)人工输精技术

输精是将一定量的合格精液，适时而准确地输入经鉴定发情的母牛生殖道内的适当部位，以达到妊娠目的的操作技术。这是牛人工授精的最后一个技术环节，又是保证获得较高受胎率的关键。

1. 输精前的准备

(1)输精器的准备　各种输精用具在使用之前必须彻底洗净，严格消毒，临用前用灭菌稀释液冲洗。玻璃和金属输精器，可置入高温干燥箱内消毒或蒸煮消毒。输精胶管不宜高温，可蒸汽消毒。阴道开张器及其他金属器可高温干燥消毒，也可浸泡在消毒液内，或利用酒精、火焰消毒。

输精管以每头母牛准备一支为宜。当数头母牛用一只输精管时，每输完一头后用过的输精管，先用湿棉球(或卫生纸或纱布)由尖端向后擦拭干净外壁，再用酒精棉球涂擦消毒，其管内腔先用灭

菌生理盐水冲洗干净，后用灭菌稀释液冲洗方可再使用。

(2)精液的准备　用于输精的精液，必须符合牛输精要求的输精量，精子活率及有效精子数等。

(3)母牛的准备　经发情鉴定确定需要配种的母牛，在输精时应适当实行站立保定。一般可在输精架内或拴系于牛床上保定。母牛保定后，将尾巴拉向一侧，对阴门及会阴部进行清洗消毒，即先用温肥皂水洗净，再用消毒液涂擦消毒，后用灭菌生理盐水冲洗，最后用灭菌布擦干。

(4)输精人员的准备　输精人员要身着工作服，其手指甲剪短磨光，手洗净擦干后以 75%酒精消毒，完全挥发干后再持输精器材。

2. 人工输精要求　输精量和输入的有效精子数应与母牛的胎次、生理状态和精液的保存方法、精液品质的好坏，输精部位以及输精人员技术水平的高低等有一定关系。对体形大、经产、产后配种和子宫松弛或屡配不孕的母牛，应适当增加输精量；相反，对体形小，初次配种和当年空怀的母牛则可适当减少输精量。液态保存精液其输入有效精子数一般比冷冻精液多，而细管冷冻精液则比安瓿或颗粒冷冻精液少一些。

适时输精，通常以发情鉴定的结果来确定适宜的输精时间。应掌握输精时间要接近排卵之前时刻为宜，但事先要充分考虑到精子在母牛生殖道内运行至受精部位和获能时间，才有利于精卵结合，提高受胎效果。母牛输精时间，一般安排在表现发情后的 10～20 小时，即第一次输精时间为：凌晨发现的发情牛在傍晚输精，近中午发现的在深夜输精；傍晚发现在翌日早晨输精。间隔 8～10 小时进行第 2 次输精配种。输精部位为子宫颈深部或子宫内。

3. 人工输精的方法　目前普遍采用直肠把握子宫颈输精法，简称直把输精法或深部输精法。右手将阴门撑开，左手将吸有精液的输精器从阴门先倾斜向上插入阴道 5～10 厘米，即通过阴道前庭避开尿道口后，再向前水平插入直抵子宫颈外口。随后右手伸入直肠，将子宫颈半握于手中，使子宫颈下部紧贴固定在骨盆底上。然后，两手协同配合，使输精器尖端对准子宫颈外口，并边活动边向前插，当感觉穿过 2～3 个障碍物时（即子宫颈内横向的新月形皱褶）即停止向前，此时深度已够，即可缓慢注入精液。输精完毕后，先抽出输精器。然后抽出手臂。输精过程中，输精器插入阴道和子宫颈不可用力过猛，以防黏膜损伤或穿孔。

应用此法能将精液注入子宫颈深部，提高受胎率；阴道不易感染，母牛无痛感刺激，处女牛也可使用；还可顺便进行妊娠直肠检查，可避免误给孕牛输精而引起流产等。初学者在操作时注意把握子宫颈的位置，否则不易将输精管插入子宫颈深部。

三、牛的胚胎移植

胚胎移植是将良种母牛配种后的早期胚胎取出，移植到生理状态相同的母牛体内，使之继续发育成为新个体，所以也称做借腹怀胎。提供胚胎的个体为供体，接受胚胎的个体为受体。胚胎移植实际上是产生胚胎的供体和养育胚胎的受体分工合作共同繁殖后代的过程。胚胎移植产生的后代，遗传物质来自供体母牛和与之交配的公牛，而发育所需的营养物质则从养母（受体）获得，因此供体决定着它的遗传特性（基因型），受体只影响它的体质发育。胚胎移植的主要程序包括供体的超数排卵、供体和受体的同期发情处理、供体的发情鉴定与配种、胚胎的采集、胚胎的检查与鉴定、胚胎的保存、胚胎的移植。

如果说人工授精是提高良种公牛配种效率的有效方法，那么胚胎移植为提高良种母牛的繁殖力提供了新的技术途径。奶牛的胚胎移植能够充分发挥优良母牛的繁殖潜能；缩短世代间隔，及早进行后裔测定；代替种牛的引进；保存品种资源；克服优良母牛的

不孕；胚胎移植是研究受精生物学、遗传学、胚胎学、细胞学、育种学、免疫及生殖生理学等理论问题的一种很好的手段，也是研究胚胎生物工程如胚胎分割、嵌合、体外受精、性别鉴定、核移植等的基础。

(一)奶牛的同期发情与超数排卵

1. 供体与受体的选择

(1)供体选择

①具备遗传优势，在育种上有价值大的母牛作为供体。

②具有良好的繁殖能力，无遗传缺陷，分娩顺利无难产。

③健康无病，体质差的母牛通常对超数排卵处理反应差。

④营养良好，供体日粮应全价，并注意补给青绿饲料，膘情适度，不要过肥或过瘦。

(2)受体的选择　受体母牛可选用非优良品种的个体，但应具有良好的繁殖性能和健康体况，可选择与供体发情同期的母体为受体，一般两者的发情同步差不宜超过±24 小时。

2. 发情同期化　在胚胎移植过程中，必须要求受体和供体达到同期发情。这样，两母牛的生殖器官就能处于相同的生理状态，移植的胚胎才能正常发育。受体母体的同期发情处理，往往与供体母牛的超数排卵同时进行。在大的牛群中，可以选出相当数量的和供体同时自然发情的受体来。但在小范围并在限定的时间内进行胚胎移植，必须首先要求受体与供体同期发情和排卵。

实践证明，受体和供体发情开始的时间越接近，移植的受胎率就越高；相差的时间越长，则受胎率越低。因为妊娠初期的子宫环境在不断地发生变化。一定时期的子宫环境只适合于相应发育阶段的胚胎。当前比较理想的同期发情药物是 PGs 及其类似物，其用量根据药物的种类和用法而不同。采用子宫灌注的剂量要低于肌肉注射的剂量。在注射 $PGF_{2\alpha}$后 24 小时，配合注射促进卵泡发育的 PMSG 或 FSH，可以明显提高同期发情效果。

3. 超数排卵的处理

(1)用 FSH 超排　在发情周期(发情当天为零天)的 9～13 天中的任何一天开始肌注 FSH。以递减剂量连续肌注 4 天,每天注射 2 次(间隔 12 小时),剂量按牛的体重、胎次作适当调整,总剂量为 300～400 大鼠单位。在第一次注射 FSH 后 48 小时及 60 小时时,各肌肉注射一次 $PGF_{2\alpha}$ 每次 2～4 毫克,若采用子宫灌注剂量可减半。进口 $PGF_{2\alpha}$ 及其类似物,由于产地、厂家不同所用剂量不一样。

(2)用 PMSG 超排　在发情周期的第 11～13 天中任意一天肌肉注射一次即可,按每千克体重 5 国际单位确定 PMSG 总剂量,在注射 PMSG 后 48 小时及 60 小时时,分别肌肉注射 $PGF_{2\alpha}$ 一次,剂量同(1)。母牛出现发情后 12 小时,再肌肉注射抗 PMSG,剂量以能中和 PMSG 的活性为准。

4. 供体的发情鉴定与配种　超数排卵处理结束后,要密切观察供体的发情征状,正常情况下,供体大多在超排处理结束后12～48 小时发情。牛发情鉴定主要以接受它牛爬跨且站立不动的时间,把此时作为零时,由于超排处理后排卵数较正常发情牛多且排卵时间不一致,如精子和卵子的运行受超排处理的影响,为了确保卵子受精,采取增加输精次数和加大输精量的方法,新鲜精液优于冷冻精液。一般在发情后8～12 小时输第一次精,以后间隔 8～12 小时再输精 2 次。

(二)胚胎收集检查技术

胚胎的收集,简称为采胚。采胚就是借助工具利用冲胚液将胚胎由生殖道(输卵管或子宫角)中冲出,并收集在器皿中。目前胚胎采集多采用非手术法。

1. 胚胎采集前的准备

(1)冲胚液、培养液的配制　为了保证胚胎在离体条件下不受损伤,冲胚液必须符合一定的渗透压和 pH 值。现在多采用杜氏

磷酸盐缓冲液(PBS)及199培养液(ICM199)。它们除含各种盐类外,还含有多种有机成分,不但可用于冲洗、采集胚胎,还用于体外培养、冷冻保存和解冻胚胎等。

冲胚液和培养液在使用前都要加入血清白蛋白,含量一般为0.3%～1%,也可用犊牛血清代替之。冲胚液血清含量一般为3%(1%～5%),培养液血清含量为20%(10%～50%)。

(2)采集时间的确定　采胚时间的确定应根据配种时间、发生排卵的大致时间、胚胎的运行速度、胚胎的发育阶段,胚胎所处的部位、采胚方法等因素来确定。

母牛的排卵时间为发情结束后10～11小时,胚胎发育速度为:2细胞期为排卵后1～1.5天,4细胞期为排卵后2～3天,8细胞期为排卵后3天,16细胞期为排卵后4天,并且3～4天时进入子宫,7～8天时形成胚胎,9～11天时透明带脱离,22天时开始附植。采胚时间不应早于排卵后第一天,即最早要在发生第一次卵裂之后,否则不易辨别卵子是否受精。通常取胚是在发情配种后7天(6～8天)进行。

2.胚胎采集方法

(1)采胚管的构造　采胚管主要构成为二路式和三路式。一般多采用二路式采胚管,二路式采胚管的主体部分由橡胶制成,中心管腔为2部分,一部分是冲胚液进出的通道,导管的前端侧面有几个开口(进出水孔),冲胚液由此进入子宫角,再由此带着胚胎回到导管。另一部分与导管前边的气囊相连,当气囊充气后自行膨大,以固定导管在子宫角的位置,并防止冲胚液沿子宫壁流到阴道。另外还有一根不锈钢导杆,插入进出冲胚液的导管,以增强导管的硬度,便于导管通过子宫颈到达子宫角。

(2)具体方法　母牛在采胚前要禁水禁食10～24小时,将采胚供体牵入保定架内,呈前高后低姿势,于采胚前10分钟对其进行麻醉,大都采用在尾椎硬膜外注射2%普鲁卡因,也可在颈部或臀部肌注2%静松灵，使牛镇静，子宫松弛，以利采胚。同时对外阴部冲洗和消毒。为利于采胚管的通过，在采胚管插入前，先用扩张棒对子宫颈进行扩张，青年牛尤为必要。采胚管消毒后，用冲胚液冲洗并检查气囊是否完好，将无菌不锈钢导杆插入采胚管中。操作者将手伸入直肠，清除粪便，检查两侧卵巢黄体数目。将采胚管经子宫颈缓缓导入一侧子宫角基部，由助手抽出部分不锈钢导杆，操作者继续向前推进采胚管，当达到子宫角大弯附近时，助手从进气口注入一定的气体(12～25毫升)，充气量的多少依子宫角粗细以及导管插入子宫角的深度而定。认为气囊位置和充气量合适时，抽出全部不锈钢导杆。助手用注射器吸取事先加温至37℃的冲胚液，从采胚管的进水口推进，进入子宫角内。再将冲胚液连同胚胎抽回注射器内，如此反复冲洗和回收5～6次。胚液的注入量由刚开始的20～30毫升逐渐加至50毫升时，将每次回收的冲胚液收入集胚器内，将其置于37℃的恒温箱或无菌检胚室等待检胚。一侧子宫角冲胚结束，按上述方法再冲洗另一侧子宫角。每侧子宫角需用冲胚液100～500毫升。结束后，为促使供体正常发情，可向子宫内注入或肌肉注射$PGF_{2\alpha}$，为预防感染可向子宫内注入抗生素。

对术后的供体不但要注意其健康情况，同时要留心观察在预定的时间内是否发情，以及生殖器官是否受到感染。

3. 胚胎检查方法　胚胎检查是指在立体显微镜下，从冲胚液中寻找胚胎。检查胚胎应在20～25℃的无菌操作室内进行，可采用以下几种方法：一是静置法，把盛冲胚液的容器静置20～30分钟，因胚胎比重大，会下沉到容器底部，然后将上面的液体弃去，将下面的几十毫升冲胚液倒入平皿或表面皿，在立体显微镜下进行检查。二是用带有网格(直径小于胚胎直径)的过滤器放入冲胚液中，由上往下吸出冲胚液，最后检查剩下几十毫升冲胚液即可，为防止胚胎吸附在过滤器上，用冲胚液反复冲洗过滤器，将冲洗液单

独检查，检出的胚胎用吸胚器移入含有2%犊牛血清PBS培养液中进行鉴定。

4. 胚胎的等级分类技术　胚胎的鉴定是将检查到的胚胎应用各种方法对其质量和活力进行评定（或等级分类）。目前常用方法有：形态学法、体外培养法、荧光活体染色法和测定代谢活性法等。

(1)形态学法　这是目前应用最广泛的一种方法。一般是在60～80倍的立体显微镜下或120～160倍的生物显微镜下对胚胎进行综合评定。评定的主要内容是：一是卵子是否受精，未受精卵的特点是透明带内分布匀质的颗粒，无卵裂球（胚胎细胞）；二是透明带形状、厚度、有无破损等；三是卵裂球的致密程度，卵黄间隙是否有游离细胞或细胞碎片，细胞大小是否有差异；四是胚胎本身的发育阶段与胚胎日龄是否一致，胚胎的透明度，胚胎的可见结构如胚结（细胞团），滋养层细胞，囊胚腔是否明显可见。

根据胚胎形态特征将胚胎分为A（优）、B（良）、C（中）、D（劣）4个等级。应该指出，形态鉴定在很大程度上是凭经验，带有一定主观成分，它需要观察者有丰富的经验。

(2)体外培养法　将被鉴定的胚胎经体外培养观察，进一步判断其死活。由于体外培养的方法本身对胚胎的发育就有影响，所以会干扰评定的准确性。此外，体外培养，需要一定的设备，又不能及时得出结果，所以采用此法对胚胎进行鉴定，在生产上应用较为困难。

(3)荧光活体染色法　将二醋酸荧光素（FDA-Flucreseiridimetye）放入待鉴定的胚胎中，培养3～6分钟，活胚胎显示有荧光，死胚胎无荧光。这种方法比较简单而且能够确切验证胚胎的形态观察的结果，尤其对可疑胚胎有效。

(4)测定代谢活性法　通过测定代谢活性，鉴定胚胎的活力，其方法是将被鉴定胚胎放入含有葡萄糖的培养液中培养1小时后，测定培养液中葡萄糖消耗量，每培养1小时消耗葡萄糖2～5

微克以上者为活胚胎。

(三)胚胎的保存技术

胚胎的保存,是在体外条件下将胚胎贮存起来而不使其失去活力。通常有3种保存胚胎的方法,即常温保存、低温保存和冷冻保存。

1.胚胎的常温保存技术　胚胎的常温保存是指胚胎在常温(15～25℃)下保存,在此温度下,胚胎只存活10～20小时,因而只能作短期保存。在胚胎移植实践中,受体和供体有时并不在同一地点,这就涉及到新鲜胚胎的常温保存和运输问题。通常采用含20%犊牛血清的PBS保存液,可保存胚胎4～8小时。

2.胚胎的低温保存技术　低温保存是指在0～10℃的较低温度下保存胚胎的方法。在此温度下,胚胎细胞分裂暂停,新陈代谢速度显著减慢。所以较常温保存的存活时间要长。目前低温保存广泛采用改良的PBS液,它的特点是在室温中能较长时间的保持pH值的稳定。牛胚通常低温保存的最适温度为0～6℃。牛胚低温保存后胚胎存活率除受保温温度影响外,还与胚胎的发育阶段、保持时间、降温速度和方法、保存液等有密切关系。

3.胚胎的冷冻保存技术　冷冻保存一般是指在干冰(－79℃)和液氮(－196℃)中保存胚胎。其最大优点是胚胎可以长期保存,而对活力无影响。

一步细管法:即在细管内用非渗透性蔗糖溶液一步脱落抗冻剂(甘油)的方法。其特点是从解冻到移植的全过程简单易行,利于在生产中推广应用。

玻璃化法:抗冻剂在急剧降温到很低温度时,能被浓缩但不结晶,且黏滞性增加,形成玻璃化。用这种方法冷冻,胚胎内外的液体能同时玻璃化,不会形成冰晶,能较好地保护胚胎。

玻璃化冷冻法的优点是无需冻前分步添加和冻后分步解除抗冻剂,特别是省去了降温操作,也不需要比较复杂的冷冻设备(冷

冻仪)。

(四)胚胎移植技术

非手术法移植比手术法简便易行普遍被采用。移植器的基本构造主要有 3 部分构成:内径为 0.2 厘米,长约 52 厘米的不锈钢移植器外壳,它分前后 2 部分,前部分长约 12 厘米,在最前端侧面有一小孔,后部长约 40 厘米,其后端有一准星;这个准星和前部小孔在同一水平上,前后两部分通过螺旋相连接。长约 51 厘米,直径相当于 0.25 毫升塑料细管内径的一根不锈钢推杆。

移植前可将移植胚胎吸入 0.25 毫升塑料细管内,隔着细管在立体显微镜下检查,确定胚胎已吸入细管内,然后将细管(棉塞端向后)装入移植器中。

先将受体直肠内的宿粪掏净,通过直肠检查确定黄体侧别并记录黄体发育情况,助手分开受体阴唇,移植者将移植器插入阴道,为防止阴道污染移植器,在移植器外套上塑料薄膜套,当移植器前端插入子宫颈外口时,将塑料薄膜撤回。按直肠把握输精的方法,缓缓使移植器前端进入黄体侧子宫角内,并将移植器准星调到与地面垂直的位置(此时移植器前端开口朝下),助手迅速将推杆推进,通过细管棉塞把含胚胎的培养液推到移植器前端,经开口处滴入子宫角内。移植操作要迅速、轻巧,不得对子宫造成损伤。

受体在胚胎移植后不仅要注意它们的健康状况,观察它们在预定的时间内的发情状况,60 天后经过直肠检查时进行妊娠诊断。对妊娠母牛,则要加强饲养管理和保胎,防止流产,并按预产期做好接产和犊牛护理工作。

(五)影响胚胎移植妊娠率的因素

影响胚胎移植妊娠效果的因素是多方面的,而且各种因素相互制约,加之胚胎损失的原因很复杂,涉及到生理、内分泌、遗传、免疫和环境因素等。

1. *胚胎因素* 包括胚胎质量、日龄、移植胚胎的数量、提供胚胎的供体、胚胎在体外停留的时间、鲜胚和冻胚等。

2. 母体因素　包括供、受体发情周期化程度，受体的营养，子宫卵巢的生理状况等。

3. 其他因素　包括自然发情与人工诱导发情，移植器污染程度以及操作者熟练程度等。

第三节　提高牛繁殖率的措施

一、影响牛繁殖率的因素

（一）先天性因素

先天性因素中主要是由于遗传因素的影响，引起生殖器官发育异常，或因卵子、精子及合子有生物学上的缺陷（主要是遗传缺陷），而丧失繁殖能力。

这种由于遗传因素或其他环境因素所造成的异常可见于胚胎发育的各个时期，胚胎期的重要缺陷是致命的。一些缺陷可允许胚胎在子宫内存活，但出生后就死亡；另一些缺陷可允许出生后存活，但具有正常生存所不应有的重要缺点。有些缺陷可相对的允许正常生存，而有些除尸体剖检时才能被视为偶然的发现外，是认不出来的。新生动物的缺陷是先天性的。

牛这种先天性异常的表现除了胚胎早期死亡和流产外，还有幼稚病、两性畸形、异性孪生（母犊中有90%～94%不能生育）、生殖道畸形等。另据报道，牛卵巢囊肿也具有遗传性。有报道认为，所有的受精卵在分娩前死亡的多至46%。除了卵子和精子的影响外，其他出生前死亡的原因是内分泌不平衡、遗传缺陷和疾病。

遗传异常个体的早期胚胎死亡乃是从群体清除这种不合意个体最省钱的办法。因为公母牛双方都提供引起缺陷的基因，所以人工授精中心注意提防其公牛具有不合意的隐性基因是特别重要的。

胚胎的死亡率还有性别差异，公牛偏高。在一个研究中，58%流产的胎儿是公牛，而正常的分娩公牛约51%。因而，随着妊娠时间的推移，死于子宫内的公牛越来越多于母牛。

另外，还有报道，奶牛出生前的死亡率可以遗传。

(二)内分泌因素

正常情况，母牛体内内分泌处于相对平衡状态，以保证母牛正常的生长、发育和繁殖后代，但是当一些外界因素（如饲料、气候等）和内在因素（如疾病等）发生异常时，也会破坏这种相对平衡，而导致内分泌的紊乱，特别是生殖内分泌紊乱，其结果是造成牛发情周期异常、卵泡生长发育异常、排卵异常、受精异常、胚胎的发育异常等，这些牛繁殖障碍的现象，在临床上是常见的。卵巢囊肿是牛最常见的内分泌失调症，占母牛繁殖疾病的5.6%～18.8%。

在生命的最初30天，胚胎和胚外膜分化很快，这些细胞的营养是依赖子宫的分泌物（子宫乳或组织营养）。胚胎的存在抑制正常的黄体萎缩机制，因而在妊娠期间始终持续黄体的存在和孕酮的分泌。如果胚胎在妊娠初期发育不良，黄体萎缩机制就可能活化，在这种情况下，则孕酮的分泌下降，发情周期恢复而胚胎死亡。

(三)病理性因素

主要是一些产科疾病和营养代谢性疾病。产科疾病主要表现在卵巢和子宫疾患导致的机能障碍，主要有卵泡交替发育，卵巢机能衰退、不全及萎缩，卵巢囊肿、持久黄体以及由于配种、接产、手术助产消毒不严，产后护理不当、流产、难产、胎衣停滞等疾病引起的子宫与生殖道感染。结核、流产、钩端螺旋体病、阴道滴虫、霉形体病等疾病以及影响生殖道机能的其他疾病也能引起牛不孕而影响繁殖力。

一些营养代谢性疾病如奶牛围产期脂肪肝等也严重影响奶牛产后繁殖力。

此外应当特别指出的是，难产是产中、产后疾病中最易引起繁殖障碍的因素之一。难产极易继发产后子宫松弛，子宫复旧不全、胎衣不下、子宫内膜炎、产后瘫痪等疾病，导致子宫机能障碍。

（四）管理和繁殖技术上的人为因素

繁殖方法、繁殖技术的熟练程度对繁殖力都有影响，大多是配种不当或不适时，精液品质不良（如采精、处理、运送、解冻、保存等不当），妊娠检查不及时或不准确，漏配等。不同国家、不同地区由于科学技术发展程度不同，其繁殖方法、繁殖技术及其效率也不同。此外，还有很多在管理上的人为因素也严重影响奶牛繁殖率。一个牛群繁殖效率的高低与繁殖管理水平有着密切的关系，尤其是高产奶牛易受各种不良的繁殖管理因素的影响而降低其生产性能，提高繁殖管理措施可以挖掘牛的繁殖潜力和克服许多不良因素对牛繁殖的影响。所以应制定出相应的措施和繁殖管理目标。

（五）营养因素

繁殖需要的营养物质与生长和泌乳相同，如果奶牛所喂的饲料足够供生产和最高产乳量所用，其繁殖也就不致受到营养的限制。可是产后体重减轻的泌乳母牛受胎率下降，产后初次排卵和初次发情期延迟，安静发情的发生率也大于体重不减的母牛。

繁殖困难最重要的营养原因大概是能量和蛋白质供给不足。极度限制日粮的这些必需成分的进食会导致青年母牛的幼稚型卵巢和延迟初情期。轻度营养不足的青年母牛会有正常的繁殖力，但繁殖的年龄稍迟。轻度至中等的营养不良对繁殖的影响能由充足的饲养使其复原。生长严重受阻的青年母牛可能保持其幼稚型卵巢或者最后也将引起无规律的发情周期和低的繁殖力。成年母牛产后营养不足其繁殖力也下降，这在脂肪肝患牛中得到证实。在生产实践中，青年母牛的幼稚型常伴有钙的缺乏，发生青年母牛体形小，骨盆钙化不全、畸形、卵巢和子宫小，直肠检查不易摸到卵巢。虽然维生素的缺乏在大多数牛群不会发生，但是饲料中所含

的维生素 A 不足或缺乏，可以使子宫内膜的上皮细胞变性（角质化），使囊胚的附植受到影响，即出现胚胎早期死亡以及流产或足月的死犊或弱犊。同时亦可引起卵细胞及卵泡上皮变性、卵泡闭锁形成囊肿、不出现发情和排卵。此外，胎盘滞留在缺乏维生素 A 的母牛较为常见。

维生素 B 缺乏时，使机体蛋白质、碳水化合物和矿物质代谢以及生殖激素合成发生障碍。其结果是发情周期失调，并且生殖腺变性。

维生素 D 对母牛生殖能力虽无直接影响，但对矿物质，特别是钙盐和磷盐的代谢有密切的关系，同时缺乏维生素 D 的妊娠母牛生产有佝偻病犊牛，而未妊娠的母牛则不易显示发情周期。

维生素 E 缺乏使机体新陈代谢发生某种程度的障碍，大脑皮层、小脑和脊髓发生严重变形，各内脏器官的组织结构改变，子宫机能紊乱。垂体前叶促黄体素和促卵泡素分泌停止，使 牛的发情和排卵都受到影响。维生素 E 的缺乏还易引起妊娠母牛隐性流产。

缺磷是影响牛繁殖最常见的矿物质缺乏。缺磷的征状包括推迟初情期，在极度缺乏的情况下则停止发情周期。饲喂骨粉、磷酸二钙或有谷物混合物的日粮就能矫正磷的缺乏。钴、铜、碘等微量矿物质是奶牛的一般健康和繁殖所需要的，缺碘可以导致犊牛甲状腺肿。饲喂豆科饲料就能预防这些矿物质的缺乏。

（六）环境因素

诸如季节、温度、湿度和光线等环境因素相互的作用也影响牛繁殖。虽然牛是终年多次发情动物，但是异常的高温或低温都会使繁殖效率降低。因而在美国的大部分地区，繁殖效率在夏季和冬季最低，在春季和秋季最高。在我国的广大地区也是一样，春季和秋季都是牛繁殖的黄金时间。冬季繁殖力低被认为是由于日照时数较短或日粮的饲草部分含维生素低所致。高温使母牛发情持续的时间缩短并使发情行为表现不明显，而且，热天母牛在夜间或凌晨无人观察时发情的百分率较高。因此，在夏季漏配现象比其他季节更为常见。此外，热的气候条件，如果受精后当天的周围温度上升则受胎率下降，高温还使胚胎的死亡率显著增加。高温也影响公牛的繁殖力。在炎热的夏季采集的公牛精液给母牛全年授精，受胎率比寒季所采的精液大大降低，而且夏季采集的精液在冷冻储存期间发生老化的有害作用比在 11 月至翌年 4 月间所采的精液为快。持续高温不仅影响公牛精子的受精能力，而且也影响母牛卵子的受精能力。最高繁殖效率所需要的最适环境是适宜的湿度、温度、延长日照时数和充足的营养相结合。

二、提高牛繁殖力的主要措施

1. 加强牛的选种选配　选择繁殖力高的公、母牛进行繁殖，防止过度近亲繁殖，使不利的隐性遗传基因无机会或很少有机会同质结合。对患有卵巢囊肿的母牛，若其祖代有类似的情况应予淘汰。

2. 促进母牛的生理机能的恢复　除了保证母牛正常膘情以促进青年母牛正常的卵巢发育和经产牛产后卵巢和子宫功能的迅速恢复外，还要对那些因某些原因导致不能正常发情的母牛通过公牛的刺激或激素处理等治疗措施，以恢复发情机能。

3. 加强饲养与繁殖管理　加强饲养、繁殖管理以减少漏配及胚胎死亡和流产等现象的发生。总之减少一切人为的影响繁殖效率的因素。繁殖记录是繁殖管理的重要内容之一。记录要准确、明了、简要、有用。记录内容主要有母牛发情、配种日期、与配公牛及精液的品质、妊娠检查与分娩日期、围产期母牛健康状况、产道净化、胎衣、恶露排除情况等。要根据繁殖进程，及时地总结和分析情况，有条件的奶牛场可配备微机建立繁殖管理和产科疾病信息系统，进行统计分析，以提高工作效率和管理水平。

4.及时治疗产科疾病　早诊断和早治疗是迅速恢复病牛健康的要素，要在准确诊断产科疾病的基础上，及时地采用生殖激素纠正或其他措施治疗不孕症。

5.改进繁殖技术和方法　正确地应用繁殖的新技术和新方法，是提高繁殖力的重要手段之一。人工授精是畜牧业的第一次革命，胚胎移植是畜牧业的第二次革命。在现代畜牧业中，繁殖技术不断改进和提高，如同期发情、胚胎移植、控制分娩和缩短产犊间隔、青年母牛的提前配种、早期妊娠诊断等新技术，为提高牛的繁殖效率开辟了新的途径。

三、提高繁殖力的几个关键管理方案

1.母牛发情的外部观察法　特别是在较大的牛群，面临的主要管理问题之一是发情的检查。除了频繁而有系统的耐心观察母牛外，别无他法。据国外一些资料报道，多达26%的发情母牛能轻易被漏看。每天应观察母牛2次，而不要在规定的饲喂时间观察，强调要在清晨时观察。拴系舍内的母牛每天要放出舍外运动2次，在观察时要让母牛群自由行动。据计算，这种方式约能查出90%的实际发情母牛。主要的发情征状是当被其他母牛爬跨时站立不动。此外，养牛者应特别注意行动异常和预计发情的母牛。阴门红肿、有少量阴道排出物(黏液)和产乳量无故下降，常常是安静发情母牛仅有的微妙发情征状。要特别注意这种安静发情，因为据报道，现在奶牛场奶牛的安静发情率很高。

2.发情的辅助检查法　利用贴在母牛臀部的发情辅助器，可使查出发情母牛的百分率有所增加。另一种方式包括每天早晨用有色粉笔在每头母牛尾根涂上标记，当被其他母牛爬跨使标记模糊不清时，这牛大概已在发情。当然也有查错的现象。

在用睾酮处理以促进性欲的公牛或用手术去势的试情公牛颌部缚上涂色的装置，当其爬跨发情母牛时给母牛留下标记，也有助于发情检查。

其他发情辅助检查的方法，有测定发情母牛增加行走次数的计步器、阴道黏液的物理和化学变化以及乳中孕酮的测定。可是，检查发情最准确的方法仍然是由配种人员或养牛者对母牛进行仔细而又频繁的肉眼观察和前文叙及的对母牛进行的直肠检查。

3. *母牛配种时间的确定* 与繁殖力低有关的最重要的管理因素除了漏情外，还有就是在发情期的错误时间配种。奶牛受胎率高的时间并非均匀地分配在整个发情期。相反，最高的受胎率时间是在母牛站立发情（发情的母牛在被其他的牛爬跨或用手按其背腰部而站立不动的时期）最后 10 小时的期间，或站立发情结束后最初 6 小时以内，因而，早晨看见站立发情者应于当天下午配种，而下午看见站立发情的应于次日早晨配种。但有些母牛并不适合这种排卵的正常模式，如果按照推荐时间配种不受孕，把通常采取的配种时间提早或推迟 2 或 3 小时也许是明智的。如果新的配种时间导致受孕，则应将此资料填入该母牛的繁殖记录，因为它很可能在以后的发情周期中有同样的表现。除上述那样的母牛外，在一个特定的发情期给母牛配种一次以上是合算的。

青年母牛应在达到一定大小的体形时而不是在某一预定的年龄配种，而且母牛产后直到兽医根据直肠触诊断定其“准确配种”时，才应配种。

4. *围产期母牛的护理方案* 围产期奶牛的护理对于提高奶牛产后繁殖力具有重要的作用。分娩和突然开始强烈的泌乳给乳用母牛以很大的逆境压力。此时母牛较易受乳房炎、瘫痪以及产后疾病和脂肪肝之类代谢病的干扰。

产犊前应为每头母牛提供一间清洁的围栏。产犊后至少应在围栏内呆 1 天，但如果母牛健康则不必延长与牛群隔离的时间。

围栏每次使用后应清洗干净，如若怀疑有疾病则应消毒。分娩时子宫的抗病力可能会减弱，因而提供一间清洁舒适的围栏以

尽量减少分娩时逆境压力是重要的。

5.牛场繁殖管理的记录　在养牛生产尤其大型养牛企业中，繁殖记录是必不可少的，这个概念包括母牛的整个育龄期在内。每头母牛的繁殖记录应包括如下项目：出生日期、犊牛期的疾病和接种、发情日期、配种和产犊日期。父母的名字也应记录。有关母牛的任何其他健康问题或特性都应记录，因为这类观察资料可能是兽医诊断不孕原因所需要的线索。凡是查看母牛的人都要在衣袋里带有铅笔和笔记本记录观察的资料。

记录的方式要简单而准确，最重要的是要有用。最成功的记录方式是每头牛用一个单页或褶页。虽然所有与母牛接触的人都要在牛舍记录单上做笔记，但通常最好由一个人把笔记填入永久的繁殖记录内。

6.有关兽医预防与治疗方案　兽医治病用药及时则有利，误时则费钱，因而要早诊断和早治疗。通过采用妥善的计划使牛群保健方案切实可行。

养牛者必须为其牛群提供饲养、管理和卫生的条件，但为了提供一切牛群都需要的医护工作，兽医是不可缺少的。以前讨论的许多具体问题都需要兽医的协助，但兽医所提的医疗意见，当其与牛群的一般管理有关时，也是取得最高繁殖效率和产量所必需的。

国外许多养牛者与兽医签订合同，其中规定兽医除被临时邀请外，每月定期到牛场出诊一次。在出诊期间，兽医对所有分娩后30～45天的母牛直肠触诊断定子宫恢复的程度和卵泡发育情况。还检查产后45～60天未显示发情的母牛，表现异常发情周期的母牛、已配种2～3次的母牛以及待配的处女牛。对已授精2个月左右的母牛要作妊娠检查，对已授精90天左右的母牛再复检一次，因为大约有10%的母牛在此期间失掉胎儿。这样定期出诊能容许兽医预先妥善计划犊牛分批接种、去角和切除副乳头等工作。据国外经验证明，这种有计划的保健比临时邀请兽医的次数和费用都大大减少，也使兽医自己做到心中有数，并且有责任心。总之养牛者应与兽医协力查明不孕原因，并立即实行能尽量减少不孕问题的管理措施或特效疗法。要想获得高的生产效益，关键在于责任心，不论是集体奶牛场还是个体养牛户。

通过以上的6项管理方案可以使大多数牛群达到第一次配种的产犊率在60%以上，每次产一头犊牛配种不超过1.6次的良好效果。

思考题

1. 发情鉴定的常用方法有哪些？
2. 发情鉴定的其他方法有哪些？
3. 说明牛人工授精的技术程序。
4. 妊娠诊断的主要方法有哪几种？
5. 提高牛受胎率的主要技术措施有哪些？
6. 奶牛胚胎移植的意义是什么？
7. 提高奶牛胚胎移植成功率的主要途径有哪些？

第五章　动物营养基础

重点提示：本章重点学习饲料所含的营养成分；饲料中各种营养成分对牛的营养作用、各种营养成分供应不足或缺乏时对动物造成的影响；奶牛和肉牛的营养需要。

第一节　饲料的营养成分及其作用

一、饲料营养成分

动物的食物称为饲料，饲料中凡能被动物用以维持生命、生产产品，具有类似化学成分性质的物质，称为营养物质或营养素，也可简称养分。养分可以是简单的化学元素，如钙、磷、氯、钠等，也可以是复杂的化合物，如蛋白质、碳水化合物、脂肪等。

植物性饲料含有的营养物质，按化学性质和生物学作用可分为水分、蛋白质、碳水化合物、脂肪、矿物质和维生素等 6 大类。

二、蛋白质对动物的营养作用

（一）蛋白质的营养功能

1. *蛋白质是构成体组织细胞的基本原料*　动物的肌肉、神经、结缔组织、皮肤、血液、毛、蹄、角等的基本物质为蛋白质。蛋白质也是组成动物体内各种生命活动所必需的酶、激素、抗体等的原料，亦是组成肉、乳、蛋、皮、毛等重要畜产品的主要原料。

2. *蛋白质是修补体组织的必需物质*　动物机体时刻都在进行新陈代谢，旧细胞死亡，新细胞的形成要消耗大量的蛋白质，所以动物每天都要从饲料中摄取蛋白质来弥补新陈代谢的需要，试验证明，组织蛋白质的每天更新量可达 0.25%～0.3%，据此推算，大约 1 年的时间即可将全部组织蛋白质更新一次。

3.蛋白质可作为畜体的能量来源　当动物体内供给热量的碳水化合物及脂肪不足时，蛋白质也可以在体内分解，氧化释放热能，以补充碳水化合物及脂肪的不足。在正常情况下，多余的蛋白质可以在肝脏、血液及肌肉中贮存一定的数量或转化为脂肪贮存起来，以备营养不足时重新分解。

综上所述，动物的一切生命和生产活动都必须有蛋白质参与。蛋白质在动物机体内的特有生物学功能不能为其他任何物质所取代或转化。蛋白质供给不足时，幼年动物生长发育迟缓、消瘦、种用动物精液品质下降、母畜性周期失常、胎儿发育不良，甚至产生弱胎、死胎，幼畜初生重小。日粮蛋白质过多，对动物同样有不良影响，不仅造成浪费，而且长期饲喂引起机体代谢紊乱，甚至产生疾病。

(二)蛋白质的概念

饲料中的含氮化合物总称为粗蛋白质，它包括纯蛋白质和非蛋白质含氮物质。蛋白质除同脂肪、碳水化合物一样含有碳、氢、氧外，尚含有氮，有些蛋白质还含有硫、磷、铁、铜等元素。蛋白质的平均含氮量为 16%，以凯氏定氮法测得的氮含量乘以蛋白质转换系数 6.25 即为粗蛋白质含量，以百分数表示。蛋白质转换系数 6.25 的含义是样本中每克氮相当于蛋白质 6.25 克(100/16＝6.25)。不同蛋白质的含氮量有一定的差异(变化幅度为 14.9%～18.87%)，故蛋白质转换系数 6.25 是近似数值。

(三)必需氨基酸与非必需氨基酸

蛋白质是由若干个氨基酸构成的，氨基酸是包含一个或许多个氨基团(—N 的有机酸。自然界存在的氨基酸有 200 多种，但参与动植物蛋白组成的有 20 余种，正是这 20 余种氨基酸以不同

比例和不同形式组合成各种不同性质的蛋白质。

氨基酸按动物的营养需要分为2大类:第一类是必需氨基酸,即在动物体内不能合成或能合成但合成的速度及数量不能满足动物正常需要,必须由饲料供给的氨基酸。第二类是非必需氨基酸即在动物体内能够合成足够的数量,不必须由饲料提供的氨基酸。由于反刍动物的瘤胃可利用各种微生物合成各种氨基酸供其利用,所以对于一般反刍动物来说,不存在必需和非必需氨基酸的问题。氨基酸的必需和非必需主要是针对体内合成能力较低的猪、禽来说的。

三、碳水化合物对奶牛的营养作用

碳水化合物的名字来自植物以二氧化碳和水为原料,通过光合作用形成的,这些化合物含有碳、氢、氧3种元素,其组成比例大都为C∶H∶O为1∶2∶1。

碳水化合物包括糖、淀粉、纤维素、半纤维素、木质素、果胶及粘多糖等物质。日粮中的碳水化合物以多糖中的淀粉、纤维素和半纤维素、木质素的形式存在,除少量的葡萄糖或果糖外,单糖中的戊糖并不是重要的能量来源。

淀粉是植物的储备物质,是籽实类及块根茎类的主要成分。淀粉在植物的茎叶中含量较少,差异也较大。纤维素、半纤维素、木质素存在于植物的细胞壁中。

(一)碳水化合物的营养功能

1.碳水化合物是动物组织的构成物质 碳水化合物普遍存在于动物体各种组织中。例如,核糖及脱氧核糖是细胞核酸的组成成分,粘多糖参与形成结缔组织基质,糖脂是神经细胞的组成成分。碳水化合物也是动物体内某些氨基酸的合成物质。

2.碳水化合物是动物体内能量的主要来源 动物的一切生命活动都需要能量,而饲料中的碳水化合物是这些能量的主要来源。

葡萄糖能迅速氧化释放能量及时供给动物需要。纤维素、半纤维素等也是反刍动物的重要能源。

3. 碳水化合物是动物体内的营养储备物质　饲料中的碳水化合物除供动物所需的养分外，有多余时可转化为糖原和脂肪储备于体内，糖原存在于肝脏和肌肉中，分称肝糖原和肌糖原，以备不时之需。动物采食的碳水化合物在合成糖原有剩余时，将用于合成脂肪贮存于体内。

4. 碳水化合物是乳脂和乳糖的重要合成原料　单胃动物主要利用葡萄糖合成乳脂，反刍动物利用碳水化合物在瘤胃中发酵产生的乙酸合成乳脂中的脂肪酸，乳脂中的甘油主要是由血液中的葡萄糖合成的。

(二)粗纤维在牛饲养中的作用

粗纤维是一组由纤维素、半纤维素、木质素及果胶组成的混合物，是奶牛不可缺少的营养物质。

饲料中粗纤维含量随饲料种类、成熟阶段不同而有很大差异，饲料中粗纤维含量越高，粗纤维本身的消化率就越低，同时对其他营养物质也产生不利的影响。其主要作用如下：

①粗纤维是奶牛的主要能量来源。粗纤维在瘤胃及盲肠中经微生物发酵产生各种挥发性脂肪酸，除用其合成乳脂肪和葡萄糖外，还可氧化供能。

②粗纤维不易消化，吸水量大，进入肠胃后容积变大对消化道有填充作用，使奶牛有饱食的感觉。

③对肠黏膜有刺激作用，能促进肠胃蠕动和粪便的排出。在现代畜牧生产中，常用含粗纤维高的饲料稀释日粮的营养浓度，以保证幼龄动物胃肠道的充分发育。

四、脂肪对牛的营养作用

饲料中能溶解于脂性溶剂(如苯、汽油、醚等)的物质称为粗脂

肪。它包括真脂肪和类脂肪(如固醇、磷脂、蜡等)两类物质。脂肪是高能量饲料,其能值为碳水化合物的2.25倍,它可为动物提供良好的能源。

(一)脂肪的营养作用

1. *脂肪是构成动物体组织的重要成分* 神经、肌肉、骨骼及血液等的组成中均含有脂肪,主要为卵磷脂、脑磷脂和胆固醇。各种组织的细胞膜并非完全由蛋白质所组成,而是蛋白质和脂肪按照一定的比例所组成。细胞脂肪有恒定的成分,不受食入脂肪的影响,细胞脂肪多属类脂肪。

2. *脂肪是体内热能的重要来源* 脂肪体积小而含能量高,体内贮存脂肪是在动物体内储备能量以备冬季枯草或饲料条件恶劣时动用的最好形式。动物体内脂肪主要储藏于皮下、肠系膜、肾周围和肌肉纤维间。

3. *脂肪是脂溶性维生素的溶剂* 饲料中的维生素A、维生素D、维生素E、维生素K均属脂溶性,必须溶解于脂肪中才能被动物消化吸收利用。缺乏脂肪可导致脂溶性维生素的代谢障碍。

4. *供给必需脂肪酸* 脂肪酸中的18碳二烯酸(亚油酸)、18碳三烯酸(亚麻酸)和20碳四烯酸(花生油酸)二十二碳六烯酸(俗称"脑黄金")为幼畜生长所必需,在畜体内不能合成,必须由饲料供给脂肪酸,故称为必需脂肪酸。必需脂肪酸在体内的功能:第一,是细胞膜的重要成分,是脑组织和神经组织的重要成分,脑白质、脑灰质及视网膜光感受器含有丰富的磷脂,其中主要成分就是花生油酸和二十二碳六烯酸,儿童大脑重量增加迅速、视敏度迅速提高,需要足够量的花生油酸和二十二碳六烯酸,现在"花生油酸十二十二碳六烯酸"组合被称为"真正的脑黄金";第二,是生殖器官及其他组织中激素的组成成分。

5. *脂肪是畜产品的组成成分* 如肉、乳及蛋中均含有一定的脂肪。

(二)饲料中脂肪对反刍动物消化能力的影响

构成脂肪的脂肪酸种类很多,自然界有 40 多种,其中大多数是含偶数碳原子的直链脂肪酸,包括饱和脂肪酸和不饱和脂肪酸。植物性饲料的脂肪成分中以不饱和脂肪酸含量为主,如青草中不饱和脂肪酸含量可占脂肪酸总量的 80%以上。尽管反刍动物能将食入的不饱和脂肪酸,在瘤胃微生物的作用下,经过氢化作用使不饱和脂肪酸变为饱和脂肪酸,而后被吸收,变为较硬的体脂,但是过多的不饱和脂肪酸会对瘤胃微生物产生毒害作用,影响反刍动物消化能力。

三大有机营养成分的共同作用是:构成体组织细胞的基本原料,体内热能的来源,畜产品的成分(碳水化合物是乳糖、乳脂的原料)。其独特作用:蛋白质是修补体组织的必需物质;碳水化合物是动物体内的营养储备物质;脂肪是脂溶性维生素的溶剂,供给必需脂肪酸。

五、矿物质对牛的营养作用

矿物质在动物体内含量很少,占体重的 3%~5%,它们不能产生热能,但广泛分布于体内各个组织、器官,是动物正常生长、繁殖和健康不可缺少的营养物质。特别是在集约化饲养条件下尤为重要。

通常按矿物质在动物体内的含量不同,分为常量元素(含量占动物体重 0.01%以上)如钙、磷、镁、钠、钾、氯、硫;微量元素(含量占动物体重的 0.01%以下),现已确认的必需微量元素有铁、铜、锌、锰、碘、钴、硒、钼、铬、镍、钒、锡、硅、氟和砷等,前 7 种是容易缺乏的。当某种必需元素缺少或不足时,则导致动物体物质代谢严重障碍,并降低生产力,甚至导致死亡,但某种必需元素过量又能引起机体代谢的紊乱。动物体矿物质的需要主要由饲料满足,一部分由水中补给(“矿泉水”)。

(一)矿物质功能

1. 用作体组织的生长和修补物质　机体内约有5/6的矿物元素存在于骨骼和牙齿之中，主要是钙、磷、镁，其余矿物质分布于毛、蹄、角、肌肉、细胞、体液以及上皮组织和其他组织中，有些元素如钼、锌、锰、碘和钴等还是酶、激素和某些维生素的组成成分。

2. 用作动物体的调节剂　矿物质可以调节血液、淋巴液的渗透压，使体液渗透压恒定，保证细胞获得营养，以维持细胞的正常生命活动。矿物质可以调节血液的酸碱平衡，维持肌肉的兴奋性，还可以影响其他养分在体内的溶解度，激活某些酶的活性，促进各种养分的消化及利用。

3. 构成畜产品的成分　牛奶、牛肉的干物质中含有动物所必需的全部矿物质元素。而这些矿物质必须间接或直接来自动物采食的饲料和饮水之中。

(二)钙和磷

在体内钙、磷是灰分中主要的矿物元素，约占70%，其中有99%的钙和80%的磷存在于骨骼和牙齿。

此外，血浆中含有钙。每100毫升的血浆约含钙10毫克。在血浆中以3种形式存在：游离的钙离子约占60%；与蛋白质结合的钙约35%；与有机酸柠檬酸或无机磷酸结合的盐类5%～7%。

影响动物钙、磷利用的因素很多，如钙、磷的来源、比例，小肠内的pH值，维生素D以及日粮中乳糖、脂肪和铁、镁、铝等的水平。一般植物性饲料中含钙量较少，禾本科的籽实及其副产品中含磷较多，但其中大部分磷与肌醇结合成植酸盐形式而利用率不高。豆科牧草虽含钙较丰富，但不能作为幼畜主要饲料。因此必须补充含钙、磷丰富的骨粉、石粉、贝壳粉等矿物质饲料。日粮中钙、磷的供给量应保持适当的比例，一般应为1∶(1～2)。任一元素过量都是有害的，如钙过量则与磷酸根形成不溶解的磷酸三钙而影响磷的吸收。反之过量的磷酸根与钙结合而减低了钙的利用率。维生素 D 可使小肠内 pH 值降低，有利于钙磷吸收。钙磷比例合适时，对维生素 D 的需要量较少。日粮中脂肪过多，能与钙形成难溶的钙皂。

(三)氯和钠(食盐)

各种动物都需要适量的食盐，对草食类动物尤为重要。钠主要存在于体液及软组织中，如血液中含 0.22% 的钠，对维持体液的酸碱平衡、细胞与体液的渗透压有重要作用。钠也参与体内水的代谢，并对肌肉与心脏活动起调节作用，血液缺钠则心肌的收缩与舒张减缓。氯又是胃液中盐酸的成分。缺乏时食欲不振，并有异嗜现象。

一般植物性饲料含钠、氯较少，不能满足动物的需要，须在配合日粮时补充适量的食盐，一般以 0.5% 左右为宜，喂量过多会引起中毒。

六、维生素对奶牛的营养作用

维生素是一大类有机化合物，它在畜体内既不能提供能量，也不是构成体组织的成分。它的功能是调节动物体内各种生理机能正常进行，即它是动物正常生产、繁殖和健康所必需的微量营养物质。

维生素按其溶解性分为 2 大类：一类为脂溶性维生素，包括维生素 A、维生素 D、维生素 E、维生素 K，在动物体内有相当量的贮存；另一类为水溶性维生素，包括 B 族维生素与维生素 C。B 族维生素有硫胺素(B_1)、核黄素(B_2)、泛酸(B_3)、胆碱(B_4)、烟酸(B_5)、吡哆醇(B_6)、生物素(B_7)、叶酸(B_{11})和维生素 B_{12} 等。除维生素 B_{12} 外，其他水溶性维生素并不在动物体内贮藏，摄入过多时会从动物尿中迅速排出，因此必需每日供给水溶性维生素。反刍动物瘤胃微生物能够合成 B 族维生素和维生素 K，不必依赖外源供给，而猪、禽和瘤胃未发达的犊牛、羔羊则必须由饲料供给。

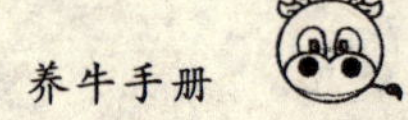

七、水分对牛的营养作用

水是动物所必需的养分，占动物体重的60%～70%，如果动物严重缺水或失水达20%时可危及生命。动物体内没有纯水，水通常是溶解于其中的无机物和有机物，以体液形式存在。体液包括细胞内液和外液，外液又分为血浆和细胞间液。体内水分的分布比例，细胞内液中65%～75%，间液中20%，血浆中5%。

(一)水在牛体内的功能

①水参与维持组织器官的形态，水能与蛋白质结合成胶体，使组织器官呈现一定的形态、硬度和弹性。

②水是一种重要溶剂，体内养分的吸收和运输，代谢废物的排出均需有水分作为载体。

③水参与体内许多生化反应 动物体内消化、代谢过程中的生化反应都必须有水的参与，如淀粉、碳水化合物、蛋白质的水解反应，氧化还原反应以及加水反应均都有水参与。

④水有调节体温的功能 由于水的比热值大，导热性和蒸发性都高，借助水的吸热和放热可以维持体温的恒定。

⑤水还作为润滑液，使骨骼的关节面保持润滑和活动自如。

(二)水的来源及损失

动物所需水的主要来源是饮水和饲料中的水分，即外源水，它经肠壁吸收进入血液和淋巴的细胞外液，参与体内各代谢过程。另外，营养物质在动物体内氧化分解时，可同时产生少量的代谢水，即内源水，但内源水远远不能满足动物的正常活动的需要。因此动物所需的水分主要来自充足的饮水。动物体内的水分排出主要是通过肾脏(尿)、肺(呼吸)、皮肤(汗)及消化道(粪)。泌乳家畜每天通过泌乳排出大量的水分。

(三)缺水的后果

动物缺水或长期饮水不足时，会使健康受到损害。当饮水不

足，动物体内水分减少8%时，表现严重的干渴感觉、食欲丧失、消化机能减弱。体内水分减少10%时，将导致代谢紊乱。损失20%时，可引起死亡。长期缺水时，血液变得浓稠。缺水也使其生产力下降，如幼畜生长发育迟缓，泌乳母畜的泌乳量急剧下降。

(四)牛的需水量

牛的需水量因年龄、生理状态、日粮的组成、饲料的形态以及气候条件等因素的影响而有很大的差异。以单位体重计算，幼牛较成年牛的需水量为多，泌乳牛较肥育牛为多，日粮中蛋白质、粗饲料和盐类含量高时需水量多，夏季比冬季需水量多。

动物的需水量(不包括代谢水)通常是以采食的饲料干物质的量来计算。因为在适宜的温度条件下，采食饲料干物质的量与其需水量之间有密切的相关。按每采食1千克饲料干物质计算，牛、羊、猪约需水3～5千克，马和家禽2～3千克。在生产中各类家畜都应供应充足清洁的饮水，集约化生产采用自动饮水装置效果较好。

第二节　牛的营养需要

一、能量需要

(一)奶牛的能量需要

1. 奶牛能量单位　我国奶牛饲养试行标准对奶牛统一采用产奶净能，并将750千卡(3.35千焦)产奶净能(相当于1千克含乳脂4%的标准乳能量)作为一个奶牛能量单位(NND)。

例如：1千克干物质含量为89%的优质玉米，产奶净能有2 154千卡(9 003.72千焦)则

$$NND=\frac{2\ 154}{750}=2.87$$

理解为 1 千克玉米所含能量与 2.87 千克标准奶所含能量相当。

标准奶的折算：牛奶的能量值随牛奶成分尤其是乳脂率而变化，一般将不同乳脂率的牛奶折算成含脂 4%的标准乳。

$$4\%\text{标准乳的乳量(千克)} = 0.4M + 15F$$

式中：M 为未折算的牛奶数量(千克)；F 为牛奶中乳脂含量(千克)。

例：10 千克含乳脂为 3.6%的奶，折算成标准牛奶的量为：

$$4\%\text{标准乳量} = 0.4 \times 10 + 15 \times 10 \times 3.6\% = 9.4\text{(千克)}$$

牛奶能量的含量常用公式 $y = 342.65 + 99.26 \times$ 乳脂率($r = 0.9402$，$p < 0.01$)来计算。

例，1 千克乳脂率为 3.5%的牛奶所含能量为：

$$y = 342.65 + 99.26 \times 3.5 = 690.06\text{(千卡)}$$

2. 成年母牛的能量需要

(1)维持的能量需要　我国奶牛饲养标准中成母牛维持的能量需要采用 85 千卡/千克(355.3 千焦/千克)代谢体重(85 千卡/千克 $W^{0.75}$)。第一泌乳期的能量需要在维持基础上增加 20%(85＋85×20%＝102 千卡/千克代谢体重)，第二泌乳期增加 10%(93.5 千卡/千克代谢体重)。放牧运动时，能量消耗明显增加，牧草丰盛时可增加 10%(如果同时又是头胎牛则维持需要为 85×(1＋20%＋10%)＝110.5 千卡/千克代谢体重)，牧草稀疏时可增加 20%。在丘陵或山区放牧时，需要量还要增加，增加量约为维持需要的 50%。

奶牛生存的适宜温度为 5～25℃。在超过或低于这个范围时，维持能量需要增加。例如，维持需要在 5℃时为 93 千卡/千克×

$W^{0.75}$，0℃时为96千卡/千克×$W^{0.75}$，−5℃时为99千卡/千克×$W^{0.75}$，−10℃时为102千卡/千克×$W^{0.75}$，−15℃时为105千卡/千克×$W^{0.75}$。总的计算，温度每下降1℃，维持能量需要增加1.2%。严重程度的热应激维持需要量应增加7%～25%。例如，温度在26℃时，增加维持需要的10%，30℃时增加维持需要的22%，32℃增加维持需要的29%，35℃时增加维持需要的34%。

(2)产奶牛的体重变化与能量需要　当产奶母牛日粮的能量不足时，母牛往往动用体内贮存的能量去满足产奶的需要，结果体重下降。反之，当日粮能量过多，多余能量在体内沉积，体重增加。每千克增重相当于8千克标准乳的能量，每千克减重约相当于6.56千克标准乳。

(3)妊娠母牛的能量需要　母牛在妊娠最后3个月，胎儿的增重速度很快，能量沉积显著增加。妊娠6,7,8,9个月时，每天应在维持基础上增加1.33,2.27,4.00和6.67个奶牛能量单位。

(4)生长和肥育牛的能量需要　我国奶牛饲养标准对生长奶牛的维持能量以产奶净能(NEL)来表示。生长奶牛的维持能量需要为139.7千卡/千克代谢体重(583.95千焦/千克代谢体重)。

生长奶牛的维持净能需要量=77千卡/千克代谢体重(321.87千焦/千克代谢体重)

(5)增重的能量需要　增重的能量需要是根据不同生长阶段所沉积能量的多少确定的。英国ARC(1975)根据不同体重在不同增重速度条件下能量沉积的研究，提出了生长和肥育牛的能量沉积公式：

$$\text{增重的能量沉积(兆卡)}=\frac{\text{增重(千克)}\times[1.5+0.0045\times\text{体重(千克)}]}{1-0.30\times\text{增重(千克)}}$$

例如，体重150千克生长牛要求有1千克的日增重，则，

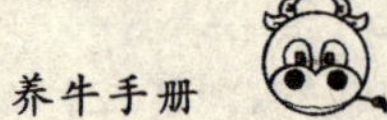

$$增重的能量沉积=\frac{1\times[1.5+0.0045\times150]}{1-0.30\times1}=3.11 兆卡(13 兆焦)$$

合 4.14 个奶牛能量单位。

生长公牛的维持能量需要量与生长母牛相同，由于生长公牛能量利用率比生长母牛稍高，故生长公牛增重的能量需要量按生长母牛的90%计算。

(二)肉牛的能量需要

1. 肉牛能量单位　我国肉牛饲养标准(2000)以 1 千克标准玉米即 NEm=9.13 兆焦/千克 DM)作为一个肉牛能量单位(RND)。

$$RND=\frac{NEm(兆焦)}{9.13}$$

2. 生长肥育牛的能量需要　根据国内所做绝食呼吸测热试验和饲养试验的平均结果，生长肥育牛在全舍饲条件下，维持净能需要为 322 千焦/千克 $W^{0.75}$(或 77 千卡)，即：NEm(千焦)=322 $W^{0.75}$。

这个数值适合于中立温度、舍饲、有轻微活动和无应激的环境条件下应用。

当气温低于 12℃时，每降低 1℃，维持能量需要增加 1%。

肉牛的能量沉积就是增重净能。增重的能量沉积用下列公式计算(Van Es,1978)：

$$RE(千焦)=(2092+25.1W)\times\Delta W\div(1-0.3\Delta W)$$

式中：W 为体重(千克)；ΔW 为日增重(千克)。

肉牛的综合净能需要为：

$$NEm(千焦)=\{322W^{0.75}+[(2092+25.1W)\times\Delta W\div(1-0.3\Delta W)]\}\times F$$

由于不同日增重的肉牛其 APL 不同，为了与饲料综合净能值(APL=1.5)相吻合，必须对综合净能的需要进行校正。APL 为 1.5

时代表了中上等增重水平。所以，对高于或低于 1.5APL 的进行校正，可以缩小误差。另外，为了肉牛能达到预期的膘度，对不同体重肉牛的综合净能需要也进行了校正。校正系数(F)见表 5-1。

表 5-1 不同体重和日增重的肉牛综合净能需要的校正系数(F)

体重 千克	日增重											
	0	0.3	0.4	0.5	0.6	0.7	0.8	0.9	1.0	1.1	1.2	1.3
200	0.850	0.960	0.965	0.970	0.975	0.978	0.988	1.000	1.020	1.040	1.060	1.080
225	0.864	0.974	0.979	0.984	0.989	0.992	1.002	1.014	1.034	1.054	1.074	1.094
250	0.877	0.987	0.992	0.997	1.002	1.005	1.015	1.027	1.047	1.067	1.087	1.107
275	0.891	1.001	1.006	1.011	1.016	1.019	1.029	1.041	1.061	1.081	1.101	1.121
300	0.904	1.014	1.019	1.024	1.029	1.032	1.042	1.054	1.074	1.094	1.114	1.134
325	0.910	1.020	1.025	1.030	1.035	1.038	1.048	1.060	1.080	1.100	1.120	1.140
350	0.915	1.025	1.030	1.035	1.040	1.043	1.053	1.065	1.085	1.105	1.125	1.145
375	0.921	1.031	1.036	1.041	1.046	1.049	1.059	1.071	1.091	1.111	1.131	1.151
400	0.927	1.037	1.042	1.047	1.052	1.055	1.065	1.077	1.097	1.117	1.137	1.157
425	0.930	1.040	1.045	1.050	1.055	1.058	1.068	1.080	1.100	1.120	1.140	1.160
450	0.932	1.042	1.047	1.052	1.057	1.060	1.070	1.082	1.102	1.122	1.142	1.162
475	0.935	1.045	1.050	1.055	1.060	1.063	1.073	1.085	1.105	1.125	1.145	1.165
500	0.937	1.047	1.052	1.057	1.062	1.065	1.075	1.087	1.107	1.127	1.147	1.167

注：肉用生长母牛的维持净能需要也为 $322W^{0.75}$。增重净能需要按照生长肥育牛的 110%计算。

3.繁殖母牛的能量需要

(1)妊娠后期母牛的能量需要　根据国内 78 头妊娠母牛饲养试验的结果，维持净能需要为 $322W^{0.75}$ 的基础上，不同妊娠天数每千克胎增重需要的维持净能为：

$$\text{NEm(千焦)} = 0.197\,69t - 11.761\,22$$

式中：t 为妊娠天数。

不同体重妊娠母牛的平均胎日增重为：

$$G_W(\text{千克})=(15.201+0.0376W)\times1.6\times0.84\div142$$

式中：G_W 为平均胎日增重；W 为母牛体重。

犊牛初生重与母牛体重之间的回归公式为：

$$\text{犊牛初生重(千克)}=15.201+0.0376W$$

不同妊娠天数与胎日增重关系的回归公式为：

$$\text{胎日增重系数}=0.00879t-0.85454$$

式中：t 为妊娠天数。

所以，不同妊娠天数不同体重母牛的胎日增重为：

$$G_W(\text{千克})=(0.00879t-0.85454)\times(15.201+0.0376W)\times1.6\times0.84\div142=(0.00879t-0.85454)\times(0.1439+0.0003558W)$$

式中：G_W 为不同妊娠天数不同体重母牛的胎日增重。

例：母牛体重为 400 克，妊娠 7 个月时(210 天)，其胎日增重为：

$$G_W(\text{千克})=(0.00879\times210-0.85454)\times(0.1439+0.0003558\times400)=0.284$$

计算不同体重母牛妊娠后期各月的胎增重的维持净能需要，加上维持的维持净能需要即为总的维持净能需要量。综合国内消化试验结果，日粮消化能浓度为 10.92～12.97 兆焦/千克 DM 时，维持净能校正为综合净能的平均系数为 0.82。总的维持净能需要量乘以校正系数即为综合净能需要量。

(2)哺乳母牛的能量需要　维持的净能需要为 322 $W^{0.75}$，泌乳的净能需要为每千克 4%乳脂率的标准乳 3 138 千焦。

二、日粮中的干物质和粗纤维

产奶母牛干物质采食量的计算：

干物质进食量（千克）$=0.062W^{0.75}+0.40y$　精粗比为 60∶40

干物质进食量（千克）$=0.062W^{0.75}+0.45y$　精粗比为 45∶55

式中：W 为体重（千克）；y 为日产奶量（千克）。

干物质采食量的估计值在特殊情况下需要作出调整，例：在泌乳前 3 周下调 18%。一般情况下日粮中粗纤维占 15%～17%，酸性洗涤纤维 19%～20%，中性洗涤纤维 25%～28%为适宜。奶牛饲喂以玉米或苜蓿青贮为主要饲草，以干粉碎玉米为主要淀粉源的情况下，日粮干物质中总纤维推荐为 25%，其中 19%纤维需来自饲草。

三、蛋白质的营养需要

（一）牛的小肠蛋白质营养体系

日粮蛋白质进入瘤胃，被降解蛋白质称之为瘤胃可降解蛋白质（RDP），没有降解的蛋白质被称为非降解蛋白质（UDP）。传统的粗蛋白质或可消化蛋白体系没有反应出降解与非降解部分的比率，降解部分转化为微生物蛋白质的效率，以及非降解部分在小肠被吸收利用的情况。

新蛋白体系基于：反刍动物随食物进食的含氮物质包括非蛋白氮和真蛋白，真蛋白在瘤胃内一部分被降解，另一部分未降解。非蛋白氮（100%降解）和真蛋白中的被降解部分共同作为合成微生物蛋白的原料，在瘤胃内合成微生物体。非降解蛋白和微生物体进入消化道下段，主要在小肠经消化、吸收供动物利用。因此，反刍动物的蛋白质需要，实质上是由饲料中非降解蛋白和瘤胃微生物蛋白提供。而降解蛋白又是合成瘤胃微生物体的原料。

小肠蛋白质的评定：

小肠蛋白质＝饲料瘤胃非降解蛋白质＋瘤胃微生物蛋白质

饲料瘤胃非降解蛋白质＝饲料蛋白质－饲料瘤胃降解蛋白质

小肠可消化蛋白质＝小肠蛋白质×小肠消化率＝

(饲料瘤胃非降解蛋白质＋瘤胃微生物蛋白质)×小肠消化率

目前对微生物蛋白质合成量的评定有 2 种方法，一种是通过饲料瘤胃降解蛋白质进行评定，另一种是通过瘤胃可发酵有机物进行评定。饲料在瘤胃的降解蛋白质转化为微生物蛋白质的效率为 0.9；微生物蛋白质在小肠的消化率为 0.70；饲料非降解蛋白质在小肠的消化率为 0.65。

饲料的小肠可消化蛋白质＝(饲料瘤胃降解蛋白质×降解蛋白质转化为微生物蛋白质的效率×微生物蛋白质的小肠消化率)＋(饲料非降解蛋白质×小肠消化率)＝(饲料瘤胃降解蛋白质×0.9×0.70)＋(饲料非降解蛋白质×0.65)

小肠可消化粗蛋白质转化为体沉积蛋白的效率采用 0.60；小肠可消化粗蛋白质转化为奶蛋白的效率采用 0.70。

例如，1 千克含粗蛋白为 8.1％的玉米，蛋白降解率为 41.13％，则其小肠可消化蛋白质含量为：

玉米粗蛋白量＝1000×8.1％＝81(克)

降解蛋白量＝81×41.13％＝33.3(克)

非降解蛋白量＝81－33.3＝47.7(克)

根据以上公式，1 千克玉米的小肠可消化蛋白质＝33.3×0.9×0.7＋47.7×0.65＝52(克)

查营养需要表(奶牛营养需要修订第 2 版)，该玉米的瘤胃可发酵有机物(FOM)含量为 0.359 千克/千克。当瘤胃氮源满足瘤胃微生物蛋白质的合成需要时，瘤胃微生物蛋白质(MCP)与瘤胃可发酵有机物(FOM)的比值为一常数(MCP/FOM＝136),因此,该玉米用可发酵有机物评定的微生物蛋白质＝0.359×136＝48.8(克)。

(二)瘤胃能氮平衡

瘤胃能氮平衡＝用瘤胃可发酵有机物评定出的微生物蛋白质量－用瘤胃降解蛋白质评定的瘤胃微生物蛋白质量

饲料在瘤胃的降解蛋白质转化为微生物蛋白质的效率为0.9,所以该玉米的

瘤胃微生物蛋白质量＝33.3×0.9＝30(克)

瘤胃能氮平衡＝48.8－30＝18.8 克(克)

结果为正值,说明瘤胃能量有富余,如果结果为零则表明平衡良好,如果为负值则表明应增加瘤胃中的能量。根据瘤胃能氮平衡的结果,如果能量有富余,可以利用添加非蛋白氮的方法增加小肠可消化蛋白的含量。以尿素为例:

尿素的有效用量(ESU)＝瘤胃能氮平衡/(2.8×0.65)＝18.8/(2.8×0.65)＝10(克)

式中:2.8 为尿素的粗蛋白当量;0.65 为尿素氮被瘤胃微生物利用的平均效率。

(三)奶牛的蛋白质需要

1.维持的蛋白质需要　维持的可消化粗蛋白质需要量为 3.0 克×$W^{0.75}$,200 千克体重以下用 2.3 克×$W^{0.75}$;小肠可消化粗蛋白质的需要为 2.5 克×$W^{0.75}$,200 千克以下用 2.2 克 ×$W^{0.75}$。

例如,体重为 500 千克的奶牛,其维持的可消化粗蛋白质需要为 3.0×$500^{0.75}$＝317.1(克),其维持的小肠可消化粗蛋白质需要为 2.5×$500^{0.75}$＝264.3(克)。

2.产奶的蛋白质需要　产奶的蛋白质需要量取决于奶中的蛋

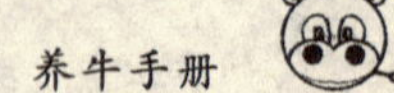

白质含量。在乳蛋白质没有测定的情况下，亦可根据乳脂率进行测算：

$$乳蛋白率(\%)=2.36+0.24\times乳脂率 \quad (p<0.01, n=330)$$

国内的奶牛产奶氮平衡试验结果表明，可消化粗蛋白质用于奶蛋白的平均效率为0.6，小肠可消化粗蛋白的效率为0.7，所以：

产奶的可消化粗蛋白质需要量 = 牛奶的蛋白质量/0.60

产奶的小肠可消化粗蛋白质需要量 = 牛奶的蛋白质量/0.70

例如，体重为500千克的奶牛日产乳脂率为3.5%的奶20千克，则其产奶的可消化粗蛋白质需要为：

$$乳蛋白率(\%)=2.36+0.24\times3.5=3.2$$

产奶的可消化粗蛋白质需要为：$20\times3.2\%/0.60=1.07$(千克)$=1\,070$(克)；产奶的小肠可消化粗蛋白质需要为：$20\times3.2\%/0.70=0.91$(千克)$=910$(克)

3. 生长牛的蛋白质需要　生长牛的蛋白质需要量取决于体蛋白质的沉积量。

$$增重的蛋白质沉积(克/日)=\Delta W\times(170.22-0.173W+0.000\,178W^2)\times(1.12-0.125\,8\Delta W)$$

式中：ΔW 为日增重(千克)；W 为体重(千克)。

生长牛日粮可消化粗蛋白用于体蛋白质沉积的利用效率为55%。幼龄时效率较高，体重40～60千克可用70%，70～90千克可用65%。生长牛日粮小肠可消化粗蛋白的利用效率为60%。

例如：体重200千克，日增重1千克。

$$增重的蛋白质沉积=1\times(170.22-0.173\,1\times200+0.000\,178\times200^2)\times(1.12-0.125\,8\times1)=129(克)$$

增重的可消化粗蛋白质需要量=129/0.55=235(克/日)

增重的小肠可消化粗蛋白质需要量＝129/0.60＝215(克/日)

4.妊娠的蛋白质需要　妊娠的蛋白质需要按牛妊娠各阶段子宫和胎儿所沉积的蛋白质量进行计算。可消化粗蛋白质用于妊娠的效率按65%计算,小肠可消化粗蛋白质的效率按75%计算,则在维持的基础上,可消化粗蛋白质的给量,妊娠6个月时为50克,7个月时为84克,8个月时为132克,9个月时为194克,小肠可消化粗蛋白质的给量,妊娠6个月时为43克,7个月时为73克,8个月时为115克,9个月时为169克。

(四)肉牛的蛋白质需要

1.粗蛋白质需要

(1)生长肥育牛的粗蛋白质需要　根据国内的饲养试验和消化代谢试验结果,维持需要的粗蛋白质为5.5克/千克$W^{0.75}$。

根据国内的生长阉牛氮平衡试验结果,增重的粗蛋白质沉积与英国ARC(1980)公式计算的结果相似,生长阉牛增重的粗蛋白质平均利用效率为0.34,所以,生长肥育牛的粗蛋白质需要为:CP(克)$=5.5W^{0.75}+\Delta W(168.07-0.168\,69W+0.000\,163\,3W^{2})\times(1.12-0.123\,3\Delta W)\div0.34$。

(2)繁殖母牛的粗蛋白质需要　妊娠后期母牛的粗蛋白质需要:按维持需要加生产需要计算,维持的粗蛋白质需要为4.6克/千克$W^{0.75}$;妊娠第6～9个月时,在维持基础上分别增加77克,145克,255克和403克粗蛋白质。

哺乳母牛的粗蛋白质需要:维持的粗蛋白质需要为4.6克/千克$W^{0.75}$;生产需要按每千克4%乳脂率的标准乳需要粗蛋白质85克。

2.小肠可消化粗蛋白质的需要

(1)维持的需要　根据国内的氮平衡试验结果,表明维持的可消化粗蛋白质的需要为3.0克$\times W^{0.75}$,维持的小肠可消化粗蛋白质需要为2.5克$\times W^{0.75}$,200千克体重以下用2.2克$\times W^{0.75}$。

例如,体重为500千克的肉牛,其维持的可消化粗蛋白质需要

为 $3.0\times500^{0.75}=317.1$(克),其维持的小肠可消化粗蛋白质需要为 $2.5\times500^{0.75}=264.3$(克)。

(2)增重的需要　生长肥育牛的蛋白质需要取决于体蛋白质的沉积量。由于影响体蛋白质的沉积量的因素很多,故在引用公式计算时,可以根据不同情况加以调整。生长牛日粮可消化粗蛋白用于体蛋白质沉积的利用效率,根据国内所做生长牛的氮平衡试验结果可采用55%。但幼龄时效果较高,体重40～60千克可用70%,70～90千克可用65%。生长肥育牛日粮小肠可消化粗蛋白质的利用效率为60%。

例如,体重200千克,日增重1千克。

维持的小肠可消化粗蛋白质需要为 $2.5\times200^{0.75}=133$(克)

增重的蛋白质沉积 $=1(168.07-0.1687\times200+0.000163\times200^2)(1.12-0.1233\times1)=140$(克/日);

增重的小肠可消化粗蛋白质需要为 $140\div0.60=233$(克/日)。

(3)妊娠的需要　妊娠的蛋白质需要按牛妊娠各阶段子宫和胎儿所沉积的蛋白质进行计算。小肠可消化粗蛋白质对妊娠的效率按75%计算。则在维持的基础上,小肠可消化粗蛋白质的给量,妊娠6个月时为43克,7个月时为73克,8个月时为115克,9个月时为169克 。

(4)产奶的需要　产奶的蛋白质需要量取决于奶中的蛋白质含量。在乳蛋白质没有测定的情况下,亦可根据乳脂率进行测算:

乳蛋白率 $=2.36+0.24\times$ 乳脂率　($p<0.01, n=330$)

国内的奶牛产奶氮平衡试验结果表明,可消化粗蛋白质用于奶蛋白的平均效率为0.6,小肠可消化粗蛋白的效率为0.7,所以:

产奶的可消化粗蛋白质需要量 = 牛奶的蛋白质量 $\div0.60$

产奶的小肠可消化粗蛋白质需要量 = 牛奶的蛋白质量 $\div0.70$

四、牛矿物质元素的需要

1. 钙、磷　维持需要按每 100 千克体重给 6 克钙和 4.5 克磷；每千克标准乳给 4.5 克钙和 3 克磷可满足需要。生长牛钙磷的需要，维持需要按每 100 千克体重给 6 克钙和 4.5 克磷，每千克增重给 20 克钙和 13 克磷。钙磷比为(2～1.3)∶1 达到较高的吸收效果。

当食入的钙量与需要的钙量比值越高时，钙的吸收率反而降低。当进食钙/需要钙之比为 1.0～1.5 时，达到 0.68 的较高吸收率；进食钙/需要钙值为 4.5～5.0 时，吸收率为 0.28 。当食入的磷量与需要的磷量比值越高时，磷的吸收率也会下降。当进食磷/需要磷小于 1.5 时，吸收率为 0.58；进食磷/需要磷大于 1.75 时吸收率为 0.39 。

2. 食盐　维持需要按每 100 千克体重给 3 克，每产 1 千克标准乳给 1.2 克 。精料中盐的含量一般占 1%，过多反而起不到调味的作用，失去促进食欲的效果，且降低适口性。较好的方法是与矿物质制成舔砖，自由舔食。

3. 钾　生长牛、肥育牛和奶牛对钾的需要量为日粮干物质的 0.6%～1.5%，青粗料中含有充足的钾，但不少精饲料的含钾量较低，故饲喂高精料日粮有可能缺钾。犊牛生长期钾的含量为 0.58%时最佳。在热应激条件下，日粮中钾的含量为 1.5%时能够获得最佳的泌乳性能。日粮中钾含量降低将会影响奶牛采食量和产奶量。

4. 镁　镁在瘤胃发酵中起着重要作用。哺乳犊牛每千克体重进食 12～16 毫克镁能维持血液镁的正常水平。日产 10 千克奶的产奶母牛需 13.8 克，日产 20 千克奶的需 20.1 克，日产 30 千克的需 26.4 克。成年怀孕母牛日需 7.8～9.4 克。50～400 千克的生长牛每天的需要量，日增重 0.33 千克的为 0.4～6.6 克，日增重

0.5千克的为0.5～7.0克，日增重1.0千克的需0.8～8.0克。有些禾本科草场在早春时会出现含镁不足，而引起一种叫做“青草痉挛症”的疾病。日粮中高钠会增加尿镁的排出，含有高钾的日粮会降低镁的吸收。NRC(1989)推荐镁的需要量为日粮干物质的0.4%，过高将影响奶牛采食量以及引起腹泻。

5. 硫　缺硫会影响牛对纤维素的消化和所产生的挥发性脂肪酸的比例。日粮硫的需要量为干物质的0.20%。在饲喂尿素的日粮中，为了满足瘤胃微生物合成氨基酸的需要，以提高尿素的利用率，每100克尿素可给3克无机硫，日粮中硫氮比为(10～12)∶1为最佳状态。缺硫症状与缺蛋白质相似。

6. 碘　给妊娠母牛单一饲喂玉米青贮或大量饲喂豆饼，会造成犊牛甲状腺肿大，大量喂十字花科的青饲料时，应提高日粮中的含碘量。维持需要每100千克体重给0.6毫克碘。泌乳牛需碘较多，为1.5毫克/100千克体重。

7. 钴　钴是维生素B_{12}的成分，饲料中缺钴会降低维生素B_{12}合成量。钴缺乏的早期症状是生长迟缓、消瘦、失重。比较严重的症状是肝中脂肪降解，极度贫血。牛对钴的需要量为每千克饲料中干物质含0.07～0.1毫克。

8. 铜　铜缺乏的典型症状是毛的色泽沉积，尤其在眼睛周围，皮屑脱落也是反刍动物缺铜的症状。饲料中铜的含量一般为所需的3～4倍，每千克日粮干物质中含4毫克铜就能满足肉牛的需要，对于犊牛每天进食10毫克铜可满足需要，产奶牛每千克日粮干物质中含10毫克，能够满足要求。钼能影响铜的吸收，在日粮含钼和硫酸盐多的地区可提高2～3倍的需要量。缺铜地区可在食盐中加0.5%的硫酸铜。高铁和高硫日粮共同作用影响铜的吸收。

9. 钼　每千克饲料干物质中含0.01毫克或再低一些可满足需要，每千克饲料含钼20毫克可引起中毒。日粮中不提倡补

充钼。

10. 铁 缺铁会引起贫血。每千克饲料中含铁 80 毫克以上就可满足需要。只喂奶的犊牛容易因为缺铁而贫血，前 4～8 周在日粮中每天补充 30 毫克铁，或在初生和 8 周龄时注射 500 毫克铁足以防止贫血。对 20 周龄以内的喂奶犊牛补铁能促进增重。

11. 锰 缺锰会导致生长受阻，骨骼畸形，生殖紊乱，新生儿畸形。NRC 的奶牛生长需要每千克日粮中含有 20 毫克可以满足生长牛的需要。ARC(1980)推荐每千克日粮含锰 20 毫克可满足牛的生长，20～25 毫克/千克干物质可维持动物的正常繁殖。日粮含锰量为 16～17 毫克/千克干物质时，会出现缺乏症状。多数粗饲料每千克干物质中含有 30 毫克以上的锰，因此一般情况下不需要补充锰。高浓度的钙、钾、磷日粮促进锰的排出，日粮中过量的铁阻止锰在犊牛体内的沉积。

12. 锌 缺锌牛采食量和生长速度下降，随着时间延长，蹄角质化，腿、头部(尤其是鼻部)和脖周围的皮肤出现角质化。每千克日粮干物质中肉牛需要量为 10～30 毫克，奶牛为 40 毫克。在多数情况下锌干扰铜的吸收，引起铜缺乏症。镉对锌和铜的吸收具有拮抗作用，并且也干扰肝脏和肾脏组织锌和铜的代谢。铅竞争性地抑制锌的吸收，也干扰锌功能的发挥，锡也能干扰锌的吸收。

13. 硒 缺硒与维生素 E 缺乏症状相似，表现为白肌病，肌营养不良。症状为腿脆弱和硬化，跗关节弯曲，肌肉颤抖。心肌和骨骼肌可见明显的条纹且坏死。母牛妊娠后期补加或注射硒，会降低胎衣不下的发病率。每千克日粮干物质含硒 0.05～0.1 毫克时，便不会发生缺硒症状。对怀孕和泌乳母牛，每千克日粮干物质用亚硒酸钠补充 0.1 毫克能防止缺硒症。常推荐日粮含硒量为 0.35～0.40 毫克/千克干物质。每千克日粮干物质中含硒 5 毫克即可引起中毒。

14. 铬 铬能够提高干物质采食量和产奶量，降低应激犊牛的

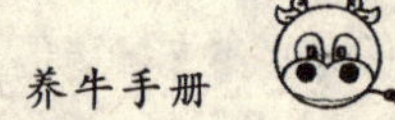

死亡率。添加水平不详。

五、维生素的需要

维生素是牛维持正常生产性能和健康所必需的营养物质。有充分根据说明瘤胃微生物合成 B 族维生素及维生素 K。故传统认为，成年牛尽管长期喂以不含 B 族维生素的日粮，也不会表现出任何一种 B 族维生素缺乏症；维生素 C 牛本身也能合成(因多数哺乳动物及家禽均能在肝脏和肾脏中利用单糖合成维生素 C，但人类、灵长类、豚鼠、少数鸟类及蝙蝠不能)，无需从饲料中供应，所以对牛来说需要从饲料中供给的维生素只有 A、D、E 3 种。但是，最近的研究表明，随着奶牛产奶量提高，日精中精料比例的增加以及饲料加工过程中维生素的破坏作用，在日粮中添加某些水溶性维生素对提高奶牛的生产性能、改善乳质、增强免疫机能和繁殖功能、减少疾病的发生有显著的作用，如硫胺素(维生素 B_1)、烟酸(维生素 B_5)、维生素 B_{12} 和维生素 C 等。

(一)维生素 A

哺乳犊牛可由奶中获得维生素 A，断奶后可由饲料中获得 β-胡萝卜素再转化成维生素 A。维生素 A 维持正常的视觉、上皮组织的健全、骨骼的生长发育、脑脊髓液压、皮质酮的合成和繁殖机能。维生素 A 缺乏的主要特征是夜盲症和上皮组织角化症，其脑脊髓液压升高是最敏感的指示物之一。据报道，适量的维生素 A 和 β-胡萝卜素对公牛的内分泌调节、生殖器官的正常发育及精液品质都有显著作用，能够促进母牛的性成熟、受胎率和正常的繁殖机能，降低奶牛乳房炎，提高奶牛的繁殖机能。研究表明，热应激状态下添加 β-胡萝卜素能够增加受胎率和产奶量。NRC 建议，生长牛 β-胡萝卜素为 10.6 毫克/100 千克体重，妊娠和泌乳牛为 19 毫克/100 千克体重；干奶期 维生素 A 为 40 000 国际单位/天，高产奶牛为 80 000 国际单位/天，低产奶牛为 51 600 国际单位/

天。我国标准建议，生长牛β-胡萝卜素为10～12.7毫克/100千克体重，妊娠和泌乳牛为19.06～19.14毫克/100千克体重；生长牛维生素A为4 000～4 860国际单位/100千克体重，妊娠和泌乳牛维生素A为7 600～7 700国际单位/100千克体重。青绿饲料中含有β-胡萝卜素，而且，颜色越绿含量越丰富，因为叶绿素与β-胡萝卜素共存，所以如果天旱少雨，缺乏青绿饲料时易出现维生素A缺乏症，据测定动物的肝脏和体脂肪中能储存大量的维生素A，反刍动物的储存能力最强，成年牛每克肝脏中维生素A的储存量为618国际单位，而猪只存85国际单位。成年牛高于犊牛，犊牛每克肝脏中维生素A的储存量为121国际单位。在体内储存量最多的情况下，甚至可满足牛6个月之需。所以，若夏秋季青绿饲料充足、质量好，下年3～5月份又能接上青绿饲料的话就不会出现维生素A缺乏症。否则，若秋季青绿饲料不充足，质量又不好，则下年维生素A缺乏症出现的时间会早。

要求额外添加维生素A的情况有：

①低粗料日粮（瘤胃破坏程度高，β-胡萝卜素的摄入量少）。

②大量玉米青贮和少量干草的日粮。

③含低质粗料的日粮（β-胡萝卜素含量低）。

④面临传染病原的威胁（对免疫系统的需求提高）。

⑤免疫机能可能降低的时期（分娩前后）。

对泌乳牛而言，维生素A的安全摄入上限是66 000国际单位/千克日粮。

（二）维生素D（维生素D_3）

最基本的功能是促进肠道钙和磷的吸收，提高血清钙和磷的水平，促进骨的钙化。由于维生素D_3的代谢需要在肝脏中的转化，肝功能障碍时，造成25-羟胆钙化减少，导致钙、磷代谢障碍，容易导致幼年牛患佝偻病或软骨病及使成年牛骨质疏松。NRC建议，干奶期维生素D_3为10 000国际单位/天，高产奶牛为25

000 国际单位/天，低产奶牛为 16 000 国际单位/天。我国标准建议，维生素 D_3 为 6 500 国际单位/天。而最近的研究认为，干奶期维生素 D_3 为 31 500 国际单位/天，高产奶牛为 40 000 国际单位/天，低产奶牛为 32 500 国际单位/天才能最大限度发挥奶牛的生产性能和抗病能力。凡经太阳晒过的草料均含维生素 D，在阳光照射下，牛的皮肤也能合成维生素 D。因此，牛通常不会发生缺乏症。长期舍饲、晒不到太阳的牛群、高产奶牛或缺乏干草时应补充维生素 D。让牛晒太阳和喂太阳晒过的草料均是补充维生素 D 之简便方法。多余的维生素 D 尚能储存于体内。

(三)维生素 E

最新的研究表明维生素 E 在动物体内具有广泛的生物学功能，适宜的维生素 E 补充可以增强奶牛的繁殖机能，减少乳房炎和胎衣不下，改善牛奶品质。维生素 E 和硒联合使用可起到更显著的效果。据报道，日粮中添加 3 000 国际单位/(头·日)，肌肉注射 5 000 国际单位/(头·日)可以明显增加奶牛的免疫功能，降低乳房炎发病率。妊娠后期日粮同时添加维生素 E 和硒能够提高初乳的产奶量，增强犊牛的被动免疫和生长。NRC 建议，干奶期维生素 E 为 150 国际单位/天，高产奶牛 375 国际单位/天，低产奶牛 240 国际单位/天。我国标准建议，维生素 E 添加量为 385 国际单位/天。而最新研究认为，干奶期为 280 国际单位/天，高产奶牛为 590 国际单位/天，低产奶牛为 450 国际单位/天才能最大限度发挥奶牛的生产性能和繁殖能力。维生素 E 在饲料中分布十分广泛，正常饲养条件下的反刍动物能从饲料中获得足够量的维生素 E，并且，由于饲料中的易氧化的不饱和脂肪酸在瘤胃中受到加氢作用，故对维生素 E 的需要量相对较少。

(四)烟酸

烟酸可促进瘤胃微生物合成蛋白质，这可能是由于烟酸能够提高瘤胃中丙酸浓度，使乙酸和丁酸浓度降低的结果。烟酸能够减轻奶牛泌乳早期能量的应激，减少奶牛酮病，这是由于烟酸可使奶牛在分娩后血糖升高，血清中游离脂肪酸下降，减少脂肪分解，进而减少酮体（乙酰乙酸，丙酮和β-羟丁酸）在牛体内的积蓄。添加烟酸能使奶牛的产奶量提高2.3%～11.7%，乳脂率提高2.0%～13.7%，奶牛每头日补饲大约6克烟酸（200～400毫克/千克）比较理想，且补饲应从产前2周开始直到配种。

（五）硫胺素（维生素B_1）

硫胺素有维护奶牛中枢神经系统正常功能、影响某些氨基酸的转氨作用和机体脂肪合成能力的作用。硫胺素缺乏的典型症状是脑灰质软化症，表现为精神不振、肌肉运动失调、进行性失明、痉挛和死亡等特征。最近的研究认为，饲喂奶牛高营养或高糖日粮会刺激瘤胃微生物合成一种硫胺素分解酶，一种破坏硫胺素的酶或与酶有关的物质，饲喂上述日粮能使硫胺素类似物在瘤胃内增多，这种物质抑制硫胺素的代谢。目前对硫胺素的适宜添加量尚不确定，需进一步研究。

（六）维生素B_{12}

维生素B_{12}对维持奶牛的正常营养，促进上皮的正常增生，加速红细胞的生成以及保持神经系统髓磷脂的正常功能有重要作用。研究表明，缺乏维生素B_{12}会降低纤维素的消化。维生素B_{12}的合成需要微量元素钴的参与，成年反刍动物可以利用钴合成自身需要的维生素B_{12}，但幼龄反刍动物瘤胃功能尚不健全，故必须由日粮供给。

思考题

1. 饲料中的营养物质，按化学性质和生物学作用可分为几类？
2. 蛋白质的营养功能有哪些？必需氨基酸与非必需氨基酸的概念是什么？
3. 碳水化合物对牛有哪些作用？

4. 粗纤维在牛饲养中的作用是什么?

5. 脂肪的营养作用有哪些?

6. 试述常量元素和微量元素的概念。

7. 说明维生素的分类并简要说明其作用。

8. 水在牛体内的功能及缺水的后果是什么?

第六章　牛的消化生理与瘤胃发酵调控

重点提示:本章重点学习牛消化道的构造特点、瘤胃消化(碳水化合物的分解、蛋白质的发酵、脂肪的水解及某些维生素的合成);瘤胃发酵调控的意义和方法。

第一节　牛消化道的构造特点

牛的消化系统比较复杂.主要由口腔、食道、胃(瘤胃、网胃、瓣胃和真胃)、小肠、大肠、肛门和唾液腺、肝脏、胰腺、胆囊及肾脏等附属消化腺及器官组成。

一、口腔与食道

(一)口腔

牛口腔中的唇、齿和舌是主要的摄食器官。牛没有上切齿,上切齿的功能被坚韧的齿板所代替,为下切齿提供了相对的压力面。牛的舌长而灵活,可将牧草送于口中,牛舌的尖端有大量坚硬的角质化乳头,这些坚硬的乳头起收集细小的食物颗粒的作用。切齿和齿板的咬合动作可以配合舌的运动摄取食物。牛的唇相对来说不很灵活,然而当采食鲜嫩的青草或小颗粒食物(如谷粒、面粉、颗粒饲料等)时,唇就成为重要的采食器官。牛的唾液腺有五个成对的腺体和三个单一(不成对)的腺体。成对的腺体有:腮腺(从耳根延伸到下颅骨的后端),颌下腺(在上颌骨和下颌骨的基部),臼齿腺(位于颊部),舌下腺(位于舌下),颊腺(在颊部)。单一的腺体包括:腭腺(在软、硬腭内),咽腺(靠近咽部),唇腺(在口角附近)。唾

液腺所分泌的唾液就是上述各腺体所分泌的混合液体，唾液对牛有着特殊重要的作用(后面详述)。另外，黄牛和水牛这一类反刍动物还具有鼻唇腺，这是位于鼻镜部真皮内的一些小腺体，其水样分泌物可保持鼻镜部的湿润。大部分的分泌物被舌带进口腔，很少一部分可起到蒸发冷却的作用。许多疾病可使鼻唇腺停止分泌，因此，常把鼻镜部的干燥、发热作为诊断疾病的依据之一。

(二)食道

食道有横纹肌组织。犊牛有食管沟(又称网胃沟)，起始于贲门，向下延伸至网瓣胃间孔。食管沟实质上是食管的延续，收缩时呈管状，起着将乳汁或其他液体自食管输往瓣胃沟和皱胃的通道作用。通过瘤胃瘘管实验动物，用 x 射线照相术等研究方法，证实了食管沟的主要功能在于犊牛吃奶时将乳汁由食管直接引入皱胃。食管沟的闭合反射由吸吮作用开始(不受流体的温度和组成的影响)，感受器分布在唇、舌、口腔和咽部的黏膜内，传入神经为舌神经、舌下神经和三叉神经的咽支，反射中枢位于延髓，传出神经为迷走神经。若切断两侧迷走神经食管沟闭合反射就会消失。随着犊牛年龄的增长，食管沟闭合反射逐渐减弱以至消失。但如果一直连续喂奶，则至成年时仍可保持幼年时的机能状态。

食管沟有 2 种收缩形式，一种是闭合不全的收缩，两唇仅是缩短变硬，两侧相对形成通道，有 30%～40%的液体流经其间进入皱胃；另一种是闭合完全的收缩，即两唇内翻，形成密闭管状，摄入的液体有 75%～90%由这里流入皱胃。犊牛的摄乳方式对食管沟闭合反射也有影响，当用桶饮乳时，食管沟闭合不完全，乳汁容易进入网胃和瘤胃。但当用奶头吸吮时，乳汁可直接进入皱胃，几乎没有乳汁混进网胃和瘤胃。

某些无机盐类有刺激食管沟使其闭合的作用。如对牛来说，Na 比 Cu 有效，如 NaCl、$NaHCO_3$ 等。另外，葡萄糖也有一定的刺激作用。实际工作中往往借助这些无机盐类对食管沟的刺激作

用，以便给成年牛投药时，可使药液直接进入瓣胃和皱胃。

二、复胃

牛的胃是瘤胃、网胃（又称蜂巢胃）、瓣胃（重瓣胃或百叶胃）及皱胃（又称第四胃或真胃）组成的复胃。其中前 3 个胃称之为前胃，瘤、网胃又合称为反刍胃，只有第四胃——皱胃有胃腺，能分泌消化液，故又称之为真胃。以进化观点来看，前胃实际上是食道的膨大部分。牛刚出生时，皱胃是牛胃中最大的胃室。随着日龄的增长，犊牛对植物性日粮的采食量逐渐增加，促进瘤胃和网胃很快生长发育，而真胃（皱胃）容积相对变小，重瓣胃的发育较慢（见表 6-1）。

表 6-1 放牧牛犊各胃室的相对容积（占全胃重量的百分数） %

日龄	瘤胃和网胃	瓣胃	皱胃
1	34	10	56
14	40	15	45
28	55	11	34
47	66	11	23
100	70	18	12
成年牛	64	25	11

犊牛瘤胃和网胃的相对生长速度，以 3～9 周龄最快，且生长强度大，但受饲养方式和饲料条件的影响很大。据观察，犊牛在 2～3 周龄时出现短时间的反刍活动。如果单纯喂奶，尽管奶中富含维生素和矿物质，但瘤胃的容积、运动能力及瘤胃黏膜乳头等均得不到正常发展。这是因为单纯吃奶的犊牛，瘤胃缺乏粗糙物质的刺激，从而影响了瘤胃黏膜乳头的生长。瘤胃内存在的有机酸，尤其是瘤胃微生物发酵产生的挥发性脂肪酸（VFA），至少是一种刺激瘤胃黏膜乳头生长的因素。试验证明，通过瘤胃瘘管将 VFA

注入以奶为食的犊牛瘤胃内，可使瘤胃黏膜乳头发育正常，注入氨也有这种作用。而将塑料海绵大量由瘘管置入瘤胃，所引起的刺激并不能促进瘤胃的发育。

随着瘤胃、网胃的发育，牛对青粗饲料的消化能力逐渐提高，到 6 月龄时已具备成年牛的特点。牛胃的容量很大，成年乳牛胃的最大容量为 250 升，一般成年肉用牛或役牛胃的容量为 100 升左右。其中瘤胃的容量最大，占胃总容量的 80%左右，占据整个腹腔左半侧和右侧下半部，是一个左右稍压扁，前后伸长的大囊袋。提早给犊牛补饲植物性饲料（尤其是干草），并把母牛反刍的食团取出，挤出液体后拌入奶中或直接塞入口中（这叫做瘤胃微生物接种）喂犊牛，可使犊牛提前具备成年牛的消化能力，直接给成年牛饲喂微生物（添加剂）亦可提高其生产性能。瘤胃没有胃腺，不分泌消化液，但胃壁强大的纵形肌肉环，能强有力地收缩与松弛，进行节奏性蠕动以搅拌食物；胃黏膜上有许多乳头状突起，尤其是背囊部“黏膜乳头”特别发达，有助于食物的揉磨。而大量存在于瘤胃内的多种微生物，对食物的分解与营养物质的合成起着极其重要的作用。从而使瘤胃成为活体内一个庞大的、高度自动化的“饲料发酵罐”，所以在瘤胃内既进行强烈的机械消化（物理消化）又进行着微生物消化。瓣胃的作用是对食糜进一步研磨，将稀软部分送入皱胃，吸收有机酸和水分，使进入皱胃的食糜便于消化。皱胃是连接瓣胃和小肠的管状器官。皱胃黏膜折叠成许多纵向皱褶，但不同于瓣胃的叶片。这些皱褶的排列方式可以防止皱胃内容物逆流回瓣胃。皱胃的功能相当于非反刍动物的胃底区和幽门区。胃底区上皮有分泌细胞，可产生 HCl 和胃蛋白酶，幽门区可产生黏液，但其分泌物的胃酶活性很低。食物在皱胃中可以得到初步的化学消化。

三、肠道

肠道的结构和功能是随着牛年龄的增长和食物类型的改变而逐渐成熟的。新生犊牛的肠道占整个消化道的比例（组织相对重%）为70%～80%，大大高于成年牛（30%～50%）。随着日龄的增长和日粮的改变，小肠所占比例逐渐下降，大肠基本保持不变，而胃的比例却大大上升。但是与其他动物相比，牛的肠道是很发达的，尤其小肠特别发达，资料表明；成年牛小肠为30多米，大肠约10米，就肠道的相对长度而言，反刍兽牛、羊也是最大的，据测定，肉食兽肠长与体长之比为5∶1，鸡为6∶1，马属动物为12∶1，猪为14∶1，而牛羊则为27∶1，由于牛具有复胃和肠道长的原因，食物在牛消化道内存留的时间就较长，一般需7～8天甚至还要再长的时间才能将饲料残余物排尽，因此，牛对食物的消化率比较高，但肉牛的转化率较低。小肠的吸收功能也随年龄发生改变，新生犊牛的小肠可以吸收完整的蛋白质，以此获得母体的免疫物质（免疫球蛋白），达到被动免疫的目的。这一吸收过程是通过胞饮或入胞作用来完成的。新生犊牛所有的免疫物质，都是由母体初乳提供的，与此相适应，犊牛的肠黏膜对大分子物质都具有高度的通透性。只是这种特性为期不长，不久之后肠黏膜“关闭”，防止蛋白质分子继续进入血液。牛、羊一般在出生后180小时左右就不能吸收免疫物质了。因此，动物出生后及时喂给初乳对它们的健康成长至关重要。

第二节　牛的消化特点

一、采食

(一)采食特点

牛的采食很粗糙,采食速度快,一般咀嚼很不充分,只是将食物与唾液混合成大小和密度适宜的食团后便匆匆咽下,经过一段时间后再将粗糙的食物逆呕回口腔,重新咀嚼即反刍。许多野生反刍动物由于害怕强敌的袭击,很少有时间专心采食,往往是尽可能又多又快地吃下找到的食物后离开,然后在安全的地方仔细地反刍已经吞咽下去的食物。反刍家畜虽然已经驯养,但仍保留野生原种的这一习性。因此,喂给整粒谷料时,大部分均末被咬碎而咽下,沉于胃底(因整粒谷料较重)转往第三、第四胃,而不能被重新咀嚼,因而造成过料现象(未经消化的整粒随粪便排出),这就造成饲料浪费。喂给整个块根、块茎类饲料时,则常会发生食道梗阻现象(整个的块根、块茎卡在食道内),危及牛的生命。前已述及,因为牛采食快,咀嚼不充分,所以,如果草料中混入铁丝等异物时,就会进到胃内,当牛反刍时,胃壁会强烈收缩,挤压停留在网胃前部的尖锐异物而刺破胃壁,造成创伤性网胃炎,有时还会刺伤横膈、心包、心脏等,引起这些脏器发炎,危及牛的生命。所以,在准备饲料时应注意避免其中带有铁器等异物。实际上,即使在备草料时特别注意,也避免不了铁物进入牛胃中,据说牛胃内几乎都有铁。以往取出胃中铁物是采用磁棒,磁棒的缺点是不安全,易造成损伤,而磁笼,又叫高效牛胃取铁器安全、可靠,值得在养牛业中推广应用。磁笼长期放置既能治疗又能预防,因磁笼可阻止网胃收缩,防止异物刺伤。

就饲料种类而言,牛喜欢吃青绿饲料、精料和多汁饲料,其次是优质青干草，再次是低水分青贮料，最不爱吃未经加工处理的秸秆类粗饲料。就形态而言，牛爱吃1立方厘米左右的颗粒料，最不爱吃粉状饲料。因此，枯草期以秸秆为主喂牛时，应该把秸秆尽可能铡得短一些，并拌入精料等，或把秸秆粉碎后用颗粒饲料机压成颗粒料饲喂，以增大采食量。虽然牛通过训练可消耗大量的含有酸性成分的饲料，但仍喜食甜、咸味的饲料。

牛爱吃新鲜饲料，若饲料在饲槽中被牛拱食较长时间，就会粘上其鼻唇镜分泌的黏液，牛就不爱吃。因而在添草时应注意“少添、勤添”，下槽后要清扫饲槽，将剩草晾干后再喂。

牛没有上门齿，不会啃吃太矮的牧草，所以当野草长度未超过5厘米时，不要放牧，否则牛难以吃饱，并会因“跑青”而过分消耗体力，甚至导致体重下降。牛有竞食性，即在自由采食时互相抢食。可利用牛的这个特点，来增加其对劣质饲料的采食量；但在放牧时，则由于抢食，而行进过快，将牧草践踏造成浪费，应引起注意。

（二）采食时间

在自由采食情况下，牛全天采食时间为6～8小时（另有资料，单产8 000～9 000千克的奶牛，平均每昼夜采食时间为4小时21分59秒，5 000～6 000千克的奶牛为3小时23分40秒），放牧的牛比舍饲的牛采食时间长。如果饲料粗糙，或为长草、秸秆类饲料时，则采食时间长；若饲料幼嫩，则采食时间短。在放牧情况下，草高30～45厘米时，采食最快，所需时间最短。气候变化能影响牛采食时间的分布，随着气温的升高，白天的采食时间缩短。天气晴朗时，白天采食时间相对比阴雨天少，阴雨天到来的前夕，采食时间延长，天气过冷时，采食时间也会延长。综上所述，饲养与放牧的日程要根据情况来安排，夏天气温高时，应以夜饲（牧）为主，冬天则宜舍饲。日粮质量较差时，则应延长饲喂时间。

(三)采食量

牛的采食量与其体重密切相关,相对采食量随体重而减少。例如犊牛 2 月龄时干物质日采食量为其体重的 3.2%～3.4%,6 月龄时约为体重的 3.0%。又如肥育周岁牛体重 250 千克时,干物质采食量为其体重的 2.8%,到 500 千克时,则为 2.3%,膘情好的牛相对采食量低于膘情差的牛。牛对切短的干草比长草采食量大,对草粉采食量最少,但把草粉制成颗粒饲料后,采食量可增加 50%。日粮中营养不全时,牛的采食量减少,若在日粮中逐渐增加精料,牛的采食量会随之增大,但精料量占日粮的 30%以上时,对干物质的采食量不再增加,若精料占日粮的 70%以上时,则采食量随之下降。日粮脂肪含量超过 6%时,瘤胃对粗纤维的消化率下降,超过 12%时,食欲受到抑制,采食量减少,饲草饲料的 pH 值过低时(如青贮饲料水分过大)会降低牛的采食量。环境安静、群饲、自由采食、粗饲料的加工调制及适当延长采食时间等,均可增加牛的采食量。同采食时间随温度变化一样,采食量亦随温度而变化。环境温度从 10℃逐渐降低时,使牛对干物质的采食量增加 5%～10%,当环境温度超过 27℃时,牛的食欲下降,对于物质的采食量随之减少。

二、反刍

反刍是牛消化食物的一个重要过程,是由一系列连续的反射性步骤组成,主要包括食糜由瘤—网胃的逆呕、逆呕出的食糜的再咀嚼、再混唾液和再吞咽。逆呕是反刍活动中的关键步骤,是与网胃的附加(逆呕)收缩相联系的。逆呕的食糜主要是来自瘤胃、网胃的液态食糜,并不含有新吞咽下来的食团。逆呕的食团从食管低处移往口腔是依靠食管的逆蠕动来完成的。逆呕食团对食管、咽部以及口腔的刺激,引起再咀嚼动作。反刍时的再咀嚼比采食时的咀嚼要细致得多。每个逆呕食团再咀嚼的次数及持续时间,主要取决于食糜的性质，一般需 40～50 秒。在对逆呕的食团进行再咀嚼过程中，不断地有大量唾液混入食团，其分泌量超过采食时的分泌量。逆呕的食团到达口腔后，其中所含的液体立即被挤出，并随即咽下。在再咀嚼期间有时可咽下唾液 2～3 次。在再吞咽之后约 5 秒，可再发生又一次逆呕。反刍活动开始到暂停，进入间歇期，即完成一次"反刍周期"。间歇一定时间之后再开始一次新的反刍周期。反刍周期发生和停止的原因，主要与前胃食糜的性状与运转情况直接相关。反刍动物采食之后，大量食物进入前胃，其中粗糙成分对分布于瘤、网胃中的感受器形成有效刺激，反射性引起瘤胃前庭和网胃同时强烈收缩，于是开始逆呕，进入反刍活动。反刍活动持续一段时间后，前胃的粗糙食物，尤其是网胃和瘤胃前庭附近的粗糙食物，通过不断呕回口腔，进行再咀嚼过程，逐渐变得细腻，减弱了对机械感受器的刺激。其次，随着前胃收缩运动，细腻食糜不断进入瓣胃和皱胃，经皱胃不断排送到十二指肠。这些消化管被食糜充盈后，反射性抑制逆呕中枢。由于上述原因，反刍活动暂时停止，结束一次反刍周期，进入反刍间歇期。在间歇期中，由于前胃不断运动，其中内容物不断进行运转、混合和搅拌，内容物中较粗糙成分因比重小又逐渐集中表层，又构成对瘤胃前庭等部位的有效刺激；第三，间歇期间动物也可能进行采食，又有粗糙食物进入瘤胃和网胃；第四，瘤胃后消化管的排空运动，食糜不断后送的结果，解除了在充盈状况时对逆呕中枢的抑制作用。在这些因素的复合作用下，于是开始了新的一次反刍周期。

正常情况下，成年牛每天有 10～15 个反刍周期。每个反刍周期约 0.5 小时，所以，一昼夜的反刍时间 7～8 小时，与采食时间大约呈 1∶1 的比例。但是，这个比例要随饲料品质及种类的不同而有所变化，若是幼嫩多汁的饲料，则反刍时间缩短，比例小于 1∶1，反之，若牧草粗老，则反刍与采食时间的比例大于 1∶1，在一昼夜中，一般晚上的反刍时间较白天多，有 10 次左右是在夜间，而且夜间每次反刍的持续时间长，其主要原因就是白天干扰较多，役牛尚要担负使役。反刍通常是在饲喂结束后20～30分钟才出现，但这只是在反刍前和反刍时处于安静环境的情况下才是如此，如果不遵守这种条件（例如饲喂后立即驱赶牛群或清扫粪便等外界干扰因素存在时），那么反刍就延迟，即食后较长时间才能出现反刍。假如牛正在反刍时，给予突然惊扰，则反刍会立即停止，转为闲散活动或采食，并且不能立即转入反刍，需经约30分钟的时间才能再转入反刍，这就影响了食物消化。当牛患病、劳累过度、饮水量不足或饲料品质不良时，也会抑制反刍，甚至使反刍发生异常。

三、微生物消化和瘤胃发酵

牛消化的最大特点是微生物消化和瘤胃发酵。该部分内容较多，将在本章第三节牛的瘤胃消化中详述。

四、唾液在牛消化代谢中的特殊作用

唾液的作用主要是：湿润饲料、缓冲作用、杀菌和保护口腔以及抗泡沫作用等。腮腺一天可分泌含0.7%的碳酸氢钠唾液约50升，即分泌碳酸氢钠300～350克。高产乳牛分泌唾液可达250升。大量的缓冲物质，可中和瘤胃发酵中产生的有机酸，以维持瘤胃内的酸碱平衡。牛的唾液分泌受饲料的影响较大，喂干草时腮腺分泌量大；喂燕麦时，腮腺与颌下腺分泌量相似；饮水能大幅度降低唾液分泌。因为瘤胃pH值取决于唾液分泌量，唾液分泌量取决于反刍时间，而反刍时间又决定于饲料组成，喂粗料反刍时间长，喂精料则反刍时间短。换言之，牛喂高粗料日粮，反刍时间长，唾液分泌多，瘤胃内pH值高，属乙酸型发酵；若喂高精料（淀粉），反刍时间短，唾液分泌少，瘤胃pH值低，属丙酸型发酵，以至乳酸型发酵。唾液具有抗泡沫作用，对于减弱某些日粮的生泡沫倾向起着重要的作用，采食时增加唾液分泌量，有助于预防瘤胃臌胀。

瘤胃 pH 值变动范围为 5.0～7.5，低于 6.0 对纤维素消化不利。由上述可见，牛的唾液在瘤胃消化代谢中具有重要的特殊作用。

第三节 牛的瘤胃消化

牛所采食的饲料中有 75%～80%的干物质是在瘤胃内消化，所采食的粗纤维中有 50%以上亦是在瘤胃内消化。可见牛胃内的消化主要是在瘤胃内消化，而在瘤胃消化中起主导作用的是存在于瘤胃中的微生物。瘤胃为微生物提供了很适宜的生存环境，而微生物对食物的分解产物及微生物本身又是牛的营养来源，彼此形成了共生关系，若没有这种共生关系，反刍动物就不可能很好地适应具有高水平粗饲料的日粮。瘤胃中的微生物区系是很复杂的，但主要是纤毛虫和细菌两大类。近来，人们发现瘤胃真菌对瘤胃消化也很重要，瘤胃真菌有很强的穿透能力和降解纤维的能力。能穿透粗饲料角质层屏障，破坏无法被细菌和纤毛虫降解的木质素，即真菌首先分离木质化的纤维物质，从而为细菌利用与木质素结合的纤维素类物质创造条件。真菌的穿透降低了植物纤维组织的内部张力，使其变得疏松而易于被瘤胃微生物降解。因而，虽然细菌是瘤胃内主要分解纤维的微生物，但真菌却是首先深入到植物纤维组织中的微生物，之后细菌的分解活动才得以进行。真菌也能分解纤维素类物质，真菌在瘤胃微生物总量中所占的比例，随日粮中纤维含量的变化而变化，粗纤维含量高时，瘤胃中的真菌数量也较高。向牛的日粮中添加含有真菌的添加剂可以提高饲料的消化率、生产性能。即直接饲喂微生物可提高牛的生产性能，直接饲喂的微生物包括细菌、真菌和酵母，它们在瘤胃中的主要作用是：第一，最大限度地抑制病原细菌的生长。第二，增加肠中有益微生物种群。第三，促进纤维的消化，改善消化率。纤维分解菌的活性是促进瘤胃中纤维消化的主要因素。当 pH 值等于或大于

6.0 时，这些微生物能摄取纤维的大部分能量。酵母培养物通过滋养一个健康并活力旺盛的纤维分解菌群体而有助于提高纤维消化率。为了获得高的产量，通常都在日粮中添加谷物，但是，迅速发酵的谷物为产生乳酸的瘤胃微生物提供了培养基，使瘤胃 pH 值下降。当 pH 值低于 6.0 时，纤维分解菌的生长就会受到抑制。研究表明，添加酵母培养物可促进瘤胃中乳酸消化菌群的生长，从而减少乳酸在瘤胃中的积累。结果是加强了对瘤胃中乳酸的消化利用，使 pH 值高于 6.0，因此便提高了纤维的消化率。在奶牛日粮中添加酵母培养物有助于提高瘤胃微生物消化饲料的能力，粪便中过料现象大为减轻。干物质、中性纤维(NDF)、酸性纤维(ADF)和半纤维素的消化率都得以提高。第四，减少瘤胃 NH_3 浓度 20%～34%，NH_3 浓度降低也就意味着瘤胃微生物利用 NH_3 的效率增加。第五，促进微生物蛋白质合成，改善氨基酸构成，这对于满足高产奶牛对必需氨基酸的需要量具有重要意义。第六，钝化毒性。

如百奥美速酵源主要成分是酵母菌，以稻壳为载体的粉状产品，每克含有不低于 50 亿菌落形成单位的活酵母细胞，有效期 12 个月。每头日喂 10 克，产奶量提高 7.1%，乳脂率提高 12.9%，其余质量差异不显著。康贝主要由酵母菌、米曲霉菌、枯草杆菌、乳酸杆菌组成，还含有多种消化酶，如 α-淀粉酶、β-葡聚糖酶、纤维素酶和半纤维素酶，必需氨基酸、K、P、Mg、S 和 B 族维生素，适口性好(当在日粮中添加康贝达 20 克时(试验 2 组)，平均增加产奶量 1.82 千克，牛奶中体细胞数显著低于对照组(不添加康贝)和试验 1 组(添加康贝 13 克)。试验 2 组乳脂率显著高于对照组)。有益微生剂也是一种微生物添加剂，是由乳酸菌、双歧杆菌、酵母菌等多元菌株配以蓝藻复合而成，每毫升活菌总量为 6 亿以上，并富有 18 种氨基酸和大量的乳酸菌肽及原生抗生素。其他的反刍家畜饲用微生物添加剂也都含有真菌。真菌用的较多的是酵母培养物和其他酵母产品。今天营养学家在配制日粮时所考虑的是“首先要调养好瘤胃”,即培养健康的瘤胃微生物群体。用来滋养瘤胃中有益微生物的一些产品包括酵母培养物和其他酵母产品。这些产品也可以提高饲料的适口性,其中,某些产品还可以在湿热的条件下保持稳定性。一般情况下,这些产品首先被添加到过渡期奶牛日粮或热应激期间的日粮中,以保持稳定的干物质采食量。看到过渡期奶牛的改善情况以后,人们就经常用这些产品来提高整个泌乳牛群的生产性能。50%以上的美国奶牛改良协会的顶级牛群和全美国35%以上的商品奶牛场在一种或几种日粮中添加酵母培养物或酵母产品。

大量研究证实在奶牛日粮中添加酵母培养物产品有益于提高干物质消化率和产奶量,奶牛在产犊后干物质采食量提高很快,比不添加酵母培养物的奶牛提前达到产奶高峰期。

优化瘤胃微生物菌群可最大程度地提高采食量、纤维消化率和微生物蛋白质的合成,从而实现稳定高产。同时还促进瘤胃中挥发性脂肪酸的生产;降低有机酸的积累而减少中毒的危险;在瘤胃中细菌、纤毛虫和真菌在饲料降解中协同作用。

综上所述,牛消化的特点主要是瘤胃消化,而瘤胃消化主要是瘤胃微生物的作用。瘤胃微生物的作用主要是通过瘤胃发酵来实现的,所谓瘤胃发酵是指瘤胃内微生物活动的综合过程,包括分解与合成 2 个方面,分述如下。

一、碳水化合物的发酵

纤维素、半纤维素、果胶、淀粉、双糖及单糖等碳水化合物饲料经过微生物发酵,最终变成挥发性脂肪酸。除碳水化合物外,蛋白质亦可形成挥发性脂肪酸,虽然其形成数量尚不很清楚,至少在高蛋白日粮条件下,是颇为可观的。由蛋白质转变而成的挥发性脂肪酸,有直链也有支链,支链挥发性脂肪酸不仅作为能量来源,而

且也是瘤胃纤维素细菌重要的生长因子。挥发性脂肪酸是反刍动物最大的能源，它所提供的能量约占机体所需能量的2/3，而在碳水化合物发酵产生挥发性脂肪酸的过程中产生的ATP又是微生物本身维持和生长的主要能源。挥发性脂肪酸主要有乙酸、丙酸、丁酸和少量较高级的脂肪酸，而蚁酸（一个碳原子）和戊酸等脂肪酸数量很少。挥发性脂肪酸除作为能源外，乙酸能形成短链脂肪酸，进而形成乳脂肪（不泌乳的牛可形成体脂肪），丁酸亦能形成乳脂肪，丙酸可通过异生途径形成葡萄糖，丙酸是反刍动物最大的糖源，据估计，日产20千克奶约需要1.5千克葡萄糖，若丙酸全部转变为葡萄糖，可提供所需糖的55%，其他45%则由淀粉型及氨基酸型糖源提供。催化丙酸转化为葡萄糖及催化乙酸、丁酸转化为短链脂肪酸的酶的含量，反刍动物比非反刍动物远远为多，酶的这种含量上的差异不仅存在于种间；也存在于反刍动物种内品种间、个体间，控制这些代谢酶含量差异的调节基因可能导致消化率的差异，故通过选择酶的含量水平或比率可提高消化率。正常情况下，乙酸占50%～65%，丙酸占5%～18%，丁酸占12%～20%。但这种比例可受许多因素的影响，例如日粮中精料尤其是谷类饲料比例大而粗料比例小时，粗料太细碎或压制成颗粒以及喂熟料等都可增加丙酸的比例而降低乙酸的比例，若乙酸的比例下降到50%以下时，乳中脂肪含量就要降低，而体脂肪的沉积量就会增加，这对于肥育牛及役牛是有好处的，而对于乳牛来说是不利的，出现以上情况的主要原因就是这些饲料或者是在瘤胃内容易发酵的饲料；或者是通过瘤胃速度快的饲料，采食易发酵的饲料（尤其是谷物饲料），瘤胃微生物区系在短时间内发生一系列异常变化，产酸的细菌迅速增殖，从而使瘤胃pH值迅速下降；采食通过瘤胃速度快的饲料，唾液（碱性）的流入量减少，亦可使瘤胃pH值降低。pH值的迅速降低，有利于丙酸细菌的活动，因而呈丙酸发酵过程，产生大量丙酸，而乙酸则减少。丙酸的增多，则转化成的葡萄糖亦多；另外，饲料在瘤胃内停留时间短，则进入肠道的淀粉量必然增加，淀粉在小肠中的消化终产物是葡萄糖，这样便增加了葡萄糖的吸收量，而葡萄糖吸收量的增加，可刺激胰岛素的分泌，胰岛素能促进葡萄糖转化为脂肪酸，加速脂肪的合成。但是在反刍动物，葡萄糖只能掺和到体脂肪的脂肪酸分子中去，而不能掺和到乳脂肪酸分子中去，这是因为非反刍动物血液中乙酸的浓度是很低的. 对于脂肪酸的合成不起显著作用，对于这些动物来说，葡萄糖是合成脂肪酸的主要前体物。葡萄糖在胞液中经酵解途径转变为丙酮酸，然后再在线粒体中氧化为乙酰辅酶 A(COA)，线粒体的膜不允许 COA 通过，COA 的有效转运是通过形成柠檬酸来完成的，柠檬酸裂解酶可使柠檬酸转变为草酰乙酸和 COA，草酰乙酸再转回到线粒体中，而 COA 则被用于脂肪酸的合成，因此，非反刍动物有显著数量的葡萄糖掺和到乳脂肪的脂肪酸分子中去。反刍动物乳腺中无柠檬酸裂解酶，因此，葡萄糖虽能在线粒体内生成 COA，但不能掺和到脂肪酸分子中去。故反刍动物体内葡萄糖吸收量的增加只能增加体脂肪的沉积，相反胰岛素由于能抑制体脂分解，使血中脂肪酸浓度下降，即减少了形成乳脂肪的内源性脂肪酸，更加之外源性乙酸已减少，因而乳脂肪的合成将随之减少。所以，养乳牛精料不能过多，粗料不能加工太细，但这也并不是说不能用精料或粗料越长越好。科学研究和生产实践的结果证明：用粗料含量高的日粮饲喂乳牛，只能获得较低的产量，因为食入的可消化能太少，而能量损失较大(主要是产生的甲烷)，如果想使产奶量达到 6 000～7 000 千克，必须供给乳牛较多的精料，至少占总营养价值的 40%，但前已述及精料量增多，粗料量减少，会导致瘤胃内容物 pH 值降低，正常瘤胃微生物区系改变，丙酸比例增高，乳脂率下降，而且 pH 值下降也易造成胃溃疡等，有时甚至发生酸中毒。如何使乳牛适应高精料水平的日粮，获得高的产奶量，而又要避免出现以上不良后果呢？解决的办法就是要控制瘤胃发酵，

如向日粮中添加缓冲化合物，如碳酸氢钠和氧化镁等，以使瘤胃内容物维持适宜的 pH 值，各种挥发性脂肪酸间保持适宜的比例。据实验在精料较多的日粮中添加碳酸氢钠等缓冲化合物不仅可使乳脂率较不添加者提高，而且也提高了产奶量，原因主要是缓冲化合物还能使饲料干物质采食量增加，并提高消化率。有人试验日粮中添加碳酸氢钠和氧化镁混合剂可使有机物消化率由 69%提高到 72%，纤维素消化率由 36%提高到 48%，原因是维持了正常的 pH 值，保证了纤维分解菌的正常活动。碳酸氢钠的添加量为日粮总干物质的 0.8%或精料量的 1.5%～2.0%。氧化镁为总干物质的 0.4%，或精料量的 0.8%～1.0%。实践上可将 0.4%～0.8%的氧化镁与 1.5%～2.0%的碳酸氢钠混合添加到奶牛精料中。牛所采食的碳水化合物饲料有相当一部分是粗饲料，粗饲料的消化主要是纤维素、半纤维素的消化，研究影响其在瘤胃中消化率的因素，以提高其利用率是十分重要的。主要影响因素有如下几点：

①饲草的木质化程度：木质素不仅在物理学上有碍于微生物作用，而且其本身具有抑菌作用。

②饲草的预处理：粗饲料经化学或物理方法预处理后可使纤维素消化率大幅度提高。这一方面是由于提高了微生物所产生的纤维素酶对纤维素等化学键的敏感性；另一方面则由于纤维素等因预处理而膨胀暴露出其超显微结构的原因。如碱化处理、氨化处理、γ 射线辐射均可使粗饲料消化率大幅度提高。

③氮素营养：氮对于瘤胃纤维素细菌是必需的营养成分，值得注意的是，有的瘤胃纤维素细菌不仅能利用有机氮（蛋白质、氨基酸），还可以氨源作为唯一氮源。因此在日粮中粗蛋白含量较低的情况下，适量添加非蛋白氮如尿素、双缩脲等可提高纤维素的消化率。

④易消化糖：包括淀粉在内的易消化糖适量才行。

⑤脂肪适量：过量的脂肪对瘤胃内纤维素消化有明显的抑制作用。

⑥无机盐：无机盐对瘤胃纤维素消化的影响是通过2个途径实现的，一方面瘤胃纤维素细菌需要各种无机盐作为营养；另一方面，无机盐保证瘤胃内环境，特别是pH值电位（－250～－450毫伏之间，这表示还原作用强，瘤胃处于厌氧状态）、稀释率等的稳定而间接作用于微生物。

⑦抗生素：抑制纤维素细菌活动的如四环素，也有促进作用的如低剂量的青霉素。

⑧日粮组成：日粮中精粗比例的变化明显地影响瘤胃中纤维素的消化。如日粮中精料比例从30％上升到70％时，纤维素消化率下降20％。

⑨维生素：特别是维生素A，维生素A能维持动物上皮组织结构完整与健全，增强机体抵抗力，促进生长发育和繁殖能力，瘤胃中能分解纤维素的细菌、原虫和真菌，同样受益于维生素A而得到良好的生长发育和繁殖，从而提高了秸秆NDF瘤胃降解率。粗饲料比例高时，效果明显。

二、蛋白质的发酵

进入瘤胃的饲料蛋白质有一大部分（约60％）被微生物的蛋白酶和肽酶分解形成肽和氨基酸。当瘤胃pH值为5～7.0时，形成的氨基酸迅速地进一步降解，经脱氨基酶的作用脱去氨基而生成氨、二氧化碳和有机酸。由此，瘤胃液中很少有游离氨基酸的存在。饲料中的非蛋白质含氮物，如尿素等在瘤胃微生物脲酶的作用下分解产生氨和二氧化碳。瘤胃细菌可利用氨、氨基酸合成菌体蛋白。纤毛虫和细菌不同，它主要利用蛋白质分解产物氨基酸以及嘌呤等合成纤毛虫蛋白质。菌体蛋白、纤毛虫蛋白以及瘤胃中未被消化分解的饲料蛋白质一起进入皱胃和小肠，受胃蛋白酶

和肠蛋白酶的作用,分解成氨基酸。由上述可知根据饲料蛋白质在瘤胃内的不同命运,可分为2类,即降解性蛋白质和非降解性蛋白质,前者被分解为氨,氨可被瘤胃细菌合成菌体蛋白质。后者不变化,而越过瘤胃,到皱胃和小肠中消化,因此也可称为过瘤胃蛋白。根据过瘤胃值的大小,又可将蛋白质分为3类;第一类是过瘤胃值低的(在40%以下),如豆饼、花生饼等;第二类是过瘤胃值中等的(40%~60%),如棉子饼、脱水苜蓿粉、玉米籽实等;第三类是过瘤胃值高的(60%以上),如肉粉、血粉、羽毛粉及鱼粉、酒糟、面筋等。由上述可见,瘤胃内既有蛋白质的分解又有蛋白质的合成,这就是瘤胃内蛋白质的发酵。瘤胃内蛋白质的发酵,有其有利的一面,即能将品质差的饲料蛋白质转化为生物学价值高的菌体蛋白(其氨基酸组成近似卵蛋白),同样,能将尿素等非蛋白氮转化为菌体蛋白,供反刍动物利用。但也有其不利的一面:饲料蛋白质通过瘤胃时被微生物分解形成大量的氨而遭受损失,特别是优质的蛋白质饲料。据测定,饲料蛋白质如果避开瘤胃发酵,直接进入真胃及小肠,蛋白质利用率可达85%;而通过转变为菌体蛋白,再经肠道消化吸收,其利用率会下降到50%左右。如果要补充蛋基酸等最好是将其保护起来或直接注入皱胃,以免受瘤胃微生物破坏。为了提高反刍动物蛋白质饲料利用效率,改善反刍动物蛋白质营养,必须设法降低优质蛋白质饲料和合成氨基酸在瘤胃中的降解度,即保护蛋白质越过瘤胃,保护的原则是在尽可能不影响过瘤胃蛋白(UCP)在瘤胃后的消化率和瘤胃微生物蛋白质(MCP)合成量的前提下,使饲料蛋白质在瘤胃中的降解率尽可能的少。主要方法有如下几种方法:

(1)化学处理

①甲醛保护——0.6%(甲醛/粗蛋白)的36%的甲醛效果很好,其氮沉积率最高,若甲醛水平进一步增加(1.2%),氮沉积率又开始下降。

②单宁保护。

③氢氧化钠保护。

④其他化学保护——丙醇、乙醇，丙醇强以乙醇。

(2)热处理　此法可降低蛋白质在瘤胃内的降解速度，可提高氮的利用率。如豆饼、菜子饼、棉仁饼等由于受热榨工艺过程的影响，它们的粗蛋白质降解率、溶解度和人工瘤胃中氨释放率均较低。但加热过度会降低总消化率和某些氨基酸的利用率。

(3)物理包被保护

①白蛋白保护：全血、乳清蛋白、卵清蛋白等富含白蛋白的物质都能对蛋白质起到保护作用。如每千克豆饼干物质用1.5升全血，效果较好。

②化合物、聚合物包被保护：把饲料用一些在中性或弱酸性条件下不溶解而在强酸条件下能溶解或崩解的材料包裹起来，要求包被材料能在蛋白质饲料颗粒外形成坚韧的保护薄膜，具有吸湿性、耐热性、无毒及异常的臭味，与包被物不反应以及价格便宜等优点。

(4)瘤胃外流速度调控　日粮结构、饲养水平、精粗比例等。

(5)利用食管沟反射，提高过瘤胃蛋白。

(6)瘤胃微生物发酵的生物学调控　如瘤胃素可抑制蛋白质降解等。

最近有研究表明采用复合处理，其效果优于单一处理如：鲜血和膨化显著降低全脂大豆粉瘤胃消失率，鲜血－膨化复合处理对全脂大豆有较好的过瘤胃保护效果，鲜血的最佳使用量为30%，该保护无任何负面影响，不会产生过保护问题，在工艺上比较容易实现，可有效利用大量废弃的动物血粉蛋白，因而是一种较理想的保护措施。甲醛与鲜血处理显著降低全脂大豆粉瘤胃消失率，30%鲜血与0.6%的甲醛复合处理是较理想的保护措施，比甲醛单独处理的瘤胃消失率显著降低，比单独鲜血处理全脂大豆粉瘤

胃消失率降低。

但是过瘤胃蛋白的增加很可能引起瘤胃内菌体蛋白的合成量减少，再者也存在必需氨基酸不足的问题，结果是反刍动物的生产性能虽然得到提高，但并不理想。奶蛋白的合成可能受进入乳腺的必需氨基酸供应量的限制，因此，在乳腺组织内氨基酸的转运系统尚未达到饱和之前，添加限制性氨基酸的供应应该能增加奶蛋白的合成。所以，人们开始研究饲喂瘤胃保护性氨基酸也叫做过瘤胃氨基酸（RPAA）的作用效果。保护性氨基酸在瘤胃内的稳定性和在肠道内的利用率随保护方法和日粮组成的变化而变化，其中以对 pH 值不敏感的聚合物作为包被材料效果较好，另外蛋氨酸羟基类似物（MHA）也有较好的效果。国际上销售的过瘤胃氨基酸主要以蛋氨酸为主。

三、脂肪的降解和利用

牛采食的饲料中，脂肪含量变化很大。饲料的脂肪在瘤胃内经细菌脂肪分解酶的分解而成长链脂肪酸、半乳糖和甘油，后两种发酵产物进一步降解为挥发性脂肪酸。长链脂肪酸大部分是不饱和脂肪酸，在瘤胃内经微生物的氢化作用变成了长链饱和脂肪酸，然后在小肠内被吸收，随血液运送到体组织，合成体脂肪储存于脂肪组织中。甘油中一部分经微生物作用变成丙酸，而被瘤胃壁和小肠吸收，另一部分经瘤胃上皮入血液。日粮中含有适量的脂肪是必要的，但脂肪过多时会妨碍瘤胃功能，会抑制瘤胃微生物区系、降低有机物消化率。但高产奶牛在泌乳盛期，能量负平衡。为了解决能量负平衡，最常用的方法：

一是提高精料（淀粉和谷物）进食量，精粗比 60∶40，前已述及这样会导致粗纤维不足，乙酸比例下降，此时，可添加缓冲化合物及异位酸（添加异位酸能增加反刍动物瘤胃内纤维分解菌的数量和瘤胃乙酸比例，并能提高瘤胃微生物合成蛋白质的能力，还可提高食欲，提高血糖浓度，改善能量负平衡，异位酸主要指异丁酸、异戊酸、异己酸等支链、短链脂肪酸）来解决这个问题。在日粮中添加脂肪同样也可以达到提高日粮能量浓度的目的，且与添加淀粉和谷物类相比，添加脂肪有其独特的优点，首先能值高；第二，长链脂肪酸（$C_{16}\sim C_{22}$）可以直接进入乳腺合成乳脂，因此，产奶效率高；第三，既可提高能量进食量，又可保持有一定的粗纤维进食量（因为其体积小），从而避免了高精料导致粗纤维的进食量低，进而乙酸比例下降及乳脂率低、酸中毒等；第四，减少热增耗，对奶牛在夏季抵抗热应激有一定的作用；第五，减少甲烷的产量，降低能量的损失。

二是添加脂肪，分为直接添加脂肪和添加过瘤胃保护性脂肪。

直接添加脂肪的效果并不理想。如果是饱和脂肪酸（如牛油），由于其饱和程度高，熔点高，虽然属于过瘤胃脂肪，但其在小肠中的消化率低；而直接添加不饱和脂肪酸的不良后果更大：虽然油脂能改善饲料的适口性，增加采食量，但同时也影响着瘤胃微生物活性，造成结构性碳水化合物消化率降低，这与瘤胃对脂类消化的特异性有关，日粮中的油脂到达瘤胃后脂解为甘油和脂肪酸。甘油被分解为丙酸，最终为机体提供葡萄糖。而脂肪酸能立即吸附于微生物表面或进入饲料颗粒内，具有自由羧基和多个不饱和双键的游离脂肪酸，对微生物的细胞膜具有破坏作用，从而产生了对微生物的抑制作用，或称毒害作用。另外，脂肪在瘤胃内对纤维和微生物的覆盖也使微生物的活动受到干扰。覆盖在纤维素表面，导致纤维素消化率降低；黏附在微生物表面，妨碍了其对营养的吸收，又降低了其表面酶的活力；以上原因均可造成结构性碳水化合物即纤维素类物质消化率的降低。因此在高产奶牛日粮中直接添加脂肪（不饱和脂肪）时要注意以下几点。

①饲草摄入量：较高的饲草摄入量可促进瘤胃正常的氢化功能，并与微生物竞争吸附脂肪酸，从而减少脂肪对微生物的抑制

作用。

②钙、镁添加量:由于脂肪妨碍钙、镁离子的吸收,因而一般认为添加脂肪后,钙、镁的添加量应分别提高到饲草干物质采食量的0.9%～1.0%和0.2%～0.3%。

③钴的添加:由于脂肪在瘤胃内可水解为甘油,为保证甘油的正常代谢,应注意在日粮中同时添加适量的钴以保证维生素 B_{12} 的合成。

添加过瘤胃保护油脂,由于直接添加脂肪有许多缺点,所以国外科技人员进行了大量的工作研制过瘤胃脂肪(即保护脂肪),以期把脂肪对瘤胃微生物的毒害作用减少到最低限度甚至消除。到目前为止,国外已研制的过瘤胃脂肪的种类有胶囊保护的过瘤胃脂肪、甲醛处理的过瘤胃脂肪、粒状脂肪、片状脂肪、皂化脂肪及完全和不完全氢化脂肪等,研究的热点主要集中在皂化脂肪——即脂肪酸钙方面。品种有异丁酸钙、异戊酸钙、辛酸钙、癸酸钙、月桂酸钙、棕榈油脂肪酸钙、硬脂酸钙。其中,以棕榈油脂肪酸钙最为常用,目前为止,40 多个国家使用棕榈油脂肪酸钙,我国也有牛场使用。脂肪酸钙在瘤胃正常 pH 值条件下(6 以上)几乎不发生解离,而在皱胃的酸性环境中解离;然后,钙在十二指肠的酸性环境中被吸收,脂肪在空和回肠被吸收。而且,由于脂肪酸钙中饱和脂肪酸和短链不饱和脂肪酸含量几乎各占一半,混合脂肪酸的熔点在 38℃,因此这些脂肪酸在小肠溶解度很高,吸收率接近 95%。

饱和脂肪酸和脂肪酸钙盐都能有效地提供过瘤胃脂肪,但小肠吸收率不同,其满足奶牛泌乳早期能量需要的效率存在很大差异。饱和脂肪酸 C12 以上在常温下为固态,C12 的熔点为 44℃,C14 的熔点为 54℃,在瘤胃中保持固态,不溶解于瘤胃液,因此不会影响瘤胃发酵,在皱胃中仍不变,到小肠中才消化,由于此类脂肪酸饱和程度高,其消化率比不饱和脂肪酸低。而脂肪酸钙盐由于其熔点在 38℃,因此消化率、吸收率高。含脂丰富的全脂油料籽实添加到日粮中后会对瘤胃微生物产生毒害作用。总之，直接添加脂肪（无论是饱和脂肪酸还是不饱和脂肪酸）的效果都不如添加脂肪酸钙好，受条件限制不能添加脂肪酸钙时，直接添加饱和脂肪要比直接添加不饱和脂肪好。过瘤胃脂肪常用的脂肪酸及熔点见表 6-2。

表 6-2　常用脂肪酸的熔点

种类	碳链长度（C 原子数）	熔点（℃）
十二烷酸	12	44
十四烷酸	14	54
棕榈酸	16	63
硬脂酸	18	70
不饱和脂肪酸：		
油酸	18	13
多烯不饱和脂肪酸：		
亚油酸	18	−5
亚麻酸	18	−11

应用脂肪酸钙盐的效果：添加 144 克和 200 克脂肪酸钙产奶量提高 9.40％和 10.60％；还有报道添加 300 克脂肪酸钙，乳脂率提高 13.17％。添加脂肪酸钙不仅补充能量和钙，还能改善奶牛繁殖性能，由于可抑制产后奶牛体重下降，保持良好体况，产生发情早、受胎率高的效果。饲喂脂肪酸钙的母牛一次情期受胎率从 61％提高到 87％。应用脂肪酸钙时要注意使日粮干物质中粗脂肪水平保持在 5％～7％，过多会带来负效应。另外，日粮干物质中要维持粗纤维 17％，这是由于乳脂率的提高必须有 50％的乙酸作为合成前提物。

其他保护方法：油脂与烷基反应生成油脂酰胺，能起到保护油脂的作用。将豆油与丁胺反应，制成丁豆酰胺，能提高反刍动物对

不饱和脂肪酸的选择性吸收，日粮中添加5%时无副作用。方法操作简单，容易大量合成，缺点是产品中有氨味，使用量大时影响动物采食量。脂肪酸合成物，如亚油酸与蛋氨酸螯合时瘤胃微生物对双键的氢化作用明显减弱，十二指肠亚油酸流量提高。缺点是成本高。

可见，过瘤胃蛋白和过瘤胃脂肪的目的不同，前者喂量不增加，只是为了提高蛋白质的利用率；后者既是为了提供能量而增加喂量，同时还提高利用率和减少对瘤胃微生物的毒害，但最终目的都是为了提高生产性能。

四、某些维生素的合成

有充分根据说明瘤胃微生物合成B族维生素及维生素K。例如，成年牛尽管长期喂以不含B族维生素的日粮，也不会表现出任何一种B族维生素缺乏症。维生素C牛本身也能合成（因多数哺乳动物及家禽均能在肝脏和肾脏中利用单糖合成维生素C，但人类、灵长类、豚鼠、少数鸟类及蝙蝠不能），无需从饲料中供应，所以对牛来说需要从饲料中供给的维生素只有A、D、E 3种。但是，最近的研究表明，随着奶牛产奶量提高，日粮中精料比例的增加以及饲料加工过程中维生素的破坏作用，在日粮中添加某些水溶性维生素对提高奶牛的生产性能、改善乳质、增强免疫机能和繁殖功能、减少疾病的发生有显著的作用，如硫胺素（维生素B_1）、烟酸（维生素B_5）、维生素B_{12}和维生素C等。B族维生素中报道较多的是烟酸（维生素B_5），它可促进微生物蛋白质的合成，降低甲烷的产量，防止饲料蛋白质在瘤胃中降解。对于高产奶牛在产前1周至产后1周，每日每头添加6～8克烟酸（维生素B_5），产奶量增加0.5%～11.7%。对患酮血病奶牛可每日添加12克烟酸（维生素B_5），有一定防治效果。增加维生素C可改善繁殖性能和缓解奶牛热应激。

维生素 D 关系到牛的钙磷代谢，缺乏维生素 D，会导致幼年牛患佝偻病或软骨病；使成年牛骨质疏松。凡经太阳晒过的草料均含维生素 D. 在阳光照射下，牛的皮肤也能合成维生素 D。因此，牛通常不会发生缺乏症。长期舍饲、晒不到太阳的牛群、高产奶牛或缺乏干草时应补充维生素 D。维生素 D 可能是一种非常重要的免疫调节素，缺乏时可导致奶牛对某些疾病如胎衣不下、产后瘫痪等的抗病力下降。围产期的奶牛应注意补喂维生素 D：如产前 1 周肌肉注射 300 万单位，奶牛产后的体质、子宫复旧等均有改善。让牛晒太阳和喂太阳晒过的草料均是补充维生素 D 之简便方法。多余的维生素 D 尚能储存于体内。维生素 E 和硒虽然都是抗氧化剂，但二者是不能相互替换的，维生素 E 起细胞外抗氧化作用，硒起细胞内抗氧化作用，故对有缺硒表现的患畜进行治疗时，同时补充维生素 E 和硒是重要的，单一补充可能得不到良好的治疗效果。在奶牛泌乳期或干乳期添加维生素 E 和硒能改善奶牛的产后繁殖功能，减少乳房炎和胎衣不下的发生。另外维生素 E 还能降低奶牛的应激反应，在任何情况下给泌乳牛喂维生素 E 都可增强牛奶风味的稳定性。尽管维生素 E 在饲料中分布十分广泛，一般正常饲养条件下的反刍动物能从饲料中获得足够量的维生素 E，并且，由于饲料中的易氧化的不饱和脂肪酸在瘤胃中受到加氢作用，故对维生素 E 的需要量较少。但是为了提高繁殖机能、减少乳房炎和胎衣不下的发生，在牛特别是奶牛日粮中补充维生素 E 是十分必要的。目前推荐的用量是：干乳期每天补充维生素 E 1 000 国际单位，泌乳牛 300～500 国际单位，同时均喂 0.3 毫克硒的饲料，效果明显。维生素 E 除提高繁殖性能、预防乳房炎外，还是免疫兴奋剂。维生素 A：哺乳犊牛可由奶中获得维生素 A，断奶后可由饲料中获得 β-胡萝卜素再转化成维生素 A。若缺乏维生素 A 可导致各种年龄的牛的多种疾病。保证维生素 A 的供给除降低常见疾病的发病率外，最近有人研究发现，维生素 A

可减缓奶牛应激，运输或转群前口服或肌肉注射每天每头 25 万～100 万单位很有效；维生素 A 可降低隐性乳房炎发病率，在健康奶牛日粮中每天每头添加维生素 A 3 000 单位、加 β-胡萝卜素 300 毫克，30 天为 1 个疗程，连续添加 1 年，降低发病率 13%。

β-胡萝卜素对奶牛的繁殖机能还有独特的作用，机理是：β-胡萝卜素通过控制卵巢类固醇的产生并影响子宫的内环境来提高动物的繁殖机能，还可通过抗氧化作用或对细胞内细胞器的直接作用来发挥它的功能。奶牛血浆中 β-胡萝卜素必须在 400 毫克/升，否则影响奶牛的发情、推迟排卵、受胎率降低，乳房炎发病率增加，所产犊牛易患腹泻病。奶牛分娩前后每头日粮中含有 300 毫克 β-胡萝卜素和 100 毫克维生素 E，奶牛产后子宫复原、排卵时间均比低于此浓度水平的奶牛明显超前。青绿饲料中含有 β-胡萝卜素，而且，颜色越绿含量越丰富，因为叶绿素与 β-胡萝卜素共存，所以如果天旱少雨，缺乏青绿饲料时易出现维生素 A 缺乏症，据测定动物的肝脏和体脂肪中能储存大量的维生素 A，反刍动物的储存能力最强，成年牛每克肝脏中维生素 A 的储存量为 618 国际单位，而猪只存 85 国际单位。成年牛高于犊牛，犊牛每克肝脏中维生素 A 的储存量为 121 国际单位。在体内储存量最多的情况下，甚至可满足牛 6 个月之需。所以，若夏秋季青绿饲料充足、质量好，下年 3～5 月份又能接上青绿饲料的话就不会出现维生素 A 缺乏症。否则，若秋季青绿饲料不充足，质量又不好，则下年维生素 A 缺乏症出现的时间会早。另外，瘤胃微生物尚能产生植酸酶，使牛能有效地利用植酸磷。

综上所述，瘤胃微生物可分解碳水化合物产生挥发性脂肪酸，作为机体能量来源和合成乳脂肪、乳糖的原料，分解蛋白质产生氨基酸、氨，分解非蛋白质含氮物产生氨等，并利用它们来合成微生物蛋白质，最后被畜体利用。降解脂肪，氢化不饱和脂肪酸、合成部分维生素等作用。为了使微生物起到应有的作用，就必须满足其正常生长繁殖所需的条件及合成某些物质所需要的原料，否则就不可能起到应有的作用。例如，当日粮缺钴时，由于缺钴，瘤胃微生物不能完全合成维生素 B_{12}，而且因为维生素 B_{12} 参与蛋白质代谢，故还会影响含氮物质的利用；日粮缺硫时，影响瘤胃细菌合成含硫氨基酸如蛋氨酸、胱氨酸等。微生物正常生长繁殖所需的条件如能量、碳源、瘤胃内温度；pH 值等条件都要满足。此外，由于微生物对具体营养物质的利用是有一定的专性范围的，即一种微生物只能利用一定种类的营养物质，所以一定类型的日粮就会有一定的微生物区系与之对应。日粮的类型不同，因所合营养物种类相比例不同，各种类型微生物的比例也就不同，即一种类型的日粮对应着一定种类的微生物区系。因此，需要改变日粮类型时，必须逐渐进行，以使各种类型微生物逐渐调整比例，建立新的与日粮类型相对应的微生物区系。否则，会因日粮类型与微生物区系不统一，而招致严重的消化紊乱。

第四节 牛瘤胃发酵调控

调控牛瘤胃发酵是挖掘牛的营养潜力，提高饲料利用率的重要技术环节。

牛瘤胃发酵调控的目的在于：增强饲料营养物，特别是纤维素、半纤维素的酵解，提高 VFA 的产量，改善 VFA 的组成比例；提高微生物蛋白质的合成量和效率；提高进入小肠的氨基酸数量，减少饲料能量和氮源的发酵损失。

生产实践中通常采用的控制瘤胃发酵的途径和方法是：

①瘤胃发酵类型的调控：日粮中精料比例越高，发酵类型越趋于丙酸类型；粗料比例增高，则导致乙酸型类型。先粗后精乙酸比例增高，相反，丙酸比例增高。在高精料日粮条件下，增加饲喂次数，瘤胃中乙酸比例增加，乳脂率提高。

②饲料养分在瘤胃降解的调控:过瘤胃饲养法,合理利用天然的过瘤胃值高的饲料,如豆科牧草是天然的过瘤胃蛋白;玉米是一种理想的过瘤胃淀粉。通过处理提高过瘤胃值。

③尿酶抑制剂:抑制脲酶活性,降低尿素及蛋白质的分解速度,以提高利用率,提高瘤胃微生物蛋白质合成量。脲酶抑制剂能提高瘤胃微生物蛋白质合成量:脲酶抑制剂使尿素分解速度降低56.8%,粗蛋白利用率提高16.7%。当日粮以饼类为蛋白质来源时,由于内源尿素循环,奶牛的瘤胃内仍然有(内源)尿素,此时脲酶抑制剂控制脲酶活性,能增加瘤胃微生物蛋白质合成量25%,提高产奶量,避免氨应激,减少氨对环境的污染程度51.4%;当日粮中含有尿素时脲酶抑制剂能增加瘤胃微生物蛋白质合成量25%,减少尿氮排出量49.5%,从而降低饲料成本、提高产奶量和减少环境污染的重要作用。脲酶抑制剂能提高瘤胃内粗饲料的消化速度:奶牛采食饲料后蛋白质在瘤胃中降解十分迅速,在2~4小时瘤胃内氨浓度就达到高峰,6~8小时又迅速降低,pH值不稳定。这种暴发式的释放模式导致了氨的利用效率低,容易发生氨中毒或氨应激。粗饲料在瘤胃内消化时,需要的最佳氨浓度是20毫克/100毫升左右。由于微生物对粗饲料的附着需要时间,往往在采食6小时后,才开始消化,因此氨的这种爆发式释放模式不利于粗饲料的消化。当日粮中添加脲酶抑制剂时,就能够有效的控制瘤胃内氨的爆发式释放,使氨较长时间稳定在一定的浓度范围内,不仅提高了氨的利用率,而且能够提高粗饲料的消化速度。(脲酶抑制剂能保持适宜的氨浓度和pH值,提高了瘤胃内纤维分解菌消化粗纤维的能力,从而提高了夏季乳牛对热应激的抵御能力)另外,适宜水平的磷酸钠具有抑制脲酶活性的作用。

④瘤胃pH值调控:通常用0.8%碳酸氢钠+0.4%氧化镁和膨润土(添加量为饲料的5%)。

思考题

1. 简述牛消化道的构造与单胃动物的异同点。
2. 为什么说牛消化的特点在于瘤胃消化？
3. 瘤胃微生物如何分解碳水化合物？
4. 简述瘤胃内蛋白质的发酵。
5. 正常情况下牛需要从饲料中供给哪些维生素？
6. 牛瘤胃发酵调控的目的是什么？
7. 生产实践中通常采用的控制瘤胃发酵方法有哪些？

第七章　牛的饲料资源及其利用

重点提示：本章重点学习目前国际上惯用的和我国现行的饲料编码分类体系；各类饲料的营养特性。

第一节　饲料的分类

饲料是发展畜牧业的物质基础。为了科学合理地利用饲料及便于进行日粮配合，有必要建立现代化的饲料分类体系和饲料数据库。美国学者 Harris(1956)提出了一套饲料分类方法，即按照饲料的营养特性等将饲料分为：粗饲料(1)、青绿饲料(2)、青贮饲料(3)、能量饲料(4)、蛋白质饲料(5)、矿物质饲料(6)、维生素饲料(7)和添加剂饲料(8)等 8 大类，每一类又分为若干亚类，之后又对每类饲料进行相应的编码(6 位数字)，以便于建立电脑化饲料数据管理系统。这一分类体系目前已被多数学者所认同，并已成为许多国家建立本国饲料分类体系的基本模式。

我国现行使用的饲料编码分类体系是在 20 世纪 80 年代初开始建立的，该体系也是按照上述国际惯用的分类原则，将饲料分为 8 大类(表 7-1)，然后结合我国传统饲料分类习惯再分为 16 个亚类(表 7-2)，并对每类饲料进行相应的编码。我国的饲料编码为 7 位数字，首位为分类编码；2～3 位数为亚类编码；4～7 位数为个别饲料属性编码，如玉米的编码为 4-07-0279。

表 7-1　目前国际惯用的饲料分类体系(括号内数字为饲料分类编码)

饲料	高水分饲料(DM<55%)	青饲料:青绿多汁饲料,草地牧草和树叶等(2)
		青贮饲料(3)
	低水分饲料(DM>80%)	粗饲料(CF≥18%):干草、秸秆、秕壳 (1)
		能量饲料(CF<18%,CP<20%):谷实及其副产品、脱水块根、块茎瓜果类(4)
		蛋白质饲料(CF<18%,CP≥20%):(5)
		矿物质饲料:指人工合成或天然的常量、微量矿物质饲料(6)
		维生素饲料:指工业合成或提纯的单一或复合维生素(7)
		添加剂:指非营养性添加剂(8)

表 7-2　中国现行饲料分类依据原则

(引自吴晋强主编《动物营养学》,1999)

饲料类别	饲料编码(1,2,3 位编码)	水　分(自然含水%)	粗纤维(干物质%)	粗蛋白(干物质%)
一、青绿饲料	2-01-0000	>45	—	—
二、树叶				
1. 鲜树叶	2-02-0000	>45	—	—
2. 风干树叶	1-02-0000	—	≥18	—
三、青贮饲料				
1. 常规青贮饲料	3-03-0000	65~70	—	—
2. 半干青贮饲料	3-03-0000	45~55	—	—
3. 谷实类青贮料	4-03-0000	28~35	<18	<20
四、块根、块茎、瓜果				
1. 含天然水分的块根、块茎、瓜果	2-04-0000	≥45	—	—
2. 脱水块根、块茎、瓜果	4-04-0000	—	<18	<20
五、干草				
1. 第一类干草	1-05-0000	<15	≥18	—
2. 第二类干草	4-05-0000	<15	<18	—
3. 第三类干草	5-05-0000	<15	<18	≥20
六、农副产品				
1. 第一类农副产品	1-06-0000	—	≥18	—

续表 7-2

饲料类别	饲料编码（1、2、3 位编码）	水　　分（自然含水%）	粗纤维（干物质%）	粗蛋白（干物质%）
2. 第二类农副产品	4-06-0000	—	<18	<20
3. 第三类农副产品	5-06-0000	—	<18	≥20
七、谷实	4-07-0000	—	<18	<20
八、糠麸				
1. 第一类糠麸	4-08-0000	—	<18	<20
2. 第二类糠麸	1-08-0000	—	≥18	—
九、豆类				
1. 第一类豆类	5-09-0000	—	<18	≥20
2. 第二类豆类	4-09-0000	—	<18	<20
十、饼粕类				
1. 第一类饼粕	5-10-0000	—	<18	≥20
2. 第二类饼粕	1-10-0000	—	≥18	≥20
3. 第三类饼粕	4-10-0000	—	≤18	<20
十一、糟渣类				
1. 第一类糟渣	1-11-0000	—	≥18	—
2. 第二类糟渣	4-11-0000	—	<18	<20
3. 第三类糟渣	5-11-0000	—	<18	>20
十二、草籽、树实				
1. 第一类草籽、树实	1-12-0000	—	≥18	—
2. 第二类草籽、树实	4-12-0000	—	<18	<20
3. 第三类草籽、树实	5-12-0000	—	<18	≥20
十三、动物性饲料				
1. 第一类动物性饲料	5-13-0000	—	—	≥20
2. 第二类动物性饲料	4-13-0000	—	—	<20
3. 第三类动物性饲料	6-13-0000	—	—	<20
十四、矿物质饲料	6-14-0000	—	—	—
十五、维生素饲料	7-15-0000	—	—	—
十六、饲料添加剂	8-16-0000	—	—	—
十七、油脂类饮料及其他	4-17-0000	—	—	—

注：表中 DM：干物质

第二节　青绿多汁饲料生产技术

一、几种主要的优良的青绿多汁饲料的生产、利用

(一)苜蓿

苜蓿是我国栽培时间较长,面积较广的一种优良牧草,它是多年生豆科植物,可连续利用3～5年,在通常种植的青饲料作物中,苜蓿的饲喂价值最好,产量也较高。以干物质计算,开花初期的苜蓿含粗蛋白质21.12%左右,可消化粗蛋白质为13.9%,粗脂肪4.34%左右,无氮浸出物35.83%左右。苜蓿的叶子营养价值高于茎1～2倍,粗蛋白含量叶比茎高1～1.5倍,而粗纤维含量低1.5倍以上,因此叶多茎少的苜蓿质量好。苜蓿含多种维生素和矿物质、钙、钾的含量也较高,组成较合理,赖氨酸含量达1.34%,比大麦、玉米等谷物含量都高,胡萝卜素、维生素 B_1、B_2、A、D、E、K、B_{12} 和维生素含量都比较丰富,用它饲喂家畜效果都很好,各种家畜都喜欢采食。

苜蓿生长需良好的土壤,土壤pH值接近碱性,需大量雨水,如有灌溉条件的地,可增加收割次数,提高产量。苜蓿收割的时间是很重要的,既要保证质量又要保证高产,人们通常收割都在现蕾期、开花初期及盛花期进行,此时收割营养价值较高,而其产量是随着生长发育逐渐减少,粗蛋白质的含量正好相反,是生长前期含量高,以后随着粗纤维的增加逐渐减少。苜蓿每年可收割4～5次。苜蓿的利用大多是割后青饲,也可晒制成干草,粉碎成干草粉,加工成全价料或颗粒料,也有的同禾本科草或青玉米混合青贮,但不易单独青贮,因其含粗蛋白量高,碳水化合物少,容易腐烂发臭。

(二)草木樨

草木樨是一种2年生的优良豆科牧草，它具有抗逆性强，耐低温，抗干旱，耐瘠薄，生长快，产量高，利用价值高等优点，以干物质为基础，其营养成分的含量：粗蛋白为17.51%，粗脂肪为3.17%，无氮浸出物34.55%，它也是肉牛的一种较好青饲料。

草木樨的利用应掌握好时间，当其长到50～70厘米时，就可开始收割利用，应尽量在现蕾开花前收割。开花后茎秆迅速木质化，质量降低，收割时留茬15厘米左右，以利再生。草木樨是牛、羊、兔等动物的好饲料，可以放牧、青饲，制成干草粉或青贮后饲喂。但草木樨含有特殊气味的香豆素，适口性差，开始饲喂时牲畜不爱吃，经过一段时间后也就适应了。香豆素在开花结实时含量最多，幼嫩时及晒干后含量少，气味较轻，因此应尽量在幼嫩时或晒干后饲喂，以提高适口性和利用率。发霉和腐败的草木樨中香豆素就会变成抗凝血素，家畜吃到这种牧草时，如果遇到伤口，血液不易凝固，常常引起出血死亡，尤以小牛突出。因此，要特别注意这一点。草木樨的种子含粗蛋白质76.35%，是各种家畜良好的精料。

(三)沙打旺

沙打旺是多年生豆科黄芪属植物，播种一次可以生长4～5年，从第二年起可刈割2～3茬，产量较高，每亩1 000～3 000千克，适应性较强。沙打旺营养丰富，其鲜草中含粗蛋白质4.85%，粗脂肪1.89%，无氮浸出物15.20%。由此可见，沙打旺粗蛋白质含量高。其氨基酸组成与苜蓿相似，是一种营养价值较高的牧草。沙打旺为低毒黄芪属植物，所含毒素主要为有机硝基化合物，有苦味、适口性不如苜蓿，但家畜习惯后均喜食，最好不要单喂，而与其他饲料一起喂，可青饲、放牧、饲喂牛羊，亦可调制干草或晒制草粉，沙打旺可以与青刈玉米或禾本科草混合青贮。沙打旺老化后茎秆粗硬，品质低劣，适口性下降，刈割应不迟于现蕾期。

（四）聚合草

聚合草是紫草科，属多年生草本植物。鲜草含蛋白质3.4%～4.9%，晒干后约含22.5%，纤维素含量极低，鲜草含纤维1.2%，干草粉含9.14%，赖氨酸含0.96%左右，并具有多种维生素，每千克鲜草含胡萝卜素1.7毫克，烟酸50毫克、维生素B_1 50毫克、维生素B_{12} 10毫克、泛酸42毫克、维生素E 300毫克，它是肉牛的一种高产优质饲料。最好是切碎或打浆后与其他精料合理搭配生喂，喂肉牛效果较好。

聚合草与紫花苜蓿相比，其含水量较高，因而鲜草中的营养成分含量比紫花苜蓿低，但其干物质中粗蛋白质和其他营养成方相当于紫花苜蓿，粗纤维含量比紫花苜蓿低的多。

聚合草是一种适应性很强的植物，具有耐盐碱和耐阴的特点，在闲散地或其作物套种均可，易于繁殖，每年可多次收割，产量很高，亩产可高达1.5万～2万千克。在集约化饲养条件，饲喂肉牛存在配合饲料上的困难，但对于农户养殖来说，将聚合草切碎后与精料混合饲喂，适口性好，饲用价值高，可提高经济效益。将开花期的聚合草可以单独制作优质青贮料，也可以与其他禾本科青饲料混合青贮。聚合草的纤维素含量变化很大，因此质量在鲜嫩与老化间差别很大，而且还含有尿囊素不利因素。

（五）苦荬菜和猪苋菜

这2种青饲料在我国种植广泛，是高产优质的青饲料，含有丰富的蛋白质和维生素，柔嫩多汁，对各种动物的适口性都特别好，对繁殖性能有益。

（六）树叶类

我国林业青绿饲料资源相当丰富，全国树叶产量约有3亿吨，目前用作饲料的仅占可利用量的1%，如果开发利用树叶青绿饲料资源，也是解决饲料供应的一个重要方法，可以作为饲料的树叶种类很多，在养殖业中常用的有槐树、松树、桑树、杨柳树、银合欢

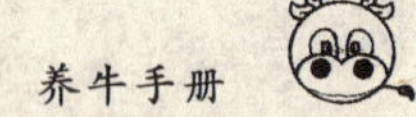

树、榆树、泡桐等。

树叶适时采集其营养价值较高，特别是粗蛋白质含量较高，如槐树叶，按干物质计，其粗蛋白质含量为29.3%，钙含量也很高，含0.97%～1.23%。但是树叶饲料的营养价值由于季节不同而有差异。在春季时，叶中蛋白含量高，夏季逐渐降低，相反，粗脂肪和粗纤维含量则渐增，无氮浸出物变化不太显著，总的看来以春季的质量较好，但水分含量较高，干物质较少，消化能含量较少。树叶通常用其叶粉较多，把它加在配合饲料或颗粒中饲喂肉牛。

(七)青刈玉米

青刈玉米在我国北方地区用作家畜的优良青饲料，它是优质的青贮原料，在肉牛日粮中十分重要。青刈玉米无氮浸出物含量较高，但赖氨酸、蛋氨酸含量不足。青刈玉米柔嫩多汁，适口性好，且粗蛋白和粗纤维的消化率较高，是喂牛的好饲料。青刈玉米一般作青贮饲料的较多。青刈玉米的主要收获期一般是在营养物质总产量最高又适于青贮时收获。实验证明，以乳熟期到蜡熟期收割最好，此期无论是产量还是作专门生产青贮玉米的地，由于气候和轮作倒茬的原因，常常是在抽穗期到乳熟期收割。提早收割粗纤维含量低，可消化粗蛋白较高，但收获量减少了。因此可根据实际需要适当调整收获期。

(八)甘薯

甘薯是一种高产的粮食作物，也是一种高产的饲料作物，在我国栽培比较广泛。甘薯块根是营养价值很高的饲料，鲜甘薯粗蛋白含量为1.8%，粗脂肪为0.6%，无氮浸出物为26.4%，粗纤维为1.3%。甘薯秧也是很好的青饲料，鲜秧其粗蛋白含量为1.4%，粗脂肪为0.4%，无氮浸出物为5%，粗纤维3.3%，每千克干物质中含胡萝卜素158.2毫克。作为饲料用的甘薯块根，可以切碎鲜喂，如数量较大需保存利用时，一般是切片晒干，粉碎作精料，也可切碎后青贮，省工，还可保存较多的营养成分和维生素，青贮时可以均匀加入 5%～10%的麸皮，以吸收多余的水分。甘薯的茎叶适口性很好，无论猪、鸡、牛，各种动物都喜欢采食，切碎后鲜喂。在收获薯块的同时，可以收到大量的薯秧，一般多晒干粉碎作粗饲料用。在晒干过程中，营养损失很大，为了减少损失，甘薯秧应青贮保存利用最好，并尽量在初霜降临前收割。因甘薯叶中的成分比茎高的多，霜后收获和晒干则会损失一半以上的叶片，其营养价值大大降低。

二、利用青绿多汁饲料时应注意的问题

(一)在反刍动物日粮中的用量

青绿多汁饲料作为动物的优良饲料，在动物日粮中的用量受动物种类的限制，反刍动物可以大量利用，对反刍动物而言，青饲料可以作为唯一的饲料来源而并不影响其生产力(对高产奶牛例外)。

(二)防止亚硝酸盐、氢氰酸和氟化物中毒

在青饲料中，蔬菜、饲用甜菜、萝卜叶、芥菜叶、油菜叶中都含有硝酸盐，硝酸盐本身无毒或毒性很低，但在细菌作用下，引起硝酸盐还原为亚硝酸盐时才具有毒性。青绿饲料堆放时间长，发霉腐败或者在锅里加热或蒸煮后闷在锅里等，都会促使细菌将硝酸盐还原为亚硝酸盐。亚硝酸盐中毒发病很快，多在 1 天内死亡，重者可在半小时内就能死亡。发病症状表现为动物不安、腹痛、呕吐、流涎、吐白沫、呼吸困难、心跳加快、全身振颤、行走摇晃、后肢麻痹、体温无变化或偏低、血流呈酱油色，治疗可用 1%美蓝溶液或用甲苯胺兰药物，还可用维生素 C 加到 5%～10%葡萄糖注射液中注射。

氰化物是剧毒物质，即使在饲料中含量很低也会造成中毒。在青饲料中一般不含氢氰酸，但在高粱苗、玉米苗、马铃薯幼苗、木薯、三叶草、南瓜叶、亚麻叶、蓖麻籽饼等中含有氰苷配糖体，含氰

苷的饲料经过堆放发霉或霜冻枯萎，在植物体内特殊酶的作用，氰苷被水解而形成氢氰酸。含氰苷的饲料进入反刍动物的瘤胃，在微生物的作用下，可分解成氢氰酸。玉米、高粱收割后的再生苗，经霜冻后危害更大。氢氰酸中毒后的主要症状为腹痛或腹胀，呼吸快而困难，呼出气体有苦味，黏膜由红变白或带紫色，肌肉痉挛、牙关禁闭、瞳孔放大、行走站立不稳，最后卧地不起、四肢划动，呼吸麻痹死亡。治疗可用1%亚硝酸钠液或用1%～2%美蓝液注射。在生产中经常会发生亚硝酸盐和氰化物中毒，必须注意。

(三)防止农药中毒

牧草、蔬菜等喷过农药后，及青绿饲料临近植物喷过农药后，不能用作饲料，等下过雨或隔1个月后再割草利用，以防引起农药中毒。

第三节　秸秆饲料的加工调制技术

一、秸秆饲料化的意义及限制因素

(一)秸秆饲料化的意义

作物秸秆是世界上数量最多的一种农业生产副产品，如何利用好光合作用形成的这部分人类不能直接利用的有机物质(植物性收获)，具有很重要的经济意义。秸秆一般被人们用作燃料、肥料、饲料、褥草、造纸原料、建筑材料、培养食用菌的原料及编织材料等。但在世界上许多地区，每年仍有大量的秸秆作为废物就地焚烧。我国近年来随着粮食的增产，秸秆产量也明显增加，许多地方将其付之一炬，烟雾弥漫，污染环境，影响交通，甚至酿成火灾。秸秆经过加工处理后饲喂草食家畜，尤其反刍动物，可以把秸秆所含的营养物质更有效地转化为肉、奶等畜产品，秸秆“过腹还田”，又可增加肥效，改良土壤结构，提高农业生产，变恶性循环为良性循环。可见，秸秆饲料化有助于加强农牧结合，有效地节约专用饲料地或草地面积，减少畜牧业对粮食的依赖。这对于我们这样一个人均耕地少的国家来说，秸秆饲料化对于改善膳食结构意义更为重大。

（二）实现秸秆饲料化的限制性因素

作物秸秆的总能含量与干草相似，但其营养价值只相当于干草的一半，或谷物的1/4。影响秸秆饲料化的主要因素是它的木质素含量高、蛋白质含量低，所以消化率和适口性都差，即饲用价值低。

1.木质素含量高　秸秆是纤维性物质，粗纤维是秸秆有机物含量最高的一种成分，而木质素又占有相当的比例。所以秸秆的多糖含量尽管与牧草相近，但由于木质化程度较高，其消化率却低得多。

粗纤维主要包括纤维素、半纤维素和木质素。纤维素和半纤素均属多糖，其中纤维素是高分子量的葡聚糖，半纤维素主要是木聚糖，它们可以在瘤胃的纤维素消化菌所分泌的酶的作用下分解成单糖，进而被微生物酵解成挥发性脂肪酸，然后被反刍动物用作能源，或作为合成乳脂肪和乳糖的原料，但是在秸秆粗纤维中，纤维素和半纤维素与木质素紧密地结合在一起。木质素是结构牢固的酚聚物，不受微生物所分解。当秸秆进入瘤胃后，迅速群集附着上去的瘤胃微生物可酶解暴露在秸秆表层的一部分多糖，同时，留下来的木质素也就开始在秸秆细胞壁的表面形成一个保护层，使深层的多糖不能继续被瘤胃微生物所利用。另外，木质素对纤维素消化菌具有抑制作用。

2.粗蛋白质含量低　一般来说，反刍动物饲料的粗蛋白质含量应不低于8%，且须有较高的生物学价值，但是，各种秸秆类饲料的蛋白质含量均很低，一般为3%左右，且生物学价值又很低，所以不能为瘤胃微生物的生长和繁殖提供充分的氮源，瘤胃微生

物生长和繁殖受阻，秸秆有机物的消化、利用必然受到影响，故消化和利用率低。

3. *矿物质含量也不合适*　秸秆的矿物质含量是比较高的，但这些矿物质中大量的是硅酸盐，不仅对家畜没有营养价值，反而对钙的吸收利用不利，容易引起钙的负平衡。如稻草的含硅量很高，硅跟纤维素和半纤维素结合在一起，是导致秸秆消化率低的又一因素。

二、秸秆的加工调制与利用

秸秆作为一种粗饲料，确有其不利的一面，但通过科学合理的加工调制，完全可以成为反刍家畜的好饲料。研究表明，秸秆通过加工调制，可以改变原来的体积和理化性质，提高适口性，增加牛羊的采食量，减少浪费，同时还可改变和增加某些营养成分，缩小或消除秸秆饲料化的限制因素，为瘤胃微生物的生长繁殖创造了适宜的条件，从而提高了秸秆的营养价值和消化利用率。秸秆类饲料的加工调制方法有物理处理法、化学处理法和生物处理法。饲料青贮技术实质上是生物处理法之列（微生物发酵），但因其处理的秸秆和其他方法处理的秸秆在收刈时间上有严格的不同，故不列本节之内。

（一）物理处理法

把秸秆切短、撕裂或粉碎、浸湿或蒸煮软化等，都是我们熟知的秸秆处理方法。这些方法在我国广大农村早已被证明是行之有效的。近年来，随着科学技术水平的提高，秸秆压粒成型、秸秆热喷技术及秸秆揉搓机相继问世，这使传统的秸秆物理处理法有了新的内涵。

1. *秸秆切短、粉碎及软化*　将秸秆切短、粉碎及软化，以增加与瘤胃微生物的接触面，这样的处理可提高秸秆的采食量和通过瘤胃的速度，但其消化率并不能得到改进。

(1)切短　实践证明,如果未经切短的秸秆家畜只能采食70%～80%的话,那么,切短的秸秆,几乎全部可以被吃尽。秸秆切短的程度要适宜,过长作用不大,过细也不利咀嚼与反刍,加工所花费的劳力也多。一般牛以3～4厘米为宜(马、骡2～3厘米,羊1.5～2.5厘米)。如果将切短的多种秸秆混合饲喂,则可起到营养互补作用,效果比单独饲喂要好;如果将禾本科秸秆与豆科秸秆或青贮饲料混合,再适当补充精料并添加食盐喂牛,效果会更理想。

(2)粉碎　牛所用的秸秆饲料一般不粉碎,但有一些研究证实,在肉牛日粮中适当混合一些秸秆粉,可以提高采食量,采食增加的部分所含的能量可以补偿秸秆本身所含能量之不足,而有利于肉牛的肥育。

(3)软化　常用的软化法有浸湿软化和蒸煮软化2种。用食盐水将秸秆浸湿软化,并用少量精料进行拌和调味,可使家畜对秸秆类粗饲料食入量提高1～2千克。如果将秸秆浸湿软化后与块根类饲料按1∶2的比例调配成混合饲料,肉牛每昼夜的食入量可达5千克。如果肉牛能在100分钟内分3～5次吃完3.2千克未经加工调制的秸秆,那么,掺有少量精料的5千克软化秸秆可以分2次在88分钟内吃完。而5.3千克的软化秸秆和芜菁混合料,牛在59分钟内一次就可吃完。因此,秸秆浸湿软化和拌入少量精料或块根、块茎类饲料,不仅可以增加牛的采食量,而且可明显加快采食速度。秸秆蒸煮软化,可以使秸秆的适口性得到改善,如果添加某些物质,则可以提高它的消化率。如加入尿素,可以将纤维素的消化率提高10%;添加玉米面,可将纤维素的消化率由43%提高到54%。这是因为瘤胃纤维素细菌的营养条件得到改善的缘故。

2.秸秆粉碎后压制成颗粒　由于牛不喜欢采食秸秆类粗饲料,但就形态而言,牛最喜欢采食颗粒饲料,故将秸秆粉碎后压制

成颗粒饲料，可以有效提高牛对秸秆类粗饲料的采食量。其颗粒直径以 6～8 毫米为宜。

3. 秸秆揉搓处理　用铡草机将秸秆切断后直接喂牛，吃净率只有 70%，浪费很大，如果使用揉搓机将秸秆揉搓成柔软的丝条状后直接喂牛，则吃净率可提高到 90%以上。如果经揉搓处理后再进行氨化，不仅氨化效果好，而且可进一步提高吃净率。秸秆揉搓机的工作原理是将物料送进喂入槽，在锤片及空气流的作用下，进入揉搓室，受到锤片、定刀、斜龄板及抛送叶片的综合作用，把物料切断，揉搓成丝条状，经出料口送出机外。

4. 秸秆热喷处理　饲料热喷技术是内蒙古畜牧科学院经过 7 年的时间研制成功的。其原理是利用热喷效应，使饲料木质素熔化，纤维结晶度降低，饲料颗粒变小，消化总面积增加，从而达到提高家畜采食和消化吸收率以及由于高温高压而杀虫、灭菌的目的。用这项技术对秸秆、秕壳、劣质篙草、灌木、林木副产品等粗饲料进行热喷处理，使全株采食率由 0%～50%提高到 95%以上，消化率提高到 50%，两项叠加可使全株利用率提高 2～3 倍。结合“氨化”对粗精饲料进行迅速的热喷处理，可将氨、尿素、氯化氨、碳酸氢铵、磷酸铵等多种工业氮源安全地用于牛、羊等反刍家畜的饲料中，使粗饲料及精饲料的粗蛋白质水平成倍提高。另外，饲料热喷技术还具有对菜子饼、棉子饼、生大豆等含毒素的原料进行热去毒的作用，从而使这些高蛋白饲料得到充分利用。由此可见，推广应用饲料热喷技术，对开发农区秸秆资源，缓解饲料紧缺，促进秸秆畜牧业发展，必将产生较高的社会经济效益。

(二)化学处理法

物理处理粗饲料，一般只能改变粗饲料的物理性质，对于粗饲料营养价值的提高作用不大，而化学处理法则有一定的作用。用碱性化合物如氢氧化钠、石灰、氨及尿素等处理秸秆可以打开纤维素、半纤维素与木质素之间的对碱不稳定的酯键，溶解半纤维素和一部分木质素及硅，使纤维素膨胀，暴露出其超微结构，从而便于微生物所产生的消化酶与之接触，有利于纤维素的消化。强碱，如氢氧化钠，可以使多达50%的木质素水解。化学处理不仅可以提高秸秆的消化率，而且能够改进适口性，增加采食量。这也是目前研究最多，在生产中较实用的一种途径。

1. 氢氧化钠处理

(1)湿式处理法　其基本做法是把秸秆在8倍于其重量的1.5%氢氧化钠溶液中浸泡一昼夜，然后再用大量的清水漂洗，去除余碱，这样便可使秸秆的消化率提高24%，并使其净能达到优质干草的水平，适口性增强，采食量提高。但这种方法存在着费劳力、漂洗过程中干物质损失较多，以及洗碱造成河水污染等缺点，因而未能普及。

(2)干式碱化法　1964年，Wilson提出了干式碱化法，即改用氢氧化钠溶液喷洒，每100千克碎秸秆用30千克1.5%的氢氧化钠溶液喷，边喷边拌。处理后的秸秆可以堆存在仓库或窖里，也可以压制成颗粒饲料，其pH值虽然升到11，但喂前不需要清洗，秸秆的消化率一般可提高12%～15%，因而应用较广，目前虽无报道这种碱化秸秆对家畜有害，但因家畜饲用这种饲料后，饮水排尿增多，钠排出量加大，会污染土壤和水质，因此，目前也很少采用这种方法处理秸秆。

2. 石灰处理

(1)石灰乳碱化法　将切短的秸秆浸入4.5%的石灰乳中3～5分钟，把秸秆捞出后，经24小时即可给牛饲喂。捞出的秸秆不必用水清洗，石灰乳也可以继续使用1～2次。此法简便易行，也比较经济。

(2)生石灰碱化法　取相当于秸秆重量的3%～6%的生石灰，加适量水以使秸秆浸透，然后在潮湿状态下保持3～4昼夜。这种加工处理方法，可以使秸秆的消化率达到中等干草的水平。

石灰处理秸秆，其效果虽不如氢氧化钠处理得好，且秸秆易发霉，但因石灰来源广，成本低，对土壤无害，钙对动物也有好处，故可以使用。饲用这类饲料时，应补充脱氟磷酸盐（如脱氟磷肥）等矿物质补充料，以使其钙、磷比例保持平衡。为防止秸秆发霉，可再加入1%的氨，以抑制霉菌生长。

3.氨化处理　20世纪60年代以来，氨化秸秆在欧洲得到大规模推广应用。我国秸秆资源十分丰富，但浪费极大，利用极不合理，氨化秸秆是廉价、经济效益显著的秸秆类粗饲料加工方法。氨化后的秸秆是反刍家畜的良好粗饲料，其营养价值几乎能与优质干草比美。资料表明，100千克氨化秸秆的营养相当于100千克普通秸秆与20～25千克混合精料的总和。20世纪80年代以来，我国北方许多地区农村用氨化麦秸饲喂牛，普遍反映效果良好。据山西农业大学黄应祥试验，氨化后可使麦秸的有机物和粗纤维的消化率分别提高7.33和9.34个百分点。在相同饲料水平下，饲喂氨化秸秆的肉牛日增重较不氨化而用尿素拌料的日粮提高34%～192%，同时较不补充尿素日粮提高3倍以上。并由于日增重的提高，缩短了肉牛的生长肥育时间，从而提高了出栏率。

（1）秸秆氨化原理　氨化的原理是利用氨溶于水中形成氢氧化铵，氢氧化铵是一种强碱，它和氢氧化钠一样对秸秆起碱化作用，不过其碱化效果稍逊于氢氧化钠。但氨本身能与秸秆中有机物产生化学作用，生成铵盐和含氨的络合物，使秸秆的粗蛋白质从3%～4%提高到8%以上，从而大大地提高了秸秆的营养价值。饲喂氨化秸秆所排的粪便不具碱性，不会使土壤碱化，并且由于含氮量提高而使肥效也有所增加，这些优点是苛性钠处理所不及的，故氨化秸秆得以在国内外反刍家畜养殖业迅速推广。

（2）饲喂氨化秸秆饲料的好处　氨化秸秆除具有可使秸秆有机物和粗纤维消化率提高及粗蛋白质含量大大提高等优点外，还具有以下好处：

①提高适口性，增加采食量：氨化秸秆具有秸秆的香味，晒干后质地较原秸秆蓬松、酥脆，故可提高适口性，增加采食量。据用乳牛、黄牛等做综合测定，采食速度可提高20%，采食量提高15%～20%，能量利用转化率提高1倍以上。

②提高生产性能，降低饲养成本：饲喂氨化秸秆，可以节约大量粮食，降低饲养成本，提高养牛经济效益。如用浓度为3%的氨水处理小麦秸、稻草和玉米秸饲喂黄牛，试验组比对照组日增重分别提高13.8%、15%和37%。根据联合国粮农组织和农业部在河南周口联合做的试验，用氨化秸秆喂牛，完全不喂精料，可获得250克的日增重，若每天补饲1千克棉子饼，日增重提高到600克。料重比为1.67∶1，其转化率之高不但超过养猪，也超过肉鸡。另据香河县实验，每头育肥牛日喂8千克氨化秸秆，减少2.5千克精料，增重仍不减。

③有防病作用：氨是一种杀菌剂，1%的氨溶液可以杀灭普通细菌。在氨化过程中氨的浓度为3%左右，因此，等于对秸秆进行了一次全面消毒，消灭了病原体和寄生虫卵。此外，氨化过程中由于使粗纤维变松软，容易消化，也减少了胃肠道疾病的发生。

④可以缓冲瘤胃内的酸度：减少精料蛋白质在瘤胃中的降解，增加了过瘤胃蛋白质，进而提高了蛋白质的利用率；防止瘤胃酸中毒和胃溃疡。

⑤氨化饲料可以长期保存：开封后，若1周内不能喂完，可以把全部秸秆摊开晾晒，待其水分含量低于15%时堆垛保存，只要能保证不漏水，就不会发霉、腐烂。因而，氨化饲料可以长期保存。

(3)氨化秸秆制作方法与步骤

①纯氨(无水氨或液氨)法：在地面或地窖底部铺塑料膜，膜的接缝均焊接牢固。通常秸秆垛宽为2米，高(厚)2米，垛的长短则依秸秆的数量而定。铺垫及覆盖的塑料膜四周要富裕出0.7米，以便封口。把切碎(或打捆)的秸秆喷入适量水分，使其含水量达

到 15%～20%，混入堆垛，在长轴的中心埋入一根带孔的硬塑管或胶管，覆盖塑料膜，在一端留孔露出管端。覆膜与垫膜对齐折叠封口，用沙袋、泥土把折叠部分压紧，使其密封。然后用耐压橡胶管连接纯氨运输器与垛中胶管，按冬天(8℃时)每 100 千克干秸秆加纯氨 2 千克，夏天(25℃时)加 4 千克的量通入纯氨，然后把管子抽出封口。夏天不少于 30 天，冬天不少于 60 天即能氨化完全。操作人员必须戴防毒面具、防碱的橡胶或塑料手套。纯氨法成本低，效果好，但需用专门的纯氨贮运设备与计量设备(可向氮肥厂租用)。适用于大规模制作氨化秸秆，若国家或集体投资制作氨化秸秆服务站，向用户供应氨时，则以纯氨法为最好。

②尿素法或碳铵法：尿素或碳铵(碳酸氢铵)与秸秆贮存在一定温度和湿度下，能分解出氨，因此使用尿素或碳铵处理秸秆均能获得近似氨的效果，只是成本稍高。其各自的用量见表 7-3。

表 7-3　使用尿素或碳铵制作氨化秸秆的用量(千克，每 100 千克干秸秆的用量)

氨源	8℃	25℃	加水量
尿素	3	5.5	52～62
碳铵	6	15	52～62

制作时，先将尿素(或碳铵)按秸秆重量称出，再称出加水量，使尿素溶于水，然后将溶液喷到切碎的秸秆上，边喷洒边拌匀。接着装入容器内压实密封，密封的要求与纯氨法相同，但氨化时间则宜长一点，特别在气温较低时更应延长，此法简单易行，在制作时无需使用防护用具也十分安全，宜于一家一户应用，但所需成本较纯氨法及氨水法稍高一些。饲喂效果与纯氨法近似。在解决纯氨贮运设备之前，此法不失为有效的好方法。

(4)使用方法　经过一定时间氨化的秸秆可开封使用。开封后，一般要晾 24～48 小时，以使多余的氨挥发尽。若 1 周内不能喂完，则应把全部秸秆摊开晾晒 1～2 天，待其水分含量低于 15%

时垛好(最好贮于草房或草棚内)保存,否则会逐渐发霉而造成损失。氨化秸秆只适于饲喂反刍动物,且饲喂时要由少到多,经5～7天增到最大量。如果日粮总粗蛋白质含量低于12%时,如谷物饲料为主组成的精料其粗蛋白含量就低于12%,则可以氨化秸秆代替全部粗料。若预计日粮粗蛋白远高于12%时,则可以少喂或不喂氨化秸秆。试验证明氨化秸秆的安全性是可靠的,是尿素拌料喂牛所不能比拟的。

良好的氨化秸秆色泽应较原秸秆为深,呈黄褐色,无氨味、霉味,具有秸秆的香味;晒干后质地较原秸秆蓬松、酥脆,故可使采食速度明显提高;干物质采食量也有所改善,粗蛋白质含量应达到8%～12%;秸秆上不含未分解的尿素或碳酸氢铵。

(5)注意事项

①制作氨化秸秆时容器的密封性必须可靠,否则由于氨泄漏,轻则影响氨化效果,严重时秸秆发霉腐败。容器密封后,仍应经常检查是否漏气,方法是经常在容器周围嗅一嗅,如果嗅到氨味,找出漏洞及时修补。

②尿素或碳铵处理秸秆最好在气温较高的时期进行,如果气温偏低,延长氨化时间会更有效。温度低于8℃时应采取保温措施,即覆盖秸秆、草垫等保温材料。

③开封后一时喂不完的应及早晾干贮存,以免发霉。霉坏的秸秆不能饲喂,原秸秆发霉也不可用作氨化的原料。

④氨水处理的秸秆,最好晾干混匀后再喂,以免非蛋白氮含量不匀,影响饲喂效果。

⑤尽管氨化秸秆饲喂安全,一般不会发生氨中毒,但为了预防,在使用头半个月的过程中,必须经常观察有无轻度氨中毒征兆,如采食量减少,前胃蠕动迟缓、反刍次数减少、精神沉郁等。

⑥氨化秸秆中胡萝卜素缺乏,应注意补充。苜蓿干草含胡萝卜素较丰富,大约每百千克体重每日补充350克苜蓿干草即可。

虽然氨化是比较成熟的技术，但氨化处理存在 2 个明显的缺点，一是提高消化率的幅度不大，明显低于氢氧化钠处理。如尿素处理，尿素用量达 6%时，秸秆消化率只提高 12 个百分点左右；若只用 3%的尿素处理，秸秆消化率只提高 6～8 个百分点；第二个不足是氨化秸秆在饲喂前必须挥发掉部分氨，即加入的氮源约 2/3 要损失掉。为了解决此问题，经过科研人员反复研究，采用尿素加 $Ca(OH)_2$ 的复合化学处理可获得较满意的效果。

4. 复合化学处理法　麦秸（还有大麦秸、黑麦秸和稻草）经 2.5%尿素＋5.0%$Ca(OH)_2$ 复合化学处理（并压粒）后，粗纤维含量下降（中性洗涤纤维 NDF 下降到 67%～75%），平均下降 6.5 个百分点；粗蛋白从 3.5%～5.6%提高到 9.5%～11.4%，平均提高了 1 倍多；体外有机物消化率从 38%～45%提高到 57%～65%，平均提高了 17.5 个百分点，接近或超过了东北羊草和玉米青贮的水平。复合化学处理还提高了秸秆在瘤胃的降解率和降解速度。

（三）生物处理法

1. 秸秆微贮技术　秸秆微贮技术就是向农作物秸秆中加入微生物高效活性菌种，放入密封的容器中贮藏，经一定的发酵过程，使农作物秸秆变成带有酸、香、酒味的、草食家畜喜食的饲料。因为它是通过微生物对贮藏中的饲料进行发酵，故简称微贮饲料。

（1）微贮饲料的优点

①成本低：据实验，微贮饲料与氨化饲料相比，成本仅为尿素氨化饲料的 20%左右。

②提高了消化率和营养价值：微贮饲料含有丰富的有机酸，而且粗纤维少，适口性好，易于咀嚼；同时微贮饲料还利用牛、羊瘤胃可利用有机酸这一功能，加上所含的酶与菌素的作用，激活了牛、羊瘤胃微生物区系，在提高对秸秆消化利用率的同时，又提高了对精料的消化利用率。经微贮处理过的秸秆其净能有较大的提高，3

千克微贮秸秆相当于1千克玉米的营养价值。

③适口性改善：未经处理的秸秆中粗纤维含量高，而且粗纤维中木质素的含量尤高，若长期饲喂未经处理的秸秆，会导致牛、羊食欲不振、采食量减少，影响消化，造成能量和蛋白质缺乏，直接影响生长发育和繁殖，而经微贮处理过的秸秆，在其发酵过程中，由于高效活性菌种的作用，使原来硬秸秆变软，变成牛、羊喜食的酸香型，刺激了家畜的食欲，从而提高了采食量。一般采食速度可提高43%，采食量可增加20%，而且长期饲喂无毒、无害、安全可靠。能解决部分地区畜牧业与农业争化肥的矛盾。

④来源广泛：麦秸、稻秸、黄干玉米秸和山芋秧、青玉米秸、树叶、野草、青绿无毒植物等，无论干秸秆或青秸秆都可用微贮方法变成优质饲料。

⑤久存不坏，经济安全：不但保存时间长，而且存采方便，随采随喂，不需晾晒。作业季节长。室外温度10～40℃均可处理发酵，北方春、夏、秋三季均可制作，南方部分省区全年都可制作。

(2)微贮的原理　在饲料微贮的过程中，由于加入了高效活性发酵菌种，使饲料中能分解纤维的菌数大幅度提高，发酵菌在适宜的厌氧环境下，分解大量的粗纤维，转化为糖类，糖类又经有机酸发酵转化为乳酸、醋酸和丙酸，使pH值降至4.5～5.0，加速了微贮饲料的生物化学作用，抑制了丁酸菌、腐败菌等有害菌的繁殖。微贮饲料的含水量一般为60%～65%，最少不能低于55%，当含水量过多时，则会造成秸秆中糖和胶状物浓度变稀，破坏了产酸菌所要求的浓度，使产酸菌不能正常生长，使饲料中有害菌生长迅速，导致饲料腐烂变质。而含水量过少时，秸秆不易被踩实，饲料中残留空气过多，保证不了厌氧发酵的条件，使产酸菌发酵不够，而有害菌种大量繁殖，容易霉烂。

(3)制作方法与步骤

①菌种的复活：秸秆发酵活干菌每3克(1袋)可处理麦秸、稻

秸、干玉米秸 1 吨或青饲料 2 吨。处理前，先将铝箔袋剪开，将菌种倒入 250 毫升水中，充分溶解。有条件的情况下，可在水中加白糖 2 克，溶解后，再加入活干菌，这样可以提高复活率，保证微贮饲料质量。然后在常温下放置 1～2 小时使菌种复活，成为复活好的菌剂。配制好的菌剂一定要当天用完。

②菌液的配制：将复活好的菌剂倒入充分溶解的 0.8%～1.0%的食盐水中拌匀。食盐水及菌种用量的计算方法见表 7-4。

表 7-4 食盐水和菌液量计算表 千克

秸秆种类	秸秆重	活干菌用量	食盐	水用量	贮料含水量
麦、稻草	1 000	3	9～12	1 200～1 400	60～65
干玉米秸	1 000	3	6～8	800～1 000	60～65
青玉米秸	1 000	1.5	适量	适量	60～65

③微贮技术：将秸秆铡成 3～5 厘米长，装入池中(若是砖窖或土窖，应在四周及底部衬铺塑料布，以确保密封性)，20～25 厘米为一层，均匀地喷洒菌液，压实后，再铺 20～25 厘米秸秆，再喷洒菌液，压实，直至高出窖口 40 厘米，再封口。如果当天装填窖没装满，可盖上塑料薄膜，第二天装窖时揭开塑料薄膜继续装填。

④封窖：分层压实至高出窖口 40 厘米，再充分压实后，在最上面洒上少量食盐粉，再压实后盖塑料布。食盐用量为每平方米 50 克，其目的是确保微贮饲料上部不产生霉烂变质。盖上塑料布后，在上面洒上 20～30 厘米厚的稻、麦秸，在其上面覆土 15～20 厘米，密封。

⑤开窖：一般要在窖内贮藏 30 天后才能开窖取用，取用时要从一角开始，从上到下逐段取用，每次取用量应以当天喂完为宜。每次取完后，要用塑料布将窖口封严，以免水浸入引起变质。

(4)微贮饲料质量的识别　根据微贮饲料的外部特征，用看、嗅和手触摸的方法，鉴定其优劣。

①看：优质微贮青玉米秸色泽呈橄榄绿，稻麦秸呈金黄褐色。如果变成褐色或墨绿色则质量低劣。

②嗅：微贮饲料以具有一种带醇香和果香气味，并具弱酸味为佳。若为强酸味，表明醋酸较多，这是由于水分过多和高温发酵所造成的。若带有腐臭的丁酸味、发霉味则不能饲喂。

③手触摸：优质的微贮饲料拿到手里感到很松散，而且质地柔软湿润。与此相反，拿到手里发黏，或者粘在一块，说明质量不佳，有的虽然松散，但干燥粗硬，也属不良。

(5)饲喂　微贮饲料可以作为牛的主要粗饲料。日饲喂量可根据牛每昼夜能采食饲料干物质的数量进行换算，饲喂时要与其他精料混合饲喂。开始饲喂时，牛对微贮饲料有一个适应过程，其喂量由少到多，逐渐增加微贮料的饲喂量，不要操之过急。一般育肥牛每头日喂量为 10～15 千克。

2.酵母菌处理　利用酵母菌对秸秆进行发酵处理，生产酵母发酵饲料，用其喂牛具有增重快、成本低、效益高等优点 。

(1)制作方法　用缸、池作为发酵容器，用前熏蒸消毒。秸秆切成 1 厘米长，用水浸堆数小时，以浸软、浸透为宜，一般含水量达 50%～60%，按 100∶1 的比例加入酵母粉菌种。为了撒布均匀，可先将菌种拌入玉米面中，每吨玉米秸加 10 千克玉米面。搅拌均匀，入缸或池，踏实，用塑料薄膜封严。15℃以下发酵 21 天，15℃以上发酵 15 天即可完成发酵过程。

(2)酵母发酵饲料的品质　经发酵后玉米秸、稻草和麦秸的粗蛋白质水平分别提高 43.1%、20.3%和 58.4%；赖氨酸水平分别提高 87.5%、100%和 100%。精氨酸、胱氨酸、组氨酸水平也大幅度提高，同时维生素的含量丰富。

秸秆类饲料的生物处理法还有酶酵母加工处理，这种处理的工艺是传统的粉碎、蒸煮、水解和发酵等方法有效结合起来的一种高效的新工艺。据有关资料，经这种方法处理的秸秆，每千克中含

80～100 克蛋白质，40～50 克糖，30 克脂肪以及维生素 B、维生素 D、维生素 E 等多种维生素。另外，利用食用菌的生长繁殖来分解农作物秸秆中的粗纤维，然后将食用菌的菌丝体及经酶分解后的秸秆（称为菌糠）一并用作饲料，具有质地松软、气味芳香、适口性好、饲用价值高等特点。

第四节　青贮饲料的制作与利用技术

一、青贮技术要点

1. 排除空气　乳酸菌是厌气菌，只有在没有空气的条件下才能进行生长繁殖。如不排除空气，就没有乳酸菌存在的余地，而好气的霉菌、腐败菌会乘机滋生，导致青贮失败。因此在青贮过程中原料要切短（3 厘米以下），踩实，密封严。

2. 创造适宜的温度　青贮原料温度在 25～35℃时，乳酸菌会大量繁殖，很快便占主导优势，致使其他一切杂菌都无法活动繁殖，若料温达 50℃时，丁酸菌就会生长繁殖，使青贮料出现臭味，以至腐败。因此除要尽量踩实，排除空气外，还要尽可能地缩短铡草装料过程，以减少氧化产热。

3. 掌握好水分　适于乳酸菌繁殖的含水量为 70％左右，过干不易踩实，温度易升高；过湿则酸度大，牲畜不爱吃。70％的含水量，相当于玉米植株下边有 3～5 片干叶；如果全株青绿，砍后可以晾半天；青黄叶比例各半，只要设法踏实，不加水同样可获成功。

4. 原料的选择　乳酸菌发酵需要一定的糖分，原料含糖多的易贮，如玉米秸、瓜秧、青草等。含糖少的难贮，如花生秧、大豆秸等。对于含糖少的原料，可以和含糖多的原料混合贮，也可以添加 3％～5％的玉米面或麦麸单贮。

5. 时间的确定　利用农作物秸秆青贮，要掌握好时机。过早会影响粮食生产，过迟会影响青贮品质。玉米秸秆的收贮时间，一看籽实成熟程度，乳熟早，枯熟迟，蜡熟正适时；二看青黄叶比例，黄叶差，青叶好，各占一半就嫌老；一般中熟品种 110 天就基本成熟，就是说套播玉米在 9 月 10 日左右，麦后直播玉米在 9 月 20 日左右，就应收割青贮。

6.装填及封窖　装填青贮饲料时要逐层装入，每层 15～20 厘米，装一层踩实一层，边装边踏实，直至装满并超出窖口 20～30 厘米为止。窖顶用厚塑料布封好，四周用泥土把塑料布压实，防止漏气和雨水流入。冬季为了保温，顶部可以适当压些湿土或铺放一些玉米秸。

二、青贮饲料的利用

青贮饲料装窖密封，经过 1.5 个月后，便可以开窖饲喂。如果暂时不需要，就不要开封，什么时候喂什么时候开。在利用青贮饲料时应注意以下几方面的问题。

①喂青贮饲科之前应检查质量：优质青贮饲料应当是色、香、味和质地俱佳，即颜色黄绿，柔软多汁，气味酸香，适口性好。如果是玉米秸秆青贮则带有很浓的酒香味。

②防止二次发酵和发霉变质：饲喂时，青贮窖只能打开一头，要分段开窖取用，取后要盖好，防止日晒、雨淋和二次发酵，避免养分流失、质量下降或发霉变质。发霉、发黏、黑色及结块的不能用。

③掌握好喂量：青贮饲料的用量，应视牛的品种、年龄、用途和青贮饲料的质量而定，（除高产奶牛外）一般情况可以作为唯一的粗饲料使用。但应注意，鲜嫩的青草、菜叶青贮后仍然含有大量轻泻物质，喂量过大往往造成拉稀，影响消化吸收。开始饲喂青贮料时，要由少到多，逐渐增加。停止饲喂时，也应由多到少逐步减少。使牛有一个适应过程，防止暴食和食欲突然下降。通常喂量，役牛 10～15 千克，种公牛、肉用牛 5～12 千克。

三、青贮添加剂的使用

为了使青贮饲料营养更加完善，或使不容易青贮的原料更好地贮存起来，或使营养物质在动物消化道内更好地被利用，在青贮过程中添加一些特定的物质是必不可少的。

1. 提高青贮料中蛋白质含量的添加剂　如原料中含蛋白质并不高，装窖时向原料中均匀地撒上尿素或硫酸铵混合物0.3%～0.5%，青贮后，每千克青贮料中可消化蛋白质增加8～11克。玉米青贮料加0.2%～0.3%的硫酸钠，可使含硫氨基酸增加2倍；添加0.5%～0.7%的尿素，亦可提高青贮料中的粗蛋白质含量。这是由于添加物通过青贮微生物的利用形成菌体蛋白所致。

2. 化学防腐添加剂　添加甲醛、甲酸、蚁酸等，以制止微生物的活动，使不容易青贮的原料更好地贮存起来，达到保存的目的。

3. 使养分能被动物更好地利用的添加剂　如日本产"百宝"牌青贮饲料添加剂系淡黄色易溶于水的粉末，是一种附着有淀粉酶和纤维素酶的干燥浓缩乳酸菌。其主要特征：一是其中4种纯发酵型乳酸菌(类链球菌、啤酒小球菌、胚芽乳干菌和干酪乳干菌)促成饲料发酵；二是淀粉酶可将青贮的淀粉转化为葡萄糖，纤维素酶可将纤维素转化为葡萄糖。"百宝"具体使用方法：用玉米面作载体，将1份"百宝"添加剂与99份载体均匀混合，每吨青贮玉米加混合好的"百宝"添加剂500克。此外，添加胚芽乳酸杆菌或0.05%的"α-淀粉酶"，也有利于发酵。

第五节　青干草的调制技术

一、干制过程中的化学变化和营养物质的损失

青绿植物在干制过程中会发生许多化学变化，导致营养物质

的损失，从而降低干草的营养价值。因此，在干草的生产过程中，必须有效地控制这些变化，最大限度地降低干草营养物质的损失。

1. 植物饥饿代谢阶段的变化　刚刈割的青绿植物，细胞并不立即死亡，它们仍然利用贮存的营养物质进行蒸腾作用和呼吸作用，继续进行体内代谢。由于没有根部水分和营养物质的供应，异化过程始终超过了同化过程。因此，体内一部分可溶性碳水化合物被消耗，糖类被氧化分解为二氧化碳和水而被损失掉。与此同时，蛋白质也有少量降解为氨基酸，这些易溶性氨基酸在不良条件下容易流失或进一步分解成氨气损失。为了使细胞尽快死亡，以减少营养物质的损失，应使植物的含水量由 80% 快速下降到 40%。

2. 外界环境条件对植物体的影响　青绿植物体内的水分含量降低到 40%左右时，植物细胞濒临死亡，此时外界环境条件对其品质的影响很大，如温度、日光、空气、植物本身存在的酶以及植物体表附着的微生物等。温度继续使水分蒸发，日光与空气使一些色素氧化而被破坏，胡萝卜素干物质含量下降到。此外，植物本身的酶类和微生物活动产生的分解酶联合作用，使物质进一步被分解为二氧化碳和水。当水分含量降到 17%时，酶类的作用方停止。

雨淋可使干草的品质更为降低。一方面因渗滤而流失许多营养物质，如可溶性的矿物质、糖分和氨基酸等。另一方面由于水分的回升，许多微生物滋生繁殖，并延长植物细胞内各种酶的作用而继续分解其中的营养成分。严重时可导致青干草霉烂，不堪饲用。所以此阶段应避免暴晒和雨淋。

3. 机械损失　植物的叶与茎比较，叶片干燥较快，特别是豆科茎秆比较坚实更不易干燥，故全株植物曝晒时，往往叶片先干并变得脆弱易折，在进行翻动和堆垛时就可引起大量叶片脱落而损失。由于叶片营养较茎为高，这样也就引起营养价值大幅度降低。避

免这种损失的方法可以采用压榨后晒干法，因为压榨后的茎、叶干燥速度相近，或者当植物体水分下降到40%时立即打捆，而后进行人工通风干燥，也可大幅度降低这种机械损失。

二、干草贮存过程中的变化

干草水分含量达到14%～17%时可以上垛或打包贮存。在我国北方干燥地区可以在17%限度内贮存，而在南方地区则不应超过14%。在这样水分限度内贮存的干草，营养成分的变化可以降低到最低限度。然而由于种种原因，干草上垛贮存时的水分含量往往在20%以上甚至30%，这些多余的水分将留在上垛后继续干燥。因此，上垛干草中的化学变化也就不能完全停止，此时微生物和酶仍起作用。

三、干草的调制方法

1. 地面晒干法　这是最常用的一种干草调制方法。方法是将青草平摊于地面上，利用阳光进行自然干燥。该方法操作简便，省工省时，但由于干燥过程缓慢，植物的分解破坏过程持续过久，因而其中的营养成分损失较多。

2. 草架干燥法　将青草搭于架上进行干燥的方法。该法调制的干草比地面干燥的干草质量好，但对青草原料的营养成分保存仍不多。

3. 人工快速干燥法　为克服上述两种方法的缺陷，提高干草的营养价值，国外普遍采用各种能源进行青饲料的人工脱水干制。其干制方法有低温与高温两种。低温法可采用45～50℃的温度在小室内停留数小时，使青饲料干燥；高温法则采用500～1 000℃的热空气脱水6～10秒，即可干燥完毕。用高温法干燥，只要植物体内水分未完全失去，它们本身的温度就不至于超过100℃，因此不至于有营养物质的损失。该方法的技术要领是使热量分布均匀,如果有的部分过于干燥,则有着火烧焦的危险。这种方法干制的干草,其含水量为5%～10%,并且几乎完全保存了青饲料的营养价值。

4. 发酵干燥法　此法实质是介于调制青干草和青贮料之间的一种特殊干燥法。其原理是风干了的牧草(含水量50%左右)经过堆积;牧草本身细胞的呼吸热和细菌、霉菌活动所产生的发酵热在牧草堆中积蓄,有时草堆温度可达70～80℃,同时借助通风将牧草中的水蒸发使之干燥。这种方法牧草营养物质损失较多,故此法多用于雨天等万不得已时,这种方法的技术要点是:将刈割的牧草铺晒或风干到水分为50%时,再堆成3～6米高的草堆,堆积时应多践踏,力求紧实,使凋萎牧草在草堆上发酵6～8周,牧草逐渐干燥而成棕色干草。为防止发酵过度,每层牧草可撒为青草重0.5%～1.0%的食盐。

第六节　精饲料加工技术

一般来说,精饲料的适口性好,营养价值高。但部分籽实饲料的种皮、颖壳、糊粉层的胞壁物质、淀粉粒的性质以及某些抗营养因子如抗胰蛋白酶等,仍会影响动物对营养物质的消化利用。因此,饲喂前有必要对其进行适当的加工调制,以提高饲料的消化利用率。精饲料的加工调制方法主要有以下几种:

一、机械加工

1. 粉碎　精饲料饲喂前应进行粉碎,以增加与消化液的接触面积,从而提高饲料的消化率。精饲料的粉碎粒度,可根据饲料的性质、动物种类、饲喂方式及加工成本等因素来综合考虑。粉碎粒度太小,家畜咀嚼不良,影响饲料消化,如小麦粉粉碎过细,容易糊口,在胃内形成黏性面团,很难消化。同时还可使粉尘增加,污染

环境，并且由于静电作用，易使饲料结块；粉碎粒度太大，因饲料的表面积小，和胃液的接触面积小，不利于动物的消化吸收，还会影响饲料的混合均匀度。一般要求牛饲料可粗些，利于采食和反刍，过细并不合适。生产中应注意，籽实饲料粉碎后，容易返潮和氧化变质，尤其是脂肪含量高的饲料，粉碎后不宜长期保存。

2. 制粒　由于粉状饲料粉尘较多，适口性不好，同时动物采食时浪费大，也不便于机械化饲养，因此生产中常把粉料进一步制作成颗粒饲料。制成颗粒饲料不仅便于机械化饲养，减少饲料的浪费，避免动物挑食，而且可破坏饲料中的一些抗营养因子，从而提高饲料的营养价值和消化利用率。豆类籽实中的抗胰蛋白酶等抗营养因子，都可在制粒过程中被破坏。

麦麸类饲料制粒后也可以提高一定的营养价值，原因是由于麦麸中的糊粉层细胞，经过制粒过程开始的蒸汽处理以及压制过程中的高压搓挤后，它厚实的细胞壁破裂，从而使细胞内的养分充分释放出来。与此同时，制粒后麦麸中的淀粉粒破坏较多，这有利于淀粉酶对它消化。

3. 湿润与浸泡　湿润一般用于粉尘较多的饲料，浸泡多用于硬实的籽实或油饼的软化，或用于溶去有毒物质。含单宁等物质较多的高粱等饲料，浸泡后苦涩味可减轻，适口性提高。夏季气温高，浸泡时间要短，以免引起饲料变质。

4. 蒸煮与焙炒　蒸煮可以进一步提高饲料的适口性，对有些饲料如马铃薯、大豆及豌豆等还可以提高其消化率。焙炒可使饲料中的淀粉部分转化为糊精，而产生香味。同时，焙炒还可以破坏豆类籽实中的抗营养因子，从而提高它们的营养价值。

二、饲料发酵

精饲料的发酵与粗饲料的发酵不同，后者是为了降解动物难以消化的粗纤维，以提高饲料的营养价值。而精饲料发酵的目的则是通过微生物发酵获得新的营养特性，作为动物生产中某些特殊用途之用。例如，对牛应用发酵饲料可以促进食欲，供给各种酶、有机酸和芳香物质，从而改善消化和营养状况，进一步提高生产力。对于一般生产，精饲料的发酵没有必要，因为有些试验证明，发酵后的精饲料中有机物质损失 11%～25%。精饲料发酵所用的微生物多为酵母，故以富含碳水化合物的饲料发酵最好，蛋白质饲料则不宜发酵。发酵的方法一般为：每 100 千克粉碎的籽实，用酵母（面包酵母或酿酒酵母）0.45～1.0 千克。首先用温水将酵母稀释化开，然后将 30～40℃的温水 150～200 升倒入发酵箱中，慢慢加入稀释过的酵母，再一边搅拌一边倒入 100 千克的饲料中，搅拌均匀，以后每 30 分钟搅拌一次，经 6～9 小时发酵完成。在全部过程中应注意温度保持在 20～27℃之间。

第七节 工业副产品的加工和利用方法

饲喂牛的工业副产品主要是指糟渣类饲料。

一、玉米酒精糟

酒精糟的营养价值比玉米高，含粗蛋白质 27%～34%，粗脂肪 17.89%，氨基酸含量为 22.35%，粗纤维 13.46%。

加工贮藏比较简单，一般用缸最方便。夏天酒精糟易发酵酸败，把酒精糟放进缸里，踏实沉降后，上面加一层清水，使酒精糟与空气隔绝，再用塑料布将缸封严，一缸争取一周喂完。也可用窖贮，其形状不限，大小按贮量来定。入窖酒精糟要压实，用塑料布封严，饲喂时从窖一头喂用，平时防止雨水进入窖内。与精料混合饲喂，但喂量要由少到多，直至达到计划喂量。

近年来，国内外开发利用工业废水资源收取蛋白质作为饲料，多采用离心干燥直接得到废水中所含的营养物质，产品称为

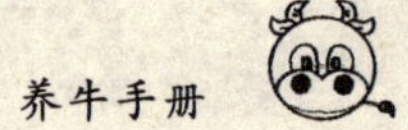

DDGS，意为全价干酒糟，作为养畜的高级饲料。目前，国内一些大中城市的酒精厂已经正式生产DDGS饲料。

二、甜菜渣

甜菜渣是牛的重要饲料，其无氮浸出物含量为62％，粗纤维含量为20％左右，且含有一定量的糖分。甜菜渣的加工方法：湿渣可同玉米青贮一样青贮起来；如果是干渣，可打成捆，堆垛贮存。防止雨淋，注意通风，防止霉烂。饲喂时，甜菜渣可占日粮干物质的50％～60％，喂时由少到多，逐渐达到计划喂量。

三、淀粉渣

因加工原料不同，粗蛋白含量变化很大。以籽实为原料的淀粉渣，粗蛋白含量为14％～16％；以薯类为原料的淀粉渣，粗蛋白含量低，粗纤维含量高。淀粉渣含水量较高，贮存方法与酒糟相近，可短期贮存。一般直接饲喂，数量也是由少到多，一般不超过10％。淀粉渣目前用于喂牛较少，而用于喂猪却很多。

四、麸皮、米糠

麸皮、米糠是粮食加工的副产品，因加工方法不同，营养成分高低不一。一般与玉米面、豆粕等饲料搭配一定比例，制成精料喂牛。

第八节　牛饲料的贮藏

一、贮藏方法分类

贮藏方法主要有缺氧贮藏、干燥贮藏、通风贮藏、低温贮藏和化学贮藏，分述如下：

(一)缺氧贮藏

饲料在密封条件下，由于机械脱氧或生物呼吸脱氧的结果，造成一定的缺氧状态，并伴随着二氧化碳的积累或其他气体(如氧气置换)，从而降低饲料生理活动，抑制微生物和害虫的生长，延缓了品质的劣变，保证了饲料质量的稳定性。

这种贮藏方法具有以下优点：

①防治贮藏饲料中的害虫：研究表明，当氧气浓度降到2%左右或二氧化碳增加到40%～50%时，害虫会很快因窒息而死亡。

②有防霉作用：大多数霉菌都是好氧菌，在缺氧条件下，生长繁殖受到抑制。即使是耐低氧的霉菌，缺氧时生长也微弱。由于密封，不仅可以防湿、防潮，而且防治了料堆外部微生物的扩大污染。

③有利于提高饲料贮藏质量：缺氧贮藏保证了饲料卫生、提高贮藏饲料的品质，降低了保管费用，减轻了劳动强度，而且该方法安全、方便。

(二)干燥贮藏

水分是饲料进行生理活动时酶促反应的必要条件。随着水分含量的提高，温度的上升，呼吸作用加强。同时水分也是各种微生物和害虫生存的条件之一。因此，降低贮藏饲料的水分含量，就能提高质量的稳定性。

干燥贮藏包括2个方面：一方面是贮藏的饲料要干燥；另一方面贮藏的仓库也要干燥。这样，才能实现贮藏期内饲料干燥。一般来讲，谷物饲料含水量在14%以下，温度不高于30℃时，不利于微生物的生长繁殖，可以较长期贮存；当水分含量超过17%时，尽管温度较低，也容易霉变。粉状饲料吸附水分的能力较强，贮藏时要求安全含水量较低，仓库比较干燥。脂肪含量高的油饼、米糠类，要求安全水分界限也较低。

(三)通风贮藏

通风贮藏是以饲料具有空气渗透性和料堆空隙性为基础，将干燥低温的空气通过料堆使其降低料温，散发水分，改变料堆通气状态，以利于安全贮藏。这种贮藏与空气湿度密切相关，如空气所含水分大于贮藏饲料所含水分，则贮料会吸湿而不利于贮藏。反之，则散失水分利于贮藏。此外，通风贮藏的效果还与饲料空隙度、吸附性有关。

通风方法有两种：常见的一种是自然通风，这种方法经济有效、简便易行，但空气交换率小，且受温度和风压的限制；另一种是机械通风，机械通风机动性强，效果好，但要消耗一定的能源。

（四）低温贮藏

低温贮藏是将冷却后的饲料采取密闭保存的方法，使饲料长期处于低温状况，减弱饲料的生理变化，防止虫、霉危害，保证贮藏品质，达到安全贮藏的一项较好的贮藏措施。

低温可使籽实饲料处于休眠状态，呼吸作用减弱。粉状饲料虽然没有呼吸作用，但低温可大大限制微生物和害虫的活动。当水分含量较高时，低温对部分种子发芽有一定影响，但对饲料营养价值，一般来讲没有不良影响。低温贮藏法有人工降温和自然降温两种方法。但要注意保温装置。

（五）化学贮藏

化学贮藏是在饲料中加入一定量的化学药品，以防治饲料的虫害、霉变和氧化酸败等。

1. 化学防治虫害　为防止昆虫和螨类对谷物类饲料原料的侵袭，常需要熏蒸剂、灭菌剂对其进行化学处理。尤其是熏蒸剂应用效果较好。对谷物类饲料原料进行化学处理，要特别注意农药残留量，应符合饲料（或粮食）卫生标准要求。

2. 防霉剂　在饲料中加入化学药品抑制或杀死微生物来达到安全贮藏。在配合饲料中常用的有丙酸钙（2 千克/吨）、丙酸钠（1 千克/吨）等。

3. 抗氧化剂　有些饲料中有较多的脂肪，容易自动氧化分解。一方面产生异味变质，另一方面破坏了溶解于脂肪中的脂溶性维生素 A、维生素 D、维生素 E、维生素 K 等，从而降低饲料的营养价值。为了防止脂肪氧化，常在饲料中添加抗氧化剂。

①天然抗氧化剂：有丁香、花椒、茴香等。这些天然抗氧化剂使用安全，没有副作用。

②合成抗氧化剂：这是目前使用较多的抗氧化剂，如乙氧基喹啉、二丁基羟基甲(BHT)、丁基羟基茴香醚(BHA)、没食子酸丙酯以及抗坏血酸等。一般认为乙氧基喹啉的抗氧化效果高于 BHA、BHT。

4. 药剂　使用时，要注意安全，严格按照国家或行业规范以及使用说明书操作。

二、常用饲料的贮藏

(一)玉米的贮藏

玉米是主要的能量饲料，也是牛精料补充料的主要原料，被畜牧界誉称为“饲料之王”。

1. 贮藏特性　玉米的胚部所占比例较大，占整粒重量的 10%～14%，占整粒体积的 30%～35%，体疏松，上部无透水不良的湖粉层。因此在相对条件下，玉米比其他谷实类饲料呼吸作用强。玉米胚部含脂肪高达 35%左右，占整粒玉米脂肪总量的 70%以上。因此，在温度高、湿度大的情况下，脂肪容易氧化，这时胚部酸度增加，容易损坏变质。

玉米水分在 14%～40%范围内，水分愈高，呼吸作用愈强，微生物和害虫繁殖加快。当玉米水分低于 14%、料温不超过 25℃，或水分在 13%以内而温度不超过 30℃时，可以安全度夏。

2. 玉米的霉变　玉米的霉变与含水量和温度密切相关。当玉米含水量达到 14.3%时，曲霉(如黄曲霉)即可生长，当玉米含水量达到 15.6%～20.8%时，青霉即可生长。玉米的霉变过程是：开始籽粒表面发生湿润(俗称“出汗”)，接着胚部发生变化，胚部菌丝体成绿色(俗称“点翠”)、灰色，最后呈黑色，霉味增加，带有辛辣

味，再继续霉烂，则丧失使用价值。一般籽粒表面湿润到胚部出现菌丝需 3～4 天，此期发现及时，立即处理，还可以挽救。否则再经过几天就达到发热严重阶段而失去饲用价值。

3. 玉米的害虫　常见害虫有米象、麦蛾、锯谷盗、印度谷蛾以及地中海螟蛾等，最严重的是米象以及蛾类害虫。对玉米害虫可采用溜筛除虫，用 0.5～0.6 厘米的单层溜筛，60℃的料面，除虫效果可达 97.8%。其次，用低温贮藏或氧化等都能有效防治。

4. 贮藏方法　主要是散装贮藏，一般立筒仓都是散装。立筒仓贮藏玉米厚度高达十几米。因此水分应控制在 14%以下，入低温库贮藏或通风贮藏。

5. 玉米粉的贮藏　玉米粉空隙小，通气性差，导热性不良，粉碎后温度较高（一般为 30～50℃），很难贮藏。如含水量稍高时则易结块、生霉、变苦。因此，刚粉碎的玉米粉应立即通风降温。饲料厂通常采用的是籽实贮藏，现配料现粉碎。

其他谷类籽实饲料与玉米贮藏相似。

（二）饼粕贮藏

1. 贮藏特性　饼粕包括大豆饼粕、棉子饼粕、菜子饼粕、亚麻仁饼等。这类饲料含蛋白质，但由于本身缺乏细胞膜的保护作用，很容易感染虫、菌。如果水分超过标准，相对湿度在 75%以上，则易发生霉变。害虫主要是锯谷盗以及蛾类等害虫。此外，热榨饼还容易自燃。如果油籽饼粕水分低于 5%，在运输或日光照射下，达到一定温度时也容易自燃。

2. 贮藏方法　仓库要特别注意防虫、防潮、防霉。入库前，可用国家允许使用的防虫剂灭虫。仓库铺垫也要切实做好，最好用糠做垫底材料。垫糠要干燥压实，厚度不少于 20 厘米。同时要严格控制水分，最好在 5%左右。棉子饼粕和菜子饼粕含有毒素，可脱毒之后再贮藏。

（三）麸皮贮藏

麸皮破碎疏松，空隙度较面粉大，吸湿性强，含脂高达 5%，因

此很容易酸败或生虫、霉变，特别是夏季高温潮湿，更易霉变。新出机的麸皮温度一般能达到 30℃，贮藏前要把温度降到 10～15℃才能入库。在贮藏期要勤检查，防止结露、发霉、生虫，防止吸湿。一般贮藏期不宜超过 3 个月。贮藏在 4 个月以上，酸败就会加快。

（四）米糠贮藏

米糠中脂肪含量高，导热不良，吸湿性强，极易发热酸败。贮藏米糠时应避免踩压。入库的米糠要及时检查，勤翻勤倒，注意通风降温。米糠贮藏时其稳定性比麸皮还差，不宜长期贮藏，要及时推陈贮新，避免损失。

（五）维生素及其添加剂原料贮藏

维生素及其他添加剂原料是生产配合饲料的重要原料，虽然用量不多，作用却不小。这部分原料作用各异，一般都要求低温、干燥、阴暗的环境，应根据各自的特性分别保管，详见表 7-5。

表 7-5　维生素及其他添加剂原料的贮藏条件

维生素 A	装入铝、铁容器内密封、充氮气，在凉暗处保存	泛酸钙	密封，干燥处保存
维生素 AD 溶液	遮光，满装，密封存于阴凉、干燥处	氯化胆碱	防潮，密封保存
维生素 B_1	遮光，密封保存	烟酸	密封保存
维生素 B_2	遮光，密封保存	土霉素	遮光，密封，干燥处保存
维生素 B_6	遮光，密封保存	硫酸亚铁(7 个水)	密封保存
维生素 B_{12}	遮光，密封保存	硫酸锌(7 个水)	密封保存
维生素 C	遮光，密封保存	硫酸铜(7 个水)	密封，干燥处保存
维生素 D_3	遮光，充氮，密封，冷处保存	硫酸镁(7 个水)	密封保存
维生素 E	遮光，密封保存		

(六)配合饲料贮藏

配合饲料的种类很多,但其内容不一样,因此贮藏特性也各不相同。料型不同(颗粒料、粉料),贮藏特点也有差异。

1. 颗粒饲料的贮藏特性　因其用蒸汽(也有用水)制粒处理,能杀死大部分微生物和害虫,而且空隙度大,含水较低,维生素也容易被光破坏。

2. 粉状饲料的贮藏　粉状配合饲料大部分是谷类,表面积大,空隙度小,导热性差,容易吸湿发霉。其中的维生素随温度升高而损失加大。维生素之间、维生素与矿物质的配合方法不同,其损失情况也有所不同。此外,光照也是造成维生素损失的主要因素之一。所以,粉状饲料一般不宜久放,宜尽快使用。一般在厂内存放时间不要超过一个月。

3. 浓缩饲料的贮藏　这种饲料富含蛋白质,并含维生素和各种微量元素等营养物质。其导热性差,易吸湿,因而微生物和害虫易繁殖,维生素易受热、氧化等因素的影响而失效。有条件时,可加入适量抗氧化剂。贮藏时要放在干燥、低温处。

思考题

1. 简述现行的饲料分类体系。
2. 说明各类饲料的主要营养特性及其代表性饲料品种。
3. 说明青贮饲料的制作原理。
4. 简述常用饼粕类饲料的主要营养特点及其所含的毒素或抗营养因子。
5. 精饲料的加工调制方法主要有哪几种?
6. 简述常用的饲料贮藏方法。

第八章　牛的日粮的配制技术

重点提示：本章主要学习饲料配方设计的原则、饲料配方设计的方法（试差法、四角法、公式法）。

第一节　饲料配方设计的原则

饲料的合理搭配（饲料配方设计）是指将所掌握的关于动物营养需要量、饲料营养成分及特性、饲料加工技术等知识相综合，把各种原料按一定的比例搭配在一起，从而为动物设计出营养平衡而价格低廉的全价日粮，以充分发挥动物的生产潜力并获得最大经济效益。合理搭配饲料是畜牧生产中非常重要的技术环节，饲料搭配的合理与否，直接影响到动物的健康、生产性能、生产成本及养殖业的经济效益，但配方的设计绝非简单的数字运算，它的质量反应着一个企业或配方设计者的技术素质、管理水平和预测能力。

饲料配方设计必须遵守以下原则：

一、饲料配方的先进性与科学性

一个优良的饲料配方包含和容纳了现代营养、饲养、原料特性与分析、质量控制等方面的先进知识。其各种营养指标必须建立在能够满足动物的营养需要，而且各指标之间的配比关系必须合理，从而使生产出的饲料具有良好的适口性和较高的利用效率。对已具有的配方，也应该根据新的知识及生产中各种因素的改变加以适当的修正，从而使更符合实际。

二、必须注意经济原则

在畜牧业生产中，饲料费用通常占总生产成本的一半以上，因此在进行饲料搭配时，必须注意经济原则。使生产出的饲料既能满足动物的营养需要，同时又尽可能的降低成本，防止片面的追求高质量。为达到这一要求，所用原料应尽量选择当地生产量较大、价格又较低廉的饲料，而少用或不用昂贵的饲料。另外，饲料搭配时还应考虑产品环境的影响，尽量减少动物废弃物中氮、磷、铜及药物等对人类生态环境造成的不利影响。

三、饲料配方的可操作性

可操作性即生产上的可行性。因为一个合理的配方必须选择特定原料通过一定的生产工艺才能生产出合格的产品，所以设计饲料配方时必须同时考虑其可操作性，例如所选用原材料必须是可以买到或生产的，原料的质量及其配比应是相对稳定的，各种原料的比例应尽量不带小数，其所需加工工艺必须与企业条件相配套等。另外产品的种类与阶段划分也应符合养殖业生产的要求。

四、饲料搭配的市场性

配合饲料本身就是一件商品，所以在饲料搭配时必须以市场为目标，应明确产品的档次，客户范围，现在以及将来市场对本产品认可程度与接受前景等，还应特别注意同类竞争产品的特点。例如为农户散养放牧的牛设计精料配方时应该与集约化饲养时有所区别。又如当农户在拥有丰富的能量饲料时，可为其提供浓缩饲料。

五、注意配合饲料产品的合法性

合法性是指按配方设计出的产品应符合国家有关规定。为规范国内的配合饲料生产，国家近十年来颁布了一系列的技术标准，这些标准中既有推荐性标准，又有强制性标准。虽然有的规定项目不尽合理或落后于科学，需要进一步完善或修正，但在一些关键性的强制性指标上必须认真执行。因为饲料产品都要接受质量监督部门的管理。有的饲料生产企业为了提高产品质量，还制定了企业标准，但企业标准制定后，必须通过合法途径进行注册登记并在生产中严格执行，要严格控制无标生产和违标生产的现象发生。

第二节 日粮配制技术

饲料搭配技术是动物营养学、饲料学与现代应用数学相结合的产物。它是实现饲料合理搭配，获得高效益、低成本饲料配方的重要手段，是发展配合饲料，实现动物饲养业现代化的一项基础工作。尤其是随着电子计算机的日益普及，越来越多的饲料生产企业将借助于电子计算机来优选最佳饲料配方，这对降低动物生产成本，提高配合饲料质量，推动饲料工业和养殖业的发展，无疑将起到越来越重要的推动作用。但从目前情况看，利用电子计算机优化饲料配方技术仅在一些大型或部分中型饲料企业中采用，而在广大的养殖场(户)及多数中小型饲料厂仍采用手工配合的方法。另外电子计算机设计饲料配方的程序，也必须遵循常规饲料配方计算的基本知识和技能。因此这里仅对饲料配方设计的常规方法加以介绍，关于计算机计算饲料配方的程序和方法可参考其他资料。

一、试差法

该法又称凑数法或瞎子爬山法，是目前中小型饲料企业和养殖场（户）经常采用的方法。其具体做法是：首先根据经验初步拟出各种饲料原料的大体比例，然后用各自的比例乘以该原料所含各种养分的百分含量，再将各种原料的同种养分相加，就得到该配方的每种养分总含量，将所得结果与饲养标准相比较，若有某种养分超过标准或不足时，可通过减少或增加相应的原料比例进行调整和重新计算，直到所有的营养指标都基本满足饲养标准时为止。这种方法简单易学，且学会后可以逐步深入，掌握各种配料技术，因而广为应用。但缺点是计算量大，比较繁琐，且盲目性大，不易筛选最佳配方，成本也可能较高。

例一：一头体重 600 千克、日产乳脂率为 3.5%的乳 20 千克、怀孕 6 个月的二胎牛，舍饲，环境温度为 0℃，现有饲料种类是：玉米秸、花生蔓、青贮玉米秸、玉米、麸皮、豆饼、棉子饼、磷酸氢钙、贝壳粉、食盐、碳酸氢钠、复合微量元素添加剂及维生素添加剂，以此为例说明奶牛日粮配合的方法和步骤。

第一步，查奶牛营养需要表（附录），列于表 8-1。

第二步，首先满足奶牛粗饲料的需要量。根据经验如果每天喂干草 5 千克（玉米秸 70%，花生蔓 30%），青贮玉米秸 25 千克，则可获得如下营养，见表 8-2 。

第三步，不足营养用精料补充。每千克精料按含 2.4 NND 计算，其精料量为 21.23÷2.4＝8.85（千克），如喂以玉米 4.5 千克，麸皮 2.5 千克，豆饼 0.85 千克，棉子饼 1.0 千克，其营养列入表 8-3

表 8-1　营养需要量

营养需要	日粮干物质（千克）	奶牛能量单位(NND)	可消化粗蛋白(克)	钙（克）	磷（克）	胡萝卜素（毫克）	维生素(A)（千单位）
维持需要	7.52	13.73	364	36	27	64	26
产奶需要	8.20	18.60	1 060	84	56		
环境温度需要		13.73×18×0.6/85 =1.74					
第二胎需要	0.752	13.73×10%=1.37	36.4	3.6	2.7		
怀孕需要	8.27−7.52 =0.75	15.07−13.73 =1.34	414−364 =50	42−36 =6	29−27 =2		
合计	17.22	36.78	1 510.4	129.6	87.7		

表 8-2　干草和青贮玉米秸营养含量

饲料种类	NND	DCP(克)	Ca(克)	P(克)
3.5 千克玉米秸	3.5×1.21=4.24	3.5×18=63		
1.5 千克花生蔓	1.5×1.54=2.31	1.5×28=42	1.5×24.6=36.9	1.5×0.04=0.06
25 千克青贮玉米秸	25×0.36=9.0	25×10=250	25×1.0=25.0	25×0.06=1.5
总计	15.55	355	61.9	1.56
尚缺营养	21.23	1 155.40	67.7	86.1

表 8-3　混合精料营养含量

饲料种类	NND	DCP(克)	Ca(克)	P(克)
玉米	4.5×2.76＝12.42	4.5×56＝252	4.5×0.9＝4.05	4.5×1.8＝8.1
麸皮	2.5×1.89＝4.725	2.5×90＝225	2.5×1.4＝3.5	2.5×5.4＝13.5
豆饼	0.85×2.64＝2.244	0.85×272＝231.2	0.85×3.4＝2.89	0.85×7.7＝6.5
棉籽饼	1.0×2.34＝2.34	1.0×211＝211	1.0×2.7＝2.7	1.0×8.1＝8.1
粗饲料总计	15.55	355	61.9	1.56
精粗饲料总计	37.28	1274.2	75.04	37.76
与需要比较	＋0.50	－236.2	－54.56	－49.94

由表 8-3 可见，上述日粮除 NND(能量)已满足需要外，DCP，Ca，P 的需要量尚感不足。

第四步，以豆饼替换等量玉米满足 DCP 的需要，替换量为：236.2÷(272－56)＝1.09(千克)。

第五步，补充矿物质，以磷酸氢钙先满足磷的需要(豆饼替换等量玉米引起的磷的变化忽略不计)，其需要量为 49.94÷220＝0.23(千克)。同时钙也得到满足(0.23×290＝66.7)。因此基本上获得平衡日粮，即该奶牛的平衡日粮为玉米秸 3.5 千克，花生蔓 1.5 千克，青贮玉米秸 25 千克，玉米 3.41 千克，麸皮 2.5 千克，豆饼 1.94 千克，棉子饼 1.0 千克，磷酸氢钙 0.23 千克。

第六步，补充食盐(胡萝卜素已满足需要)。食盐的需要量按每 100 千克体重给 3 克，每产 1 千克奶给 1.2 克，共 42 克。最后按每千克精料加 1.5％的碳酸氢钠约 130 克，还要按产品说明添加微量元素添加剂 1％，约 90 克。如此精料的组成比例大致为：玉米 36.5％，麸皮 27％，豆饼 21％，棉子饼 10％，磷酸氢钙 2.5％，食盐 0.5％。碳酸氢钠 1.5％，微量元素添加剂 1％。

例二：用青贮玉米、玉米、麸皮、棉子饼、磷酸氢钙、石粉、食盐为体重 300 千克，日增重 1.2 千克的育肥牛配合日粮。

第一步，从肉牛营养需要表(见附录一)查出体重 300 千克，日增重 1.2 千克的育肥牛所需的各种养分列入表 8-4，所用饲料的营养成分含量列入表 8-5。

表 8-4　营养需要

体重(千克)	日增重(千克)	干物质(千克)	肉牛能量单位(RND)	粗蛋白质(克)	钙(克)	磷(克)
300	1.2	7.64	5.69	860	38	19

表 8-5 饲料营养成分含量

饲料	干物质(%)	肉牛能量单位(RND/千克)	粗蛋白质(%)	钙(%)	磷(%)
玉米	88.4	1.00	8.60	0.08	0.21
麸皮	88.60	0.73	14.40	0.18	0.78
棉子饼	89.60	0.82	32.50	0.27	0.81
青贮玉米	22.7	0.12	1.60	0.10	0.06
磷酸氢钙				23.20	18.60
石粉				33.98	—

第二步，初定各种饲料用量及养分含量。假设青贮玉米在日粮干物质中占 55%，玉米占 25%，麸皮 10%，棉子饼 10%，则初定日粮中养分含量见表 8-6。

第三步，调整。由表 7-3 可见，初定日粮中能量达到标准，而粗蛋白质超过标准，钙不足、磷超量。调整方法：因为麸皮和棉子饼所含的能量差别不大，而粗蛋白质含量的差别较大，所以可用麸皮等量取代棉子饼，使粗蛋白质符合标准，其取代量为：23.3÷(325－144)＝0.129(千克)。将调整后的日粮列出，计算养分含量，见表 8-7。

表 8-6 初定日粮中养分含量

饲料	用量(千克)	干物质(千克)	肉牛能量单位(RND)	粗蛋白质(克)	钙(克)	磷(克)
玉米	2.16	1.91	2.16	185.8	1.73	4.54
麸皮	0.862	0.764	0.629	124.1	1.55	6.72
棉子饼	0.853	0.764	0.699	277.2	2.30	6.91
青贮玉米	18.51	4.20	2.22	296.2	18.51	11.1
合计	22.39	7.64	5.71	883.3	24.09	29.27
与标准比较		0	＋0.02	＋23.3	－13.91	＋10.27

表 8-7　调整后日粮养分含量

饲料	用量（千克）	干物质（千克）	肉牛能量单位（RND）	粗蛋白质（克）	钙（克）	磷（克）
玉米	2.16	1.91	2.16	185.8	1.73	4.54
麸皮	0.991	0.878	0.723	142.7	1.78	7.73
棉子饼	0.724	0.649	0.594	235.3	1.96	5.86
青贮玉米	18.51	4.20	2.22	296.2	18.51	11.1
合计	22.39	7.64	5.70	860	23.98	29.23
与标准比较		0	+0.01	0	−14.02	+10.23

矿物质中虽未添加磷酸氢钙，磷却已超量，按照钙：磷为 2：1 的饲养标准，应将钙补充到 58.46 克，故应添加石粉的量为(58.46－23.98)÷339.8＝0.10(千克)。混合精料中应添加 1%的食盐，约 40 克，还要添加 1%的肉牛预混料，约 40 克。本例育肥牛日粮配方为：青贮玉米 18.51 千克，玉米 2.16 千克，麸皮 0.991 千克，棉子饼 0.724 千克，石粉 0.10 千克，食盐 40 克，1%的肉牛预混料 40 克。混合精料的百分组成为：玉米 53.26%，麸皮 24.44%，棉子饼 17.85%，石粉 2.5%，食盐 1%，添加剂 1%。为了配料方便，玉米按照 53%，麸皮按照 25%，棉子饼 17.5%，石粉 2.5%，食盐 1%，添加剂 1%。

利用试差法设计饲料配方时一般都需要一定的配方经验，以下是作者的一点体会，仅供参考：

①初拟配方时，可先将矿物质、食盐及预混料等原料的用量确定。

②对原料的营养特性要有一定的了解，对含有毒素、营养抑制因子等不良物质的原料，可根据生产上的经验将其用量固定。

③通过观察对比各原料的营养成分，来确定相互取代的原料。

④矿物质不足或过高时应首先以含磷的原料调整磷的含量，

并计算其钙含量。若钙仍有不足或过高，再以含钙的原料(如石粉、贝壳粉、蛋壳粉等)加以调整。

⑤为防止由于原料质量问题而导致产品中营养成分的不足，配方营养水平应稍高于饲养标准。

⑥为了配料上的称量方便和准确，所用原料的配比最好为整数，若非有小数不可，应使带小数的原料种类越少越好。

二、四角法

该法又称交叉法、正方形法、对角线法或图解法。这是一种将简单的作图与计算相结合的方法。在饲料原料不多、考虑指标又少的情况下，可较快地获得比较准确的结果。但缺点是同一时间只能考虑1～2个指标。

例：用玉米(粗蛋白质8.7%)和豆饼(粗蛋白质40.9%)配合粗蛋白质含量为14%的精料。

首先，画一个正方形，将玉米和豆饼的粗蛋白质含量写在左边两个角上，将所要求日粮的粗蛋白质水平写在正方形的中间。

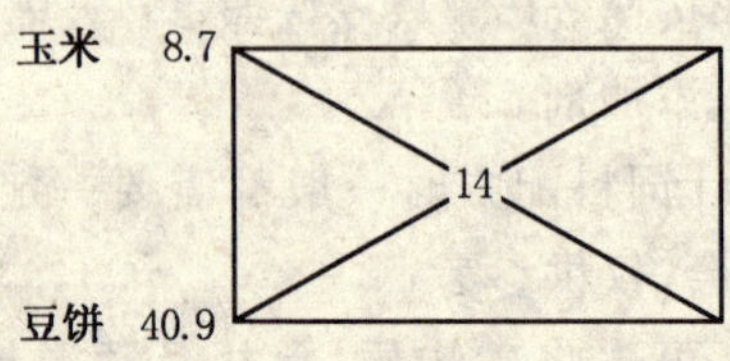

然后分别以正方形左方上、下角为出发点，通过中心向各自的对角作对角线，每条对角线上均以大数减小数，所得数值写在对角上。同一行上所得数值即为左边所对应原料在最终饲料中所占的份数。

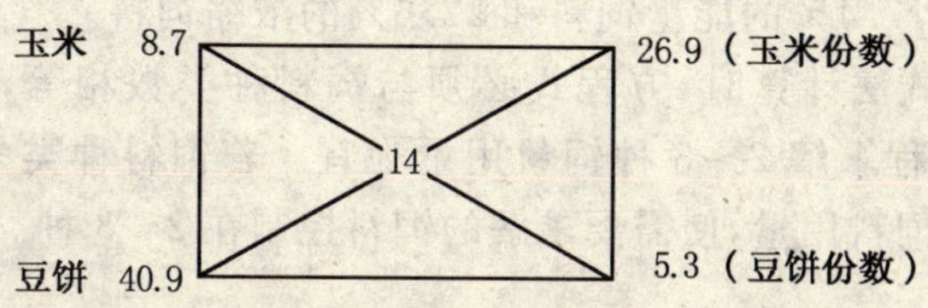

最后，折算成百分比配方。方法是分别用每种原料的份数除以各种原料的总份数。

玉米用量为：26.9/(26.9+5.3)×100%=83.54%

豆饼用量为：5.3/(26.9+5.3)×100%=16.46%

因此，由83.54%的玉米和16.46%的豆饼即可配合出粗蛋白为14%的日粮。

由此可见，利用四角法配合饲料不需反复调整，因而速度较快、结果也较准确，但值得注意的是，配合饲料的蛋白能量比必须一高一低，否则会出现误差。若饲料种类较多时，也可按蛋白能量比分为高于或低于要求的两组，每组饲料配比自行确定，计算出其养分含量和蛋白能量比后，再用四角法计算高低两组的配比和各种饲料用量。

三、公式法

又称代数法或联立方程法。该法是利用数学上的联立方程计算饲料配方。优点是条理清晰，方法简单。

例：应用粗蛋白质含量为9%的能量混合料和粗蛋白质含量为40%的浓缩饲料配合粗蛋白质为16%的精料。

设能量混合料在日粮中的百分比为 X，浓缩饲料的百分比为 Y。则有：

$X+Y=100\%$ 和 $9\%X+40\%Y=16\%$

组成方程组后，解得：$X=77.4\%$　$Y=22.6\%$

即用 77.4%的能量饲料和 22.6%的浓缩饲料。

用公式法计算时，方程式必须与饲料种类数相等，且一般以 2～3 个方程求解 2～3 种饲料用量为宜。若饲料种类多时，可先自定几种饲料用量，使需要求解的饲料控制在 2～3 种。

四、设计饲料配方应注意的几个问题

(一)计算标准或执行标准的确定

饲养标准是进行饲料搭配的重要依据，但它又有局限性。目前，世界上许多国家都建立了自己的饲养标准(如美国 NRC，英国 ARC，法国 APC，日本、欧共体、前苏联及我国标准)。许多著名动物育种公司的饲养管理手册上，又有自己的标准，因此，究竟选择那一个标准，往往使配方设计者无所适从。针对上述情况，建议：

①对已有品种标准的动物，应尽量以其品种标准为参考。

②对未有品种标准者，可参考国家标准及美国 NRC、英国 ARC 等标准，但这些标准多为最低需要量。在进行饲料搭配时，应根据饲养动物的品种、饲养方式及水平、饲料生产及加工条件等因素而予以适当修正。

③应考虑环境因素对设定标准的影响。多数饲养标准都是以一个近似的采食量为基础的，而环境因素尤其是温度对采食量有很大影响。因此配方设计者必须依据采食量水平设计饲料中营养成分的水平，其一般原则是寒冷季节营养水平可适当下降，而高温季节则应予以提高。

④营养指标的确定。现有饲养标准中规定的指标很多。但若考虑指标过多，往往找不到最优解。因此，进行饲料搭配时，通常把主原料与添加剂分开设计。主原料设计时，一般仅选用能量、蛋白质(粗蛋白、可消化粗蛋白、过瘤胃蛋白等)、钙、磷、盐、粗纤维等，其他成分在添加剂中补充。

(二)原料中营养成分的确定

由于原料的变异及分析条件的限制,如何确定使用原料的营养成分是配方设计的又一大难题。虽然许多营养成分表都给出了参考数值,但成分表很多,而且数字变异可能很大。如《中国饲料数据库》(1995)与《FEEDSTUFF》(1996)就存在很大差异。因此,在进行配方设计时应该做到:

①对一些易于测定的指标,如粗蛋白质、水分、钙、磷、盐、粗纤维等最好进行实测。

②对一些难于测定的指标,如能量、氨基酸等,可参照国内的数据库,但此时必须注意样品的描述。只有样本描述相同或相近,且易于测定的指标(粗蛋白质、水分、钙、磷、粗纤维、粗脂肪等)与实测值相近时才能加以引用。

③对于维生素和微量元素等指标,由于饲料种类、生长阶段、利用部位、土壤及气候因素等影响较大,主原料中含量可不予考虑,而作为安全系数。

思考题

1. 简述饲料配方设计的原则。
2. 说明用试差法为奶牛配合日粮的方法和步骤。
3. 说明用公式法配合日粮的方法和步骤。
4. 说明用四角法配合日粮的方法和步骤。

第九章　牛的生产能力及其评定

重点提示：本章重点学习奶牛乳房的内部结构；乳的合成与分泌机理；影响乳牛生产能力的因素——遗传因素、环境因素和生理因素。影响肉牛生产性能的因素——遗传因素、环境因素和生理因素，肉牛的生长规律。

第一节　乳牛泌乳机理及生产力评定

与乳牛生产力最密切相关的就是其乳房，因此很有必要首先了解一下乳房的内部结构。了解乳房的内部结构，进而搞清泌乳机理，以便改进和提高饲养管理技术和挤奶技术。

一、乳房的内部结构

乳房内有一条悬韧带，自上而下将乳房平分为左右两半，每一半边乳房的中部又被结缔组织形成的隔膜所隔开，又分为前后两半，因此，乳房就被分为前后左右 4 部分，即 4 个乳区，每一乳区的延长部分称作乳头。4 个乳区一般互不相同，互不影响。4 个乳区产奶量是不均衡的，后两乳区的产奶量较多，约占总产奶量的 55％以上，4 个乳区不仅产奶量不均衡，有时甚至奶的成分也不相同。如果乳房的一个或一侧乳区损坏而不产奶了，其余 3 个乳区的产奶不但不下降，反而还会产生一定的代偿作用，即其他乳区的产奶量要增加，但这种代偿作用不会全部代偿回来。乳房内部系由血液循环系统、淋巴系统、神经系统、腺体组织和结缔组织等所组成。结缔组织主要起支撑乳房的作用，并将乳腺泡联成外形似葡萄穗的乳腺小叶。乳腺小叶结合成乳腺叶，乳腺叶是由许多乳腺泡和末梢导管连接而成的，这些小管汇成许多较大的乳导管，乳导管末端与乳池相通。腺体组织是由乳腺泡和导管系统构成的。

(一)乳腺泡

乳腺泡是乳房的基本产奶单位，系由单层分泌上皮组成极小的空腔，数目可达数10亿之多。它的主要功能是：从周围的毛细血管中吸取所需要的营养物质，在细胞内合成乳脂肪、乳蛋白和乳糖，并将这些合成物和吸收来的矿物质、维生素、血清白蛋白、免疫球蛋白和水分等分别排到乳腺泡腔内，在乳腺泡腔内混合成乳。当催产素经血液运输到达乳房时，可刺激腺泡周围肌上皮细胞网收缩，使乳汁从乳腺泡向乳导管排入，并进入乳池中。

(二)导管

乳房的导管为乳汁提供贮存区并将之输送到乳池。排列在导管系统和乳池的细胞由2层上皮细胞组成，肌上皮细胞以纵向结构排列，这种结构可使导管缩短变粗而有利于奶的流动。

(三)神经

乳房由传入神经(感觉神经)和传出神经(运动神经)支配，擦洗、按摩、吸吮、挤压乳房，都会对乳房感受器(温度与机械感受器)产生刺激，刺激产生冲动由传入神经传到大脑，传出神经传送来自大脑的冲动，使垂体后叶释放催产素而使排乳过程开始。

(四)血液循环

乳房血液来自一对外耻动脉，这一对动脉进入后乳房背侧分支形成前乳动脉和后乳动脉，再分成越来越小的分支最后形成围绕每个乳腺泡的毛细血管。动脉毛细血管在网状结交织中形成静脉。这些静脉在乳房基部构成一个圆周静脉环。血液从这种静脉网状结构可以通过两条道路之一运行。第一条路线经由与外耻骨动脉平行的外耻骨静脉并流入后静脉穴最后到达心脏；第二条路线则通过腹部皮下静脉(通称为乳静脉)前行，最后进入前静脉穴

（乳井）而到达心脏。

（五）淋巴

淋巴循环系统，可调节乳房内部体液平衡，并能抵御疾病感染。淋巴由乳房行进到胸管最后流入前静脉穴的血液中去。乳牛淋巴流入量可高达每小时 2 600 毫升，非泌乳牛仅 15～250 毫升。初产和高产乳牛，分娩前后，由于淋巴液积聚，会导致乳房水肿。

二、泌乳机理——乳的合成与分泌

（一）乳的合成

1. 乳脂肪的合成　其前体物是血液中的乙酸、β-羟丁酸、游离脂肪酸和甘油三酯。乳脂肪大约有 50％的短链脂肪酸（C_4～C_{14}）50％长链脂肪酸（C_{16}～C_{20}）组成的。日粮中植物性脂肪酸多属长链类且不饱和，进入瘤胃中被氢化而成饱和脂肪酸。长链脂肪通过瘤胃被小肠吸收进入淋巴系统，与蛋白质结合进入血液中由乳腺细胞所吸收，用于合成甘油三酯；短链脂肪酸并非直接来源于日粮中的脂肪酸，而是乳腺分泌细胞中由乙酸盐和羟丁酸盐所合成的。乙酸盐含 2 个碳原子，羟丁酸盐含有 4 个碳原子，都来源于瘤胃中植物性碳水化合物发酵而成的挥发性脂肪酸，短链脂肪酸气味芳香。在乳脂肪合成过程中，利用乙酸比羟丁酸多。甘油三酯通过毛细血管壁及分泌上皮细胞膜时分解成脂肪酸和甘油进入乳腺泡分泌细胞。乳脂含量比血脂高 9 倍。

2. 乳蛋白质的合成　乳中 90％以上的蛋白质是以血液游离氨基酸为其前体物合成的，而占 10％的免疫球蛋白，血清白蛋白和 γ-酪蛋白复合物是由乳腺上皮细胞对血液蛋白质进行选择性吸收的结果，在奶中未发生变化。乳蛋白含量是白蛋白的一半。

3. 乳糖的合成　乳糖的前体物是唯一的，即葡萄糖。乳的渗透压主要受乳糖浓度影响，当分泌细胞产生大量乳糖时，可吸收水分进入乳汁中，以保持渗透压的稳定。由此可以看出，泌乳量取决于乳糖，而乳糖的前体物又是血糖（葡萄糖），所以血糖对乳的合成具有举足轻重的作用。乳糖含量为血糖含量的90倍。

4. *维生素、矿物质和水分*　奶中维生素来自血液，它们随血液透过乳腺泡膜进入乳腺泡腔而形成乳的成分。各种维生素浓度，尤其是脂溶性维生素，取决于血液中维生素浓度。奶中的主要矿物质是Ca，P，K，Na，Cl和Mg，约共占0.75%，其中以Ca(0.12%)，P(0.10%)，K(0.15%)和Cl(0.11%)的含量高。钠和钾参与乳汁渗透压的调节因而相对稳定。但如发生乳房炎或者处于泌乳末期，乳中带有咸味，这是由于乳中乳糖和钾的浓度增高以及钠和氯的浓度相应较高的缘故，微量元素也是从血液中通过膜扩散进入乳腺泡腔的。总之，维生素、无机盐、酶、激素及水等都是由血液中的原有营养物质进入乳中的，是乳腺上皮细胞对血浆进行选择性吸收的结果。

综上所述，血液提供了乳的全部原料，但两者不仅在外观上，而且在所含的同类营养物质的结构和数量上都存在显著差异。改善前体物供应的速度，就会使乳的数量或质量出现改观，这表明在乳腺合成功能上还存在潜力。

（二）乳的分泌与排出

乳的分泌速度是不稳定的，随着房内压的变化而变化。当乳充满腺泡腔和末梢导管时，腺泡外层的星状肌上皮细胞网反射性收缩，将乳周期性地转移到乳导管和乳池内。乳腺的全部腺泡腔、导管、乳池构成了蓄积乳的容纳系统。挤乳后5～8小时，容纳系统逐渐蓄积，刺激压力感受器，可反射性地使小叶间弹性纤维组织伸张，从而使房内压并不显著增加，因而乳的分泌速度是高而比较稳定的。当奶继续积蓄，就会使容纳系统被动扩大，房内压迅速升高，以至压迫乳腺中的毛细血管和淋巴管，妨碍了血液循环，降低了前体物的供应速度，分泌速度即开始迅速降低。据研究，如果不给母牛挤奶，则挤奶后35小时，奶即停止分泌，持续下去，奶的成分将被血液吸收。排乳后，房内压下降，乳的分泌增强，可见，乳的分泌与排出是密切相关的，相辅相成的。因此合理安排挤奶次数，减低房内压，可以提高产奶量。“排乳”亦称“放乳”，就是奶从腺泡腔进入乳导管，经乳池、乳头管排出，这一过程是神经系统和内分泌激素共同作用的反射过程。当对乳房施行接洗、按摩、挤奶或犊牛吸吮刺激乳头都可对乳房的机械和温度感受器产生刺激，反射性地使垂体后叶释放催产素，经血液流入到乳腺，引起腺泡和导管的肌上皮细胞收缩，迫使乳汁从腺泡进入导管，经乳池从乳头管排出。排乳反射主要动因是催产素，它与肌上皮细胞的蛋白质受体有高度亲和力，两者结合，使肌上皮细胞引起乳汁从乳腺排出。相反，交感神经活动的加强或者肾上腺素和去甲肾上腺释放素分泌均可抑制排乳。排乳反射活动在刺激作用以后 1 分钟左右即行发生，持续时间最长可达 7～8 分钟，因而从人来讲，及早开始挤奶，和迅速的挤奶动作是很重要的，对乳牛来讲，选择排乳速度快的牛也很重要。这样，不仅可提高产奶量而且也提高了乳脂率。否则，如果动作缓慢，排乳反射已过，房内压迅速降低，乳汁就返回乳腺泡，这就是“返乳”也称为“收乳”。此时，就挤不出奶了，既降低产量又降低乳脂率。因此，必须认识到乳房是一个受神经系统和内分泌系统调节、控制的特殊结构体，必须按照排乳规律施于相应的措施，才有可能获得高的产奶量。排乳反射与大脑皮层有密切关系，排乳反射过程中各个环节都能形成条件反射。例如，挤乳的地点、时间、各种挤乳设备、挤乳操作、挤乳员的出现等等都能作为条件刺激物形成排乳的条件反射。这对于排乳活动是很有利的。相反，如果给予异常的刺激，如喧扰、粗暴待牛、不熟练不正确的操作等都可抑制排乳反射，使产乳量下降。其抑制途径包括中枢性抑制与外周性抑制。所以建立正常的操作规程与制度，如定时、定点、定人员、技术熟练、环境安静等是至关重要的。

三、影响乳牛生产能力的因素

影响乳牛生产能力的因素，归纳起来，不外有3大方面的因素，即遗传因素、环境因素和生理因素。但从遗传学角度来讲，生产能力为数量性状，受遗传与环境两大因素的影响。遗传方面主要是育种工作，环境条件最主要的是饲养管理。奶的产量和组成是乳牛遗传基础——内因及其外界环境——外因相互作用的结果。乳牛产奶量的高低是受其遗传基础即泌乳潜力的制约，这是创造高产乳牛的前提，而泌乳潜力的充分发挥则以饲养管理为其关键措施，两者相辅相成，缺一不可。改善饲养管理条件，使牛群达到高水平，可以充分发挥现有乳牛的泌乳潜力，但是当乳牛群的产奶量达到较高的水平后，即泌乳潜力已得到充分发挥，此时，再想提高牛群产奶量，其有效的，主要的手段就是靠育种工作即品种改良。因此，两者必须有机地结合起来，即俗话所说的“好种好养”，“良种良法配套”才能达到高产、稳产。

(一)遗传因素——品种与个体

乳牛品种不同，在遗传特性上就有显著不同，从而在其产奶量和乳的组成上有着显著差异，这是品种的特征之一。众所周知：在正常条件下，荷斯坦牛是产奶量最高的品种，而在乳脂率方面则以娟姗牛为最高。各品种间在乳的组成上的差异最大的是脂肪；其次是蛋白质和非脂固体物，而矿物质和乳糖的差异最小。不论什么品种，个体间的差异也很大，并且超过品种间的差异。例如，荷斯坦牛乳脂率的变异范围为2.6％～6.0％，而产奶量的变异范围则更大，由2 000千克左右到30 000多千克。这是由于尽管属于同一品种或牛群，且处于同样环境条件下，但因其遗传基础相差太大，故而在产奶量和乳的组成上存在着巨大差异。个体间的差异，对乳牛选种非常有利，这是选育工作的基础，也是某一品种或群体即使在纯繁条件下，经人工选择得以不断提高的根本原因。因而

很有必要对乳牛进行严格的选择和淘汰。

(二)环境因素

1.饲料与饲养管理对产奶量的影响　这是环境因素中最重要的因素,特别是饲料条件对提高乳牛的产奶量和乳脂率等起决定性作用。

2.饲料和饲料添加剂对乳成分的影响

(1)蛋白质饲料　蛋白质饲料不足,会强烈地影响乳中蛋白质和脂肪的含量,而对乳糖的影响较小。

(2)多汁饲料　提高产奶量的效果明显。在精料水平固定的情况下,饲喂大量易消化的碳水化合物能促进产乳和乳脂率的提高。喂南瓜和山芋能明显提高乳脂率和产奶量。

(3)粗饲料　日粮中粗饲料比例过低时,瘤胃中乙酸比例下降,乳脂率亦下降,所以,粗饲料比例一般应不低于日粮中总干物质的40%,最少不低于日粮中总干物质的35%,粗纤维应不低于15%。

(4)饲料添加剂　如在高温季节在日粮中添加乙酸钠,在日粮中(尤其是终年喂青贮料和精料偏高的牛)添加碳酸氢钠都有助于提高乳脂率。研究表明,乳牛日粮中补加碳酸氢钠可增加乳牛食欲和干物质采食量,以补偿泌乳期能量之不足。补饲碳酸氢钠,不仅泌乳高峰期显著延长,每个泌乳期每头牛产奶量增加约500千克,乳脂率亦可提高0.3个百分点。高产乳牛在泌乳盛期补喂碳酸氢钠,对预防酮尿病和瘤胃酸中毒等代谢病有明显效果,碳酸氢钠的补饲方法是:乳牛分娩后或产犊前10天开始喂,到泌乳结束时为止,每头每天补饲量为日粮于物质总量0.8%或精料量的1.5%~2.0%,与精料充分混合均匀后饲喂。添加碳酸氢钠同时添加氧化镁,效果更好,化镁的用量为碳酸氢钠的一半。

3.饲养技术

(1)饲喂次数　乳牛的饲喂次数,我国各地比较一致,采用3

次饲喂，3 次挤奶(也有人建议 3 000～4 000 千克的奶牛可实行 2 次饲喂，2 次挤奶的制度，因为 2 种制度的平均产奶量没有显著差异，但对于超过 5 000 千克的奶牛，应采取 3 次饲喂，3 次挤奶的制度，否则产奶量平均下降 16%～30%)。每次间隔的时间大致相等，每天采食时间大约为 7 小时(有资料报道 8 000～9 000 千克高产奶牛平均 4 小时 21 分 59 秒，5 000～6 000 千克的奶牛 3 小时 23 分 40 秒。)。但是如果遇到高产乳牛、泌乳盛期或夏天等情况要适当延长饲喂时间和增加饲喂次数，以保证采食到足够的营养物质。试验表明，粗饲料日喂 3 次或自由采食，精料少喂或多次饲喂，可降低奶牛酮血症、乳房炎、产后瘫痪等发病率。

(2)饲喂方式 是指每次的饲喂方法。饲喂要定量定时，先粗后精，少喂勤添，以便使乳牛形成一个良好的条件反射。条件反射形成后不要轻易变动，否则将影响消化，降低饲料的利用效果，饮水多在饲喂后进行。

(3)饲料要相对稳定 选用的饲料要保持相对稳定。冬季和夏季日粮变化不宜过于悬殊，青粗饲料要做到：青中有干，干中有青，青干搭配，饮水充足。

(4)粥料 粥料饲喂乳牛，对提高产奶量十分明显，具体做法是：在供乳牛的精饲料中，抽出一些玉米面、胡萝卜、麸皮、豆皮、豆腐渣等，夏天按 1/4，冬天按 1/3 的数量，加热做成粥料，在每次饲喂时，单喂或拌草喂，对高产乳牛增强食欲与产奶量，有良好效果。

以上所讲的是传统饲养方式，传统饲养方式存在的缺点：精粗比不易控制，粗饲料采食不足；个体营养摄入量与需求量不平衡，从而导致泌乳盛期高产奶牛和初产奶牛体况不佳，生产潜力不能发挥，而经产的干奶牛和低产牛因营养过剩，脂肪沉积而造成泌乳力下降，代谢性疾病频发；难以应用现代营养学原理配制日粮进行集约化饲养管理，完全混合日粮是最先进科学的。群饲和完全混合日粮是需要同时采用的技术，群饲必须科学合理地分群，只取其

一难以达到预期的效果。在不能完全达到上述要求时，可先采用全混合日粮简易法：根据体重和产奶量确定全混合日粮中精、粗饲料的喂量，在饲喂前将精、粗饲料在水泥饲槽中混拌均匀后饲喂。产奶量提高7%，其余差异不显著。全混合日粮的优点：可以充分利用廉价饲料资源，如玉米秸、菜子粕等，把这些原料与青贮料糟渣饲料充分混合后，可提高适口性。西方发达国家反刍动物日粮中全混合日粮占29%，我国仅占2%，而且集中在奶牛上。

4. 产犊季节及外界温度 在我国目前条件下，母牛最适宜的产犊季节在冬、春季。夏季饲料条件虽好，但气温太高，高温对乳牛生产能力的不利影响，会超过饲料条件好对乳牛生产能力的有利作用，即可以这样认为：夏季对乳牛生产能力的影响既有利也有弊，弊大于利，并且对高产牛的影响比低产牛大。据研究，荷斯坦乳牛的适温范围是0～20℃，生产环境上限是27℃，下限是－13℃。若超出适温范围对荷斯坦牛开始有不利影响，若超出生产环境界限，会导致产奶量明显下降，甚至危及健康。夏季气温超过27℃的情况是常见的，冬季，在北方低于－13℃的情况也不鲜见，但牛舍只要门窗关闭好，无贼风，加之牛只本身的散热，牛告内温度一般也不会低于－13℃。因此，夏季的产奶量往往低于其他季节，这是高温的影响。试验表明温湿指数THI超过70时，对奶牛的产奶量开始产生影响，随THI的升高，影响增大，在高温情况下，湿度增大，产奶量下降幅度增大。该试验期正是南方高温多雨季节，温度逐渐增高，湿度较大，THI上升。试验表明：随THI的升高，产奶量下降；平均温湿指数与平均产奶量呈负相关，相关系数$r=-0.8478$。研究还表明：随THI的升高，奶牛的受胎率明显下降，乳房炎、子宫炎的发病率有上升趋势。高温使乳牛生产能力下降的主要原因是高温对乳牛消化活动产生了不良的影响，即高温降低了乳牛的采食量并降低了饲料转化率。夏季所产牛乳的乳脂率、乳蛋白率亦下降。高湿会加重高温的危害。很明显，要提

高夏季乳牛产奶量的主要途径有两条一是改善饲养条件来弥补由于高温对消化活动产生的不利影响而造成营养物质的食人量和吸收量的减少。主要措施是降低粗纤维含量高的粗饲料比例,而增加产生高效率热能的碳水化合物饲料和蛋白质饲料的比例。二是降低乳牛所处的小环境的温度,即搞好夏季的防暑降温工作。

在天气炎热的情况下,往往是想通过降低空气湿度,增加非蒸发散热缓和奶牛的热应负荷,但要做到这一点,无论在经济上和技术上都有很大难度。所以,这一项工作,仍然要从保护奶牛免受太阳辐射、增强奶牛传导散热(与冷物体表面接触),对流散热(利用天然气流和强制通风)和蒸发散热(通过淋浴、水浴和向牛体喷淋水等)等行之有效的办法来加以解决。如在牛场场界周边可设置场界林带,种植乔木和灌木的混合林带(如属于乔木的各种杨树、旱柳、榆树等,灌木有河柳、紫穗槐等),该林带应加宽(宽 10 米以上,至少种树 5 行);为分隔场区可设置场区隔离林带,如生产区、管理区等都可用林带隔离,树种以杨、柳、榆树等为宜;在场内外的道路两旁,绿化时一般种树 1～2 行,常用树冠整齐的乔木或亚乔木(如槐树、杏树等);种植的树木以不影响建筑物采光为原则。在道路两旁的树下还可设置花草、四季青等;在运动场的南侧及西侧,可设置 1～2 行遮阳林,一般选用枝叶开阔,生长势强,落叶后枝条稀少的树种,如各种杨树、槐树和枫树等。运动场内种植树木时,应注意采取保护措施,防止牛啃咬毁坏树木。绿化了的地面比未绿化的地面的辐射热低 4～15 倍。防止阳光直射,在运动场搭简易凉棚亦是很有效的措施;牛舍设地脚窗(形成穿堂风和扫地风)、屋顶设天窗、通风管;采用纵向水平强力吹风方式,造成人工气流,一进牛舍倍感清凉,适当喷洒效果更好;南京农业大学研究成功的“间歇淋水加吹风”的综合措施,可大大提高皮肤蒸发散热效果,可使产奶量提高 17%～24.8%。这是一种具有较高的经济价值和广泛的实用价值的降温方法。此方法要求在每两头牛背上

方安装吊扇一台，自动淋水管一根，吹风和间歇淋水并用。{如果将“间歇淋水加吹风”改为“间歇淋水加纵向水平强力吹风”效果会如何？估计能更好些?}在牛舍建筑方面，主要考虑夏季降温防暑，冬季只要门窗关闭后不透风，无贼风即可。此外，在夏季特别炎热的地区还要使产犊避开最炎热的月份。如济南市乳品公司各乳牛场就是采取 每年的 10 月份、11 月份 2 个月停止配种的做法，以避开 7、8 月份产犊。

5. 运动、刷拭与护蹄　乳牛在舍饲期，每天要进行适当的运动(3～4 小时的户外自由活动)，这样不仅能增强体质，而且还能增强体质、提高产乳量和促进发情、预防胎衣不下，另据报道，对奶牛每天驱赶 3 公里，可以有效地提高产奶量和乳脂率。因此，在建奶牛场时必须把运动场考虑在内，每头牛至少 15 平方米，最好是 20 平方米以上。经常地、认真地刷拭牛体，可促进皮肤呼吸，促进血液循环，保持牛体清洁，防止体表寄生虫的滋生，有利于牛的健康和产奶量的提高。乳牛场还要坚持定期修蹄，保持正常蹄形，否则，易形成变形蹄。变形蹄的严重性在于初期不立刻产生危害，容易被人忽视，但一旦发展到严重变形，使肢轴和肢势异常或出现跛行时，产量就会突然下降，有的甚至不能站立与运动，食欲减退，日渐消瘦，致使生产性能低下，只好被迫淘汰。而削蹄则可增加产奶如据苏联一学者实验，他分组进行削蹄，结果中等变形蹄削蹄后奶量增加 5.1％～7.1％，在伴有跛行的变形蹄组，其效果达 12.4％～17.3％。蹄腿是影响生产寿命的部位之一，因此变形蹄由于引起蹄病，因而最终缩短牛的寿命。据统计蹄病淘汰率可占总淘汰率的 19％。每年削蹄 1～2 次，就可使牛群基本上保持正常的蹄形。

护蹄还要注意以下几方面：

①保持地面、运动场干净、干燥。地面污物要及时清除，铺垫运动场时应选择垫料。

②保持牛蹄清洁。经常清除趾间污物,冬季用干刷,夏季用清水,每天坚持不断。

③坚持蹄浴,用硫酸铜溶液经常给牛群消毒浴蹄,可减少发病率。发病率高的牛群可接种疫苗预防腐蹄病。

④及时治疗。发现蹄病应及时治疗,治疗无效或严重者应予以淘汰。

(三)生理因素

1.年龄和胎次　乳牛产奶能力随年龄和胎次的增加而发生规律性变化。在一般情况下,2 岁产犊的头胎母牛,泌乳量约为成年牛的 70%,2 胎时为 80%,3 胎时为 90%,4 胎时为 95%,5 胎时为成年产量。荷斯坦牛产量最高出现在 4～5 胎。奶牛的生产利用年限理论上讲是 10 个胎次,一般可达 6 胎,终生产奶量比较仍是以 5 胎为最高胎产水平。我国最高产奶量胎次一般为 3 胎左右,如西安地区最高产奶量胎次平均在 3 胎左右,这是一种不正常的现象,其主要原因是:饲养管理因素 即日粮结构不合理,管理科学性差,奶牛是一个以粗饲料为主的经济动物,牛群由于长期缺乏优质的青干草,目前饲草品种主要以玉米青贮为主,偏酸性粗饲料长期饲喂,加之精料催奶,使日粮结构走向了精料型,营养代谢病时有发生。我国较普遍地存在着高产奶牛营养缺乏问题,应注意开发高能饲料和优质粗饲料。牛乳的成分,有随着年龄增长而呈略降低的趋向。

2.初产年龄　母牛初次产犊年龄的迟早,对其头胎和终生产乳量有一定影响。一般情况下,育成母牛体重达成年母牛体重的 70%时,14～16 月龄配种,23～25 月龄首次产犊为宜,如此安排,不但不会影响牛体的正常生长发育,而且对其产奶量和繁殖力有良好的影响,能增加终生产奶量。

3.泌乳期　乳牛泌乳期内产乳量呈规律性变化,一般母牛分

娩后产乳量逐渐上升。低产牛在产后 20～30 天，高产牛在产后 40～50 天产乳量达到高峰。高产牛的高峰维持时间长，中、低产牛则维持时间短。提高峰值产奶量，峰值产奶量是提高胎次产量的动力，峰值奶量每提高 1 千克，相当于一个胎次奶产量一胎牛提高 400 千克，二胎牛提高 270 千克，三胎以上提高 256 千克。高峰过后产奶量开始下降，高产牛每月下降 4%～5%，低产牛每月下降 9%～10%，最初几个月下降幅度较小，到泌乳末期（妊娠 5 个月以后）由于胎儿的迅速生长，胎盘激素和黄体激素分泌加强，抑制脑垂体分泌促乳素，因此，产奶量下降幅度较大。必须及时调整日粮结构，继续保持日粮的全价性和适口性，使产奶量的下降比较平稳。乳脂肪含量的变化与产奶量的变化相反。乳蛋白含量随泌乳期的进展而逐渐增加，乳糖和矿物质比较稳定，到泌乳末期，乳中氯的含量显著增加。

4. 产犊间隔　乳牛最理想是一年泌乳 10 个月，干乳 2 个月，产犊间隔为 12 个月。据研究，生产潜力相同的个体，往往是产犊间隔短的牛，可望获得高的产奶量。如有资料表明，产犊间隔由 12 个月延长到 14 个月，则平均产奶量由 6 864 千克下降到 6 123.5 千克。经产母牛一般产后 60 天就要抓紧配种，争取 3 个月内怀孕。乳牛产后 60 天，特别是 76～85 天，配种受胎率最高，超过 90 天则明显下降。

5. 干乳期的长短　为了使乳腺组织获得一定的休息时间和母牛体内贮存必要的营养物质，为提高下一胎产奶量和使胎儿更好的生长，必须让母牛在分娩前有 2 个月左右的干奶期。

6. 挤奶技术和乳房按摩　正确的挤奶技术和乳房按摩是提高乳牛产奶量的重要条件之一，而合理安排挤奶次数可大大提高产奶量和奶的质量。据研究，每天挤奶 3 次者，比挤奶 2 次 增加产奶量 10%～20%，挤 4 次比挤 3 次又可提高 5%～15%，有人试验,以挤奶间隔12小时为基准,每超过1小时,乳脂率降低0.1～0.15个百分点,反之,比12小时每缩短1小时,乳脂率提高0.2～0.25个百分点,蛋白含量亦有类似现象,但不如乳脂率明显。是不是挤奶次数越多,间隔越短就是越好呢?实际并非如此,因为次数增多,会减少母牛的休息时间,而且次数多,奶较难挤,因为挤奶时的房内压较低。再者,挤奶次数由多改为少对高产乳牛的影响较大,而对低产牛的影响则较小。综上所述,可以这样安排挤奶次数:一昼夜产乳量在15千克以下者,可采用二次挤奶制,15～30千克每天挤3次,30千克以上挤4次;同样情况下的初产母牛则要多挤一次,这是因为初产母牛乳房仍处于生长发育阶段,容量较小,故增加一次挤奶,另外,也是为了增加乳房的按摩刺激,促进乳房进一步生长发育。挤奶前,用45～50℃的温水擦洗乳房,能引起血管反射性扩张,使乳房血流量增加,擦洗与按摩乳房都能通过神经中枢促使垂体后叶增加催产素的释放量。如此一来,乳房血流量增加,血液中催产素含量高,两者结合,就会使乳腺内催产素的量大大增加,产生强烈的排乳反射,再加以熟练的挤奶技术,便会夺得较高的奶量,通常当乳房接受刺激(45秒)后,乳房开始发胀,偶尔乳头有乳漏出,说明奶牛已开始排乳。因此在擦洗和按摩乳房60秒(最多不超过90秒)后,必须开始挤奶。试验表明,充分擦洗按摩乳房,不仅可使产奶量提高10%～20%,而且乳脂率提高0.2～0.4个百分点。这是因为如挤奶前不按摩乳房,乳腺泡的乳只有10%～25%进入乳池,经充分按摩进入乳池中的腺泡乳可达70%～90%;乳池乳的乳脂率仅为0.8%～1.2%,输乳管中乳的乳脂率为1.0%～1.8%,而腺泡中乳脂率高达10%～12%。如上海六牧试验,当乳牛挤奶量为0～3千克,3～7千克,7～9千克,9～10千克时,其乳脂率分别为2%,3.1%,3.8%和5.0%,最后把乳脂变为3.1%。乳房中积存的奶不仅不能成为下次挤奶量的

积存量，并且对奶的分泌来说是一种阻碍，影响了泌乳速度，对挤奶量来说也是一种损失。每次挤奶不彻底，会降低平均乳脂率，此外还易造成乳房炎。

7. 体形大小　同一品种、同一年龄的乳牛，在一般情况下，体形大者，由于消化器官容积大，采食量多，故产乳量较高。不同品种之间似乎亦是如此。但不能说，体形、体重越大，产奶量就越高，而是有一定限度，一般情况下，乳牛体重为 600～700 千克时，产奶量相对较高。在计算体形与产奶量的关系时，荷斯坦牛通常每 100 千克体重产奶量应达到或超过 1 000 千克。在乳牛育种工作中，把体形的大小作为重要的育种指标，给予十分重视，因为任何品种的乳牛，在不同的自然条件产，都有一个理想体重。从理论上讲，由于泌乳牛干物质自由采食量为体重的函数（日产奶量 20～30 千克的高产奶牛，干物质需要量为体重的 3.3%～3.6%，日产奶量 15～20 千克的中产奶牛，干物质需要量为体重的 2.8%～3.3%，日产奶量 15～20 千克的高产奶牛，干物质需要量为体重的 2.5%～3.3%。），而能量的维持需要是代谢体重的函数，因此，在相同日粮浓度下，体重较大的泌乳牛可采食较多的饲料用于泌乳，可获得较多的产奶量（即体重越大，所采食饲料提供的营养与维持需要的差就越大，即生产需要就越多）。如 400 千克的泌乳牛在采食秸秆、中等质量粗饲料和 70%精饲料日粮所能达到的产奶量分别为 0.5，3.0 和 21 千克；而 600 千克的泌乳牛在采食秸秆、中等质量粗饲料和 70%精饲料日粮所能达到的产奶量分别为 2.5，7.0 和 34 千克。因此，在一般情况下，同一品种、同一年龄的乳牛，要选择体形大者。

8. 疾病与药物　乳牛患乳房炎、酮病、乳热症和消化道疾病时，泌乳量显著下降，乳的成分和品质亦发生变化。例如，乳牛患急性乳房炎时，奶中干物质、乳脂肪、乳糖含量显著下降，而蛋白质

和矿物质则明显增加，奶呈碱性，有咸味。乳牛患布病、结核病、口蹄疫均可降低产奶量，牛乳品质下降。挤奶后，母牛站立1小时左右，以使乳头括约肌完全收缩，并可防止乳头过早与地面接触，实践证明，这个办法能减少乳房疾病。（所以，是否可将饲喂安排在挤奶后，因为只有采食才能避免其卧地。）

此外，是否严格遵守操作规程，如定时、定位（挤奶牛的排列顺序，先挤第一胎无乳房疾病的初产母牛、其次挤无乳房炎病的经产母牛、然后是历史上曾患过乳房炎但现在无症状的母牛，最后挤各乳区产生不正常奶的母牛）、定人员、认真擦洗按摩乳房，工作时间不准大声喧哗等均有利于乳的分泌与排出。反之若人声嘈杂，噪声不断，挤奶时间与位置不固定，常换挤奶员等诸如此类的不遵守操作规程的情况，均可通过大脑皮层，经中枢途径或外周途径，对乳的分泌与排出产生抑制作用，从而减低产奶量。

四、乳牛生产能力的测定与计算

（一）产奶量的测定和计算

1. *产奶量的测定方法*　最精确的方法是对每头母牛每天的产奶量进行称量和登记。但这样太繁琐，近年采用简化的方法，即按黑龙江畜牧所等单位提出的每月测定3天的日产量来估计全月产奶量的方法。根据该所研究结果表明，估计产量与实际产奶量之间存在极显著的正相关（$r=0.993$，$P<0.01$）。

具体做法是：在1个月内记录3天的产奶量，每次间隔8～11天。

2. *个体产奶量的计算*

（1）305天产奶量　是指产犊后第1天开始到305天为总产奶量。不足305天者，按实际乳量（须注明实际泌乳天数）超过305天的，超出部分不计算在内。

(2)全泌乳期实际奶量　是指自产犊后第1天开始到干乳为止的累计乳量。

(3)年度产奶量　是指1月1日至本年度12月31日为止365天的产奶量,其中包括干乳阶段。

3.*全群产奶量的统计方法*　全群产奶量的统计,应分别统计成年牛(又称应产牛)的全年平均产乳量和泌乳牛(又称是实产牛)的全年平均产奶量。计算成年牛的年均产奶量时,须将成年牛中所有泌乳牛和干乳牛(包括不孕牛)都统计在内,以便计算牛群的饲料报酬和产品成本。计算泌乳牛的全年平均产奶量时,仅统计泌乳牛头数不包括干乳牛和其他不产奶牛,故用此法计算的全群年产奶量较前一种方法为高,可以反映牛群的质量,供拟订产奶计划时参考。

(二)乳脂率的测定和计算

常规的乳脂率测定方法,是在全泌乳期的10个泌乳月内,每月测定一次,将测得的数据分别乘以各月的实际产奶量,而后将所得的乘积累加起来,被总产奶量来除,即得平均乳脂率。

(三)4%标准乳的计算

不同个体牛所产的乳,其乳脂率高低不一。为评定不同个体间产奶能力的高低,应将不同乳脂率的奶校正为同一乳脂率的奶,以便比较其产奶量的高低。常用的方法是将不同乳脂率的奶都校正为标准奶。

(四)饲料报酬

这是一个综合性指标,既反映奶牛的质量,又反映饲料营养与饲喂的科学性和管理状况。衡量方法是每千克饲料干物质(或精料干物质)可生产出的牛奶千克数。计算公式如下:

产奶饲料转化率=全泌乳期总产奶量(千克)÷全泌乳期饲喂饲料干物质(或精料干物质)量(千克)

第二节　肉牛的生产能力及其评定

一、肉牛的生长

(一)体重的增长规律

1. 体重的一般增长　指出生重、断奶重、1 岁体重、1.5 岁体重等项目。按时于早饲前空腹称重。连续 2 天,取其平均数。据估计,出生重的遗传力为 0.4,断奶重为 0.3 ,出生重与生长率呈正相关,但在选种上对初生重并不十分重视,因为选择初生重特性往往会导致难产率高。而断奶重在选种上却十分重视,因为断奶重越大,说明母牛的泌乳性能越好,并且断奶前增重快也比较经济。出生后在充分饲养条件下,1 岁以前生长很快,性成熟以后生长变慢。因此,在生产上应掌握这个生长发育特点,在生长快的阶段,饲料条件优越的情况下给予充分饲养,以充分发挥其增重效果。同时,在饲料利用率方面,增重快的牛比增重慢的要高。据实验,用于维持需要的饲料,日增重 0.8 千克的犊牛为 47%,而日增重 1.1 千克的犊牛为 38%。

2. 补偿生长　在生产实践中常见到,因生长发育某阶段饲料不足,而使幼牛的生长速度下降,甚至停止,当一旦恢复高营养水平后,则其生长速度比未受限制时要快,经过一段时间饲养后,仍能达到正常体重。这种特性叫做补偿生长。但是,并不是在任何阶段都能进行补偿,如果在生命的早期(从初生到 3 月龄)生长速度受到严重影响时,则在下一阶段(4～9 月龄)便很难进行补偿生长。在补偿生长期间饲料的采食量和转化率都有所提高。同时,在补偿生长期间所长的肉一般含水率较高。

3. 肉牛的早熟及晚熟　肉牛可分为中小型早熟品种和大型晚熟品种,所谓的早熟和晚熟是指饲养到相同的胴体等级,即体积比

例相同时,所需时间的长短。而不是指生长速度的快慢。以相同的胴体等级为衡量标准,大型晚熟牛所需的饲养期较长,小型早熟牛所需饲养期较短,可见,中小型早熟品种在年龄较小时就能达到所需的体组织比例,故出栏早,周转快。但大型品种增重速度快,如按达到同等体重所需的时间来比较,则大型晚熟者较短,饲料利用率亦高,如按饲养到同样胴体等级时来比较,则饲料利用率相似。

(二)体组织的生长特点

1.肌肉、脂肪和骨骼的一般生长形式　出生后骨骼生长一直比较稳定。肌肉的生长主要由于肌肉纤维体积的增大,肌纤呈束状生长,肌纤维增大,使肌纤维束应增大,肉的纹理随增长而变粗,因此,青年牛的肉质比老年牛嫩。肌肉的生长比骨快,随着体重的增长,肌肉和骨骼重量差逐渐变大。脂肪的主要功能是保持关节的滑润作用,保护神经、血管贮存能量。脂肪的生长,从初生到1岁期间较慢,仅稍快于骨,以后生长变快。脂肪生长的顺序一般首先贮存在内脏器官附近,使器官固定于适当的位置,不致随便移动,具有保护器官的作用,其次肌肉之间,继而皮下脂肪,最后沉积到肌纤维间形成大理石花纹状肌肉,使肉质变得细嫩多汁,由此也说明,大理石纹状肌肉必须饲养到一定的肥度才会形成。老年牛经肥育,脂肪沉积于肌纤维间,亦可使肉质变好。因此,役牛、乳牛年老淘汰时,应经肥育后再宰杀,而不应直接宰杀。

各体组织占体重的百分率,在生长过程中变化很大,占体重的比例是先增加后下降,脂肪的比例是持续增加,骨的比例是持续下降。所以,初生犊牛的肌肉和脂肪这些可食部分是很少的,味道很差,而骨的比例却较高。因此,初生犊牛肉用的做法是很不经济的(如奶公犊出生后直接宰杀的做法)

2.体重损失和恢复时体组织的变化　一般认为,当体重损失时,首先是脂肪减少,而后是肌肉,超过一定极限,危及生命,事实并非完全如此。体重损失时，在开始一段时间，肌肉与脂肪损失同时发生。如对海福特阉牛的研究，用饥饿处理使体重损失，肌肉损失 11.3 千克，脂肪损失了 9.6 千克。在肌肉的损失中，对生命较重要的肌肉损失较少，而不重要的肌肉损失较多。（因此，长期的饥饿处理损失大的还是脂肪）如桡骨肌对保证饥饿状态的行走觅食很重要，饥饿处理时，损失较少，而腹外斜肌由于牛在饥饿状态下消化道容量减少，从而其负担减轻，因而其损失就较大。当体重恢复时，肌肉恢复得最快，而脂肪最慢。

二、影响肉牛生产能力的因素

（一）品种和类型的影响

这是影响肥育效果的重要因素之一。如英国品种能在较小的年龄达到所要求的胴体等级，出栏早，肉中脂肪较多，而大型品种，则出栏时间较迟，瘦肉多。肉用体形越显著，其产肉能力也就越高。

（二）年龄的影响

老年牛肉质粗硬、少汁，肉质、肉量均不及幼年牛。肉牛饲料报酬的高低，除受性别、品种和饲养类型等因素影响外，与年龄也有重要关系。一般是年龄越大，每千克增重所消耗的饲料也越多。因为年龄较大的牛，增加体重主要依靠在体内贮积高热能脂肪，而年龄较小的牛则依靠肌肉、骨骼和各种器官的生长增加其体重。牛在生后第一年生长最快，以后生长远渐减慢，故国外肉牛的屠宰年龄一般不超过 2 岁。

（三）性别的影响

在传统的肉牛业中，一般都是将公牛去势后再肥育。但近半个世纪来的许多研究表明，公牛的生长速度和饲料利用率均明显高于阉牛，且其胴体瘦肉多、脂肪少，符合广大消费者的需求。因而，公牛的肥育逐渐得到重视。现在欧洲大多数国家均趋向于将

公牛直接肥育，以高效率地生产大量优质牛肉。许多研究表明，公牛明显比阉牛生长快，饲料利用率高。公牛的肥育性能之所以优于阉牛，是由于其睾丸分泌大量睾酮，因而生长较快，并相应地提高了其饲料利用率。许多研究也都证明了公牛的胴体重、净肉率、肉脂比和眼肌面积大于阉牛，脂肪雪白。总之，公牛在肉用性能上的上述指标均明显优于阉牛，但对 24 月龄以上的公牛，肥育前宜先去势，否则肌肉纤维粗糙，且具膻味，食用价值低，并给管理工作带来更为不便。

（四）饲养水平和营养状况的影响

在饲养不良的情况下，体重大大降低，肉的产量和质量显下降。反之，若日粮营养水平过高，并不能进一步提高饲料报酬及其他肉用性能，反而增加了胴体脂肪的大量沉积，相应地降低了瘦肉量，饲料报酬也降低。

（五）杂交对提高肉牛生产能力的影响

前苏联研究机构研究了 100 种以上各品种的杂交方法，通过品种间杂交可使杂交后代生长快、饲养效率高、屠宰率、胴体出肉率高，比原来的纯种牛可多产牛肉 10%～15%；美国实验也证明，两品种的杂交后代，其产肉能力一般比纯种 15%～20%。三品种杂交效果比两品种杂交要好。我国一些省（区）的山区小个子黄牛，以往用秦川牛、南阳牛等品种公牛杂交，所得后代，近年又用第三品种（西门塔尔牛、利木赞牛、短角牛、夏洛来牛等）进行杂交，其杂种后代无论是生长速度、体重、体形、产肉性能等方面均优于两品种杂交后代。就我省引进的几个肉牛品种的杂交效果来看，初步认为利用西利本、夏利本三元杂交，是山东省肉牛生产的有效途径。通过杂交养牛户得到了实惠，他们说“品种改一改，增加几百块”。当不同品种杂交时，一代杂种的初生重大致为两亲本的平均数，但由于母体对胎儿还有环境影响（母体效应），故较多倾向于母本，所以正交与反交是有差异的，然而，随年龄的增长，这种差异可逐渐消失。

(六)影响牛皮质量的因素

皮是肉牛的一项重要产品。皮的质量是按皮张的大小、厚度、结实性和柔软程度来评定的。牛皮比其他家畜的皮张更坚固结实、耐用。牛皮的重量一般占牛体重的9%～10%,公牛8%～12%,1岁犊牛为6%～7%。影响牛皮产量、质量的因素有种与种、品种、年龄、性别、体重、气候与饲养管理等。水牛比黄牛皮粗硬,品质较差;公牛皮和母牛皮不如阉牛皮的质量,而最好的是犊牛皮和育成牛皮。老牛皮坚硬粗糙,母牛皮因妊娠和泌乳前期营养不足而变得干硬脆弱,影响皮的质量。饲料中的蛋白质对牛皮质量有极大的影响。用富含蛋白质的日粮喂牛,能获得细致的皮张。气候对牛皮质量也有很大影响,生长在凉爽干燥地区的牛常具有细致的皮肤;生长在山区和炎热地带的牛,由于受强烈的紫外线照射,其皮肤往往变厚;生长在寒冷山区的牛,皮也较厚。饲养管理不善,不经常刷拭牛体,对皮肤护理不周,会引起疥癣等皮肤病;感染牛皮蝇的幼虫,会造成皮肤上有许多疮疤,降低牛皮的质量。

三、肉牛生产能力的指标及测定方法

(一)体重

1.初生重　是初生犊牛被毛已擦干,在未哺乳以前的实际称量的体重。它是衡量胚胎期生长发育的重要标志。初生重的大小,主要受品种、母牛年龄及胚胎期饲养水平等因素的影响。大型品种所生的犊牛,其初生重比中小型品种的要大;配种过早的育成母牛,所生犊牛初生重也小。初生重是选种的重要指标之一。但初生重过大,往往导致难产率的增高。

2.断奶重　断奶重即为205天的校正断奶重。计算方法如下:

205 天校正断奶重(千克)=(断奶体重－初生重)÷断奶时日龄×205＋初生重

(二)日增重的测定与计算

1. 哺乳期日增重　计算方法如下：

哺乳期日增重=(断奶体重－初生重)÷断奶时日龄

2. 育肥期日增重　计算方法如下：

育肥期日增重=(育肥期末体重－育肥期初体重)÷育肥期天数

(三)屠宰测定的主要指标

1. 宰前重　宰前绝食 24 小时后的活重。

2. 宰后重　屠宰放血以后的体重。

3. 胴体重　放血以后除去头、蹄、皮、尾和内脏所余躯体部分的重量,在我国胴体重还包括肾脏及肾脏周围脂肪重。

4. 胴体骨重　将胴体中所有骨骼剥离出来后称重。

5. 胴体脂重　胴体内外侧表面及肌肉块间可剥离的脂肪总重量。

6. 胴体肉重　即净肉重,胴体除去剥离的骨、脂后,所余部分的重量。

7. 背膘厚度　第五至第六胸椎间离背中线 3～5 厘米,相对于眼肌最厚处的皮下脂肪厚度。

8. 眼肌面积　第十二至十三肋间眼肌的横切面积(平方厘米)。

(四)产肉能力的主要计算指标

1. 屠宰率　胴体重占宰前活重的百分率,其计算方法如下：

屠宰率=胴体重÷宰前重×100%

2. 净肉率　胴体净肉重占宰前活重的百分率,其计算方法如下：

净肉率＝净肉重÷宰前重×100％

3. 胴体产肉率　净肉重占胴体重的百分率，其计算方法如下：

胴体产肉率＝胴体净肉重÷胴体重×100％

4. 肉骨比　胴体中肉重与骨重的比值，其计算方法如下：

肉骨比＝胴体中肉重÷胴体骨重

思考题

1. 说明奶牛乳房的内部结构。
2. 奶牛乳房腺体组织是如何构成的？
3. 试述乳脂肪、乳蛋白质、乳糖的前体物及合成过程。
4. 为什么说血糖对乳的合成具有举足轻重的作用？
5. 牛奶中的维生素、矿物质和水分是如何产生的？
6. 说明排乳反射的过程。
7. 提高奶牛产奶量的技术途径有哪些？
8. 影响肉牛产肉性能的因素有哪些？

第十章　奶牛的饲养管理技术

重点提示：本章重点学习犊牛培育的原则和技术措施（初生期、初生期后）、育成牛的阶段饲养管理技术及初孕牛的饲养管理技术。成乳牛的一般（常规）饲养管理技术、泌乳规律、泌乳期各阶段的饲养管理技术、干乳期的饲养管理技术、围产期乳牛饲养管理、高温季节奶牛的饲养管理要点、挤奶技术及奶牛膘情的定性管理技术。

第一节　后备牛的饲养管理技术

一、犊牛的培育技术

犊牛是后备牛的第一阶段，后备牛分为犊牛、育成牛和初孕牛。还有人把后备牛划分为犊牛期、育成期和青年期。犊牛是指出生 6 月龄的牛。

（一）犊牛培育的目的

1. 提高牛群质量与生产水平　牛群质量的高低取决于其遗传基础及其环境条件。要不断提高牛群质量，其第一步，应具有优良的遗传基础，这就要靠选种选配。科学的选种选配能为后代个体组合兼具双亲优良特性并优于群体的遗传基础。这样，第一步，靠选种选配就可实现。第二步，即优良遗传基础的充分显现，则需在其后备阶段的生长发育过程中及成年以后有良好的环境条件，其中最主要的是人们的饲养管理活动，这是使遗传基础充分显现出来的关键。这就是培育，所以培育的实质就是在一定的遗传基础上，利用条件作用于个体的生长发育过程，从而能动地塑造出理想的个体类型。在牛的生命周期中，后备阶段尤其是犊牛期是生长发育强烈的阶段，其生理机能正处在急剧变化中，易于受条件作用而产生反应，因而可塑性大，此阶段生长发育情况直接影响成年时体形结构和终生的生产性能。因此，加强后备牛培育，就可以在成年时将其优良的遗传基础充分显现出来，从而使个体不仅在遗传上而且表型上也优于先代群体。同时，加强后备牛培育，也可使某些缺陷得到不同程度的改善与消除。可见，加强后备牛培育是除选种选配和加强成年牛饲养管理以外，提高牛群质量和生产水平的一项重要技术措施，并且这三个措施是相互联系的，而后备牛培育在其中起着承上启下的作用。犊牛培育尤为重要。

2. *获得健康牛群* 牛的布氏杆菌病、结核病等传染病对牛群的危害很大，对于乳牛来说，不仅对牛群有危害，而且还关系到广大人民群众的身体健康，因而就必须消灭这些疾病。办法有二，其一就是要对现有牛群采取措施，即对现有牛群进行预防、检疫、隔离及封锁疫区；其二就是对未来牛群采取措施，即将病牛群中的初生犊牛尽快地转移到无病区，并对其加强培育，从而获得新一代的健康牛群，杜绝疫病逐代蔓延。

3. *使牛群不断扩大* 犊牛阶段，机能不全，对环境的适应能力较差，容易遭受环境影响而死亡，特别在初生期，这个特点更突出。据统计，犊牛生后 7 天内的死亡数占犊牛总死亡数的 60%～70%。但是，如果能充分发挥人的主动能动性，采取各种有效措施，如早喂初乳，加强护理，搞好防疫卫生工作等，就可以大大地降低犊牛死亡率，扩大牛群。

（二）犊牛培育的一般原则

①加强妊娠母牛的饲养管理，促进胚胎的生长发育，以获得健壮的初生犊牛。生命周期开始于受精卵，受精卵一旦形成，便开始了它的生长发育，环境条件也就开始对个体的生长发育发生作

用，因而培育工作从胚胎期就要着手进行，家畜胚胎期的外界环境是母体，因此，母体新陈代谢情况，即能否为其提供适宜的条件，则又受母体所处的环境条件，也就是人们的饲养管理活动的影响。所以，家畜在胚胎期的生长发育归根到底是要受此期饲养管理的影响。那么，如何进行饲养管理，才能使母体为胚胎提供最适宜的条件呢？这就必须根据胚胎生长发育的规律。牛胚胎生长发育的规律大致上是这样的：在胚胎前期，发育快，细胞分化强烈，但绝对增重不大，但是3月龄后生长速度就逐渐加快，同时，细胞的强烈分化转入相似细胞的迅速增多即生长。牛在胚胎发育期不同时期生长强度的差异，见表10-1。

表10-1 牛胚胎在不同时期的生长强度 %

整个胚胎发育期的			整个胚胎发育时期
第一个1/3	第二个1/3	第三个1/3	
0.50	23.70	75.80	100

牛胚胎生长发育规律启示我们：由于前期绝对增重不大，但分化很强烈，对营养的质量要求高，这就要求我们在日粮上特别注意其质量(全价性)，妊娠后期，绝对增重很快，对营养的数量要求大，因此，应数质并重，供给大量的全价日粮，但要注意日粮体积不能太大，以免影响胎儿。最后2个月，增重占60%，需要量更大，因而必须干奶并进行较丰富的饲养，以保证本身维持和胎儿生长发育之需。胚胎期还要加强母牛运动，以增强体质，利于胎儿生长发育，并利于分娩。在实际生产中，纯粹因胎儿过大而引起的难产为数不多，胎儿大小(主要)取决于母体的影响即母体效应，因而难产最主要的原因除胎位不正外，就是运动不足。放牧的牛和舍饲期运动的牛很少发生难产，而且产程缩短，长久拴着不运动的牛难产率就高。为此，加强妊娠母牛运动是防止难产的有效措施，尤其是产前1个月的运动可有效地防止难产。前苏联学者亦试验证明：

饲草丰盛、空气新鲜、经常运动的妊娠牛所生的犊牛比饲养管理差的妊娠母牛在生理、生化及免疫生物学等指标上均较好，犊牛的患病率、死亡率均低。

②加强消化器官的锻炼。牛必须具有发达的消化系统，即应该具有容积大、强而有力的消化器官。对于乳牛来讲更应该如此，只有这样，乳牛才能采食大量的粗饲料和适量的精料，充分发挥出产奶潜力，而且还有利于保持消化系统机能正常和身体健康。处于泌乳盛期的乳牛，尤其是高产乳牛往往因不能采食到足够的营养物质而出现营养赤字，造成产乳潜力得不到充分发挥或者被挤垮的后果。如果消化器官容积足够大的话，就可以减轻甚至避免这种不良后果。为此，早期补饲草料，锻炼消化器官，提高对植物性饲料的适应性，减少哺乳量并实行早期断奶，用适量的精料、大量优质青粗饲料进行培育，以促其形成容积大、强而有力的消化器官，养成巨大的采食量，才有可能培育成高产乳牛。犊牛生后2～3周就能采食草料，出现反刍，腮腺开始活动，如果早期喂给草料，可促进瘤胃加速发育，刺激瘤胃微生物的生长繁殖，而瘤胃微生物的代谢尾产物，尤其是挥发性脂肪酸对瘤胃黏膜乳头的发育具有强烈的刺激作用。不同的饲料对犊牛瘤胃生长发育的影响是大不一样的，固体性饲料对犊牛瘤胃生长发育的影响比液体饲料（即奶）大，而在固体性饲料中，优质的青粗料比精料的影响要大。因此，为了使牛具有强大的消化器官，进而培育成高产乳牛，以少量的牛乳、适量的精料、大量的优质青粗饲料进行培育是很有必要的，并且也是完全可能的。

实际生产中，牛场的技术人员非常重视犊牛腹部的发育，而生长速度并不要求太快，一般要求3月龄时体重达到90千克以上，6月龄时160千克以上，12月龄时，体重为初生重的7～8倍，14～16月龄时体重达到350～370千克或以上。切莫用过多的奶和精料进行过度饲养。

(三)犊牛的饲养

1. *初生期的饲养* 犊牛出生后7天内为初生期，也称新生期。此期犊牛的特点是生活环境发生了变化：从母体子宫内到了母体外，但由于神经系统和某些组织器官机能尚未完善，因此，对新的生活环境适应能力很差，具体表现在以下2个方面：第一，抗病力差，初生犊牛抗病菌感染能力很差。胚胎期是在母体的直接保护和影响下生长发育的，在很大程度上可以排除外界环境的直接干预与不良影响。出生后，犊牛就直接暴露于外界，再也不能受母体的直接保护了，因而客观上就要求犊牛必须具有抵抗不良环境的能力才能生存，可是，初生犊牛的这种能力很差，首先是其免疫力差。初生犊牛本身没有产生抗体的能力，必须到4周龄以后，才具备自己产生抗体的能力；牛又不像人和兔那样在胚胎期间母体抗体可通过胎盘到达胎儿的血液循环中，故本身也不带。其次，皮肤的保护机能差，即未建立起完善的生理屏障作用。由上所述可见，犊牛抗病菌感染能力差，易受各种病菌的侵袭而引起疾病，甚至造成死亡。第二，表现在营养方面不适应新的环境。由于生长发育旺盛，代谢强度大，因而需要大量营养物质。此时，犊牛再也不能依靠母体通过脐带供应营养了，营养物质只能经消化系统活动才能获得。而初生犊牛的前胃机能远未健全，且第一胃很小，只有真胃的一半大小，仅有真胃和肠具有消化和吸收功能，但胃肠运动及消化腺的分泌能力还较差。这样，营养物质需要强烈与消化机能差就构成了一对矛盾，因而表现出在营养方面不适应新的环境，容易因营养不足而严重地影响其生长发育。

初生犊牛脱离了子宫，和母体失去了直接联系，因而仅能通过初乳与母体发生间接联系。所谓初乳，即母牛分娩后5～7天内所产生的乳，与常乳比较有如下特点：营养全价，干物质含量高，易消化，酸度高。干物质中蛋白质的总含量较常乳多4～5倍，尤其是白蛋白与免疫球蛋白，比常乳高20～25倍，白蛋白是极易消化的，对初生犊牛特别有利，免疫球蛋白是抗体，具有免疫力；乳脂肪多1倍左右；维生素A和维生素D多10倍左右；各种无机盐，尤其是镁盐也较多；初乳中还含有一种溶菌酶。此外，初乳中尚含有4种蛋白酶抑制素，正常奶中则极少，抑制素可保护抗体，使其不被消化而直接吸收。由于初乳具有这些特点，因而它对初生犊牛具有特殊的作用：第一，可提高抵抗病菌感染的能力。因初乳中含有不会被消化掉的抗体及溶菌酶，加之初乳的酸度高，故可抑制病菌的活动。据研究初乳中的抗体对于乳牛所敏感的所有微生物几乎都有抵抗力，甚至能将其完全杀死。因此，供给初生犊牛初乳，可大大提高其抗病力，提高对不良环境的适应能力。第二，可满足生长发育的营养需要。由于初乳是营养丰富、干物质含量高、易于消化吸收的食物，而且由于酸度高，可刺激胃肠系统的早期活动和促进消化液的分泌，提高对营养物质的消化利用率。所以，供给初乳，就解决了消化机能差与营养需要强烈之间的矛盾，满足了生长发育的营养需要。第三，有利于胎粪的排出。由于初乳中含有较多的无机盐，特别是较多的镁盐，具有轻泻作用，可促使胎粪排除，从而解决了初生犊牛因胃肠活动力差而使胎粪排出受影响的问题。

以上对初生期犊牛的特点和初奶的特性及作用进行了分析，可以看出，初生期是决定犊牛能否存活的关键时期，因而又称之为初生关，而喂给初奶，又是过好初生关的最主要措施。同时也知道，初奶中各种成分的含量及酸度是随时间推移而逐渐降低的，一般认为以最初分泌的为最高，而且犊牛吸收抗体的能力以初生时为最强（有人研究，初生时抗体的吸收率为50%，之后逐渐降低，生后20小时便降至12%）。初生犊牛肠道对初奶抗体（Ig）的通透性有时限性，具体是多长时间，不同的学者报道不一（24小时、90小时和180小时3种说法），超过时限之后犊牛消化道开始消化、分解初奶中的Ig，因此它们不能再被完整地吸收入血液，犊牛通过初奶获得Ig的机会就也就失去了。近年来有关免疫球蛋白

含量变化的报道与前述一般认为以最初分泌的为最高的说法差别很大，比如，济南军区军事医学研究所测定，牛产后1～3天IgG的含量是逐渐升高的，牛产后第一天初奶IgG含量平均为(55.16±4.21)毫克/毫升，与国外文献报道的59.5毫克/毫升接近，第2天平均为(61.58±5.56)毫克/毫升，第2天起略高于国外报道值，产后第3天IgG和补体C_3含量达到最高峰(免疫球蛋白IgG平均为(75.27±6.85)毫克/毫升)，以后逐渐下降，常奶IgG含量为0.68毫克/毫升与国外文献报道的0.62毫克/毫升接近。这个报道与人初奶产后第4天含量最高，以后下降基本一致。所幸第1天与第3天差异不太大，否则就太可惜了，因为第3天免疫球蛋白的吸收率很低。因此犊牛出生后尽早饲喂足量初奶是非常重要的。具体地讲尽早就是出生后2小时内，关于足量，美国专家研究认为，出生后2小时内喂2～3升初奶，并在出生后12小时内，犊牛摄取初奶的总量必须达到其体重的10%，其依据是他们通过大量试验、检测认为犊牛出生后24小时内血中IgG1的浓度须达到10毫克/毫升以上才能在自然状态下有效抵御病原微生物的感染，而保证血中IgG1这个浓度的重要措施就是出生后2小时内喂2～3升初奶，并在出生后12小时内，犊牛摄取初奶的总量必须达到其体重的10%；我国也是建议首次喂量保证2升以上，首次后6～10小时再及时喂2～4升，首次喂量不能太大，太大易引起消化紊乱。首次为什么要在出生后2小时内喂初奶？为什么不再早一些？因为牛一般在出生后1～2小时才能站立和表现出吸吮反射，当然也有体弱的犊牛出生后较长时间甚至几天才能站立起来的，对这样的牛要强制性地喂给。犊牛开始时站不稳、倒下，再站、再倒，反复多次，有一种说法称这种现象是“拜四方”，说犊牛必须在“拜四方”后才能站立，其实没有这么神秘。例如在草原畜牧业国家，犊牛一生下来就能站立，会走甚至会跑，在澳大利亚，荷斯坦牛生下的犊牛就是这样，原因是母牛和犊牛的体质都很好。以后每日初奶的喂量可按体重的1/8～1/6计，平均6～7千克(分2～3次喂完)。这是根据犊牛的营养需要和初奶营养物质平均含量计算确定的，犊牛每日食6～7千克初奶完全可满足其营养需要。

初奶挤出后，应及时哺喂，若搁置时间久，温度已下降(尤其是冬天和初春)，应隔水加热到35～38℃后再喂给。初奶温度过低不可喂给，以免引起胃肠疾病，加温亦不可过高，因初乳酸度很高，加温过高，很易引起凝固，犊牛消化困难。

若母牛产后生病或死亡，可喂给同时期分娩的其他健康母牛的初奶(最好选择头3天的初奶)。如无此种母牛，则要喂常奶，但每天需补饲20毫升鱼肝油，以补充维生素A之不足，因哺乳动物母体通过胎盘将维生素A转送给胎儿的能力很差，因此新生犊牛体内贮存维生素A很少，生后急需补充维生素A，喂初奶，此问题易解决；无初奶时，就需额外补充维生素A。另外给250克蓖麻油或具轻泻作用的其他物质，以代替初奶的轻泻作用。头5天还要加250毫克土霉素，以后减半。也可喂人工初奶，其配方是新鲜鸡蛋2～3个，食盐9～10克，新鲜鱼肝油15克，加入到1升清洁煮沸、并冷却到40～50℃的水中，搅拌均匀，按每千克体重8～10毫升混入常奶中喂给。人工初乳与母牛初乳之间必然存在一定差异，因母牛初乳到目前为止还有不十分清楚的成分，故其效果总有差异。一般犊牛饮不完其母亲所分泌的母乳，特别是高产母牛，有较多的剩余初乳。初乳由于酸度高和镁盐多，因此不能作为鲜奶出售，也不能加工制奶粉等，但是由于初乳具有前述的那些优点，因此不要将其废弃掉，而应加以合理利用。剩余初乳与常乳混合喂给其他犊牛是一种利用方法。近年来国际上不少国家都推广将剩余的初乳贮存起来，用于喂犊牛。据称2头母牛的剩余初乳可以喂一头犊牛(4～5周龄断奶)，这样就能大量节约全乳或代乳料。但要注意，带血的初乳，以及产前2周或产后用过抗生素的母牛所产的初乳，都不宜贮存。初乳贮存的方法有3种，即发酵法、

加保存剂法和冷冻保存法，其中以发酵法最为简便易行，应用也最广。发酵初乳亦称酸初乳，与青贮方法一样，是利用乳酸菌发酵产生适宜的酸度，达到抑制腐败菌繁殖而得以保存的目的。制作酸初乳最好将其贮存于有盖的塑料桶内，如用铁桶，则最好加塑料作衬里，以免酸腐蚀金属，犊牛食入过多的锌等。10～15℃室温下，5～7 天发酵成功，15～20℃需 3～4 天，20～25℃则 2 天即成。如急用时，可将发酵好的初乳作为发酵剂，按 5%～6%的比例加入待发酵的初乳中，10℃时 2 天即成，20～25℃时 1 天即成。贮存期间，每天要搅动，以免起泡沫和产生大量凝块，最好 2 次/天。初乳发酵后贮存期不要超过 1 个月。已发酵好的初乳可混在一起，但不同日期的不能混在一起，环境温度以 10～25℃最适宜。气温太低，初乳不易发酵，反之气温太高，初乳则易腐败，因此在炎热季节不可进行发酵初乳，而应采用第二种方法即加保存剂法。所用保存剂主要是有机酸，如丙酸等，剂量为 0.7%～1.5%；也有采用 0.3%甲醛来保存初乳的。用冷冻的方法，可很好地保存初乳，质量高，并且冷冻初乳可以喂新生犊牛。冷冻初乳其贮存期可达 6 个月之久，但此法代价较高，故较难以在牧场采用。用保存初乳喂犊牛时，应加以稀释，使之接近常乳，以免引起下痢等疾病。

2. 初生期后的饲养　当犊牛初生期结束后，就可以从护仔栏转入犊牛舍，进入初生期后的饲养阶段。在此阶段开始哺喂常乳、补饲草料，并逐渐过渡到断奶，而以固体性饲料进行培育。

(1)哺喂常乳　应实行早期断奶，后面将专门叙述。关于犊牛的喂奶次数，我国各地多采用 3 次喂奶的方法，这和 3 次挤奶的时间安排基本一致。国际上不少国家多采用 2 次喂奶制，我国也有牛场做过每天 2 次喂奶的试验，获得了良好的效果。如上海试验证明：同样奶量 2 次喂奶和 3 次喂奶，犊牛没有差异，却大大减轻了劳动强度。

(2)早期喂饲植物性饲料　早期喂饲植物性饲料的目的就是

为了促进胃尤其是瘤胃的生长发育，从生后1周开始，就应给予优质干草，任其自由咀嚼，练习采食，同时开始训练犊牛吃精料。初喂时可涂抹犊牛口鼻，教其舔食，以慢慢适应，一般出生后3周开始，就可以向混合精料中加入切碎的胡萝卜之类的多汁料，青贮料从2月龄开始喂给，由于犊牛生长发育旺盛，营养需要多，而消化机能弱，所以此期供给的饲料应是营养浓度高，适口性好，易消化吸收的。这样，就兼顾了生长发育与消化器官锻炼的需要。一般所配日粮中蛋白质含量应是20%以上，脂肪含量为7.5%～12.5%，粗纤维含量不超过5%。

此外，犊牛还应补充一些抗生素，抗生素饲料能刺激消化道有益微生物群体的优先繁殖，抑制有害微生物，减少和寄主对营养物的竞争，并降低下痢等消化系统疾病的发病率，还可使犊牛增加采食量，总之，可以预防疾病、增进健康、提高增重(特别是在条件差的情况下，补喂抗生素的效果更为显著)。例如上海第六牧场犊牛坚持在初生期结束后，每天补饲10 000国际单位的金霉素，30天后停喂，犊牛的日增重提高7%～16%，下痢亦大大减少。

(四)犊牛的管理

1.初生犊牛的护理

(1)清除黏液　犊牛出生后，应首先清除口及鼻部的黏液，以免妨碍呼吸；其次是略擦拭其体躯上的黏液，并将它放在母牛前面，让母牛舔干。让母牛舔干犊牛身上的羊水，有利于子宫收缩复原，便于排出胎衣。母牛不舔时，可在犊牛身上撒麸皮，诱使母牛舔。另外据报道对逾期不孕的奶牛，经注射母牛分娩时收集的羊水后，对患有卵巢静止、持久黄体、非脓性子宫内膜炎及原因不明的空怀母牛均有一定的治疗效果，并能促进空怀母牛的发情、排卵、受胎。这与羊水内含有激素(雌激素、孕激素、前列腺素)酶类及一些免疫物质有关。

(2)处理好脐带　分娩时病原微生物感染的门户首先是脐带，

脐带直到分娩之前一直是补给营养的路径。而这条路径直接与内脏(肝脏和膀胱)相连,分娩时脐带刚一断,这条路径还不能马上完全闭合,内脏就处于开放状态,病原微生物就会由此进入。所以犊牛生后一定要处理好脐带,如脐带已断裂,可在断端用5%碘酊充分消毒,未断时可在距腹部6～8厘米处用消毒剪刀剪断,然后充分消毒。

(3)称重、登记　处理好脐带后接着进行称重并登记犊牛的初生重、父母号、毛色和性别等,最后让犊牛尽早吮吸初乳。

2. 编号　给牛编号便于管理,记录于档案中,利于繁殖和育种工作的进行。在牛少的情况下可以给牛命名而不必编号,如根据牛的毛色等特征给牛命名,加以区分。在饲养数量大的情况下就无法用给牛命名的办法加以区分,而必须采用编号的方法。给牛编号最常用的方法是按牛的出生年份、牛场代号和该牛出生的顺序号等。习惯的做法是头两个号码为出生年,第三位代表分场号,以后为顺序号,例如,022105 表示 2002 年出生,2 分场,顺序是 105 号牛。有的在数码之前还有字母,表示品种等。生产上常用的编号方法有:

(1)塑料耳标法　用耐老化、耐有机溶剂的塑料制成软的耳标,用记号笔把牛的编号写到耳标的正面,然后用耳标钳把耳标固定在牛耳下侧血管稀少处。此法由于塑料可制成不同色彩,使其标志更明显,并可利用不同颜色代表一定内容。因为面积较大,所以数码字也大,一般距离2～3米就可看清楚,此法简单易行,使用较广泛。此法的缺点是容易丢失,应及时进行补挂。

(2)热烙法　在犊牛阶段的近6月龄时,将牛固定牢固,把烧热的号码铁按在牛的尻部将皮肤烫焦,痊愈后留下不长毛的号码。这种方法牛很痛苦,挣扎时常把皮肤烫成一片而不显字迹。烫后若感染发炎,也使字迹模糊。此法编的号码能使终生存在于牛体,成本较低,字体随牛生长而变大,几米以外也可看清。

(3)冷冻法　此法是将铜制的号码浸在液态氮中，使其温度降到－196℃，事先使犊牛侧卧，将计划打号处(体侧或臀部无白色毛处)用剪刀剪净被毛，用酒精做介质(酒精湿润剪净被毛的皮肤)后就将－196℃的铜制号码按上去(压力 980 千帕，时间 10～15 秒)。此法牛不感到痛苦，易得清晰的字迹，是效果最好的编号方法，但操作繁琐，成本较高。

3. 哺乳卫生管理

(1)哺乳方式　2 周内有 3 种，奶嘴哺乳法、手指加桶哺乳法和桶式哺乳法。2 周后只有一种方式即桶式哺乳法。2 周内犊牛宜用奶嘴哺乳法，这样的哺乳器，犊牛只有用力吮吸才能吃到奶，也就会使唇、舌、口腔与咽头黏膜的感受器受到足够强的刺激，产生完全的食管沟反射，奶汁直接流入真胃。同时，由于吮吸速度较慢，奶汁在口腔中能与唾液混匀，到真胃时凝成疏松的奶块，容易消化。如果直接用奶桶哺乳，犊牛不费什么力可吃到奶，刺激强度小，食管沟闭合不全，且由于饮奶过急，大部分奶汁会进入前胃。由于此时前胃机能不健全，因而奶汁会在前胃中引起异常发酵，导致犊牛生病。同时，奶在口腔中不能和唾液充分混合，到真胃中会凝成较坚硬的凝奶块(喂未兑水的初奶时更明显)而难以消化。若这种凝奶块过大过硬，常会堵塞真胃与十二指肠连接的幽门，使皱胃内容物不能下移，造成真胃扩张而死亡。2 周龄后瘤胃中已形成微生物区系，就可对奶汁进行正常发酵了，也就可以用奶桶喂奶了。

(2)防止形成舔癖　犊牛饮完奶后，要及时用干净的毛巾将残留奶汁擦净，并等其干燥后再放开颈枷，以免形成舔癖。舔癖的危害很大，常使被舔的牛犊造成瞎奶头等不良后果；而有舔癖的牛，则因舔吃牛毛，久而久之可能在胃中形成毛球，堵塞幽门或肠管而致丧命。若已形成舔癖，则可用小棒敲打嘴部，经反复多次建立起条件反射后即可纠正。近年来国外及我国部分厂家采用犊牛小岛

法，这是最好的办法。即露天单笼培育技术，既可避免室内外温差变化，又可防止相互舔，从而大大减少犊牛呼吸道和消化道疾病，提高犊牛成活率。这种犊牛舍可以是固定式或移动式，犊牛舍为前敞开式箱式结构，前高 1.2 米，后高 1.05 米，长 2.4 米，门宽 1.2 米，舍外用直径 6～8 米钢筋制作椭圆形围栏，作为犊牛运动场，也可用木条做成长 1.8 米，宽 1.2 米，高 1.0 米的长方形围栏。每头犊牛占地 5 平方米。移动式犊牛舍，舍间距为 1～1.2 米。

4. 犊牛舍卫生管理　犊牛生后 2 周内极易患病，主要是肺炎和下痢。这与牛舍卫生有很大关系。要求犊牛舍做到定期消毒，保持舍内空气新鲜，温湿度适宜，阳光充足，这样才能保证犊牛健康地生长发育。

5. 去角　去角的适宜时间在 1～2 周，常用的去角方法有电烙法和固体苛性钠法两种。电烙法是将电烙器加热到一定温度后，牢牢地压在角基部，直到其下部组织烧灼成白色为止，再涂以青霉素软膏或硼酸粉。烧灼时不宜太久太深，以防烧伤下层组织。苛性钠法应在晴天且哺乳后进行，具体方法是先剪去角基部的毛，再用凡士林涂一圈，以防苛性钠药液流出，伤及头部和眼部，然后用棒状苛性钠蘸水涂擦角基部，直到表皮有微量血渗出为止，处理后把犊牛另拴系，以免其他犊牛舔伤处或犊牛摩擦伤处增加渗出液，延缓痊愈。由于苛性钠法处理的伤口需 1～3 天才干，所以随母哺乳的犊牛最好采用电烙法，以免苛性钠伤及母牛乳房的皮肤。

另外，近年来，有些地方采用中药去角也取得了很好的效果。如中药“除角灵”就有很好的去角效果。具体方法是：犊牛生后 15～45 日龄，牛角部突出表面 1 厘米左右，是犊牛除角的最佳时期。在两角突起部位，剪出 5 分硬币大小的圆形，用竹片或木片蘸取“除角灵”均匀地涂抹于已剪毛的牛角部位，一般涂抹 1～2 个硬币厚度即可。效果：涂药后，犊牛稍有不安，不用管它，5 分钟后，犊牛即恢复安静。涂药后 5 天左右，角部皮肤变硬，但不溃烂、不化脓，不影响食奶和生长发育，角部皮肤自然脱落并长出新毛，除角效果达到 100%。

6. 运动与光照　运动对骨骼、肌肉、循环系统、呼吸系统等都会产生深刻的影响，尤其是犊牛正处在生长发育旺盛的时期，运动就显得更重要。一般情况下生后 10 天就要将其驱赶到运动场，每天进行 0.5～1 小时的驱赶运动，1 月龄后增至 2 小时，分上、下午 2 次进行。如果后备牛的运动不足而精料又过多，容易发胖，体短肉厚个子小，早熟早衰，利用年限短，产奶量低 。光照可提高抗病力，因光照可增加淋巴球吞噬细胞的数量与活性，可增强白血球的吞噬作用；还有试验证明光照可提高生产性能，例如可提高日增重 10%～17%；可提高产奶量，如秋冬季 16～17 小时的光照可使奶牛产奶量增加 7%～10%

7. 皮肤卫生　要坚持每天刷拭皮肤，因为刷拭对犊牛有机体起着按摩皮肤的作用，能促进皮肤血液循环，增强代谢作用，提高饲料转化率，有利于犊牛的生长发育。同时借助刷拭，还可保持牛体清洁，防止体表寄生虫滋生和养成犊牛温顺的性格。

8. 调教管理　做好犊牛的调教管理工作，使之从小养成一个温顺的性格，无论对于育种工作还是成年后的饲养管理与利用都很有利。例如，犊牛没经过良好的调教，性格怪僻，就会给测量体尺、称重等工作带来很大麻烦，得不到准确的测量数据，因而不能正确检查、评价培育效果；成年奶牛挤奶踢脚、抗拒挤奶；公牛顶撞伤人等现象，都是由于在从小没有经过调教或调教不当所造成的。因此，饲养员必须用温和的态度对待犊牛，经常刷拭牛体和测量体温与脉搏，日子久了，就能养成犊牛温顺的性格。

(五)犊牛的早期断奶

1. 早期断奶的意义　有许多试验证明，过多的哺乳量和过长的哺乳期，虽然可使犊牛增重较快，但对犊牛的内脏器官，特别是对消化器官有不利的影响，而且还影响了牛的体形及成年后的生

产性能，为此国内外对犊牛的早期断奶进行了大量研究，取得了显著效果，并已在生产中普遍应用，实践证明早期断奶的意义主要表现在如下3方面：

①大量节约鲜奶，缓解了供奶紧张状况。

②由于缩短了哺乳期，降低了喂奶量，又节约了劳动力，因而降低了培育成本。

③由于提早补饲植物性饲料，促进了消化器官，特别是瘤胃的生长发育，提高了犊牛的培育质量，并有可能进一步培育成高产乳牛，而且由于瘤胃的强大，可减少消化道疾病的发病率，因而能提高犊牛成活率，降低死亡率，减少损失。

2.*早期断奶时间的确定及其生物学基础* 我国早期断奶的时间确定为4～8周，因近年来的研究证明，及时（早）地补饲草料，4周龄时瘤胃容积可占全胃容积的64%，已达成年牛相应指标的80%左右，6～8周龄时前两胃的净重占全胃净重的65%，已接近成年牛的比例，而且6～8周龄犊牛瘤胃发酵粗、精饲料产生的挥发性脂肪酸的组成和比例与成年牛相似，就是说此时的犊牛对固体性饲料已具备了较高的消化能力，因此，这个时期是犊牛断奶的适当时期。

值得提出的是：早期断奶的牛，其前期的生长发育及被毛光泽可能较差，但对以后的生长发育绝无影响，而且由于犊牛具有强大的消化器官及生长发育的可补偿性，牛在后期（育成期）增重很快，并优于断奶较迟的犊牛，成年后其产奶性能无疑地要比断奶晚的牛高。

例如，中国农业大学和北京双桥乳牛场早在1980—1983年就进行了早期断奶的系统试验研究，研究了低奶量对各阶段体重（生长发育）、繁殖性能、产奶性能的影响。选择5对半同胞和2对全同胞母犊牛，随机配对分为试验组和对照组，试验组哺乳量为90千克，犊牛混合料288千克，哺乳期30天；对照组哺乳量为500千克,犊牛混合料215.5千克,哺乳期为100天,粗料均为自由采食。因试验组犊牛哺乳期仅30天,所用犊牛混合料除注意能量和蛋白质浓度较高以外,对7～90日龄的犊牛还添加了多维素,其数量为每吨混合料50克。两组犊牛出生后1～7天喂其母亲初乳,8日龄试验组改喂混合初乳,对照组则喂混合常乳,1～10日龄日喂3次,1月龄后改喂2次,两组犊牛料的料水比为1∶1拌匀喂给。当犊牛料加到每日每头2千克时,一直保持到6月龄,而靠增加粗料进食量来满足。6～12月龄精料进食量逐渐增加到2.5千克,直到18月龄,其他养分靠粗料来满足。结果是两组牛全部成活,试验组牛只生长发育良好,培育期内被毛光泽正常、毛短、胎毛脱落及时,腹部与中躯发育良好而紧凑,体形匀称,克服了以往早期断奶出现的毛色暗而无光泽、腹部较松弛下垂、被毛过长等缺点。在生长发育方面:6月龄时,试验组平均体重比对照组低17.6千克,但在6～8月龄期间,体重逐步得到了较好的补偿生长,到18月龄时两组牛体重基本相同。繁殖机能方面:试验组母牛初情期仅比对照组晚3.3天,试验牛一次输精全部受胎,而对照组为1.67次(受胎率为60%),说明繁殖机能优于对照组。在18个月的培育期内,试验组平均培育成本为976.5元,而对照组为1 194.6元,试验牛每头降低成本218.1元,下降幅度为18.3%,其中212.4元,即97.4%是在0～6月龄期间节省的。在产奶性能方面:试验组、大群推广组和孪生母牛试验组头胎305天产奶量分别比对照组多424千克、354千克和439千克,且三者的提高幅度大体近似。可见,低奶量培育的母犊在成年后奶量比常规奶量培育法有提高产奶量的趋势。

欲使早期断奶取得成功,其关键在于及早(及时)地给犊牛提供优质的精粗饲料;犊牛料、代乳料的合理配制与利用以及正确地制定犊牛的早期断乳方案。分别阐述如下:

3. 犊牛料及代乳料的配制与利用 犊牛料系根据犊牛的营养

需要而配制成的容易消化吸收的精饲料，起着促使犊牛由以奶为主的营养向完全以植物性饲料为主的营养的过渡作用。形态可以为粗磨粉状，犊牛出生 4～7 天后开始提供，任其自由采食。随着时间的推移而增加采食量，1 月龄内宁可少吃青草，也要多供犊牛料，以保证犊牛初期的生长速度，当每天采食量达到 0.75～1.0 千克时，即可断奶，当每天采食量达到 2 千克时（约 3 月龄），可改喂混合料，犊牛料的配制原则是：20%以上的粗蛋白，7.5%～12.5%的脂肪，干物质含量 72%～75%，粗纤维不高于 5%，此外，矿物质、维生素、抗生素等都要保证。根据这个原则，犊牛料的配方可以很多，但多以植物性的高能、高蛋白饲料为主。

代乳料亦称人工乳，比犊牛料具有更高的营养价值和极低的粗纤维含量，并具有更高的消化率，是一种粉末状的饲料，饲喂时要以水稀释后喂给，代乳料主要作用是代替全乳，从而达到节约鲜奶之目的。稀释率为 1：(6～7)，代乳料还可起到补充全乳某些营养成分不足的作用，初生期结束后立即使用。配制代乳料的原则是含有 20%以上的乳蛋白，脂肪含量 10% 以上。在此原则下，代乳料的原料是以奶的副产品为主，如脱脂奶，而不像犊牛料是以植物性饲料为主。由于乳蛋白成本高，且来源短缺，因此，我国有些地区以发酵的剩余初乳来代替，一般每两头母牛所产的剩余初乳可培育一头母犊至 4～5 周龄断奶。

4.早期断乳方案的制定　犊牛早期断奶方案的制定要根据生产用途（乳用、肉用），犊牛料、代乳料的生产水平及饲管水平等来具体安排，没有统一规定，各地各单位要视具体情况来定。

乳用犊牛早期断奶方案，断乳时间为 4～8 周龄，原则是在保持一定的生长速度前提下（不要饲养过度，也不可饲养不足），尽量多用青粗饲料。现介绍黑龙江省 8511 农场的方案：哺乳期 1 个月，哺乳量 100 千克。方法是 1～3 日龄喂初乳，4～20 日龄每头每天喂奶 4.5 千克，21～30 日龄喂奶量为每日 2.0 千克。初生期后在饲槽内放置犊牛料(粉状),其配方是:豆饼 35%,玉米面22%,麸皮 20%,高粱面 20%,骨粉、生长素、食盐各占 1%。此外犊牛料中还添加四环素,同时提供玉米秸干草粉,任其自由采食。当每头每天采食量达 2.5 千克时,不再增加,3 月龄后改喂普通混合精料。

(六)犊牛培育技术口诀

现将犊牛培育技术总结成口诀如下:"一驱、二早、三足、四定、五勤、六净"。

其含义是:

一驱:定期驱除体内外寄生虫,并用(大黄苏打片或健胃散洗胃)中药健胃。

二早:早吃初奶、早补料。

三足:足够的运动、饮水和光照。

四定:定质、定量、定时、定温。

五勤:勤饲喂(少喂勤添)、勤饮水(保持饮水器内有水)、勤刷拭(至少每天一次)、勤清扫(包括打扫牛舍、通风、干燥、定期消毒)、勤观察。

六净:保持饮水、饲草、饲料、饲槽、圈舍和牛体净。

二、育成牛的培育技术

育成牛是指生后半年到配种前的犊牛,犊牛满 6 月龄从犊牛舍转入育成牛舍,进入育成牛培育阶段,育成母牛不产乳,无直接经济效益,也不像犊牛期那样脆弱、易病甚至死亡,因此,往往得不到应有的重视。所以,实际生产中有的牛场将质量最差的草喂给育成牛,以至达不到培育的预期要求,育成牛的培育是犊牛培育的继续,虽然育成牛阶段的饲养管理相对犊牛阶段来说是粗放些,但决不意味着这一阶段可以马马虎虎,这一阶段在体形、体重、产奶性能及适应性的培育上比犊牛期更为重要,尤其是在实行早期断

奶的情况下，犊牛阶段因减少奶量对体重造成的影响，需要在这个时期加以补偿。如果此期培育措施不得力，那么到达配种体重的年龄就会推迟，进而推迟了初次产犊的年龄；如果按预定年龄配种，那么将可能导致终生体重不足；同样，若此期培育措施不得力，对体形结构、终生产奶性能的影响也是很大的。因此，对育成牛的培育也应给予高度重视。

(一)育成牛的饲养

育成牛在不同的年龄阶段，其生长发育特点及消化能力有所不同，因而不同阶段的饲养措施也就不同。

1. *半岁至1岁* 此期是生长最快的时期，性器官和第二性征的发育很快，体躯向高度和长度方面急剧生长。前胃虽然经过了犊牛期植物性饲料的锻炼，已具有了相当的容积和相当的消化青粗饲料的能力，但还保证不了采食足够的青粗饲料来满足此期强烈生长发育的营养需要，同时，消化器官本身也处于强烈的生长发育阶段，需要继续锻炼。因此，为了兼顾育成牛生长发育的营养需要并进一步促进消化器官的生长发育，此期所喂给的饲料，除了优良的青粗料外，还必须适当补充一些精饲料。一般来说，日粮中干物质的75％应来源于青粗饲料，25％来源于精饲料。

2. *12月龄至初次妊娠* 此阶段育成母牛消化器官容积更大，消化能力更强，生长渐渐进入递减阶段，无妊娠负担，更无产奶负担，若能吃到优质青粗饲料基本上就能满足营养的需要，因此，此期日粮应以青粗料为主，如此安排，不仅能满足营养需要，而且能促进消化器官的进一步生长发育。

(二)育成牛的管理

犊牛转入育成牛舍时，要实行公母分群，通槽系留饲养。育成牛的管理项目除了运动和刷拭以外，还有一项非常重要的管理项目就是要坚持乳房按摩。乳腺的生长发育受神经和内分泌系统活动的调节，对乳房外感受器施行按摩刺激，通过神经－体液途径或单纯的神经途径(前者通过下丘脑-垂体系统，后者通过直接支配乳腺的传出神经)能显著地促进乳腺生长发育，提高产奶量。乳腺对按摩刺激产生反应的程度，依年龄有所差异。性成熟后，特别是妊娠期是乳腺组织生长发育最旺盛的时期，此期加强按摩效果最显著。如据上海牛奶公司第六牧场的试验，对6～18月龄的育成母牛每天按摩一次乳房，18月龄以上者按摩2次，每次都配合使用热毛巾擦洗乳房，结果试验组比对照组产奶量提高了13.3%。育成母牛按摩乳房还可使其提前适应挤奶操作，以免产犊后出现抗拒挤奶现象。又如太原南郊奶牛场也做了这方面的试验，选用5对半同胞育成牛，分为2组，其母亲的胎次一致，产奶量差异不显著，12月龄后开始按摩乳房，结果表明，接受乳房按摩的初产牛均能顺利接受挤奶，且乳房形状、容量及产奶量均有明显改善和提高：产奶量对照组4 073千克，试验组4 523千克，提高11.05%；乳房容量对照组9.4升，试验组10.7升，提高13.83%；乳房圆周对照组133厘米，试验组148厘米，提高11.28%。每次按摩时间以5～10分钟为宜。

三、初孕牛的饲养管理

初孕牛指怀孕后到产犊前的头胎母牛。

母牛怀孕初期，其营养需要与配种前差异不大。怀孕的最后4个月，营养需要则较前有较大差异，应按奶牛饲养标准进行饲养。

这个阶段的母牛，饲料喂量一般不可过量，否则将会使母牛过分肥胖，从而导致以后的难产或其他病症，因此，初孕牛应保持中等体况。

初孕牛必须加强护理，最好根据配种受孕情况，将怀孕天数相近的母牛编入一群。

初孕牛与育成牛一样，更应注意运动，每日运动1～2小时，有放牧条件的也可进行放牧，但要比育成牛的放牧时间短。

初孕牛牛舍及运动场，必须保持卫生，供给充足的饮水，最好设置自动饮水装置。

分娩前两个月的初孕牛，应转入成年牛舍进行饲养。这时饲养人员要加强对它的护理与调教，如定时梳刷，定时按摩乳房等等，以使其能适应分娩投产后的管理。但这个时期，切忌擦拭乳头，以免擦去乳头周围的蜡状保护物，引起乳头龟裂；或因擦掉“乳头塞”而使病原菌从乳头孔侵入，导致乳房炎和产后乳头坏死。

在分娩前30天，初孕牛可以在饲养标准的基础上适当增加饲料喂量，但谷物的喂量不得超过初孕母牛体重的1%；与此同时，日粮中还应增加维生素、钙、磷等矿物质含量。初孕牛在临产前两周，应转入产房饲养，其饲养管理与成年牛围产期相同。

第二节　成乳牛的饲养管理技术

一、成乳牛的一般饲养管理技术

（一）分群

据实验，按产奶量高低进行分群并实行阶段饲养，不论是对提高产奶量或增加经济效益效果都很显著。反之，则浪费饲料，增大成本，降低经济效益。

（二）日粮组成力求多样化和适口性强

乳牛是一种高产动物，对饲料要求比较严格，在泌乳期间，其日粮组成必须是多样化和适口性强。多样化可使日粮具有完善的营养价值，以保证乳牛能积极地进行生命活动和泌乳活动。日粮组成单一或饲料种类少，往往不能满足其需要，而且多样化与适口

性有着密切的联系，一般来讲，日粮组成多样化了，其适口性就较好。乳牛的日粮一般要由3～4种或以上的青粗饲料（干草、青草、青贮饲料等），3～4种或以上的精料组成。

近年国外在泌乳牛的饲养上采用全价混合饲料自由采食的饲养法——TMR饲养法，即根据母牛不同泌乳阶段的营养需要，将精、粗饲料经过加工调制，配合成全价的混合饲料，供牛自由采食。采用这种饲养方法可简化饲养程序，节约劳力，减少牛舍投资，并可使每头牛得到廉价的平衡饲料。此外，可多喂粗料，少用精料，从而可降低饲养成本，并避免以往乳牛由于分别自由采食精、粗饲料而使精料吃得过多，粗料采食不足，以至造成瘤胃机能出现障碍，导致产奶量、乳脂率下降和发生消化道疾病等问题。

（三）精、粗饲料的合理搭配

饲喂草食动物应遵循的一个原则是以青粗饲料为基础，营养物质不足部分用精料和其他饲料添加剂进行补充。这一原则的实质是精粗饲料的合理搭配。良好的干草和青绿多汁饲料及青贮料，易消化、适口性好，能刺激消化液的分泌，增进食欲，保持消化器官的正常活动，促进健康，获得大量高质量的牛乳。相反，如果长期饲喂过多的精料，就可使乳牛的健康状况恶化，并降低产奶量和乳的品质。这并不是说精料就是不能多喂，而是要按上述原则饲喂精料，即精料只能作为补充部分，不能作为基础。高产乳牛的日粮中，精料虽作补充部分，但往往大于基础部分，这是产奶的需要，为此，要控制瘤胃发酵，如添加缓冲化合物等。即使按照这个原则并控制瘤胃发酵，高产乳牛也难免患营养代谢疾病，而低产牛则不然，故人们常说越是高产乳牛越难养。

根据以上原则，可确定不同体重乳牛每天应喂中等品质以上的粗饲料数量如表10-2所示。

表 10-2　不同体重母牛的粗料日喂量(风干物质计)　　千克

体重	中等给量	最大给量
300	10	14
400	11	16
500	12	18
600	13	20

每 3～4 千克青贮料可代替 1 千克粗料；块根类饲料，约 8 千克可代替 1 千克精料。由于块根多汁饲料有刺激食欲的作用，但含能量低，所以，增喂多汁饲料时，粗料喂量并不按比例减少。

精料的喂量，根据乳牛的营养需要而定。一般是每产 3～5 千克乳给 1 千克精料。如果青粗饲料品质优良时，可按表 10-3 的精料量进行补喂。

表 10-3　乳牛的精饲料给量

项　目	每天产乳量(千克)					
	10 以下	10～15	15～20	20～25	20～25	30 以上
每产 1 千克乳的精料量(克)	100 以内	150	200	250	300	350
每头牛每天的精料量(千克)	1 以下	1～2	3～4	5～6	6～7	10 以上

为了充分满足乳牛的营养需要，应根据饲养标准，精确计算不同体重、年龄和生产水平的母牛对各种营养物质的需要量，正确地配合日粮，促使乳牛将吃进去的饲料，除维持其体重外，全部用于产奶。

(四)饲喂次数和顺序

在我国，乳牛每天的饲喂次数，一般都与挤奶次数相一致，实行 3 次挤奶，3 次饲喂。但在某些情况下，如高产乳牛、夏季饲养以及泌乳盛期应由 3 次改为 4～6 次。饲喂的顺序，一般是“先粗后精”、“先干后湿”、“先喂后饮”的方法。先喂粗料，当粗料吃的差不多时再拌上精料。这样可使牛越吃越香，在饲喂过程中都能保持良好的食欲；另一种是先喂精料，后喂粗料，最后饮水的方法。这2种饲养方式，可根据各地具体条件，灵活采用，一般以前一种方式较好，尤其在舍饲条件下更应采用前一种方式。

(五)饲喂技术

在乳牛饲养上，首先要做到“定时定量，少喂勤添”。因为定时饲喂，可使牛消化腺的分泌机能在吃到饲料以前就开始活动。如要饲喂过早，它必然要挑剔饲料不好好采食；喂迟了又会使牛饥饿不安，也会打乱牛消化腺的活动，影响牛对饲料的消化和吸收。所以，只有按时合理饲喂，才能保证牛消化机能的正常活动。每次上槽，都要掌握饲料喂量，喂过多或过少，都会影响母牛的健康和生产性能。并且要做到“少给勤添”，以保持牛只旺盛的食欲。

(六)饮水

众所周知：水是动物不可缺少的营养要素。水对于乳牛来说就显得更为重要。牛乳中含水88%左右。据实验，日产奶50千克的乳牛，每天需饮水100～150升，一般乳牛每天也需水50～70升。如饮水不足，就会直接影响产奶量。试验证明，乳牛饮水充足，可以提高奶量达10%～19%，因此，必须保证乳牛每天有足够的饮水，最好在牛舍内装置自动饮水器，让乳牛随时都能充分饮水。如无此设备，则每天应给牛饮水3～4次，于饲喂结束后进行，夏季天热时应增加饮水次数。此外在运动场内应设置水池，经常贮满清水，让牛自由饮水。冬季饮水时，要注意水不能太凉，且以不放食盐为宜，以免饮水太多，造成体热大量散失。因此，让牛不饮过冷的水是防止冬季体热消耗的有效措施之一，也是一种增奶措施。如有人试验证明，在11月份2～6℃的气温环境中，69头乳牛第1周在冷水池中饮水，第2周在牛舍内饮10～15℃的温水，第1周比第2周产奶量少9%。也有人试验冬季饮8.5℃的水比

饮 1.5℃的水，产奶量提高 8.7%。又有人在冬季长期供 20℃的水，结果乳牛体质变弱，容易感冒，胃的消化机能减弱。因而应提出冬季饮水适宜温度:成母牛 12～14℃，产奶与怀孕牛 15～16℃。此外，在冬季拿出部分精料用开水调制成粥料喂牛，对牛体保温，提高采食量，增加产奶量均有明显效果。而夏天则应让乳牛饮凉水，以减轻热应激造成的危害。有人分别以 10℃水和 30℃水试验，结果表明饮 10℃水的乳牛，其产奶量、采食量均增加，而呼吸次数及体温均降低，故夏季提供清凉的饮水是很有效的措施。夏季饮凉水时，可在其中适量放些食盐，以促使牛多饮凉水，增大体热散失量，进一步减轻热应激造成的危害。

二、泌乳规律

在泌乳期中，乳牛的泌乳量、体重及干物质采食量均呈现规律性的变化，构成乳牛泌乳规律。

(一)泌乳量的变化

产犊后，产奶量逐渐上升，低产牛在产后 20～30 天，高产牛在产后 40～50 天 产乳量到达泌乳曲线最高峰。泌乳高峰期有长有短，高产牛泌乳高峰期持续时间一般较长。高峰期后，产乳量逐渐下降。

(二)干物质采食量的变化

高产乳牛干物质采食量产后逐渐增加，但增加的速度较平缓，其高峰出现在产后 90～100 天，之后再缓慢平稳地下降。

(三)体重的变化

产后体重开始下降，产后 2 个月左右体重降到最低，最低体重出现的时间较高产乳牛泌乳高峰的出现稍迟些或同时发生，以后体重又渐增，至产后 100 天左右，体重可恢复到产后半个月时的水平。一般来讲，乳牛，尤其是高产乳牛在泌乳盛期失重 35～45 千克是比较普遍的，若超过此限，就会对产奶性能、繁殖性能及母牛健康产生不利的影响。由此可见，高产乳牛由于其干物质采食量高峰的出现比其泌乳高峰的出现迟 6～8 周，因而高产乳牛在泌乳盛期往往会陷入营养不足的困境，乳牛不得不分解体组织来满足产奶所需的营养物质。在这种情况下，既要充分发挥产奶潜力，又要尽量减轻体组织的分解，唯一可行的办法就是要提高日粮营养浓度，即增大精料比例，这也就是美国、日本等国 20 世纪 70 年代后所采用的"引导饲养法"，也叫做"挑战饲养法"。实际上，高产乳牛即使是采用了"挑战饲养法"，在泌乳盛期内要完全避免体组织的消耗也是不可能的，但可以通过此法，使其减重不超过一定限度，从而保证既能发挥出产奶潜力又不影响母牛健康和繁殖性能。由于干物质采食量达到高峰以后下降的速度较平稳，因而盛期过后要注意调整日粮结构，降低营养浓度，防止过肥。

三、泌乳期各阶段的饲养管理

(一)泌乳初期的饲养管理

这个时期母牛刚刚分娩，机体较弱，消化机能减退，产道尚未复原，乳房水肿尚未完全消失，因此，此期应以恢复母牛健康为主，不得过早催奶，否则大量挤奶极易引起产后疾病。

分娩后要随即驱赶母牛站起，以减少出血和防止子宫外脱，并尽快让其饮喂温热麸皮盐水 10～20 千克(麸皮 500 克，食盐 50 克)以利恢复体力和胎衣排出(因为增加了腹压)，为了排净恶露和产后子宫早日恢复，还应饮热益母草红糖水(益母草粉 250 克，加水 1 500 克，煎成水剂后，加红糖 1 千克，水 3 千克，温度以 40～50℃为宜)，每天一次，连服 2～3 天。在正常情况下，母牛分娩后胎衣 8 小时左右自行脱落，如超过 24 小时不脱，不可强行拖拉，对体弱和老年母牛可肌肉注射催产素或与葡萄糖混合做静脉注射，效果较好，但剂量为肌肉注射的 1/4，以促使子宫收缩，尽早排出胎衣。产后不能将乳汁全部挤净，否则由于乳房内压显著降低，微血管渗出现象加剧，

会引起高产乳牛的产后瘫痪。一般产后第1天每次只挤奶2千克左右，第2天挤乳量的1/3，第3天挤1/2，第4天后方可挤净。

在初乳的挤奶量上，大多数一直是采用上述做法，但最近我国有的奶牛场曾进行过奶牛产后一次挤净初乳的试验，证明产奶高峰可提前到来，显示了有提高泌乳期产奶总量的可能性；临床性急性乳房炎发病率低；产后瘫痪发病率差异不显著。采用母牛产后一次挤净初乳所要采取的措施是：第一，母牛产后处置要根据牛只的年龄、体况等区别对待，对体弱有病的牛只或3胎以上的大龄牛，应慎重对待。牛只挤净初乳后，应立即进行预防性补钙和补液，根据情况补葡萄糖酸钙500～1 500毫升。第二，产后3天使用抗生素控制感染。第三，注意围产后期和泌乳高峰期的饲料营养浓度以及精粗饲料的合理添加量，尽可能的降低奶牛体内能量、蛋白质的负平衡过程，延长产奶高峰的时间 。

分娩后乳房水肿严重，要加强乳房的热敷和按摩，并注意运动，促进乳房消肿。

在本期内如食欲食好、消化机能正常、不便稀、乳房水肿消退、恶露排干净，可逐渐增加精料，多喂优质干草，对青绿多汁饲料要控制饲喂，切忌过早催奶，引起体重下降，代谢失调。否则，不宜增加精料，只能增加优质干草。

（二）泌乳盛期（泌乳高峰期）的饲养管理

此期体质已恢复，乳房软化，消化机能正常，乳腺机能日益旺盛，产乳量增加甚快，进入泌乳盛期。我国制定的《高产乳牛饲养管理规范》中规定16～100天为泌乳盛期。若头产牛在15～21天内不催奶，逐步给予良好的营养水平，可使高峰期延长到120天。泌乳盛期是整个泌乳期的黄金阶段，此阶段产奶量占全泌乳期产奶量的40%左右。如何使乳牛在泌乳盛期最大限度地发挥其泌乳性能是夺取高产稳产的关键，此阶段也最能反映出饲养管理的效果。饲养管理效果的反应与妊娠期有着密切的关系，随着妊娠期的进展，效果反应就逐渐变得不明显了，虽然产后5～6个月不配种，其产奶量仍较高(即对饲养管理效果的反应仍较好)，但并不提倡。乳牛泌乳规律告诉我们高产乳牛采食高峰要比泌乳高峰迟6～8周，这不可避免地在泌乳高峰期出现一个“营养空当”。饲养实践表明通过增加营养浓度也不能完全弥补这“空当”。在这个“空当”内，乳牛不得不动用其体贮备即分解体组织来满足产奶所需的营养物质，所以，在泌乳的头8周内乳牛体重损失25千克是常常发生的。当母牛靠消耗体内贮存来达到最高产奶量时，蛋白质可能成为第一限制因素。因此，日粮中应该用额外的蛋白质来平衡动用体组织消耗的能量。此期把体重下降控制在合理的范围内是保证高产、正常繁殖及预防代谢疾病的最重要的措施之一，增加营养浓度，减小空当，可使体重的下降程度减轻，从而有可能将失重控制在合理的范围内，现在提倡的“引导”(“挑战”)饲养法就是在泌乳盛期增加营养浓度。具体做法是：从母牛产前2周开始，直到产犊后泌乳达到高峰逐渐增加精料，到临产时其喂量以不得超过体重的1%为限。分娩后第3～4天起，可逐渐增喂精料，每天按0.5千克左右增加，直至泌乳高峰或精料不超过日粮总干物质的65%为止。注意在整个“引导”饲养期必须保证提供优质干草，日粮中粗纤维含量在15%以上，才能保证瘤胃的正常发酵，避免瘤胃酸中毒、消化障碍以及乳脂率下降，采用以上做法，可使多数乳牛出现新的泌乳高峰，通常将这个新的泌乳高峰称为“引导高峰”，其增产的趋势可持续于整个泌乳期，因此，这种饲养法被称为“引导饲养法”。此法的优点在于可使瘤胃微生物区系及早地调整，以适应分娩后高精料日粮；有利于增进分娩后母牛对精料的食欲和适应性，防止酮病发生。

泌乳高峰期日粮应由如下饲料组成：

①品质优良的高能粗料，如良好的玉米青贮、优质干草等。

②增喂适量脂肪饲料，增加日粮能量浓度，如脂肪酸钙等保护

性脂肪;采用能量含量高的谷类饲料,如玉米、大麦、高粱等。其中,增加脂肪酸钙等保护性脂肪是补充能量的最好方法。

③将天然蛋白质置于饲料表面饲喂。

④高产乳牛产后对 Ca,P 需要量很大,但日粮中往往不能满足,所以 Ca,P 和其他矿物质呈负平衡状态。可补喂贝壳粉、蛎粉和石粉,但必须测其利用率,而不要单纯按其含量计算 Ca 和 P。

(三)泌乳中期的饲养管理

我国《高产乳牛饲养管理规范》中规定产后 101～200 天为泌乳中期。本期内乳牛食欲最好,干物质采食量达到最高峰,高峰之后下降很平稳;产奶量逐月下降;体重和体力也开始逐渐恢复。此期想使产奶量不下降是不可能的,我们只能发挥人的主观能动性,使其下降的速度缓慢、平稳些,这就得继续采取各种有效措施,如多样化、适口性强的全价日粮,注意运动,认真擦洗按摩乳房。由于进入本期时,干物质采食量已达到高峰而下降幅度又大大小于产奶量的下降幅度,因此,要调整日粮结构,减少精料,尽量使乳牛采食较多的粗饲料。

(四)泌乳后期的饲养管理

我国《规范》中所讲的泌乳后期一般指产后第 201 天到干奶前。本期内日粮除饲养标准满足其营养需要外,对于体况消瘦的母牛,还要增加营养,以使母牛尽快恢复已失去的体重,增强体力。使母牛逐渐达到上次产犊时体重和膘情的标准——中上等体况,即比泌乳盛期体重增加 10%～15%。但本期内必须防止体况过肥,以免难产及导致其他一些疾病的发生。

为什么要在泌乳后期恢复体况而不是像过去那样在干乳期恢复呢? 这是因为研究表明,从饲料能量的转换效率及饲养的经济效果来看,泌乳牛在此期各器官仍处在较强的活动状态,对饲料代谢能转化成体组织的总效率比干乳期为高,故泌乳后期恢复体况比干乳期要经济、安全。

四、干乳期的饲养管理

(一)干乳期的意义

1.促使胎儿很好地生长发育　妊娠后期，特别是分娩前2个月左右是胎儿生长最迅速的阶段，因而也是需要营养最多的阶段，在产前给母牛2个月左右的干乳期，并加以合理的饲养管理，可保证胎儿很好地生长发育。

2.干乳期是母牛的周期性休息时期　母牛在干乳期中乳腺细胞可以得到充分休息和整顿，为下一个泌乳期更好地、积极地进行分泌活动做好准备，因此一旦分娩，进入下次泌乳期时，乳腺细胞更富有活力、大量泌乳。否则，若使分泌上皮细胞持续进行分泌活动，不仅妨碍乳腺细胞的休息、整顿，使下次泌乳期产奶量大大下降，而且对以后几个胎次都会有很不利的影响。例如，据Swanson(1965)用一卵双胎的母牛进行试验，与60天的干乳期相比，不干奶而持续挤奶的牛，其奶量的减少，在下一个泌乳期为25%，第三个泌乳期为40%。

(二)干乳期的长短

由上述可见，没有干乳期是不行的，实际上干乳期太短也是不行的，而干乳期太长又会降低本胎次的产乳量，因而要正确确定干乳期的长短。

干乳期的长短依每头母牛的具体情况而定，一般是45～75天，平均为60天。凡是初胎母牛及早期配种的母牛、体弱的成年母牛、老年母牛、高产母牛(年产乳6 000～7 000千克或以上者)以及牧场饲料条件恶劣的母牛，需要较长的干乳期(60～75天)，一般体质强壮、产乳量较低、营养状况较好的母牛，则干乳期可缩短为45～60天。

(三)干乳方法

干乳的方法正确与否关系到母牛的健康和能否造成乳房炎或其他疾患。干乳的方法可分为逐渐干乳法和快速干乳法等两种主要方法。其基本原理是通过改变对泌乳活动有利的环境因素(主要是饲管活动)来抑制其分泌活动。

1.逐渐干乳法　此法要求在10～20天内将奶干完,用于高产乳牛。其方法是:在预定干乳前的10～20天开始变更饲料,逐渐减少精料、青草、青贮料等促进泌乳的饲料,适当限制饮水,加强运动和放牧,停止按摩乳房,减少挤奶次数,改变挤奶时间(由3次减为1次),第3天、第6天、第10天挤奶一次,产奶下降到4～5千克时,停止挤奶,这样就可使母牛逐渐干乳。

每次挤奶必须挤净。对高产牛则只喂品质差的干草(秸秆),当产乳量降到4～5千克时,即停止挤奶。

2.快速干乳法　此法要求在7天内将乳干完,一般多用于中、低产乳牛,基方法是:从干乳的第1天开始,适当减少精料,停喂青绿、多汁饲料,控制饮水,加强运动,减少挤奶次数和打乱挤奶时间,由3次改为1次,次日减少1次或隔日1次,由于母牛在生活规律上突然发生巨大变化,产乳量显著下降,一般经过5～7天,日产量下降到8～10千克或以下时就停止挤奶。

以上2种方法相比较而言,逐渐干乳法因时间拖得过长,母牛长期处于贫乏的饲养条件下,影响了母牛健康和胎儿生长发育,因此,在实践中以快速干乳法应用较广。

另外,有一些学者提倡采用一次停奶法。即到达停奶之日,认真地擦洗按摩乳房,将奶彻底挤净后就不再挤了。这种方法的原理是:充分利用乳房内高的压力来抑制分泌活动,完成停奶。据称与常规干乳法相比有如下优点:第一,可最大限度地发挥其产奶潜力。因为停奶前一切正常,没有改变对泌乳活动有利的环境因素(饲养管理),一般可多产奶50千克左右。第二,不影响母牛健康和胎儿生长发育，而常规法使母牛在10天左右的时间内处于贫乏的饲养条件下，影响了母牛的健康和胎儿生长发育。一次停奶法可使胎儿初生重提高3千克左右。第三，可使乳房炎的发病率降低约25%。

无论采用哪种干乳方法，在采取干奶措施之前，都要做好隐性乳房炎的检查，以减少疾患。隐性乳房炎的检查，可用专门的检出液，将四乳区的奶分别挤少许于4个盛奶皿中，然后分别滴上两滴检出液，稍加摇动，若出现凝块则为阳性，否则为阴性。另外，据报道，黑龙江省闫家岗农场发明以试纸诊断隐性乳房炎，即用敏锐化学试纸，上有4个圆形黄色环，专供检查乳牛隐性乳房炎之用，检出率高。方法是：先弃掉开始1或2把奶之后，将4个乳区挤出的乳汁分别取1或2滴于4个黄色环上，立即观察色环变化来进行判定。经临床使用，效果很好。对诊断为阳性者要先治疗，待再检查转为阴性后再行干奶。治疗方法有抗生素法和激光穴位照射法，激光穴位照射治疗，其治愈率比抗生素法要高。对检查为阴性的乳牛，最后一次挤净后，要配合采用乳房炎的预防措施。因为在干乳期中仍然有可能患乳房炎，尤其是第1周，发病率可高达34%，第2周为24%，以后逐渐下降，产前发病率又增加，一般可采用药液灌注后浸泡或封闭乳头孔的做法。经乳头向乳池灌注抗生素油剂，每个乳头10毫升。乳头孔要用抗生素油膏封闭，或用5%碘酒浸泡乳头（每天1或2次，每次0.5～1分钟，连续3天）。

在停止挤奶后2周内，要随时注意乳房情况。一般母牛因乳房贮积较多的乳汁而出现肿胀，这是正常现象，不要害怕，也不要抚摸乳房和挤奶，经过几天后就会自行吸收而使乳房萎缩。如果乳房肿胀不消而变硬、乳牛有不安的表现时，可把奶挤出，继续采取干乳措施使之干乳。如果发现乳房有炎症时，可继续挤奶，待炎症消失后再行干乳。

(四)干乳期的饲养管理

母牛在干乳后 7～10 天,乳房内乳汁已被乳房所吸收,乳房已萎缩时,就可逐渐增加精料和多汁饲料,5～7 天内达到妊娠干乳牛的饲养标准。

干乳期饲养管理的原则就是:在整个干乳期中,其饲养措施不能使母牛在此期过肥。

对体况仍不良的高产母牛,要进行较丰富的饲养,提高其营养水平,使它在产前具有中上等体况,即体重比泌乳盛期一般要提高 10%～15%。母牛具有这样的体况,才能保证正常分娩和在下次泌乳期获得更高的产乳量,对于体况良好的干乳牛,一般只给予优质粗饲料即可。对营养不良的干乳母牛,除给予优质粗料外,还要饲喂几千克精饲料,以提高其营养水平,一般可按每天产 10～15 千克乳所需的饲养标准进行饲喂,日给 8～10 千克优质干草,15～20 千克多汁饲料(其中品质优良的青贮料约占一半以上)和 3～4 千克混合精料。粗饲料及多汁料不宜喂得过多,以免压迫胎儿,引起早产。

对于干乳母牛,不仅应注意饲料的数量,尤其要注意饲料的质量,必须新鲜清洁,质地良好。冬季不可饮过冷的水(水温以 15～16℃为宜)和饲喂冰冻的块根饲料以及腐败霉烂的饲料或掺有麦角、霉菌、毒草的饲料,以免引起流产、难产及胎衣滞留等疾患。

干乳母牛每天要有适当的运动,夏季可在良好的草场放牧,让其自由运动。但要与其他母牛分群放牧,以免相互挤撞,发生流产。冬季可视天气情况,每天赶出运动 2～4 小时,产前停止运动。干乳牛如缺少运动,则牛体容易过肥,引起分娩困难、便秘等,以至发生早产和分娩后产乳量的降低。

母牛在妊娠期中,皮肤呼吸旺盛,易生皮垢。因此,每天应加强刷拭,促进代谢。对于乳牛每天要进行乳房按摩,以利分娩后的泌乳。一般可以在干乳后 10 天左右开始按摩,每天一次,产前 10

天左右停止按摩。

五、围产期乳牛饲养管理

围产期乳牛是指分娩前后各 15 天以内的母牛。

根据乳牛阶段饲养理论和实践划分这一阶段对增进临产前母牛、胎儿、分娩后母牛以及新生犊牛的健康极为重要。实践证明，围产期母牛比泌乳中、后期母牛发病率均高。据统计，成母牛死亡有 70%～80%发生在这一时期。所以，这个阶段的饲养管理应以保健为中心。上海将乳牛产后 2～3 周称为产后康复期。围产期医学已发展成一门新兴学科，乳牛科学应加以借鉴。

(一)临产前母牛的饲养管理

临产前母牛生殖器最易感染病菌。为减少病菌感染，母牛产前 7～14 天应转入产房。产房必须事先用 2%火碱水喷洒消毒，然后铺上清洁干燥的垫草，并建立常规的消毒制度。

临产母牛进产房前必须填写入产房通知单，并进行卫生处理，母牛后躯和外阴部用 2%～3%来苏儿溶液洗刷，然后用毛巾擦干。

产房工作人员进出产房要穿清洁的外衣，用消毒液洗手。产房入口处设消毒池，进行鞋底消毒。

产房昼夜应有人值班。发现母牛有临产征状表现腹痛、不安及频频起卧，即用 0.1% 高锰酸钾液擦洗生殖道外部。

产房要经常备有消毒药品、毛巾和接产用器具等。

临产前母牛饲养应采取以优质干草为主，逐渐增加精料的方法，对体弱临产牛可适当增加喂量，对过肥临产牛可适当减少喂量。临产前 2 周的母牛，可酌情多喂些精料，其喂量也应逐渐增加，最大量不宜超过母牛体重的 1%。这有助于母牛适应产后大量挤奶和采食的变化。但对产前乳房严重水肿的母牛，则不宜多喂精料。

临产前 15 天以内的母牛，除减喂食盐外，还应饲喂低钙日粮，其钙含量减至平时喂量的 1/2～1/3，或钙在日粮干物质中的比例降至 0.2%。

但近年来预防奶牛的产后瘫痪有了新的做法：在分娩前的2～3 周，向奶牛日粮中添加阴离子盐。阴离子盐是指那些含氯离子和硫离子相对高，而含钠和钾低的矿物质盐类。向奶牛日粮中添加阴离子盐，从而调节日粮的阴阳离子平衡（DCAB）。负 DCAB 的日粮降低血液 pH 值（轻度代谢酸中毒），依次激活了动物体内的钙平衡机理并刺激骨钙动用。减低日粮 DCAB 应当与提高日粮钙水平同步进行，将钙的喂量提高到每头每天 120～150 克。为保证奶牛的营养供给和阴离子添加的效果应定期测定采食量和尿液的 pH 值。尿液的 pH 值测定每周至少进行一次，通常是在采食后的 2～6 小时进行。测定头数应为 5 头以上。如果尿液的 pH 值在 5.5～6.5 之间，而且奶牛的采食量正常，说明日粮的 DCAB 是合适的。

临产前 2～3 天内，精料中可适当增加麸皮含量，以防止母牛发生便秘。

（二）母牛分娩期护理

舒适的分娩环境和正确的接生技术对母牛护理和犊牛健康极为重要。母牛分娩必须保持安静，并尽量使其自然分娩。一般从阵痛开始需 1～4 小时，犊牛即可顺利产出。如发现异常，应请兽医助产。

母牛分娩应使其左侧躺卧，以免胎儿受瘤胃压迫产出困难，母牛分娩后应尽早驱使其站起。

母牛分娩后体力消耗很大，应使其安静休息，并饮喂温热麸皮盐水 10～20 千克（麸皮 500 克，食盐 50 克），以利母牛恢复体力和胎衣排出。

母牛分娩过程中，卫生状况与产后生殖道感染的发生关系极大。母牛分娩后必须把它的两肋、乳房、腹部、后躯和尾部等污脏部分用温水洗净，用净的干草全部擦干，并把脏垫草和粪便清除出去，地面消毒后铺以厚的干垫草。

母牛产后，一般 1～8 小时内胎衣排出。排出后，要及时消除并用来苏儿清洗外阴部，以防感染。

为了使母牛恶露排净和产后子宫早日恢复，还应喂饮热益母草红糖水（益母草粉 250 克，加水 1 500 克，煎成水剂后，加红糖 1 千克和水 3 千克，饮时温度 40～50℃）每天 1 次，连服 2～3 次。

犊牛产后一般 30～60 分钟即可站起，并寻找乳头哺乳，所以这时母牛应开始挤奶。挤奶前挤奶员要用温水和肥皂洗手，另用一桶温水洗净乳房。用新挤出的初乳哺喂犊牛。

母牛产后头几次挤奶，不可挤得过净，一般挤出量为估计量的 1/3。

母牛在分娩过程中是否发生难产、助产的情况，胎衣排出的时间、恶露排出情况以及分娩时母牛的体况等，均应详细进行记录。

（三）母牛产后 15 天内的饲养管理

为减轻产后母牛乳腺机能的活动并照顾母牛产后消化机能较弱的特点，母牛产后 2 天内应以优质干草为主，同时补喂易消化精料，如玉米、麸皮，并适当增加钙在日粮中的水平（由产前占日粮干物质的 0.2%增加到 0.6%）和食盐的含量。对产后 3～4 天的乳牛，如母牛食欲良好、健康、粪便正常、乳房水肿消失，即可随其产乳量的增加，逐渐增加精料和青贮喂量。实践证明，每天精料增加量以 0.5～1 千克为宜。

产后 1 周内的乳牛，不宜饮用冷水，以免引起胃肠炎，所以应坚持饮温水，水温 37～38℃，1 周后可降至常温。为了促进食欲，要尽量多饮水，但对乳房水肿严重的乳牛，饮水量应适当减少。

乳牛产后，产乳机能迅速增强，代谢旺盛，因此常发生代谢紊乱而患酮病和其他代谢疾病。这期间要严禁过早催乳，以免引起体况的迅速下降而导致代谢失调。对产后15天或更长一些时间内,饲养的重点应当以尽快促使母牛恢复健康为原则。

挤奶过程中,一定要遵守挤奶操作规程,保持乳房卫生,以免诱发细菌感染而患乳房炎。

母牛产后12～14天肌肉注射促性腺激素释放激素,可有效预防产后早期卵巢囊肿,并使子宫提早康复。

六、高温季节奶牛的饲养管理要点

乳牛(尤其是饲养数量最多的荷斯坦牛)较耐寒不耐热,所以,改善高温季节的饲养管理就成为提高全年产奶量的一条重要途径。

(一)高温给乳牛带来的危害

高温季节,牛体散热困难,当受高温应激时,必将产生一系列的应激反应。如体温升高,呼吸加快,皮肤代谢发生障碍,食欲下降,采食量减少,营养呈负平衡。因此造成的后果便是:体重减轻,体况下降,产乳量及乳脂量同时下降,繁殖力下降,发病率增高,甚至死亡。例如,武汉地区7～9月份,乳牛由于高温(41.3℃),产奶量下降58%以上,有时还会发生热射病死亡,重庆地区第三季度比第四季度产奶量下降11.3%,母牛繁殖率下降33.3%,7月份受胎率仅为24.7%。

(二)高温季节降温防暑的主要措施

乳牛高温季节饲养管理的原则应以降温防暑为主,把高温的不良影响减少到最小限度。

1.满足营养需要　据测定,每升高1℃需要消耗3%的维持能量,即在炎热季节消耗能量比冬季大(冬季每降低1℃需增加1.2%维持能量),所以高温季节要增加日粮营养浓度。饲料中含能量、粗蛋白质等营养物质要多一些,但也不能过高,还要保证一定的粗纤维含量(15%～17%),以保证正常的消化机能。如果平时喂精料 4 千克，夏季可增加到 4.4 千克；平时喂豆饼占混合料的 20%，夏天可增加到 25%。

2.选择适口性好，营养价值高的饲料　如胡萝卜、苜蓿、优质干草、冬瓜、南瓜、西瓜皮、聚合草等。

3.延长饲喂时间，增加饲喂次数　高温季节，中午舍内温度比舍外低，如北京舍外凉棚下为 34.4℃，舍内 28.5℃。为了使牛体免于受到太阳直射，12 点上槽，这既可增加乳牛食欲，又能增加饲喂时间；饲喂次数如果由 3 次改为 4 次，在午夜再补饲一次，则会取得更好的增奶效果。

4.喂稀料，既增加营养，又补充水分　为此将部分精料改为粥料是有益的。如北京地区所配制的粥料：精料 1.5 千克，胡萝卜、干粕 1.25～2.5 千克，水 5～8 千克。

5.减少湿度，增加排热降温措施　牛舍内相对湿度应控制在 80%以下。相对湿度大，牛体散热受阻加大，加重热应激，所以牛舍必须保持干燥，且通风良好，早晚打开门窗，有条件时，可安装吊风扇，以加速水分排除，降低湿度。

6.保持牛体和牛舍环境卫生　牛舍不干净，最容易污染牛体，这既影响牛体皮肤正常代谢，有碍牛体健康，又严重影响牛乳卫生。夏天经常刷拭牛体，有利于体热散失。夏天蚊蝇多，不仅干扰乳牛休息，还容易传染疾病，为此，可用 1%～1.5%灭害灵药水喷洒牛舍及其环境。为了防止乳房炎、子宫炎、腐蹄病、食物中毒的发生，应采取下列措施：从 5 月开始用 1%～3%的次氯酸钠（NaClO）溶液浸泡乳头；母牛产后 15 天，检查一次生殖器官，发现问题及时治疗；每月用清水洗刷一次牛蹄，并涂以 10%～20%硫酸钠溶液；每天清洗一次饲槽。

第三节　奶牛场的其他管理技术

一、挤奶技术

（一）手工挤奶

1. 准备　挤奶人员在挤奶前应剪短指甲，以免损伤乳头及皮肤。乳房上过长的毛要剪掉。赶牛时要温和对待，不要鞭打脚踢；牛站起来，即清理牛床后 1/3 处的垫草，将粪便刮于粪沟，以便于挤奶操作。同时要洗刷牛的后躯，避免牛体的碎草、粪土等物落入乳中。在准备好清洁的挤奶用具和穿好工作服、洗净双手之后，即可进行挤奶前的准备操作。第一步是擦洗乳房，这是促进乳牛排乳，减轻挤奶负担，获得清洁牛乳所必不可缺少的工作。洗乳房的用水，应该是清洁温水，温度以 45～50℃为宜，洗的方法是：挤奶员站在牛的左侧，用带水毛巾先洗乳头孔及乳头，再洗乳房。然后站在牛的后侧，一手扶住牛的坐骨，一手擦洗牛的乳镜、乳房两侧及大腿之间。要洗得全面彻底，每次挤奶应洗 2～3 次，最后将毛巾拧干擦拭乳房的每一部位。接着，将牛尾拴在牛的后腿上，立即进行预备按摩乳房操作。

在挤奶前进行预备按摩乳房的操作是非常必要的，因为通过轻度按摩，可以刺激乳房排乳，创造方便的挤奶条件。操作方法是：用双手按摩乳房表面，以后轻按乳房各部，这时乳房膨胀，皮肤表面血管怒张，呈淡红色，皮温升高，触之很硬，这是乳房内开始放乳的象征，应立即挤奶，不要耽误。

挤出的第 1、第 2 把奶应收集在专用器具内，不可挤入奶桶内，也不宜随便挤在牛床上，因为最初挤出的奶中含有大量细菌，能污染垫草而传播疾病。

2. 挤奶方法　挤奶时，挤奶员要坐在板凳上，位于牛的左侧后1/3～1/2处，与牛体纵轴呈50°～60°的夹角，将奶桶夹于两大腿之间，如果不坐板凳而是蹲着挤奶，则会因重心不稳，挤奶员会失去对牛的防卫能力，而完全处于被动状态。手工挤奶应采用拳握法，拇指和食指先压紧乳头基部，以免奶回流进乳池，然后用其余三指来挤压乳头，把奶挤出来。此法优点是乳牛不会感到痛苦，自始至终都能保持手和乳头的干燥，牛乳比较卫生，挤奶速度快，省劲而方便。拳握法应使握拳的下端与乳头的游离端齐平，以免乳汁溅到手上或桶外，造成污染或浪费乳汁。握力一般为15～20千克，尽量做到用力均匀、一致。挤奶频率应与排乳反射的强度一致，每分钟80～120次，原则是母牛大量排乳时，就必须提高挤奶速度。一般在开始挤奶的头一分钟内速度为80～90次/分钟，以后大量排乳时，速度为100～120次/分钟，后期排乳较少，速度又可降为80～90次/分钟。挤奶技术与产奶量有很大关系，例如，济南市乳品公司（现为济南佳宝）举行的一次挤奶技术比赛，利用同一头母牛连续4个早晨分别由4个参赛的工人进行当天第一次挤奶，比赛结果见表10-4。

表10-4　挤奶技术与产奶量的关系

挤奶员号	时间	平均挤奶速度（次/分钟）	每分钟挤奶量（千克）	总挤奶量（千克）	总挤奶时间
1	10.9	145	1.375	13.50	9′49″
2	10.10	124	1.625	14.15	8′46″
3	10.11	92	2.215	16.375	7′47″
4	10.12	157	1.300	13.46	10′21″

由此说明，奶的产量并不在于挤奶时手的活动频率，关键在于单位时间所能挤出的奶量。

手工挤奶的另一种方法是指挤法或称为滑下法，即以拇指和

食指捏住乳头基部向下滑动，将奶挤出。此法初学者很易学会，但对乳牛危害极大，它能引起乳头皮肤破裂，乳头变长，乳头腔弯曲等严重变形。此外，此法需用润滑剂来减轻手指与乳头皮肤的摩擦，乳汁当然是取之最方便的润滑剂，这样就增加了牛乳污染的机会。因此，除乳头特别短小者外，此法应禁止采用。当大部分乳已挤完后，应再次按摩乳房。采取半侧乳房按摩法，即先后按摩右侧和左侧的乳区。动作是两手由上而下，由外向里按压一侧两乳区，用力稍重，如此反复 6～7 次，使乳房内乳汁流向乳池，然后重复榨取各个乳区。到挤奶快结束时，进行第 3 次按摩乳房。这次必须用力充分按摩，尤其对新产牛更要做好，方法是用两手逐一分别按摩 4 个乳区，直到完全挤净，点滴不留为止。挤毕可在乳头上涂以油脂，防止龟裂或用消毒药水浸泡乳头。每次按摩时，要把挤奶桶放在一边，以免按摩时毛发、皮垢等落入桶内污染牛乳。

3. 注意事项

①擦洗、按摩乳房及挤奶动作都要迅速，全过程要在 10 分钟内完成，时间太长，将降低产乳量。因为乳的分泌与乳牛的神经系统与内分泌有密切的关系，对乳房的擦洗、按摩、挤压，对乳房就产生了一种刺激，通过神经系统作用于乳房的收缩组织，同时也通过神经—内分泌反射引起肌上皮和平滑肌细胞的收缩，使乳由乳房排出。这种反射和收缩作用时间是很短的，只能维持几分钟，所以从擦洗乳房到挤奶结束一定要连贯进行，中途不可停顿，要求在数分钟内挤完。如果时间拖得过长，反射性活动已过，乳便返回乳房而很难挤出，这样就必然降低产乳量。试验证明，缓慢的挤奶可以降低乳量 12%左右。

②挤奶时精力要集中，禁止喧哗、嘈杂和特殊音响等，勿让陌生人站在母牛附近。以防乳牛受惊，影响乳量。

③严格执行作息时间，并以一定次序进行作业，不可任意打乱或改变。因改变时间和顺序，会引起乳牛的不安，这不仅会造成挤

奶困难，而且还会降低产乳量。

④遇有踢人恶癖的母牛，首先态度要温和，严禁拳打脚踢。挤奶时注意牛的左后腿，如发觉牛要抬左后腿时，可迅速用右手挡住。不得已时，才用绳将两后腿拴起，然后进行挤奶。

⑤患乳房炎的牛应在最后挤奶，切勿与好乳混合。一切与牛乳接触的用具，在使用前后，均应洗净晾干，保持清洁。

(二)机械挤奶

机械挤奶有 3 种类型：管道式、挤奶台和桶式挤奶系统。现介绍桶式挤奶系统。

桶式挤奶系统分有提桶式、悬吊式或挤奶车等多种。

在拴系式饲养条件下，适宜采用。利用固有的牛床床位，比建造挤奶台较为经济。

挤奶桶：用不锈钢材(或铝合金)制成，整套装置与一个简单真空泵相接通。有 20 升和 27 升等多种容量，使用方便，容易清洗。一名挤奶工同时操作 2～3 个挤奶桶，1 小时可挤 15～20 头乳牛。

悬吊式挤奶桶：使用悬吊式挤奶桶需要接触一个真空泵和一条真空导管。此类挤奶桶无需挤奶杯簇装置，牛乳通过透明桶盖上的吸乳头直接流入悬吊整体。这种挤奶桶最大特点是乳牛不会触碰挤奶装置或打乱整个挤奶过程。悬吊式挤奶桶容量是 20 升。一名挤奶工同时使用 2～3 个桶，每小时可挤 15～20 头乳牛。

挤奶车：挤奶车是最小的挤奶装置，不需要任何安装工作。挤奶车简单、方便、经济、可随时使用。1 小时挤 10～15 头乳牛。挤奶车特别适合于小型牛场和奶牛专业户。

不论采取哪种挤奶设施，挤奶必须定时，固定专人，每次挤奶应使乳牛感到舒适。

挤奶通常分以下几个步骤。

1. 挤奶设备的消毒　挤奶前，应对挤奶过程中所需要的全部设备进行彻底清洗消毒，有时还应对某些挤奶设备进行检查和调整。

2.母牛挤奶前的准备　如前所述，挤奶前应先用温水清洗乳房和乳头，并用毛巾擦摩。然后，将每个乳区的第一把乳挤到带有黑色背景的容器中，以检查有无乳房炎发生。

在一般情况下，当刺激(4～5秒)之后，乳房开始发胀，偶尔乳头有乳漏出，这表示母牛已经排乳。

3.挤奶　通常在擦洗或按摩1分钟(不宜超过1.5分钟)后，必须套上挤奶杯开始挤奶。由于大多数母牛排乳时间为4～7分钟，所以挤奶最好在4～7分钟内完成。但也要依乳牛的产乳量及其他具体情况而定。

无论采用何种方式挤奶，一定要挤干净。挤奶工人通常习惯于用一只手压低挤奶杯，并用另一只手向下按摩，这个过程一般不应超过20秒钟。

4.卸下乳杯　挤奶不全或挤奶过度都必须避免。

各地实践证明，乳房机械损伤的最大原因是没有及时卸下乳杯。因为挤奶不完全，往往是一个或几个乳区挤奶有困难而造成的。所以，乳房一挤空，必须立即将乳杯卸下，并用消毒液浸泡乳头。

乳杯从母牛乳房卸下后，必须立即进行清洗。先将乳杯浸入清洁的冷水中，以除去内部缝隙中的牛乳，而后放入消毒液中，消毒液每消毒5～7头牛后必须更换一次。

5.清洗挤奶设备　最后一头牛挤完之后，全部挤奶设备必须彻底清洗并放好，以备下次使用。

挤奶桶和盛乳桶的清洗消毒，通常先用凉水洗刷，再用热碱水洗刷，继之用清水清洗两次，随后用蒸汽灭菌3～5分钟。清洗消毒后的挤(盛)乳桶应倒置存放于柜内或工作木架上。

此外，在挤奶过程中，应注意先挤健康的乳牛，最后再挤患乳房炎或者患其他疾病的乳牛，并将患病牛的牛乳与正常牛乳分开。

二、牛奶的初步处理

原料乳的质量好坏是影响乳制品质量的关键，只有优质原料乳才能保证优质的产品。为了保证原料乳的质量，挤出的牛乳在牧场必须立即进行过滤、冷却等初步处理，其目的是除去机械杂质并减少微生物的污染。

(一)过滤与净化

1.过滤　所谓过滤就是将液体微粒的混合物，通过多孔质的材料(过滤材料)将其分开的操作。凡是将乳从一个地方送到另一个地方，从一个工序到另一个工序，或者由一个容器送到另一个容器时，都应该进行过滤。过滤的方法，除用纱布过滤外，也可以用过滤器进行过滤。过滤器具、介质必须清洁卫生，如及时用温水清洗，并用 0.5%的碱水洗涤，然后再用清洁的水冲洗，最后煮沸 10～20 分钟杀菌。

2.净化　原料乳经过数次过滤后，虽然除去了大部分的杂质，但是，由于乳中污染了很多极为微小的机械杂质和细菌细胞，难以用一般的过滤方法除去。为了达到最高纯净度，一般采用离心净乳机净化。

(二)冷却

净化后的乳最好直接加工，如果短期贮藏时，必须及时进行冷却，以保持乳的新鲜度。

1.冷却的作用　刚挤下的乳温度 36℃左右，是微生物繁殖最适宜的温度，如不及时冷却，混入乳中的微生物就会迅速繁殖，使乳的酸度增高，凝固变质，风味变差。故新挤出的乳，经净化后须冷却到 4℃左右以抑制乳中微生物的繁殖。

2.冷却的方法

(1)水池冷却　将装乳桶放在水池中，用冷水或冰水进行冷却。为了加速冷却，需经常进行搅拌，并按照水温进行排水和换

水。有条件的可用自然长流水冷却。水池冷却的缺点是冷却缓慢、消耗水量较多，劳动强度大、不易管理。

(2)冷却罐及浸没式冷却器　这种冷却器可以插入贮乳槽或奶桶中以冷却牛乳。浸没式冷却器中带有离心式搅拌器，可以调节搅拌速度，并带有自动控制开关，可以定时自动进行搅拌，故可使牛乳均匀冷却，并防止稀奶油上浮。适合于奶站和较大规模的牧场。

(3)板式热交换器冷却牛乳　乳流过冷排冷却器与冷剂(冷水或冷盐水)进行热交换后流入贮乳槽中。这种冷却器，构造简单，价格低廉，冷却效率也比较高，板式热交换器克服了表面冷却器因乳液暴露于空气而容易污染的缺点，用冷盐水作冷媒时，可使乳温迅速降到4℃左右。

(三)贮存

为了保证工厂连续生产的需要，必须有一定的原料乳贮存量。一般工厂总的贮乳量应根据各厂每天牛乳总收纳量、收乳时间、运输时间及能力等因素决定。一般贮乳罐的总容量应为日收纳总量的2/3～1。而且每只贮乳罐的容量应与每班生产能力相适应。每班的处理量一般相当于两个贮乳罐的乳容量，否则用多个贮乳罐会增加调罐、清洗的工作量和增加牛乳的损耗。贮乳罐使用前应彻底清洗、杀菌、待冷却后贮入牛乳。

每罐须放满，并加盖密封。如果装半罐，会加快乳温上升，不利于原料乳的贮存。贮存期间要定时搅拌乳液防止乳脂肪上浮而造成分布不均匀。24小时内搅拌20分钟，乳脂率的变化在0.1%以下。冷却后的乳应尽可能保持低温，以防止温度升高保存性降低。

贮乳设备一般采用不锈钢材料制成，并配有适当的搅拌机构。10吨以下的贮藏罐多装于室内，分为立式或卧式；大罐多装于室外，带保温层和防雨层，均为立式。贮乳罐外边有绝缘层(保温层)

或冷却夹层，以防止罐内温度上升。贮罐要求保温性能良好，一般乳经过 24 小时贮存后，乳温上升不得超过 2～3℃。

(四)运输

乳的运输是乳品生产上重要的一环，运输不妥，往往造成很大的损失。有用乳桶或乳槽车运输两种形式，但无论采用哪种运输方式，都应注意：

①防止乳在途中升温，特别是在夏季，运输最好在夜间或早晨，或用隔热材料盖好桶。

②所采用的容器须保持清洁卫生，并加以严格杀菌。

③夏季必须装满盖严，以防震荡；冬季不得装得太满，避免因冻结而使容器破裂。

④长距离运送乳时，最好采用乳槽车。

第四节　奶牛膘情的定性管理

繁殖母牛和泌乳母牛的体膘与繁殖和生产能力有着密切的关系，母牛只需保持一定的膘情就可以多产奶和正常的繁殖犊牛。把母牛保持在较好膘情下，需要的维持需要比另一头保持在较低膘情下的维持需要高。并且发现，膘情太好的母牛，在受胎率上，往往不如膘情中下等的母牛，肉用母牛也是这样。

一、母牛的体膘指数

体膘指数评定的主要部位在腰部前后到尾根，用手触摸时，大拇指按在短肋的端部，食指在自然伸展的情况下按在短肋的背侧。母牛的体膘指数分 5 级，每级的情况，以坐骨端、腰角、短肋（即腰椎横突）、大肋弓（即第 13 肋骨）及尾根部位的膘大或膘小的程度而定。

1 分体膘：短肋、腰角、坐骨端明显突出，肌肉下榻，各短肋端

可见，触摸时肋骨头有锋利感。第12和第13肋间凹陷极明显，大肋弓突出，在坐骨端与尾根间严重地塌成深窝，从背腰到尾根很少有肉感，严重的皮包骨形态。

1.5分体膘：短肋、腰角、坐骨端及肋弓可见。触摸短肋时可感到尖突，短肋间凹陷依然在目。第12和第13肋骨弓依次可见，但骨间窝较浅。坐骨端与尾根间的空窝不很深。后腿肌肉依然瘦薄。

2分体膘：各短肋骨端已难见到。短肋间空缺不很明显，触摸短肋时很容易摸到并且骨突感明显。第12和第13肋骨弓间尚可见凹陷，但不明显。坐骨端与尾根间的空窝尚可见。推动皮肤有移动感。

2.5分体膘：第12和第13肋的大肋弓隐约可见，短肋在触摸下骨突呈钝圆状，后腿肌肉平直。

3分体膘：第12和第13肋弓在蜷卧或回首时可见，正位站立时不易看见。背、腰、尻部的骨突不明显，具平整感，短肋在触摸时稍加力后可觉察骨突和骨缘，呈圆滚感。短肋间无空感。触压时可以摸到不多的软组织。尾骨与体躯结合平滑，但肌肉脂肪不多。后腿肌肉有圆弧感。

3.5分体膘：胸肋、腰肋到腰角，呈平整状，有海绵状覆盖。短肋被覆盖，触摸时尚可感到骨突，大腿部充实。

4分体膘：胸肋、背、腰、腰角部整片平坦，充实，只有在用力压摸时可感到骨缘或骨突。臀部在腰角和坐骨端之间平整。在尾根、坐骨端和腰角都多肉感。大腿部充实多肉。

4.5分体膘：牛躯体圆筒状。触摸骨突部，可感到有浮游状物覆盖在上。

5分体膘：牛整个背腰呈圆筒状，坐骨端和腰角都几乎不见。尾根和坐骨端间全区充实，尾根被包埋在脂肪中。触摸时很难感受骨架结构。

奶牛膘情指数(等级)评定见表10-5。

表10-5　奶牛膘情指数(等级)评定

等级	观察触摸
1	背部脊骨突出,脊椎可见。胸部肋骨清晰可见。脊椎横突尖锐,触摸感觉不到脂肪层。腰角和坐骨结节突出,触摸尖锐。腰角和坐骨结节之间、尾根两侧深陷。腰椎横突形成明显的"隔板"。
2	大拇指触摸可明显感觉到脊椎横突的圆形末端,有薄薄的一层脂肪层。可见胸部肋骨,但不如"1级"明显。可看见"隔板",也不如"1级"明显。从奶牛后面看,脊柱显著高于背线,脊椎间距不明显。腰角与坐骨结节之间、尾根两侧仍可见下弦,但不如"1级"明显。
3	只有大拇指用力摸才能感觉到每个腰椎横突,"隔板"不易辨认,从奶牛后面看,脊椎的突起程度不如"2级"。可见腰角和坐骨结节,但呈圆形。尾根两侧无凹陷。
4	用力触摸也感觉不到腰椎横突。从后面看不出脊背突起。腰角浑圆,从后面看,两腰角间平直。从腰角至尾根区域,可感觉到很厚的脂肪层。
5	奶牛后背、两侧和后躯脂肪很厚。感觉不到腰椎横突。看不见肋骨和腰角。

二、繁殖母牛最佳受胎膘情

母牛产犊后2～3个月是要发情配种的,当体膘指数在2～3之间时母牛最易受胎,育成母牛在2分是适宜的,成年母牛不要超过3分。

三、乳母牛稳产高产的膘情

奶牛各阶段适宜的膘情指数见表10-6。

表 10-6 奶牛各阶段适宜的膘情指数

泌乳阶段	适宜的膘情指数
产犊后到 30 天	自 3.5 分下降到 2.5 分以上
泌乳 31～60 天	从 2.5 分以上，下降到 2.0 分
泌乳 61～120 天	2.0 分上升到 3.0 分
泌乳 121～210 天	维持 3.0 分
泌乳 211～300 天	上升到 3.5 分，并维持在 3.5 分
干乳期	3.5 分或稍高

思考题

1. 犊牛培育的目的是什么？

2. 犊牛培育的一般原则是什么？

3. 如何锻炼犊牛的消化器官？

4. 为什么要对犊牛以少量的乳、适量的精料、大量的优质青粗饲料进行培育？

5. 为什么说喂给犊牛初乳是过好初生关的最主要措施？如何喂给初乳？

6. 如何才能搞好犊牛的管理？

7. 说明犊牛早期断奶时间的确定及其生物学基础。

8. 试述育成牛的阶段饲养技术。

9. 试述初孕牛的阶段饲养技术。

10. 为什么说越是高产奶牛越难养？

11. 如何搭配奶牛的精、粗饲料？

12. 说明奶牛的供水原则。

13. 在泌乳期中，乳牛的泌乳量、体重及干物质采食量是怎样变化的？

14. 阐明奶牛泌乳期各阶段的饲养管理要点。

15. 为什么要在泌乳后期恢复奶牛的体况？

16. 奶牛干乳期的意义是什么？

17. 如何进行奶牛干乳期的饲养管理？

18.奶牛围产期的饲养管理要点有哪些？

19.奶牛高温季节的饲养管理要点有哪些？

20.挤奶时应注意哪些问题？

21.说明奶牛各阶段适宜的膘情指数及奶牛膘情指数（等级）评定方法。

第十一章　肉牛的饲养管理

重点提示：本章重点学习犊牛育肥技术，育成牛育肥技术，成年牛的育肥技术及影响肉牛育肥经济效益的因素。最后介绍高档肉牛的育肥技术。

第一节　肉牛的一般饲养管理

一、犊牛的饲养管理

（一）犊牛的消化特点

犊牛胃的生长发育经历了一个成熟的过程，出生后的前 2 周，犊牛的前胃（瘤胃、网胃和瓣胃）几乎没有任何消化功能；15～20 天随着开始咀嚼植物性的饲料，瘤胃内的微生物区系开始形成，瘤胃黏膜乳头开始逐渐生长发育，反刍胃逐渐增大；到 3 月龄时，犊牛 4 个胃的比例已接近成年牛的比例，5 月龄时，前胃的生长发育基本成熟。人为的干预，可以使前胃的生长发育提早成熟，如：提早给犊牛补饲植物性饲料（尤其是干草），并把母牛反刍的食团取出，挤出液体后拌入奶中或直接塞入口中（这叫做瘤胃微生物接种）喂犊牛，可使犊牛提前具备成年牛的消化能力，直接给成年牛饲喂微生物（添加剂）亦可提高其生产性能。

从出生到 15～20 日龄的犊牛，在吮奶时可形成食管沟反射，即食管形成管状结构，使奶直接流入皱胃。犊牛吃奶过急，会有少量奶进入瘤胃和网胃，此阶段瘤胃和网胃不能很好地排除其内容物，奶长时间在此处停留而发生乳酸发酵，往往引起腹泻。初生犊牛肠道内存在足够的乳糖酶，缺少淀粉酶和麦芽糖酶的活性，几乎没有蔗糖酶的活性。因此，初生犊牛能很好地消化奶中的乳糖，但乳糖酶的活力却随着年龄增加而逐渐降低。初生犊牛胰脂肪酶活力很低，随着年龄增加而迅速增加，8 日龄时达到相当高的水平，可使犊牛很容易消化利用乳脂及代乳品脂肪。初生犊牛由皱胃分泌的凝乳酶对牛奶进行消化，随着生长，凝乳酶活力逐步被胃蛋白酶所代替。总之，犊牛出生 3 周龄内主要靠皱胃进行消化，此阶段犊牛的饲养与猪等单胃动物相似，以奶及奶制品为日粮。

20 日龄后，犊牛由于采食草料，瘤胃微生物区系逐渐形成，前胃迅速生长发育，消化功能逐渐完善，采食饲草、饲料逐渐增多，3 月龄时从草料中获得的营养已超过所吃奶中的营养，5 月龄时，从奶中获得的营养已为次要。

(二)犊牛的饲养

1.及早地饲喂初乳　具体要求同乳用犊牛，此处不再重复。

2.饲喂常乳　可采用随母哺乳、保姆牛法和人工哺乳法给犊牛哺乳。

随母哺乳法：让犊牛和其生母在一起，从哺喂初乳至断奶一直是自然哺乳。为促进犊牛生长发育和诱发母牛发情，可在母牛栏旁边设一犊牛补饲间，使母牛与犊牛短期隔开。

保姆牛法：选择健康无病、性情温顺、产奶量较低的奶牛做保姆牛。按照每头犊牛日喂 4～5 千克乳的标准选择数头出生日期、气质相近的犊牛固定哺乳。将犊牛和保姆牛放在设有犊牛栏的同一个牛舍内，每日定时哺乳 3 次，犊牛栏内设置饲槽及饮水器，以利于补饲。可采用统一气味的方法对保姆牛进行调教以接受犊牛，如把保姆牛的尿或生殖道分泌物或其亲犊的尿涂于寄养犊的臀部和尾巴上。

人工哺乳法：对奶牛场淘汰的犊牛可采用此法哺乳，每天的喂量按体重的 1/8～1/6 计，分 2～3 次喂给。初奶挤出后，应及时哺

喂，若搁置时间久，温度已下降(尤其是冬天和初春)，应隔水加热35～38℃后再喂给。初奶温度过低不可喂给，以免引起胃肠疾病，加温亦不可过高，因初乳酸度很高，加温过高，很易引起凝固，犊牛消化困难。2周内犊牛宜用奶嘴哺乳法，这样的哺乳器，犊牛只有用力吮吸才能吃到奶，也就会使唇、舌、口腔与咽头黏膜的感受器受到足够强的刺激，产生完全的食管沟反射，奶汁直接流入真胃。同时，由于吮吸速度较慢，奶汁在口腔中能与唾液混匀，到真胃时凝成疏松的奶块，容易消化。如果直接用奶桶哺乳，犊牛不费什么力可吃到奶，刺激强度小，食管沟闭合不全，且由于饮奶过急，大部分奶汁会进入前胃。由于此时前胃机能不健全，因而奶汁会在前胃中引起异常发酵，导致犊牛生病。同时，奶在口腔中不能和唾液充分混合，到真胃中会凝成较坚硬的凝奶块(喂未兑水的初奶时更明显)而难以消化。若这种凝奶块过大过硬，常会堵塞真胃与十二指肠连接的幽门，使皱胃内容物不能下移，造成真胃扩张而死亡。2周龄后瘤胃中已形成微生物区系，就可对奶汁进行正常发酵了，也就可以用奶桶喂奶了。犊牛饮完奶后，要及时用干净的毛巾将残留奶汁擦净，并等其干燥后再放开颈枷，以免形成舔癖。舔癖的危害很大，常使被舔的牛犊造成瞎奶头等不良后果；而有舔癖的牛，则因舔吃牛毛，久而久之可能在胃中形成毛球，堵塞幽门或肠管而致丧命。若已形成舔癖，则可用小棒敲打嘴部，经反复多次建立起条件反射后即可纠正。

要经常观察犊牛的精神状态及粪便情况。健康的犊牛，体形舒展，行为活泼，被毛顺而有光泽；若被毛乱而蓬松，垂头弓腰，行走不稳，咳嗽，流涎，叫声凄厉，则是有病的表现；若粪便变白、变稀，这是最常见的消化不良的表现，此时只需减少30%左右的喂奶量，并在奶中加入30%的温开水加以稀释，即可使犊牛痊愈，不必使用药物。

3. 早期补饲　犊牛断奶重越大，断奶后生长潜力越大。杂交犊牛生长速度快，需要养分较多。母牛产奶量却不高，不能满足其生长发育所需的营养，往往造成杂交犊牛早期生长发育受阻，影响断奶重。据试验，犊牛生后3个月内，母牛的泌乳量基本上可以满足犊牛的生长发育所需的营养。3个月后，母牛本身泌乳量开始下降，而犊牛生长发育所需的营养却逐渐增加，母牛的泌乳量与犊牛所需营养之间的差距越来越大。体重50千克的犊牛，在日增重500克的情况下，即便喂全乳也仅能满足其能量需要量的66%，微量元素，维生素也不能满足其营养需要。因此，杂交犊牛必须进行早期补料。早期补料有3方面的意义，第一，提高断奶重。据山东省农科院畜牧所试验，对利木赞杂一代犊牛从3月龄开始补料，到6月龄断奶，断奶重可达180～220千克。不补料的杂交牛仅为156千克，提高增重15%～41%。第二，提高饲料报酬。从3月龄到6月龄断奶，在哺乳期间补料犊牛仅消耗1千克左右的混合料就能增重1千克，如果排除母乳对增重的作用，补料的犊牛每增重1千克，也仅消耗混合料2.8～3.2千克。第三，促进犊牛前胃的早期发育。犊牛吃母乳时，单靠吃母乳，前胃得不到植物性饲料的刺激，正常的瘤胃微生物区系建立不起来，会影响到其本身的生长发育。早期补料方法：犊牛早期补料从2月龄开始，在母牛圈外固定单槽，防止母牛抢食，可每天补喂混合精料一次，在下午或黄昏时进行。补料时，将混合料与水1∶2.5混合成湿稠料。喂量要根据母乳多少和犊牛的体重而定，一般2月龄开始补料时，每天喂量为0.2～0.3千克混合料。随着犊牛的月龄增加，体重增大逐渐增多，到6月龄断奶时日喂量达1.5～2千克混合料。在补料期间，供给犊牛柔软质量好的粗料，让其自由采食。

早期补料建议配方：玉米粉56%，麸皮10%，豆饼10%，棉子饼5%，磷酸氢钙0.5%，食盐0.5%，添加剂（微量元素、维生素等）3%，玉米秸粉15%。

4.保证饮水　牛奶中的水满足不了犊牛正常代谢的需要，必

须让犊牛尽早饮水，以免因渴而喝脏水，从而导致下痢等疾病。犊牛在头半个月内应饮 35～38℃的温开水，半个月后可改为饮常温水，1 月龄后，就可在运动场内备足清水，任其自由饮水。

(三)犊牛的管理

1. 初生犊牛的护理

2. 去角

3. 编号

以上三项同乳用犊牛，此处不重复，

4. 分栏、分群管理　不同月龄的犊牛对饲料条件、环境条件等的要求是不同的，混群饲养对饲养管理和健康都是不利的，应按月龄进行分栏、分群。一般规模较小的拴系饲养的母牛舍内，都设有产房及犊牛栏，但无犊牛舍，大规模牛场或散放式牛舍，另设犊牛舍及犊牛栏。犊牛栏分单栏和群栏两类，犊牛出生后即在靠近产房的单栏中饲养，1 月龄后才过渡到群栏，同一群栏犊牛的月龄应一致或相近。

5. 夏防暑、冬防寒　冬季天气严寒、风大，尤其是我国北方地区，要注意犊牛舍的保暖，防止贼风。如果是水泥或砖铺地面，应铺垫麦秸、锯末等，犊牛舍的温度一般不能低于 0℃，夏季应采取必要的降温防暑措施。

6. 皮肤卫生——刷拭　要坚持每天刷拭皮肤，因为刷拭对犊牛有机体起着按摩皮肤的作用，能促进皮肤血液循环，增强代谢作用，提高饲料转化率，有利于犊牛的生长发育。同时借助刷拭，还可保持牛体清洁，防止体表寄生虫滋生和养成犊牛温顺的性格。

7. 运动与光照　运动对骨骼、肌肉、循环系统、呼吸系统等都会产生深刻的影响，尤其是犊牛正处在生长发育旺盛的时期，运动就显得更重要。一般情况下生后 10 天就要将其驱赶到运动场，每天进行 0.5～1 小时的驱赶运动，1 月龄后增至 2 小时，分上、下午 2 次进行。光照可提高抗病力，因光照可增加淋巴球吞噬细胞的数量与活性，可增强白血球的吞噬作用；还有试验证明光照可提高生产性能，例如充足的光照可使牛的日增重提高10%～17%。

8.消毒、防疫　犊牛生后2周内极易患病，主要是肺炎和下痢。这与牛舍卫生有很大关系。要求犊牛舍做到定期消毒，可用2%苛性钠溶液进行喷洒，同时用高锰酸钾溶液冲洗饲槽及饲喂工具。定期对犊牛进行防疫注射。打扫牛舍、保持舍内清洁卫生、空气新鲜，温湿度适宜，阳光充足，这样才能保证犊牛健康地生长发育。

二、育成牛的饲养管理

6月龄后到2岁左右的正在生长发育的牛，称之为育成牛。育成牛正处于生长发育较快的阶段，一般到18月龄时，体重应该达到成年时的70%。育成牛的培育是犊牛培育的继续，虽然育成牛阶段的饲养管理相对犊牛阶段来说是粗放些，但决不意味着这一阶段可以马马虎虎，这一阶段在体形、体重、生产性能及适应性的培育上比犊牛期更为重要。如果此期培育措施不得力，那么育成母牛到达配种体重的年龄就会推迟，进而推迟了初次产犊的年龄；如果按预定年龄配种，那么将可能导致终生体重特别是某些体尺和器官生长不足，从而对体形结构、生产性能产生很大的负面影响，因此，对育成牛的培育也应给予高度重视。

（一）育成母牛的饲养

1.育成母牛的阶段饲养　阶段划分及饲养要求基本同乳用育成母牛。

2.育成母牛的放牧饲养　无论对于什么品种的育成牛来说，放牧都是首选的饲养方式。放牧的优点是可以使牛获得充分的运动和光照，从而增强了牛的体质。除冬季严寒，青草期缺乏的地区外，应全年放牧饲养。另外，放牧饲养还可节省青粗饲料的开支，使成本降低。

育成母牛必须和育成公牛分群放牧，其目的是为了避免野交乱配和育成母牛过早配种。野交乱配会发生近亲交配和与种用价值低的育成公牛交配，使后代退化；育成母牛过早交配，使其本身的正常生长发育受到损害，成年时达不到应有的体重，其所生的犊牛也难长成大个子，使生产遭受不必要的损失。

在没有条件进行公母分群时，可对育成公牛做部分附睾切割，保留睾丸并维持其正常功能。因为，人们已经发现在合理的营养水平下，公牛的增重速度、饲料转化率、胴体瘦肉量等指标均大大优于阉牛。附睾切割手术可请兽医进行。

放牧青草能吃饱时，地方品种的育成牛的日增重大多能达到400～500克，在这种情况下就不必回圈补饲，乳用品种或国外肉牛与地方品种杂交牛在通常情况下难以靠食青草达到预期的增重速度，此时必须考虑回圈补饲。青草返青后开始放牧时，水分含量过高，能量及镁缺乏，以及初冬以后牧草枯萎营养缺乏等情况下，必须每天在圈内补饲干草或精料，补饲最好安排在牛回圈休息后的夜间进行。夜间补饲不会降低白天的放牧采食量，也免除因采用回圈后立即补料的方法，会因条件反射使牛群在回圈的路上奔跑而造成不必要的消耗。

冬季最好采用舍饲，以农作物秸秆为主适当补充精料，可维持牛群的健康并接近正常的日增重。若放牧，则需多加精料。

春季牧草刚返青时不能放牧，以免因跑青而额外消耗牛的能量。另外，刚返青的牧草不耐践踏和啃咬，过早放牧会加快草的退化，不但当年产草量下降，而且影响将来的产草量，有百害而无一利。等到牧草平均生长到10厘米以上时，即可开始放牧。开始放牧的半月，要逐渐增加放牧时间来让牛逐渐适应，避免其突然大量采食青草，发生鼓胀、腹泻等严重影响牛健康和生长发育的疾病。

放牧的牛往往不需补料，或无补料条件，则食盐和矿物元素的投喂不好解决；尤其是铜、硒、碘等微量元素所需数量甚少，不能集中饲喂，稍多会使牛中毒，缺乏时又阻碍生长发育，对此，可采用适合于当地情况的“舔砖”来解决。“舔砖”即块状饲料添加剂，这项技术和产品充分利用了草食动物喜舔食的生物学特性，通过舔食块状饲料添加剂能均衡、有效地补充其生产所需矿物质、微量元素和蛋白质。一般把“舔砖”放在牛喝水和休息的地点让其自由舔食，对舍饲的牛也可使用舔砖，方法是将舔砖悬挂在空中让其自由舔食。舔砖的形状有方型和圆形两种形式，每块重 5～10 千克。

放牧牛的饮水问题同样重要，必须保证每天让牛饮水 2～3 次。饮水不足不但影响采食量，而且还影响牛对饲料的消化吸收。饮水地点距放牧地点要近些，最好不要远于 5 千米。水质要符合饮用水的标准。按成年牛计算每天每头的需水量是 10～50 千克(因食青草和干草量的不同而异，因季节及环境温度的不同而异)。

放牧要有临时牛圈，临时牛圈宜设在高旷、易排水、坡度小、夏季有阴凉、春秋则背风向阳的暖和之地。不得设在悬崖边、悬崖下、雷击区、径流处、低洼处等。

放牧牛群组成数量可因地而异、因地制宜，水草丰茂的优良草原上可以数百头一群，农区、山区可 50 头左右一群。大群可节省劳动力，提高生产效率和经济效益。小群则可以进行较细致的管理，即使在产草量低的情况下，仍能维持适合于牛特点的牧食行走速度，保证牛的生长发育速度一致。周岁之前的育成牛、带犊母牛，妊娠最后两个月的母牛及瘦弱的牛，可安排在牧草较丰盛、地势较平坦和近处草场放牧。为了减少牧草浪费和提高草地的载畜量可实行划区轮牧，以使一部分地段总有休牧的时间，让优良牧草有开花结籽、扩大繁殖的机会。每片牧草地采取先牧牛、后牧羊的顺序，可减少牧草的浪费，提高牧草的利用率。

3. 育成牛的舍饲饲养　舍饲可分为两种形式，围栏饲养法和拴系饲养法。

(1)围栏饲养法　每个围栏养 10～15 头牛不等，每头牛占4～

5平方米。栏杆处设饲槽和水槽，自由采食、自由饮水。据称围栏肥育具有以下优点：第一，提高了育肥牛的日增重。在自由采食、自由饮水条件下，肥育牛根据自身的营养需要，随时采食和饮水，以满足营养需要，克服了拴系饲养条件下，牛想吃吃不上想饮饮不着的弊病，因此在单位时间里围栏肥育牛的采食量和饮水量大于拴系肥育牛，日增重必然得到提高，而且不会造成过食、胀肚和腹泻；第二，提高了肥育牛的屠宰成绩。肥育牛的胴体重、屠宰率、净肉重及胴体品质都得以提高；第三，提高了土地利用率，以肥育牛采食、休息占用的面积比较，拴系条件下每头需占用17平方米，而围栏条件下每头只需占用4～5平方米 比拴系牛少用面积70%～80%；第四，提高了劳动效率。在拴系饲养方式时，每个劳动力能养20～25头，而采用围栏饲养每个劳动力可以养牛200～250头，减少了劳动力，提高了劳动效率；第五，提高了机械化水平。

(2)拴系饲养法 这是我国采用最广泛的方法。此法可针对不同个体情况来调节不同日粮，使牛的生长发育均匀，也能提高饲料利用率。但劳动力投入较大。

(二)育成母牛的管理

1.分群 育成母牛要与育成公牛分开，即实行公母分群。同时还要根据育成母牛的年龄进行合理分群、饲养管理。

2.固定槽位 采用拴系饲养法管理的牛群，必须实行固定槽位的做法，使每头牛都有自己的牛床和食槽。

3.刷拭 对育成牛每天进行刷拭，保持皮肤的清洁卫生，最好每天1～2次，每次5分钟。

4.转群 育成母牛在不同的生长发育阶段具有不同的生长强度，应根据年龄、生长发育情况及时分群和转群，一般在12月龄、18月龄、定胎后或至少分娩前2个月转群3次。同时进行称重和体尺测量，对于生长发育符合要求的转群，对于生长发育达不到要求的进行淘汰。

5.初配　在18月龄左右根据生长发育情况决定是否配种。配种前1个月应注意育成母牛的发情日期，以便在以后的1～2个情期内进行配种。放牧牛群发情有季节性，一般在春天和夏天发情，应注意观察。

6.定期驱虫、按期防疫　一般春秋各驱虫1次，按期进行检疫和防疫注射。

7.做好防暑、防寒工作　在气温达到30℃时，应考虑采用降温防暑的措施，如安装吊扇和淋水管，在运动场搭建凉棚，牛舍和运动场周围植树、绿化等都是行之有效的措施。在北方地区的冬天和初春还要考虑防寒的问题，但总的来讲，育成母牛的防暑工作重于防寒工作。

8.贮备足草料　冬春季节的草料(粗饲料和精饲料)贮备，尤其是粗饲料的贮备是非常重要的，决不能等闲视之。

(三)育成公牛的饲养管理

1.育成公牛的饲养　育成公牛的生长发育比育成母牛快，因此所需要的营养物质也较多。尤其需要以补充精料的形式提供营养，以防止草腹或垂腹的形成并促进其生长发育和性欲。对育成公牛的饲养，应在满足一定量精料供应的基础上，让其自由采食优质的青粗饲料。

育成公牛的日粮中，精、粗料的比例根据粗饲料的品种与质量来定。以青草为主时，精、粗料的比例(干物质之比)约为55∶45；青干草为主时，精、粗料的比例约为60∶40。从断奶开始，育成公牛即与育成母牛分开。

育成公牛的粗饲料不宜用秸秆、多汁饲料与糟渣类等体积大的粗饲料，最好是优质苜蓿干草，青贮饲料也不宜多喂，周岁内青贮饲料的日喂量是其月龄数乘以0.5千克，周岁以上的日喂量上限是8千克，成年为10千克，这样做的目的就是为了避免形成草腹或垂腹。

另外，菜子饼、棉子饼也不宜用来饲喂育成公牛和成年公牛。

维生素尤其是维生素A对育成公牛睾丸的生长发育、精子的密度与活力等的影响很大，必须保证补充。冬春季没有青草时，每头育成公牛每天饲喂0.5～1.0千克的胡萝卜是一个经济实用的方法。日粮中的常量矿物质元素和微量元素同样要保证供给。

2.育成公牛的管理

(1)分群　与母牛分群饲养管理。育成公牛和育成母牛的生长发育特点有所不同，对饲养管理的条件要求也不相同；性成熟的育成公牛和育成母牛混养，相互干扰会影响增重的效果。

(2)穿鼻　为便于管理，必须对公牛进行穿鼻和戴鼻环。穿鼻用穿鼻钳，穿鼻的部位在鼻中隔软骨最薄的地方。将牛保定好，用碘酒对工具和鼻中隔进行消毒，然后从鼻中隔正直穿过，在穿过的伤口中塞进事先消毒过的绳子或木棍，以免伤口长闭。伤口愈合后先戴一小鼻环，以后随着年龄的增长，可更换较大的鼻环。不能用缰绳直接拉鼻环，应通过角绊或笼头牵拉，以避免拉豁鼻镜，失去控制。

(3)刷拭　育成公牛上槽后进行刷拭，每天1～2次，每次5分钟，以保持牛体的清洁卫生，尤其是要注意保持两角之间的清洁，以免牛因发痒而产生顶癖。

(4)试采精　从12～14月龄开始就应试采精。采精频率从每月的1或2次逐渐增加到18月龄的每周1或2次，检查射精量、精子密度、活力及有无畸形等，并试配一些母牛，看后代有无遗传缺陷并决定是否预选做种用。

(5)加强运动与光照　育成公牛的运动关系到它的体质，加强运动可以增强体质，增进健康水平，促进生长发育。

(6)防疫注射　定期对育成公牛进行防疫注射，防止传染病的传播。

此外，还要注意夏季防暑和寒冷季节的防寒工作。

三、繁殖母牛的饲养管理

(一)繁殖母牛的营养需要

繁殖母牛是指2.5周岁左右的母牛,根据其生长发育及营养需要的特点,可分为5周岁以上已经体成熟的牛和5周岁以下仍处于生长发育时期的牛。

5周岁以上空怀且不哺乳犊牛的母牛所需营养是不多的,只要满足其维持需要就够了。而对处于生长发育的母牛,则应在满足维持需要的基础上增加正常生长发育的营养需要,哺乳犊牛的母牛还要加上泌乳的营养需要。若能100%地满足哺乳期母牛的营养需要,则可以培育出理想的断奶犊牛,母牛产犊后2个月就能正常发情配种,在哺乳期中体重不减少;若只能满足哺乳期母牛的营养需要的50%,则哺乳期犊牛的日增重只能达到正常的60%～70%,母牛产犊后2个月虽能正常发情配种,但在哺乳期中体重减少;若满足哺乳期母牛的营养需要的50%以下,则母牛不能正常发情配种。能否满足妊娠母牛的营养需要直接影响着胎儿的生长发育,胎儿增重主要是在妊娠期的最后3个月,此期的增重占犊牛初生重的70%～80%,所以需要的营养也多。若胚胎期生长发育不良,出生后就难以补偿,所以应尽可能满足此期妊娠母牛的营养需要,在妊娠期的后3个月,要在满足维持需要的基础上增加胚胎生长发育的营养需要。繁殖母牛的营养需要见附录二《肉牛营养需要和饲养标准》。

(二)空怀母牛的饲养管理

空怀母牛在配种前应具有中上等膘情,过瘦过肥往往影响繁殖。在日常饲养实践中,倘若喂给过多精料而又运动不足,易使母牛过肥,造成不发情,在肉用母牛饲养中,这种情况是最常见的,而在乳用母牛饲养中此种情况相对较少。同样,若满足不了营养需要、母牛瘦弱的情况下,也会造成母牛不发情而影响正常的繁殖,

这种情况在乳用母牛饲养中相对较多。实践证明，如果在母牛的前一个哺乳期中按照其营养需要配制日粮，管理合理，就能提高母牛的受胎率。对于膘情差的母牛在配种前的1～2个月加强营养，提高营养水平，也能提高受胎率。

要对发情的母牛及时配种，防止漏配和失配。对育成母牛应加强管理，防止乱配和早配。经产母牛产犊后3周要注意其发情的情况，发现发情不正常或不发情的母牛并及时采取相应的措施。一般母牛产后1～3个情期，发情排卵比较正常，再随着时间的推移，母牛产奶量增多，如果不能及时对母牛补饲，则母牛的膘情往往会下降，发情排卵就会受到影响。错过产后多次发情期，则情期受胎率必然越来越低。遇到这些情况时应及时进行直肠检查，慎重处理。

母牛不孕症的原因可以分为先天性和后天性两个方面。先天性不孕一般是由于母牛生殖器官异常，如子宫颈位置不正、阴道狭窄、幼稚型等。一般来说，先天性不孕所占比例较低，在牛的育种工作中要通过不断淘汰有害基因的携带者来减少先天性不孕的发生。后天性不孕主要是由于营养缺乏、饲养管理不当及生殖器官疾病等原因所引起。应首先搞清楚发生的原因，再根据不同的情况加以处理解决。

成年母牛因饲养管理不当而造成不孕的情况，在恢复正常营养水平后，大多能够自愈。而在犊牛阶段由于营养不良以致生长发育受阻，进而造成生殖器官生长发育不良、导致不孕，则很难用改善饲养管理的方法来补救。如果，育成母牛长期营养不足，则往往导致初情期推迟，初产易出现产死胎等现象，影响以后的繁殖力。

注意母牛的运动和光照，保证日粮的营养成分尤其是微量元素和维生素的供给是增强母牛体质，提高繁殖机能的重要措施。如果牛舍内通风不良，空气污浊，空气中有害气体含量超标，夏季

闷热，冬春季寒冷、相对湿度过大等恶劣的环境条件都易危害牛体健康，敏感的母牛很快会停止发情。因此，改善管理条件也是提高繁殖机能的重要措施。

总之，搞好饲养管理是提高在群母牛繁殖机能的最重要的措施。

（三）妊娠母牛的饲养管理

妊娠母牛不仅要满足本身维持和生长发育（育成母牛）的营养需要，还要满足胎儿生长发育的营养需要，同时还要为产后泌乳贮备必要的营养。

1. 妊娠母牛的饲养　母牛妊娠期的饲养分为两个阶段，即妊娠前期和妊娠后期。

（1）妊娠前期饲养　妊娠前期是指从受胎到怀孕 6 个月之间的时期，此时期是胎儿各组织器官发生、形成的阶段，胚胎的发育很快，但生长速度缓慢，故对营养的需要较少，一般按空怀母牛进行饲养。但这并不意味着妊娠前期可以忽视营养物质的供给。此期要求较高的质量，即注意保证全价性，禁喂棉子饼、菜子饼、酒精糟等饲料，也不能饲喂变质、腐败、冰冻的饲料，以免引起早期胚胎死亡。

放牧情况下，母牛在妊娠前期，青草季节尽量延长放牧时间，一般可不补饲，枯草季节应根据牧草质量和牛的营养需要确定补饲草料的种类和数量。如果牛长期吃不到青草，维生素 A 易缺乏，可用胡萝卜或维生素 A 添加剂来补充，冬季每天每头喂 0.5～1.0 千克胡萝卜就可保证维生素 A 不缺乏。

（2）妊娠后期饲养　母牛怀孕后期，胎儿的生长发育速度逐渐加快，到分娩前达到最高，怀孕最后 3 个月，其增重即占胎儿总重量的 75%以上，需要母体供给大量营养，精饲料补饲量应逐渐加大。同时，母体也需要贮存一定的营养物质，使母牛有一定的妊娠期增重，一般在母牛分娩前，至少要增重 45～70 千克，以保证产后的产奶量和正常发情。

妊娠后期的母牛行动不便，放牧易发生意外，所以应以舍饲为主。舍饲以青粗饲料为主，参照饲养标准，合理搭配精饲料。以秸秆为主时最好搭配 1/3～1/2 的优质豆科牧草。妊娠后期的母牛每昼夜的饲喂次数要有妊娠前期的 3 次增加到 4 次，每次喂量不可过多，以免压迫胸腔和腹腔，影响胎儿的生长。自由饮水，水温应在 12～14℃，严禁饮过冷的水。

2. 妊娠期管理　要注意母牛安全，怀孕后应做好保胎工作，预防流产或早产，怀孕牛要与其他牛只分开，单独组群饲养。无论舍饲或放牧，都要防止相互挤撞，滑倒，猛跑，转弯过急，放牧应在较平坦的草地。对孕牛保胎要做到六不：一不混群饲养；二不打，不打冷鞭，不打头、腹部；三不吃，不吃霜、冻、霉烂变质草料；四不饮，不饮冷水、冰水，大汗不饮水，饥饿不饮水；五不赶，吃饱饮足之后不赶，使役不强赶，天气不好不急赶，路滑难走不驱赶，快到牛舍不快赶；六不用，刚配种后不用，临产前不用，产后不用，过饱不用，过饥不用，有病不用。对舍饲牛，要保证有充分采食青粗饲料的时间，饮水、光照和运动也要充足，每天需让其自由活动 3～4 小时，或驱赶运动 1～2 小时。适当的运动和光照可以增强牛体质，增进食欲，保证正常发情，预防胎衣不下、难产和肢蹄疾病，有利于维生素 D 的合成。每天梳刮牛体一次，保持牛体清洁。每年修蹄一二次，保持肢蹄姿势正常，修蹄应在妊娠前期进行。

母牛的怀孕期平均为 285 天，变动范围在 270～290 天，预产期的推算方法为月减 3，日加 6，或月加 9，日加 6。母牛分娩前 1～2 天出现“塌胯”现象，对舍饲牛，即应转入产房，专人护理，注意观察，保证安全产犊。母牛临产前出现阵痛，表现为不安，时起时卧，回头望腹，这时就要做好接产准备。初产母牛难产率较高，特别是用国外纯种肉牛配种时，须及时做好助产工作。

(四)哺乳母牛的饲养管理

一般是指从分娩到犊牛断奶之间的时期，哺乳期饲养管理的主要目的是使母牛尽早产奶，达到并保持足够的泌乳量，以供犊牛生长发育的需要。哺乳期也可分为2个阶段，即空怀哺乳期和妊娠哺乳期。母牛空怀哺乳期是指从产犊到下次怀孕之间的时期，一般为产后20～80天。

1.产犊前后的饲养管理　临近产期的母牛行动不便，应停止放牧和使役。这期间母牛消化器官受到日益增大的胎儿的挤压，有效容量减少，胃肠正常蠕动受到影响，消化力降低，所以应给予营养丰富、品质优良、易于消化的饲料。产前半个月，最好将母牛移入产房，由专人饲养和看护，并准备接产工作。母牛分娩前乳房体积增大，腺体充实，乳房膨胀；阴唇在分娩前1周开始逐渐松弛、肿大、充血，阴唇表面皱纹逐渐展开；在分娩前1～2天阴门有透明的黏液流出；分娩前1～2周骨盆韧带开始软化，产前12～36小时荐坐韧带后缘变得非常松软，尾根两侧凹陷；临产前母牛表现不安，常回顾腹部，后躯摇摆，排粪尿次数增多，每次排出量少，食欲减退或停止。上述征兆是母牛分娩前的一般表现，由于饲养管理、品种和胎次及个体间的差异，往往表现不一致，必须全面观察，综合判断，正确估计。

正常分娩母牛可将胎儿顺利产出，不需人工助产，但对初产母牛，胎位异常的及分娩过程较长的母牛要及时进行助产，以保证母子安全。

母牛产犊后的护理同奶牛产后护理相同。

2.舍饲泌乳母牛的饲养管理　母牛分娩前1个月和产后70天，这是非常关键的100天，饲养的好坏，对母牛的分娩、泌乳、产后发情、配种受胎、犊牛的初生重和断奶重、犊牛的健康和生长发育都十分重要。在此阶段，能量、蛋白质、矿物质和维生素的需要量均增加。缺乏这些矿物质，会引起犊牛生长停滞、下痢、肺炎和

佝偻病等，严重时会损害母牛的健康。

(1)母牛分娩后 2 周内　体质仍然较弱，生理机能较差，产道尚未复原，因此，饲养管理上应以恢复体质为主，不能使役。饲料应以适口性好、易消化吸收、有软便作用的优质青干草为主，让母牛自由采食。产后 3 天内，一般饮用豆饼水较好，3 天以后，补充少量混合精料，逐渐增至正常。在产后 1 周内，每天应饮温水。

(2)母牛分娩 2 周后　母牛身体机能已基本恢复正常，泌乳量开始逐渐上升，饲料喂量应随产奶量的增加逐渐增加，饲料要保证种类多样，粗饲料质量要好，特别要注意蛋白质的含量和品质，日粮中粗蛋白含量不能低于 10%，同时供给充足的钙磷、微量元素和维生素。一般混合精料补饲量为 2～3 千克，主要根据粗饲料的品质和母牛膘情确定。并大量饲喂青绿、多汁饲料，以保证泌乳需要和母牛产后及时正常发情。母牛产后 15 天可轻度使役，30 天后可正常使役。

(3)母牛分娩 3 个月后　泌乳量开始逐渐下降，怀孕母牛正处于妊娠早期，饲养上可逐步减少混合精料喂量，并通过加强运动、刷拭牛体、足量饮水等措施，避免产奶量急剧下降。

对舍饲母牛，青粗饲料应少给勤添，饲喂次序采用先粗后精的饲喂方式。对放牧母牛，应尽量采用季节性产犊，最好早春产犊，这时正好牧草返青，既可保证母牛的产奶量，犊牛跟随母牛放牧，提前采食青草，又有利于犊牛生长发育。根据草场质量和母牛膘情，确定夜间补饲粗饲料和精料的种类和数量。无论舍饲，还是放牧，都要保证充足的饮水，成年母牛日消耗水约 50 千克。

3. 放牧带犊母牛的饲养管理　有放牧条件的应以放牧为主饲养泌乳母牛。放牧期间的充足运动和光照及牧草中所含的丰富营养，可促进牛体的新陈代谢，改善繁殖技能，提高泌乳量，增强母牛和犊牛的健康，青绿饲料中含有丰富的蛋白质、维生素、酶等物质。经过放牧，牛体内血液中血红素的含量增加，机体内胡萝卜素和维生素 D 的贮备也增加，提高了牛的抗病力。

放牧带犊母牛应尽可能安排近牧，并根据放牧距离和牧草情况，在夜间牛舍中进行适当的补饲。

放牧饲养应注意放牧地一般不要超过 3 千米。若需建立临时牛舍时应避开水道、悬崖边、低洼地和坡下等处；放牧地不能距离水源太远，要注意清除放牧地中的有毒植物，尤其是在春季青草刚刚返青时，有毒植物的毒性较大，所以春季放牧提倡迟牧。若回牛舍后不补饲，则放牧牛应定期补充食盐。放牧人员最好携带少量的常用外科药品甚至蛇药。

第二节　肉牛的育肥技术

一、肉牛育肥原理

育肥的目的就是增加屠宰牛的肉和脂肪的数量，改善肉质。

(一)牛的育肥原理

要使牛尽快育肥则给牛的营养物质必须高于维持和正常生长发育的需要，使多余的营养以脂肪的形式沉积于体内，获得高于正常生长发育的日增重，缩短出栏年龄，所以牛的育肥又称过量饲养，旨在使构成体组织和储备的营养物质在牛体的软组织中最大限度地积累。对于犊牛和育成牛，其日粮营养应高于维持的营养需要和正常生长发育所需营养；对于成年牛只大于维持的营养需要即可。育肥牛时，要利用这种发育规律，即在动物营养水平的影响下，在骨骼平稳变化的情况下，使软组织（骨骼肌和脂肪组织）的数量、结构和成分发生迅速的变化。不同品种的牛，在育肥期对营养的需要量及增重速度是有差别的，如果给予等量的营养物质，则肉用品种和肉用杂种牛的日增重高于非肉用品种牛。

幼牛正处于生长发育阶段，增重的主要部分是骨骼、内脏和肌

肉,所以日粮中蛋白质含量应该高一些。成年以上的牛,在育肥期增重的主要成分是脂肪,所以饲料中蛋白质含量可以低一些,而能量水平则应该高一些。由于两者所增重的成分不同,所以每单位增重所需的营养量以幼龄牛少,老龄牛最多;幼龄牛对饲料的品质要求较高。牛在育肥期,前期体重的增加是以肌肉和骨骼生长为主,后期是以脂肪为主,因而在育肥前期要充分满足蛋白质和矿物质的需要,供给适量的能量;后期则要供给充足的热能。据研究,骨的生长发育 7～8 月龄最快,12 月龄后逐渐减慢。任何年龄的牛,当脂肪沉积到一定程度后,其生活力降低,食欲减退,饲料转化率降低. 日增重减少,如果继续育肥就不合算了。因此一般来讲,年龄越小的牛,理想的育肥期越长,如犊牛的育肥期可拖到 1 年以上;而年龄越大的牛,则育肥期越短,如老残牛需 3 个月;其他年龄的牛则介乎上述两者之间。饲料品质和饲养方式影响育肥期的长短,如放牧的牛育肥期要比舍饲的牛长一些。环境温度对育肥牛的营养需要和增重影响很大。平均温度低于 7℃时,牛体的产热量增加,牛的采食量也增加。低温增加了体热的散失量,即增加了维持需要,因而饲料报酬就会降低。因此要使处于低温环境的牛维持较高的日增重,必须对其增加营养或采取措施调节提高牛舍内的温度,当平均气温高于 27℃会严重影响牛的消化活动,使其食欲下降,采食量减少,消化率降低,甚至停食、流涎,严重的会中暑死亡。肉牛的适宜温度为 4～20℃,育肥后期,牛体较肥,高温的危害就更为严重,因此,要使牛的育肥后期尽可能地避开 7、8 月份。空气湿度也影响牛的育肥,尤其是在低温和高温的情况下,高湿会加剧低温和高温对牛的危害。

由于维持需要没有产品,只是维持生命活动所必需,因此在育肥过程中,日增重愈高,维持需要所占的比重就愈小,饲料报酬就愈高。所以降低维持需要所占的比重是肉牛育肥的中心问题,即提高日增重是获得高效益肉牛育肥的核心问题。

生产类型的不同、品种的不同、不同的年龄、不同的营养水平及不同的饲养管理方式都影响着日增重，同时也存在着经济日增重的问题，即确定日增重时必须考虑经济效益和牛的健康状况。过高的日增重，有时不但不经济，而且还影响牛的健康。在我国现有条件下，最后 3 个月育肥的平均日增重以 1.0～1.5 千克较经济。

肉质受饲养、营养供给方式的影响，肉牛养殖者可根据自身的条件和市场的需要情况，生产产销对路的肉牛。如日本和韩国喜欢脂肪含量高的牛肉，因此向这些国家出口时，在能量供给上应采取由低到高、或由中到高、或由高到高的营养供给方式，总之，在育肥后期应采取高能量饲养方法；西方国家喜欢低脂肪牛肉，则在能量供给上应一直采取中等能量水平。

（二）肉牛的肥育饲养方法

肉牛肥育，由于其性能、目的和对象的不同，可以分为如下几种类型：

按性能分，可分为普通肉牛肥育和高档肉牛肥育；

按年龄分，可分为犊牛育肥、育成牛育肥、成年育肥及淘汰牛育肥；

按性别分，可分为公牛育肥、母牛育肥和阉牛育肥；

按饲料类型分，可分为精料型育肥（即持续肥育法）和前粗后精型育肥（即后期集中肥育法）。

二、犊牛育肥

犊牛育肥即小白牛肉生产，指犊牛生后 5～6 个月内，用较多的奶饲喂犊牛。因犊牛年幼，其肉质细嫩，肉色全白或稍带浅粉色，味道鲜美并带有乳香气味，故称之为“小白牛肉”，其价格高出一般牛肉 8～10 倍。在牛奶生产过剩的国家，常采用廉价的牛奶生产这种牛肉。在我国，进行“小白牛肉”生产，可满足高档饭店、宾馆对此的需要，是一项具有广阔发展前景的产业。

(一)犊牛的来源

优良的肉用品种、兼用品种、乳用品种或与我国地方黄牛的杂交牛均可作为生产"小白牛肉"的犊牛的来源，在我国可以乳用公牛作为主要来源。一般应选择初生重不低于35千克、健康状况良好的初生公犊，在体形外貌上的要求是头方大、蹄大、管围较大的公犊。

(二)犊牛的饲养

由于犊牛采食了植物性饲料后，肉的颜色会变暗，消费者不欢迎，为此，犊牛肥育不能直接喂精饲料和粗饲料，而应以乳或代乳料饲喂。代乳料的配方要求模拟牛奶的营养成分，特别是氨基酸的组成。能量的供给也必须适应犊牛的消化特点。

如荷兰代乳料的营养水平为：粗蛋白30%以下，粗脂肪16%以上，粗纤维1%以下，粗灰分8%以下，钙0.25%以上，磷0.25%以上。可消化养分总量90%以上，可消化粗蛋白30%以上。

饲喂代乳料时要稀释到牛奶的状态，代乳料的温度在1～2周龄时为38℃，以后可降低为30～35℃。必须指出的是，犊牛出生后必须吃足初乳，以增强机体的免疫力并尽快排除胎粪。饲喂全牛奶时，要加喂油脂以增加牛奶的能量。为了更好地消化脂肪，可先将牛奶均质化后再饲喂犊牛。全牛奶饲喂方案见表11-1，全牛奶加代乳料饲喂方案见表11-2，代乳料配方见表11-3。

表11-1 全牛奶饲喂荷斯坦公牛方案

周龄	体重(千克)	日增重(千克)	日喂奶量(千克)	日喂次数
0～4	40～59	0.6～0.8	5～7	3～4
5～7	60～79	0.9～1.0	7～8	3
8～10	80～100	0.9～1.1	10	3
11～13	101～132	1.0～1.2	12	3
14～16	133～157	1.1～1.3	14	3

表 11-2 全牛奶加代乳料饲喂方案

周龄	体重（千克）	日增重（千克）	日喂奶量（千克）	日喂代乳料（千克）	日喂次数
0～4	40～59	0.6～0.8	5～7	—	3～4
5～7	60～77	0.8～0.9	6	0.4(配方 1)	3
8～10	77～96	0.9～1.0	4	1.1(配方 1)	3
11～13	97～120	1.0～1.1	0	2.0(配方 2)	3
14～17	121～150	1.0～1.1	0	2.5(配方 2)	3

表 11-3 代乳料配方

配方号	熟豆粕	熟玉米	乳化脂肪	食盐	磷酸氢钙	赖氨酸	蛋氨酸	多维素	微量元素	香兰素
1	55	12.7	10	0.5	1.5	0.2	0.1	适量	适量	0.01～0.02
2	55	17.7	15	0.5	1.5	0.2	0.1	适量	适量	0.01～0.02

注：微量元素中不含铁

犊牛饲喂到 1.5～2 月龄，体重达到 90 千克时即可屠宰，如果犊牛的生长发育较好，可进一步饲喂到 3～4 月龄，体重达到 170 千克时屠宰也可，但屠宰时超过 5 个月以上，牛奶或代乳料已不能满足犊牛生长发育和育肥的需要，需要补充精料，此时的精料应是高能、高蛋白且易消化的。另外，还要注意此时的精料中不能额外添加铁和铜，以使其肉质保持贫血状态，成为名副其实的“小白牛肉”。

（三）犊牛的管理

早期的犊牛尤其是 4 周龄以内的犊牛要严格按照定时、定量、定温的制度执行，保证牛奶和母牛乳头的卫生，对于乳用公牛最好采用带有奶嘴的奶壶来喂奶，以提高牛奶的利用率并防止消化不良及痢疾等病的发生，奶温控制在 35～38℃，天气晴朗时，必须让犊牛运动并接收光照。

三、育成牛育肥

育成牛处于强烈的生长发育阶段,进行合理的饲养管理可以生产出“小白牛肉”。

(一)育成牛的营养需要

育成牛体内沉积蛋白质和脂肪的能力很强,只有充分满足其需要才能获得较大的日增重。

(二)育成牛的肥育方法

1.杂交牛幼龄强度育肥周岁出栏　犊牛断奶后,就进入育成牛时期。这一时期具有可塑性大、生长发育快、饲料报酬高的特点,且肉质鲜嫩,是商品肉牛育肥的较佳时期。要达到周岁出栏的目标,必须充分利用这一时期的特点,采取强度育肥的方法,使育成牛始终保持较高的日增重。

所谓强度育肥就是在犊牛断奶后就地转入育肥阶段进行育肥,或由专门化育肥场收购刚断奶的犊牛集中育肥。强度育肥以采用全部舍饲为宜。虽然采取放牧加补饲的方法可以节省精料,降低饲养成本,但因放牧行走消耗营养多,日增重低,难以超过1千克,一般15～18月龄才能出栏。舍饲的方法是采用定量喂给精料,辅以优质粗饲料,优质粗饲料不限量,自由饮水,少量运动,要注意牛舍和牛体卫生,牛体要经常刷拭。环境要保持安静,避免干扰,以免影响增重。使牛始终保持高的日增重。育肥期间每月称重一次,以根据体重的变化及时调整日粮,每次连续2天早饲前空腹进行。体重的计算方法是两天称重结果的平均数为该次的实际体重,如果两次体重差别较大,可以再单独称重1次与接近的1次体重平均。

当环境温度高于25℃和低于0℃时,气温每升、降5℃,应加喂10%的精料。这种方法虽然饲养成本稍高,但缩短了饲养周期,周岁即可出栏,提高了饲料转化率,提高了资金周转率,经济效益较高。

公牛不必去势，因为公牛生长速度快，饲料报酬高，所以公牛育肥可以获得更好的经济效益，但应注意远离母牛，以免受异性干扰而降低其日增重。利用乳用育成公牛作强度育肥时，同样可以获得较好的日增重和出栏体重，但是，由于乳用型牛的代谢类型不同于肉用型牛，每千克增重所需营养高于肉用型公牛，一般每千克增重所需精料应比肉用型公牛高10%以上，并且必须保持较高的日增重(1.2千克以上)，方可使乳用育成公牛具有较好的膘情，获得良好的育肥效果。

犊牛断奶后，第1个月为适应期，在这期间，主要使其适应变换的育肥日粮，并进行驱虫、健胃和去角。从第2个月开始，转入强度育肥，强度育肥所用精料为以玉米、豆饼等高能、高蛋白饲料为主配制而成的混合精料，粗饲料以酒糟、青贮玉米、氨化或微贮秸秆及优质青干草为主。要求日粮中含粗蛋白11%～16%，综合净能23～55兆焦，混合精料的日喂量根据所喂粗饲料的种类和品质按体重的1.0%～1.3%供给混合精料。混合精料喂前用水1∶1浸泡拌和成湿拌料，粗饲料要铡短，任牛自由采食不限量。一般日喂3次，食后饮足清水，适当限制活动。

采用用强度育肥法育肥的杂交牛，周岁体重可达400千克以上，屠宰率62%，净肉率53%，皮下脂肪覆盖率50%左右，肉质鲜嫩，达到西方优质牛肉的标准。而且成本较犊牛育肥低，每头牛的牛肉产量要大大高于育肥犊牛，是经济效益大，使用比较广泛的一种育肥方法。此法由于需要较多的精料，故只宜在经济较发达的农区采用。

2.架子牛育肥 将犊牛自然哺乳到断奶后，充分利用青粗饲料饲喂到14～20月龄，体重达到250～400千克，经过3～6个月的育肥，体重达到500千克左右出栏。250～300千克为小架子牛，300～400千克为大架子牛。小架子牛的育肥期为5～6个月，

大架子牛的育肥期为3个月左右，不超过4个月。

架子牛育肥，效益主要来自2个方面。一是买卖差价，也就是说，购进牛的价格与育肥后卖出牛的价格之差，因此，购进的牛体重越大，周转越快，买卖差价越大，效益越高；二是增重的利润，饲养成本一般每天增重不低于1千克就可保住成本，超出部分就是利润，按目前的杂交牛短期育肥，日增重水平日增重可以达到1.2～1.5千克。

犊牛断奶后利用廉价的青粗饲料可以使牛的骨骼和消化器官得到较充分的生长发育，进入育肥阶段后，提高营养水平，育肥牛可以获得较高的日增重，尤其是在育肥之初，由于补偿生长，牛的日增重超过同等营养水平的强度育肥的牛。

(1)架子牛的来源　育肥牛获得高的日增重和取得高的经济效益是架子牛育肥目的。因此，架子牛一般要购进杂交牛，如西门塔尔杂交牛、利木赞杂交牛、夏洛来杂交牛等。鲁西黄牛、渤海黑牛等地方良种牛虽可生产出优质甚至高档牛肉，但增重较慢，故在其原产地也多饲养杂交牛。对架子牛的要求：健康无病、后躯发育良好，性情温顺，皮松毛细。大架子牛300～400千克，育肥期2～3个月，体重可达400～500千克；小架子牛250～300千克，育肥期4～6个月，体重可达400～500千克。

(2)隔离饲养期　对新购入的架子牛要进行15天左右的隔离饲养，在隔离饲养期进行观察、驱虫、健胃等工作。观察每头牛的精神状态、采食情况和粪尿情况，如发现问题应及时处理或治疗。进场后3～4天，要用0.3%过氧乙酸消毒液对牛体逐头进行1次消毒。进场后5天，对所有牛进行驱虫，用阿维菌素每100千克体重2毫克，左旋咪唑每100千克体重0.8克，1次投服。服药前根据每头实际重量分别计算用药量，称量要准确。对有牛疥癣的牛，可以注射1%伊维菌素按33千克体重注射1毫升。进场后第7天，用健胃散(中药)对所有的牛进行健胃，250千克以下体重每头牛灌服 250 克，250 千克以上体重灌服 500 克。健胃后的牛开始按育肥期饲料供给，精饲料喂量由少到多，逐渐达到规定喂量。

(3)分群 观察结束后要转群，转群前要按照年龄、品种、体重分群，对牛进行分群的目的是便于饲养管理。分群要求是年龄相差一般在 2～4 个月内，体重差异不超过 30 千克，相同品种杂交牛分成一群，3 岁以上的牛可以合并一起饲喂。

(4)饲养 科学合理的饲养可以获得高的日增重和经济效益。饲喂顺序一般按照先精后粗先喂后饮的原则。饲喂次数为 2～3 次，即将每头牛一天所需饲料根据喂量大致分成 2～3 份饲喂，按照精料、糟渣类、粗料的顺序，喂至 9 成饱即可。饲喂粗饲料要少喂勤添。

架子牛育肥模式的依据就是利用补偿生长的原理，在“吊架子阶段”较多地利用了青粗饲料。但补偿生长是有前提的，有限度的。如果日粮营养水平太低，甚至不能满足肉牛维持需要或低营养期时间太长，则补偿生长现象不会出现或出现不明显。为此，在“吊架子阶段”日增重一般以为 400 克为宜，时间以半年左右为宜。如此安排，进行架子牛育肥，比较有利于脂肪沉积，有利于提高牛肉品质。杂交牛耐粗饲、生命力强，易于沉积脂肪，有很强的“补偿”效应。也就是说，牛由瘦到肥的过程，在短期内(大约 60 天)，增重快，饲料报酬高，称为“补偿”效应。根据这一规律，尽量满足其营养需要，进行短期育肥，日增重可高达 1 500～2 000 克，其潜力很大，效益很高。

大架子牛 300～400 千克，育肥期 2～3 个月，小架子牛 250～300 千克，育肥期 4～6 个月，体重可达 400～500 千克，时间不宜拖长。混合精料组成一般由玉米面、豆饼、棉子饼、麸皮、磷酸氢钙、食盐、添加剂及尿素等组成。混合精料的日喂量以占体重的 1%为宜。粗饲料仍以青贮玉米秸或氨化麦秸为主，任意采食不限量。有条件的地方，最好喂给部分酒糟(啤酒糟更好)，每头每天的

喂量为 10～15 千克，如喂酒糟，酸度过大，在精饲料中可加入 0.5%～1%的小苏打。喂饲时，可先料后草，也可草料混喂，日喂 2～3 次，做到定时、定量、定人员。减少外人参观，环境尽量安静。为了掌握增重情况，争取每月早晨空腹时称重一次。对增重差的牛，要查明原因，及时处理或淘汰。

(5)管理　管理项目的确定和执行要以保持牛体健康和提高日增重为目的。

①运动：为了增重既要限制活动，减少能量消耗，又要有一定的活动量，以提高消化吸收能力。活动方式，公牛要长绳拴系，阉牛可以放在运动场做自由运动，

②刷拭牛体：牛体要保持干净，无污染，每天上、下午各刷拭 1 次，有利于促进牛体血液循环，提高日增重。

③牛舍清理消毒：牛舍每日 2 次清理，清除污物和粪尿，以保持牛床的干燥。饲槽饲喂结束后要对饲槽进行冲洗，并保持无异味。牛舍每月用 2%～3%火碱水彻底喷洒 1 次。育肥牛出栏后的空圈要进行彻底消毒。牛场大门口要设立消毒池，消毒用干石灰或火碱水，雨后或时间长就要更换消毒水(粉)。本场人员要经过消毒池后方可进场，外来人员未经许可不得入场。同意入场时必须经过消毒，更换胶鞋。

④防暑和防寒：高温季节上午 10 时 30 分后将育肥牛牵至牛舍内或阴凉处，切勿让太阳直晒牛体，晚上可以在舍外过夜(雨天除外)。育肥牛御寒能力较强，不像对热那样敏感。但要注意避免北风直吹牛体，冬季牛舍后窗最好要封闭。

⑤饲养人员要固定：每个饲养人员要根据所饲养的育肥牛的情况，熟悉其生活习性，及时发现和观察育肥牛的异常表现，及时通过技术人员处理。

⑥育肥牛要全进全出：除对生长速度慢或异常的牛个别剔除外，一般要到达到一定育肥期，全部出栏。

⑦饲料管理：饲料原料的购买要专人负责 要求原料不霉变，不腐烂，不潮湿，不混有杂质。要根据育肥计划相应地做出原料购买计划。饲料加工和配制严格按配方要求，称量准确，用量少的如食盐、磷酸氢钙、添加剂等要先用少量其他饲料预混后再与大堆饲料混合拌匀。

饲料原料库与成品库分开。不要在库内存放其他农药和有毒物品。要完善饲料进出库制度，入库有账，出库有记录，账物相符。每月清查 1 次，计算出每头牛的饲料消耗，出栏后结算育肥期总耗料数及料重比。料库和草垛注意防火，要设置灭火器或备有防火水池。在草料库内灭鼠时不能使用灭鼠药，可采用其他灭鼠方法并将死鼠随时检出处理。

四、影响肉牛育肥经济效益的因素

(一)牛的品种

理论和实践都证明，牛的品种不同，其肥育成绩、经济效益，即使在相同的饲养管理条件下也表现出显著的差异。如据蒋洪茂先生对秦川牛、晋南牛、鲁西牛、南阳牛、复州牛、延边牛、渤海黑牛的肥育期增重、胴体品质、牛肉品质和经济效益等诸多指标的比较试验，结果是晋南牛、秦川牛、渤海黑牛、复州牛较好于其他品种牛，并且得出用我国良种黄牛能够生产出高档牛肉的结论。杂交牛的肥育性能大大优于各地当地牛。我国分布较广的杂交牛其父本是西门塔尔牛、利木赞牛、夏洛来牛、短角牛和安格斯牛，各省、区有所不同，如山东省应用最多的是西门塔尔牛和利木赞牛。

(二)牛的年龄

牛的年龄与增重速度、饲料报酬、经济效益等诸方面都有密切的关系。

1. 年龄对肉牛增重速度的影响　年龄对增重速度的影响可分 2 种情况：一是生长与肥育同时进行，即采用的是持续肥育法；二

是生长与肥育分期进行，即采用的是后期集中肥育法(架子牛肥育法)。在较高的营养水平常况下，肉牛在第一年即性成熟前生长最快，以后则生长速度减慢。所以在第一种情况下，增重速度也会随年龄的增加而渐减，第2年的增重量只有第一年的70%左右。在第二种情况下，前期以青粗饲料为主进行“吊架子”，故增重速度较慢，进入肥育阶段后，在高营养水平的影响下，生长速度较快。体况较瘦的不同年龄的“架子牛”，在舍饲条件下进行充分肥育时，年龄较大的牛，因其胃容量较大而比年轻牛采食量大，因此，增重亦快于年轻牛。

2.年龄对饲料转化率的影响　一般情况下年龄小的牛增重1千克活重需要的饲料量比年龄大的牛要少，故年龄小的牛增重经济好于年龄大的牛。主要原因是：第一，年龄小的牛维持需要较少；第二，年龄小的牛体重增加主要是肌肉、骨骼和内脏器官，年龄大的牛体重增加大部分是脂肪，从饲料转化为脂肪的效率大大低于肌肉和内脏等，年龄小的牛机体含水量高于年龄大的牛。

3.年龄对饲料消耗量的影响　在饲养期充分饲喂谷物和高品质粗饲料时，年龄小的牛每天消耗饲料少，但饲养期长，年龄大的牛，采食量大，饲养期短。在一定年龄条件下达到上等肉牛品质时，年龄大小与饲料消耗总量差异不显著。但在限制谷物饲料而充分给予粗料时，则会出现不同的情况。1、2岁的架子牛利用粗饲料的能力大大高于犊牛，在给予大量的粗饲料和限制谷物饲料的情况下能获得较为满意的效果。但犊牛消化器官容积小、消化粗饲料的能力较弱，当给予大量的粗饲料和限制谷物饲料时则不会获得满意的效果。因此，架子牛育肥时消耗的谷物饲料与粗饲料的比要小于犊牛。

4.年龄对放牧效果的影响　放牧时年龄较小的牛，其增重速度低于年龄较大的牛，因此大牛放牧肥育的效果较好，而小牛则不理想：原因是小牛的胃容量及消化能力小于大牛。

5. 年龄对投资效果的影响　从投资方面考虑，饲养1～2岁的牛比犊牛效果好，因为尽管购牛费用较犊牛高，但1、2岁的牛具有肥育期较短，肥育期间所消耗的精料占饲料消耗总量的比例小以及资金周转快等优点，这就决定了购买1、2岁的牛育肥比购买犊牛育肥的投资效果好。

总之，购买牛时，对年龄要慎重考虑。当计划采用快速肥育法（饲喂3～4个月便出售）时，则应选购1、2岁的架子牛而不宜选购犊牛；当计划越冬后第2年出栏时，则应选1岁左右的牛，而不宜选购大牛，因在冬季大牛用于维持需要的饲料太多，饲料报酬太低；当需要利用大量粗饲料、少量的精料时，即采用低精料长周期饲养制度时，选购2岁牛（粗饲料利用能力强）较犊牛有利。可见，选购育肥牛时，把年龄同饲料效益、经济效益紧密结合在一起考虑是很有必要的。

（三）性别

近40多年来的许多研究表明公牛的生长速度和饲料利用率均明显高于阉牛，且其胴体瘦肉多，脂肪少，符合广大消费者的要求。公牛的肥育性能之所以优于阉牛，是由于其睾丸分泌大量睾酮，因而生长速度较快，并相应地提高了其饲料利用率。但对24月龄以上的公牛，肥育前宜先去势，否则肌肉纤维粗，且具膻味，食用价值低，并给管理工作带来更为不便。

（四）饲养管理的影响

在单位时间内，肉牛能多采食、多消化饲料、多吸收营养物质，这是肉牛快长、长好的物质基础，因此要创造条件，让肉牛多采食饲料。增加肉牛采食量的主要方法是：

①从犊牛阶段开始就锻炼消化器官，并在育肥前期多喂粗饲料以增大胃容量。

②选购牛时，要注意口方大，口裂深，腹围大而充实。

③及时改变饲喂方法。当牛出现厌食甚至停食时，应采取如

下技术措施：

加喂优质、适口性好的饲草；改变料形，如蒸煮、压片等方法以提高适口性；不喂剩余的草料；适当运动；改自由采食为限制采食；增加日粮中优质青干草的比例；昼夜都能保证饮到新鲜的饮水；日粮中增加有助消化的药物、添加剂。

④提高能量转化率。牛育肥需要沉积脂肪，因此要求日粮含有较高的能量，即应供给较多的谷物饲料。谷物粉碎后，随着细度的增加，牛的采食量减少，过粗则未完全消化即排出体外，造成浪费。而且牛的小肠淀粉酶分泌量不足，活性低，消化生淀粉的能力有限，超过其消化能力后，会造成牛胀肚子、拉稀等问题，故在饲喂大量高谷物精料时，牛会出现采食量下降甚至出现拒食现象。对谷物采取蒸汽压扁和膨化可提高适口性，增大采食量。因为经过蒸汽压扁和膨化处理后的淀粉已成为糊化淀粉，在小肠中容易消化。若缺乏条件，不能对谷物采取蒸汽压扁和膨化处理时，也可将谷物磨成粗粉（2 毫米）用常压蒸气处理 20～30 分钟，冷却后饲喂。在相同的育肥期中，牛的日增重、胴体重等指标熟化组明显优于生料组。即谷物饲料熟喂的效果优于生喂。

减少谷物饲料的比例，增加蛋白质饲料的比例，可提高牛的食欲，解决剩料问题，这是因为减少谷物的比例，瘤胃中未消化淀粉的数量减少，进入小肠的数量必然也减少，不易超过小肠消化生淀粉的能力或超过幅度不大。过量的蛋白质转化为氨基酸被牛消化吸收，在肝脏经脱氨基作用转化为葡萄糖，虽然在这个过程中能量损失 18%左右，但由于葡萄糖来源增加，使脂肪的沉积效率提高，也弥补了大部分脱氨基的能量损失，所以效果颇佳。另外用蛋白质饲料（特别是过瘤胃值高的蛋白质饲料）代替部分谷物，在高温季节更有积极的意义，蛋白质饲料越过瘤胃（平均约占 40%）后，减少了在瘤胃中发酵的营养物的数量，减少了瘤胃发酵热。而且淀粉是易发酵营养物，食入后瘤胃发酵短时间内产生大量的热量，当外界气温高时，发酵热散发不畅，瘤胃内温度上升，综合形成热应激。而且温度过高时，瘤胃微生物的数量与活性也下降，消化能力降低。由此可见，增加蛋白质饲料的比例可起到降低发酵热的作用，使瘤胃功能维持正常，使提高夏季育肥效果的重要措施之一。冬季可保持日粮中谷物正常比例。

另外，增加过瘤胃脂肪也是增加育肥牛能量和提高能量利用率的有效方法。

五、成年牛育肥

成年牛的育肥，即淘汰牛的育肥。所谓淘汰牛即牛群中丧失役用、产奶或繁殖能力的老、弱、瘦、残牛。如果这类牛不经过育肥而直接屠宰，则产肉少，肉质差、效益低。对这类牛进行短期育肥，可提高屠宰率和净肉率，增加肌纤维间的脂肪含量，改善肉的味道和嫩度，提高经济效益。

对成年牛育肥之前，应有所选择，淘汰过老、过瘦和采食困难的牛，以及一些无法治愈或经常患病的牛只，否则只能浪费人力物力，得不偿失。公牛要在去势后 10 天再育肥，母牛在产犊后育肥。成年牛选择好之后，进行驱虫、健胃、编号，以掌握育肥效果，育肥期一般以 3 个月左右为宜，因为体内沉积脂肪的能力是有限的，膘满时就不会再增重，所以应根据牛的膘情灵活掌握育肥期的长短。

肥育牛在日粮中要求含有较高的能量饲料。对于膘情较差的牛，先用低营养日粮使其增膘，过一段时间后，将日粮调整到高营养水平，然后再育肥，育肥过程中，应按照增膘程度来进行日粮的调整及育肥期的延长或提前结束。实际生产中，在恢复膘情期间（即育肥第一个月）往往增重很高，饲料转化率也较之正常高得多。有牧地的地方可先放牧育肥 1 个月，再舍饲育肥 1 个月。成年牛育肥方案见表 11-4。

表 11-4 肉用成年牛育肥方案 千克

育肥天数（天）	日增重	体重	精料	甜菜渣	玉米青贮	胡萝卜	干草
0～30	0.6	600～618	2.0～2.5	6.0	9.0	2.0	不
31～60	1.0	518～648	5.7～6.0	9.0	6.0	2.0	限
61～90	1.2	648～684	8.0～9.0	12.0	3.0	2.0	量

六、高档肉牛的育肥技术

所谓高档牛肉，是指能做高档食品的优质牛肉。如牛排、烤牛肉等。生产高档牛肉是一项难度较大的高新技术，它标志着一个国家或地区养牛生产的水平。目前，生产的高档牛肉一般供给星级宾馆、饭店或出口，价格昂贵。其中牛柳、西冷等优质部位的肉块，在国内售价为每千克 160～240 元，出口价就更高了。高档牛肉，要求肉质鲜嫩，肌纤维间夹杂适量的脂肪，形成大理石状花纹。所做食品，口感既不油腻，又不干燥，鲜嫩可口。

根据烹饪要求和肌间脂肪含量的多少，又有“东方高档牛肉”和“西方高档牛肉”之分。“东方高档牛肉”的消费以日本、韩国为主，要求肉牛年龄为 2～3 岁，肌纤维间脂肪沉积越多越好，并要有适当的嫩度，主要做牛排和铁板烤牛肉；而“西方高档牛肉”，以嫩度为主，肉牛年龄 1～2 岁，肌间沉有适量脂肪，主要做牛排之用。

生产东方高档牛肉技术要点如下：

（一）应具备的条件

①要具备饲养一定规模（200～500 头），设施完全的育肥场地。

②品种的选择。并非所有的品种都能生产大理石状牛肉。瘦肉型品种难以生产。我国良种黄牛却易于生产出大理石状牛肉。秦川牛、南阳牛、鲁西牛、晋南牛、延边牛及复州牛、郏县红牛、渤海黑牛等品种都可以生产出大理石状牛肉。国外品种中安格斯牛是

最适品种。国内外品种肉用性状见表 11-5。

表 11-5　国内外品种肉用性状(＋号越多越好)

品种	生长速度	皮下脂肪	大理石状	眼肌面积	嫩度	肉色	风味	腔油少
中国良种黄牛			＋＋＋		＋＋	＋＋	＋＋＋	
乳用荷斯坦牛	＋＋							
西门塔尔牛	＋＋	＋	＋＋	＋	＋	＋	＋＋	
夏洛来牛	＋	＋		＋＋				＋
安格斯牛	＋	＋	＋＋		＋＋	＋＋	＋＋	
海福特牛	＋＋		＋	＋	＋	＋	＋＋	
皮埃蒙特牛	＋＋	＋＋		＋＋	＋＋	＋＋	＋＋	＋＋
抗旱王牛	＋	＋	＋			＋	＋	
圣格鲁迪牛	＋	＋	＋			＋	＋	＋
短角牛	＋		＋＋		＋＋	＋＋	＋	

我国利用纯国外品种育肥是极少的，而杂交牛具有国外品种与我国本地黄牛的共同优点。所以应选用地方良种牛或肉用杂交牛，体重在 400 千克以上。健康无病，发育正常，体躯长，背腰宽平，后躯发育好，整体结构匀称，肉用性能明显，采食能力强，性情温驯。

③性别选择。一般母牛沉积脂肪最快，阉牛次之，公牛沉积最迟而慢，肌肉颜色以公牛深，母牛浅，阉牛居中。饲料转化率以公牛最好，母牛最差。不同性别的膘情与“大理石状牛肉”形成并不一样。公牛必须达到满膘以上，即背脊两侧隆起极明显，后肋也充满脂肪时，已达到相当水平。

(二)育肥前的准备

①隔离观察。对选用的牛进行 10～15 天隔离和观察，观察其饮食、粪便、反刍是否正常。由兽医人员进行布氏杆菌病、结核等病的检疫，病牛予以淘汰。

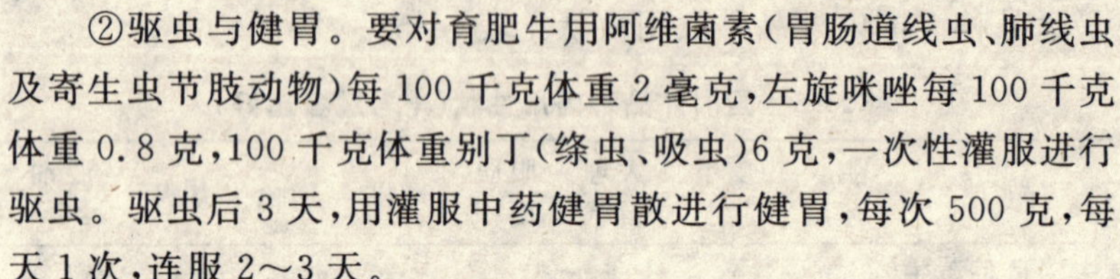

②驱虫与健胃。要对育肥牛用阿维菌素(胃肠道线虫、肺线虫及寄生虫节肢动物)每 100 千克体重 2 毫克,左旋咪唑每 100 千克体重 0.8 克,100 千克体重别丁(绦虫、吸虫)6 克,一次性灌服进行驱虫。驱虫后 3 天,用灌服中药健胃散进行健胃,每次 500 克,每天 1 次,连服 2～3 天。

③编号与分群。对每头进行编号,可用耳标或其他方式标记,以便记录和管理。根据体重、年龄进行合理分群,使每群牛的差异达到最小,有利于饲养管理。

(三)育肥

①育肥期的划分。视牛的肥度状况而定,一般为 8～12 个月。可分为增重和肉质改善期。前期为增重期 4～6 个月,尽量加大优质肉块的增长。后期为肉质改善期 2～6 个月,以沉积脂肪为主,此期必不可少。

②饲养管理。虽然放牧育肥可降低成本,节约青粗饲料,但只适合于生产一般低档牛肉的生产,因为放牧行走消耗能量,使牛只难以获得较大的增重,日增重小则脂肪沉积少,牛肉的口感和风味均较差。而且由于牛的运动量大,肌肉的颜色变深,肉质变硬。故生产大理石状的高档牛肉必须舍饲。育肥开始后,精饲料量由少到多,7～10 天达到规定喂量,粗饲料不能轻易更换。育肥牛喂至 8～9 成饱。采取先料后草的饲喂方法。日喂 3 次,定槽专人饲养,喂后放入室外运动栏内饮水。做到室内、牛体、环境卫生清洁。

③肉牛的屠宰年龄。因为牛的生长发育规律是脂肪沉积与年龄呈正相关,即年龄越大沉积脂肪的可能性越大,而肌纤维间脂肪是最后沉积的,所以为生产大理石状牛肉,肉牛的屠宰年龄为 30 月龄左右为宜。

④肥度评定。高度肥育的牛,背腰宽平,背脊两侧隆起极明显,表现为“象臀”状。骨结节不明显,阴囊充盈,充满脂肪,胁下手抓脂肪厚度大、后裆向两大腿伸展(俗称开裆),体重达 600～700

千克以上。

⑤嫩化处理。主要方法有排酸处理(0～4℃,10～14 天)、电刺激、$CaCl_2$ 处理等方法。

⑥按用户要求,进行分割、包装,特别要注意防止刀伤。

思考题

1. 牛的育肥原理是什么?
2. 肉牛的肥育方法分为几种?
3. 犊牛育肥的特点是什么?
4. 试比较杂交牛幼龄强度育肥和架子牛育肥的利弊。
5. 如何正确选择牛的年龄以提高育肥经济效益?
6. 说明东方高档牛肉生产技术要点。

第十二章　牛 群 保 健

重点提示：本章重点学习牛群保健的内容、牛群保健的措施；牛常见传染病的防制；牛常见寄生虫病的防制；牛消化系统疾病的防制；奶牛乳房疾病的防制；奶牛蹄病的防制；牛繁殖疾病的防制。

第一节　牛群保健概述

一、牛群保健内容

牛群保健的意义是广泛的，它是指运用和实施一系列科学有效的方法保证牛群健康生产，包括饲养管理和对疾病的预防、监控及治疗两大部分。其中饲养管理涉及的内容主要有合理的日粮配合、合格的饲料品质、科学的饲喂技术、适宜的环境卫生条件等。

（一）预防

牛群保健的基本原则是防重于治，预防是基础。预防措施除饲养管理外，包括卫生与消毒、牛群检疫、早期诊断、严格淘汰和定期免疫。

平时要坚持观察牛群，定期进行抽检，必要时进行全检，对阳性牛应根据当地调查结合临床症状或实验室检查，做出早期诊断。对进口的牛，由主管部门负责完成检疫、隔离观察等工作。国内场户之间的流动牛只，同样要进行检疫、隔离观察工作。应淘汰患传染病（如结核病、布氏杆菌病、口蹄疫等）的病牛，这是一件较难做到但必须要做的事情。

定期免疫对牛群保健至关重要。目前需要进行预防免疫的疾病有：牛传染性鼻气管炎(IBR)、牛病毒性腹泻(BVD)、牛副流感、布氏杆菌病、结核病、口蹄疫、猝死症等。相关疫(菌)苗的免疫接种方法读者可参照疫苗使用说明或其他专业书籍进行操作。

免疫接种注意事项：

①正确选择所需要的疫(菌)苗及生产单位，不能使用过期疫苗；

②疫苗属生物药品，生物药品不能混合使用，其保存、使用应按说明书规定；

③接种时用具(注射器、针头)及注射部位应严格消毒；

④接种结束后将装过生物药品的空瓶和未用完的生物药品，进行焚烧或深埋处理；

⑤接种后2～3周要观察接种的牛，如果接种部位出现局部肿胀、体温升高等症状，一般可不做处理；如果反应持续时间过长，全身症状明显，应请兽医诊治。

随着养牛数量的增加，寄生虫病的流行也加快，因此不可忽视驱虫工作，特别在球虫病、肝片吸虫病、焦虫病发病率高的牛场，必须进行有计划的定期驱虫。

(二)监控

监控的任务是对牛群进行观察、分析、诊断，以便及时发现病牛，尽早采取有效的治疗措施。为此，在牛群保健工作中，应注意以下几点：

①了解牛疾病的发病规律和特点。从牛群结构上看，犊牛的发病率最高，育成牛最低。从地区分布上看，南方的牛易发生肝片吸虫病，北方牛易发生蜱病。从饲养管理上看，好的牛场发病少，差的牛场发病多。因此，了解本地、本场牛发病规律，可为诊断提供依据。

②掌握牛行为表现的异常变化。牛的精神、食欲、泌乳、发情

和其他异常变化，可以作为预示牛是否健康的征兆。例如，站立时肘肌震颤，肘头外展，排出干、黑粪便，这是创伤性网胃炎的典型症状。

③了解饲料的来源、日粮组成及饲喂技术。饲料质量、日粮营养和管理技术直接影响牛的健康水平。发生在这方面的疾病有瘤胃弛缓、瘤胃积食和瘤胃酸中毒，变质饲料中毒，创伤性网胃炎及创伤性心包炎等。

④注意药物疗效。药物疗效可验证诊断是否正确，用药物治疗以判断疾病的方法称作“治疗性诊断”或“药物诊断”。因此，当对疾病诊断并用药物治疗后，应随时观察牛对药物的反应，根据药物疗效帮助我们进一步确诊病性。

⑤综合分析，鉴别诊断。对获得的信息进行综合分析和类症鉴别。

⑥建立诊断室。实验室诊断可提供可靠的依据，牛场应建立诊断室。

(三)治疗

对患病牛应进行药物或手术治疗。在应用药物治疗时，无论采用何种给药方式，都会造成牛产品中药物的残留问题。因此，为保证食品卫生，应严格遵守休药期。

二、牛群保健措施

(一)消毒

消毒是采用现代物理、化学或生物学手段杀灭和降低生产环境中病原体的一项措施，其目的是切断传播途径和防止传染病的发生和流行，是基本防疫措施之一。

1. 消毒分类

(1)预防性消毒(日常消毒)　是根据生产的需要采用各种消毒方法在生产区和牛群中进行的消毒。主要是日常定期对栏舍、道路、牛群的消毒，定期向消毒池内投放消毒药等；人员、车辆出入栏舍、生产区内的消毒等；饲料、饮用水乃至空气的消毒；医疗器械如体温计、注射器等的消毒。

(2)随时消毒(及时消毒) 牛群中个别牛发生一般性疫病或突然死亡时，立即对其在栏舍进行局部强化消毒，包括对发病或死亡牛的消毒及无害化处理。

(3)终末消毒(大消毒) 采用多种消毒方法对全场进行全方位的彻底清理与消毒，主要用于全进全出系统中，空栏后或烈性传染病流行初期以及疫病平息后准备解除封锁前均应进行大消毒。

2.常用消毒方法

(1)物理消毒法 主要包括机械清扫刷洗、高压水冲洗、通风换气、高温高热(灼烧、煮沸、烘烤、焚烧等)和干燥、光照(日光、紫外线照射等)。

(2)化学消毒法 采用化学消毒剂杀灭病原是消毒常用方法之一。使用化学消毒剂是应考虑病原体对消毒剂的抵抗力，消毒剂的杀菌谱、有效浓度、作用时间、消毒对象及环境温度等。

(3)生物学消毒法 对生产中产生的大量粪便、污水、垃圾及杂草等利用生物发酵热能杀灭病原体，有条件的可将固、液体分开，固体为高效有机肥，液体用于渔业养殖，同时在牛场内适度种植花草树木，美化环境。

3.消毒设施和设备 消毒设施主要包括牛场和生产区大门的大型消毒池、牛舍出入口的小型消毒池、人员进入生产区的更衣消毒室及消毒通道，消毒处理病死牛的尸体坑，粪污发酵场、发酵池等。常用消毒设备有喷雾器、高压清洗机、高压灭菌容器、煮沸消毒器、火焰消毒器等。

4.消毒程序 根据消毒种类、对象、气温、疫病流行的规律，将多种消毒方法科学合理地加以组合而进行的消毒过程称为消毒程序。例如全进全出系统中的空栏大消毒的消毒程序可分为以下一

些步骤:清扫——高压水冲洗——喷洒消毒剂——清洗——熏蒸——干燥(或火焰消毒)——喷洒消毒剂——转入牛群。消毒程序还应根据自身生产方式、主要存在的疫病、消毒剂和消毒设备设施种类等因素因地制宜,有条件的牛场应对生产环节中的关键部位(牛舍)的消毒效果进行检测。

5.消毒制度 按照生产日程、消毒程序的要求,将各种消毒制度化,明确消毒工作的管理者和执行人,使用消毒剂的种类、浓度、方法及消毒间隔时间、消毒剂的轮换使用,消毒设施的管理等都应详细规定。

6.常用消毒药及消毒方式

氢氧化钠:2%~3%的水溶液喷洒消毒牛舍、饲槽和运输工具等以及进出口消毒池用药,消毒后要用水冲洗,方可让牛进入牛舍;5%的水溶液用于炭疽芽孢污染场地消毒。

氢氧化钙:10%~20%的石灰乳涂刷牛舍墙壁、畜栏和地面消毒;石灰粉末(氢氧化钙1千克加水350毫升)可撒布于阴湿地面、粪池周围及污水沟等处消毒。

漂白粉:10%~20%乳剂常用于牛舍、环境和排泄物的消毒;1立方米的水中加入漂白粉5~10克,可作饮水消毒。现配现用,不能用于金属制品及有色物品的消毒。

福尔马林:37%~40%甲醛的水溶液,2%~4%的水溶液用于喷洒墙壁、地面、饲槽等,1%的水溶液可用于牛体表消毒;熏蒸消毒时福尔马林25毫升/米^3,高锰酸钾12.5克/米^3,将高锰酸钾倒入福尔马林中,密闭24小时后打开。

高锰酸钾:0.01%~0.05%的水溶液中毒时洗胃,0.1%的水溶液外用,冲洗黏膜及创伤、溃疡等;常与福尔马林结合进行熏蒸消毒。现用现配制。

过氧化氢溶液:含3%过氧化氢的无色澄明液体,1%~3%的溶液清洗化脓创面,0.3%~1%冲洗口腔黏膜。

碘：5%碘酊（碘 50 克，碘化钾 10 克，蒸馏水 10 毫升，加 75%酒精至 1 000 毫升）用于手术部位及注射部位消毒；10%浓碘酊为皮肤刺激药，用于慢性腱炎、关节炎等；复方碘溶液（碘 50 克，碘化钾 100 克加蒸馏水至 1 000 毫升）用于治疗黏膜的各种炎症或向关节腔、瘘管内注入；5%碘甘油（碘 50 克，碘化钾 100 克，甘油 200 毫升，加蒸馏水至 1 000 毫升）治疗黏膜各种炎症。

新洁尔灭：0.1%水溶液用于浸泡器械、玻璃、搪瓷、橡胶制品以及皮肤的消毒；0.15%～2%水溶液用于牛舍间喷雾消毒。

百毒杀：适于牛舍、环境和饮水的消毒。10 000～20 000 倍稀释用于饮水消毒；3 000 倍稀释用于牛舍、环境、饲槽、器具消毒。

二氯异氢尿酸钠：0.5%～1%水溶液用于杀灭细菌与病毒，5%～10%溶液用于杀灭芽孢，可采用喷洒、浸泡、擦拭等方式消毒；稀释 400 倍喷洒消毒；消毒场地 10～20 毫克/米^2（0℃以下 50 毫克）；饮水消毒 4 毫克/升；消毒粪便用量为粪便的 1/5。现配现用，不能用于金属制品及有色物品的消毒。

乙醇：70%乙醇可用于手指、皮肤、注射针头及小件医疗器械等消毒。

（二）传染病的预防

除坚持做好日常卫生与消毒工作外，要定期检疫、免疫、隔离、淘汰病牛。切断传播媒介，严格控制牛只出入，杜绝参观，所有工作人员都不应成为疫病的传播媒介。疫病一旦发生，应立即采取紧急扑灭措施，并上报有关部门，以指导疫病扑灭工作。

现将牛常用免疫程序介绍如下：

①每年 5 月或 10 月全牛群进行一次无毒炭疽芽孢苗的免疫注射。

②按照程序，定期注射牛口蹄疫疫苗，一般是每隔 4 个月进行一次免疫注射。

③严格执行各级动物防疫监督机构有关免疫接种的规定，以

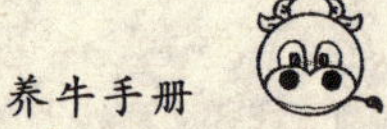

预防地区性多发传染病的发生和传播。

④当牛群受到某些传染病威胁时，应及时采用有国家正规批号的生物制品如抗炭疽血清、抗气肿疽血清、抗出血性败血症血清等进行紧急接种，以防止疫病的进一步扩散。

(三)寄生虫病的预防

在规模化饲养条件下，寄生虫对养牛业的发展影响日渐突出，对驱虫工作应重视。应在对本场牛群中寄生虫流行状况调查的基础上，按照国家有关规定选择最佳驱虫药物，驱虫时间，制定驱虫计划，要按计划有步骤进行驱虫，严格执行休药期，注意驱虫时间以及用药前和驱虫过程中加强牛舍环境中的灭虫(虫卵)，防止重复感染。

第二节　牛常见传染病的防制

牛常见传染病包括结核病、布鲁氏菌病、犊牛下痢、巴氏杆菌病、口蹄疫、牛病毒性腹泻、流行性感冒等。结核病、布鲁氏菌病、犊牛下痢和巴氏杆菌病属于细菌性疾病，口蹄疫、牛病毒性腹泻和流行性感冒属于病毒性疾病。分述如下：

一、结核病

结核病是一种人畜共患的慢性传染病。其主要特征是在体内各器官组织上，特别是肺部和淋巴结上形成干酪样、钙化的结核结节。

1. *病原*　是一种纤细的或稍呈弯曲的结核分支杆菌。常单独的或群集成束排列，两个在一起时则互相构成角度，此种排列方式为本菌的特点。结核杆菌分为 3 种类型：人型、牛型和禽型。牛型结核杆菌主要侵害牛，其次是人、猪。

牛型结核杆菌短粗且着色不均匀。本菌不产生芽孢和荚膜，也不能运动，为抗酸性、革兰氏阳性菌。用一般染色法不易着色，常用的方法为 Ziehl-Neelsen 抗酸染色法，这种染色法在鉴别结核杆菌上有重要的价值。结核杆菌为好气性菌，生长最适 pH 值为 5.9～6.9，最适温度为 37～38℃。初次分离结核菌时，可用劳文斯坦一钱森二氏培养基做培养，经 10～14 天长出菌落。

结核杆菌外面有一层蜡脂样膜，因此在外界环境中生存力较强。在痰液、潮湿的地方、粪便、厩肥、土壤中可存活 6 个月以上，在牛奶中可存活 10 天；但在直射日光下数小时死亡，痰中的结核杆菌煮沸 5 分钟、乳中的菌体在 65℃经过 15 分钟即被杀死。因此，应用巴氏灭菌法消毒牛乳时(62～65℃15～30 分钟)，可达到灭菌目的。

结核杆菌对普通化学消毒剂、酸、碱等有相当的抵抗力。对链霉素、异烟肼、氨基水杨酸具有不同程度的敏感性。

本病牛最易感，首先是奶牛，其次为黄牛、牦牛、水牛。牛结核病主要由牛型结核杆菌引起，也可由人型结核杆菌引起。

结核病畜是本病的主要传染来源，特别是通过各种途径(唾液、粪、尿、生殖器官的分泌物、乳尤其是病畜咳嗽喷出的黏液)向外排菌的开放性结核患畜。本病主要通过呼吸道，其次为消化道，而乳房、皮肤、阴道黏膜感染的机会较少。

2. 症状　潜伏期为 16～45 天，有的可达数月以上，通常呈慢性经过，病状由于受侵器官不同，临床表现也各不同。

①肺结核：牛结核以肺部居多。初有短促干咳，以后咳嗽加重，呼吸次数增加，咳出物呈黏性、脓性、灰黄色，呼气带有腐臭味。听诊有罗音，叩诊呈轻浊音。随着病程的加重，病畜消瘦；贫血、乳量减少。有的牛体表淋巴结肿大，常见于肩前、股前、腹股沟、颌下、咽及颈淋巴结等处。当纵隔淋巴结受侵害肿大压迫食道时，则有慢性臌气症状。胸膜、腹膜发生结核病灶即所谓的“珍珠病”，胸部听诊有摩擦音。病势恶化可发生全身性结核，即粟粒性结核。

②乳房结核:乳房上淋巴结肿大,乳房的实质部可见后乳区较多发生大小不等的硬固结节,无痛无热,泌乳减少,乳汁稀薄呈灰白色。

③肠道结核:多见于犊牛,起初消化不良,下痢或便秘交替,后经常下痢,粪便半液状,混有黏液和脓,迅速消瘦。多发生在空肠和回肠部。

④生殖道结核:多数在分娩时污染,或交配所引起。病畜性机能紊乱,性欲亢进,频频发情,慕雄狂,但交配不易受胎,孕牛经常流产。

⑤中枢神经系统主要是脑与脑膜发生结核病变,常引起神经症状。

另外,还有喉结核、脑结核、结核性关节炎等。

典型病变是形成结核性结节。结节由针头大至鸡蛋大,灰色或淡黄色,切开后常呈干酪样坏死,有时还有钙盐沉着,有的见有钙化,切时有沙砾感。牛易发结核病灶的部位是肺、胸膜、腹膜、肝、脾、肾、乳房和子宫以及头颈部。

由于结核病过程缓慢,以致病变可能更为复杂。如有的坏死组织溶解和液化,排出后形成空洞。

3.诊断　在临床实际应用上,目前几乎全都使用结核菌素进行诊断。方法有皮内注射和点眼两种。对从未进行检疫的牛群及结核菌素阳性反应的检出率在3%以上的牛群,用皮内注射法结合点眼法;对经过定期检疫的污染率在3%以下的假定健康牛群,用皮内注射法检疫;犊牛群以皮内注射法检疫,于生后1、4和6个月龄分别进行3次检疫。

①皮内注射法:在颈部上1/3处,剪毛,直径10厘米,用卡尺测量皮厚。酒精消毒注射部位,皮内注射结核菌素原液(每毫升含50 000国际单位结核菌),用量:3个月龄以内0.1毫升,3～12个月龄0.15毫升,12个月龄以上0.2毫升。注射后72小时进行

观察。

皮差为 4 毫米或以上，或不到 4 毫米，但局部有热、痛及弥漫性水肿，均判为阳性；皮差为 2.1～3.9 毫米，炎性水肿不明显的判为疑似反应；皮差≤2 毫米，无炎性水肿的，或仅有坚硬小结或纽扣状肿的判为阴性。可疑及阴性者，紧接着在原部位、以原剂量进行第二次注射，注射后 48 小时再观察判定。

②点眼法：点眼前须检查牛的结膜是否正常。一般点左眼，如左眼有病则改点右眼。用 1%硼酸棉球擦净眼部外围的污物，在下眼睑结膜囊内滴入结核菌素原液 0.2～0.3 毫升，于点眼后第 3,6,9 小时各观察 1 次，必要时于第 24 小时再观察 1 次。有 2 个大米粒大或 2 毫米×10 毫米以上的黄白色脓性分泌物自眼角流出，或有明显的结膜充血、水肿、流泪者，判为阳性；无反应或仅轻微充血，流出透明浆液，为阴性；二者之间为可疑。阴性及可疑者，隔 3～5 天进行第 2 次点眼，剂量、方法、部位同第 1 次。

4. 治疗　根据本病流行情况在易发季节前，采取预防性治疗。对消瘦、多咳、食欲不佳等牛只，每次口服异烟肼 1 克，日服 3 次。

临床症状表现明显或呈急性暴发的病牛，可肌肉注射链霉素、对氨基水杨酸和异烟肼。异烟肼用量每次 1 克，每日 2 次，病情缓解后，可改用口服。

5. 预防　以预防为主。采取综合防疫措施，杜绝疾病传入，净化牛群环境，培育健康畜群。

①未发现结核病的牛群，每年春秋两季定期进行检疫。牛只调入前必须隔离至少 3 个月，经 3 次检疫。

②检疫结核阳性者，应立即隔离，对污染牛群应连续 3 次检疫不再发现阳性牛为止。

③隔离牛群，应加强健康犊牛的培育，其方法如下：

• 阳性母牛所产犊牛，产后立即与病母牛分离。除喂该母牛初奶外，其他联系一律中断。

• 在犊牛加入健康犊牛群以前，必须连续进行3次检疫，若都呈阴性反应，且无任何可疑临床症状，可视为假定健康牛群进行培育。应在第一年每隔3个月进行一次检疫，直到没有一头阳性牛出现为止。然后再经1～1.5年的时间连续进行3次检疫，若3次均为阴性反应即可视为健康牛群。

• 淘汰污染群的开放性病畜（即有临床症状的排菌病牛）及利用价值不高的结核菌素反应阳性病牛。

• 加强消毒工作，每年进行2～4次预防性消毒，每当畜群出现阳性病性牛后，都要进行一次大消毒。常用消毒药为5%来苏儿或克辽林、10%漂白粉、5%福尔马林、5%～10%火碱。

二、布鲁氏菌病

本病是由布氏杆菌引起的人畜共患病。其主要侵害生殖系统，以母牛发生流产和不孕，公牛发生睾丸炎、附睾炎、前列腺炎、精囊炎和不育为特征。本病广泛分布于世界各地，引起不同程度的流行，严重地危害着畜牧业的发展和人类的健康。

1. 病原　布氏杆菌呈球杆状，革兰氏阴性需氧杆菌，不形成芽孢和荚膜，无鞭毛，不运动。布氏杆菌属有6个种，即牛型、羊型、猪型、绵羊型、犬型和沙林鼠型。不同种别的布氏杆菌虽各有其主要宿主动物，但存在着相当普遍的宿主转移现象。布氏杆菌对热抵抗力不强，60℃30分钟即可杀死，但对干燥抵抗力较强，在干燥土壤中，可生存2个月以上。在皮毛中可活5个月。对日光照射以及一般消毒剂的抵抗力不强。本菌有很强的侵袭力，能从损伤或正常黏膜、皮肤侵入机体。

病畜为本病的主要传染源。流产胎儿、胎衣、羊水、流产母畜、阴道分泌物及公畜的精液内皆含有大量病菌。传染途径主要是直接接触性传染，特别是通过消化道传染，如食用了被细菌污染的饲料、饮水及牛奶。也可通过交配，经生殖道感染；或经口腔、鼻黏膜、眼结膜、破损和未破损的皮肤直接进入牛体。特别是在大的畜群和集约化管理条件下，极易造成本病的流行。本病常呈地方性流行。新疫区往往可使大批妊娠母畜流产，老疫区则妊娠母畜流产逐渐减少，但关节炎、子宫内膜炎、胎衣不下、屡配不孕、睾丸炎等增多。

2. 主要症状　表现为怀孕母牛流产，多发生于妊娠5～8个月，流产儿多是死胎或弱犊，流产后常伴有胎衣滞留，子宫内膜炎，甚至子宫积脓而成为不孕症。公牛常发生睾丸炎和附睾炎，肿大，触之疼痛坚硬，有时可见阴茎潮红肿胀。有时病牛发生关节炎、淋巴结炎和滑液囊炎，关节肿痛，跛行或卧地不起，膝关节和腕关节最易受到侵害。

流产胎儿皮下、肌肉、结缔组织呈浆液性或出血性浸润，真胃中有淡黄色或白色黏液及纤维素絮状物，肠胃浆膜、黏膜呈点状或线状出血。胸腹腔有多量微红色积液，肝、脾和淋巴结有不同程度的肿胀，并有散在性炎症坏死灶。脐带常呈浆液性浸润，肥厚。胎衣水肿或出血，呈黄色胶冻样浸润，有些部位覆有纤维蛋白絮片和脓液，胎衣可能极度增厚，密布粟粒大的化脓灶。母牛子宫绒毛尿囊膜充血肿大，上覆盖有黄绿色渗出物，黏膜增厚，发生实质变性或坏死。乳房切面有黄色小结节。公牛主要发生睾丸炎和附睾炎性坏死和化脓灶，精囊内有时有出血点和坏死灶。

3. 现场诊断　根据流行病学资料，母牛发生非机械性流产，产后胎衣滞留、不孕和胎儿典型的病理剖检变化，公牛发生睾丸肿大，牛群中有关节炎发生，应怀疑是本病，但确诊只有通过实验室诊断才能得出结果。

4. 实验室诊断

①细菌学检查：采集胎儿胃内容物或肝、脾、淋巴结，流产胎盘、流产后阴道分泌物、乳汁、公牛精液等，进行细菌分离、培养、鉴定。

②血清学检查:平板凝集试验、试管凝集试验可检查19号菌苗抗体和近期感染,是国内外常用的一种诊断技术。补体结合试验检测未免疫过的成年牛或只在犊牛时免疫过的成年牛十分准确。此外,荧光抗体法及酶联免疫吸附试验(ELISA)用于抗体的检测具有很高的准确性、敏感性和特异性。

5. 防制

①预防:加强饲养管理,定期检疫与及时隔离淘汰病畜,加强防疫消毒制度。合理注射疫苗,可以有效地降低本病的发病率,常用有布氏杆菌19号菌苗。流产胎儿、胎衣、羊水和阴道分泌物应深埋,被污染的场所及用具用消毒剂彻底消毒,疫区毛皮等畜产品也必须经过消毒。

②治疗:一般病畜应淘汰,对于种畜可用土霉素、金霉素、氯霉素、链霉素、及磺胺药物治疗。长效土霉素2 000毫克,稀释后分点于颈部皮下注射,联合使用硫酸链霉素20毫克/千克体重,1次静注,疗效更好。对流产后继发子宫内膜炎的患畜,或胎衣不下经剥离的病畜,可用1%的高锰酸钾溶液或宫炎清洗涤阴道和子宫。

三、下痢

下痢是1月龄以内犊牛的常发病。全年皆可发病,在寒冷及炎热潮湿的季节多发。

1. 病因　下痢是一种临床综合征。犊牛出生后因感染大肠杆菌、沙门氏杆菌(一般是鼠伤寒沙门氏菌及都柏林沙门氏菌)、轮状病毒(主要是A型)、冠状病毒等,可引起伴有败血症状的肠炎及下痢。

病原菌在肠道内(主要是小肠,特别在十二指肠和真胃内)大量繁殖,一方面改变了胃肠道中的pH值和其他生化环境,从而抑制了有益细菌(如乳酸杆菌)的生长繁殖,破坏了胃肠道中菌群的平衡状态,导致发病。另一方面病原菌能产生强烈作用的内毒素和外毒素，这些毒素不仅能破坏肠壁的黏膜上皮组织，而且能很快地被机体吸收，造成消化道和全身机能障碍，甚至发生毒血症而死亡。

环境和管理引起的饮食性胃肠炎也可呈现下痢。人工喂乳时牛奶温度太低、饲喂过饱（这是一个最容易出现的问题）、饲料中蛋白质含量过高。真胃疾病，哺乳器不清洁，舔食污物。犊牛生活环境控制失调，密度过大，过冷过热，尤其冷刺激更易引起下痢。

2.症状　常突然发病，下痢为特征症状，体温升高到 40℃以上，通常 24～72 小时内由于虚脱而死亡。当伴胃肠道炎症时，犊牛表现里急后重，粪便中往往可以发现大量未消化的饲料或奶凝块，常有白色小球状的脂肪酸盐，使粪便外貌上呈干酪样。当肠壁深层组织损害时，粪便还可带有腐臭的组织碎片及血凝块。严重失水时，两眼内陷、目光无神。转入败血症时，体温升至 41～41.5℃，食欲废绝，呼吸加快，脉速而弱。少数病例可并发脐炎、关节炎及肺炎等。

3.防制　首先注意饮食卫生，及时哺喂初乳，首次在生后 0.5～1 小时内饲喂 2 千克，于 12 小时前第二次等量饲喂。研究指出，在犊牛出生后 12 小时内供应 4 千克高质量初乳有利于初乳成分的成功转移。每次定量 2 千克，每日定时喂 2 次，可逐渐增至 3 次，持续 7 天。夏天乳温 38℃，冬天 40℃。新生犊牛不宜群养，饲养环境要干洁，温度适宜而稳定。

对下痢的治疗应是多方面的，包括抗菌、补液、补盐、补糖及解除酸中毒，切勿急于应用止泻剂。

①减少喂乳量。视具体情况酌减，必要时可停喂，减少部分以温水代之。

②内服药物。酞磺胺噻唑，研细末，用糖浆或母乳调匀灌服，每次 3～5 克，每天 1～2 次。磺胺脒、苏打粉各 4～6 克，乳霉生 2～3 克，1 次内服，每天 2～3 次，连用 3～5 天。痢特灵每次0.3～

0.5 克，每天 2 次，连用 3～5 天。新霉素 1.5～3 克，苏打粉3～6 克，1 次内服，每天 2 次，连用 3～5 天。

③下痢时多数病例呈现脱水及体内蛋白质、糖、钠、钾、氯等营养物质丧失，并可能伴有酸中毒，应适当注射复方氯化钠、右旋糖酐、葡萄糖，必要时注射碳酸氢钠溶液。

④全身用药。对体温升高者，应肌肉注射抗生素。

四、巴氏杆菌病

1. 病因　本病是由多杀性巴氏杆菌引起的牛的一种传染病。急性病例以败血症、高热肺炎或急性肠胃炎和内脏广泛性出血为特征，慢性病多表现为皮下组织、关节、各脏器的局部灶性的炎症。

2. 症状　败血型体温升高至 41～42℃，精神沉郁，鼻镜干燥，食欲废绝，反刍停止，病牛腹痛，下痢，初为粥状，后呈液状，还混有黏液或血液，一般 12～24 小时死亡。肺炎型病牛咳嗽，呼吸困难，卧地不起。严重的下痢，大便带血。病牛能耐过，病程 3～7 天。水肿型病牛头、颈、咽喉及胸前皮下水肿，重者肛门和生殖器官都水肿，口腔黏膜红肿，舌及周围组织高度肿胀，吞咽呼吸困难直至窒息而死。一般 12～36 小时死亡。

3. 防治　加强饲养管理，增强抵抗力。做好消毒工作和定期预防注射氢氧化铝菌苗。肌肉或皮下注射，体重 100 千克以上的 6 毫升，以下的 4 毫升，每年 1 次，免疫期 9 个月。发现病牛立即隔离治疗，全场彻底消毒，用 3%火碱水或 10%的石灰乳。早期用血清、青霉素、氯霉素、磺胺类药等治疗。大牛需血清 60～100 毫升，小牛 30～50 毫升；青霉素肌肉注射 4 万～8 万单位/千克体重，氯霉素 8～10 毫克/千克体重，磺胺类 25 毫克/千克体重内服。

五、口蹄疫

口蹄疫是偶蹄兽的一种急性、热性、高度接触性传染病，其特征是口腔黏膜、舌部、蹄部和乳房皮肤发生疱疹。病原是口蹄疫病毒。由于该病毒寄主广泛，传播快，传染性强，往往能造成大面积流行，带来巨大的经济损失。加之本病还可以感染人，因此更应倍加重视。但目前对该病的态度显示了极端化：富裕国家对病畜采取彻底销毁的办法，而贫穷国家则不以为然，照常吃肉。口蹄疫病毒对幼小动物（包括人类）可继发心肌炎。

1. 病原　口蹄疫病毒属于微 RNA 病毒科，已知有 7 个血清型，至少 65 种亚型，故该病毒具有多型性和变异性，常有新的亚型出现。病毒颗粒很小，直径 23～25 纳米，呈球形或六角形。病毒主要存在于病牛的皮内水泡及其淋巴液中，在水泡发展过程中，病毒进入血流，分布于全身组织和各种体液。病毒对外界环境抵抗力较强，在冻肉中的病毒可生存 30～40 天，鲜牛奶中的病毒在 37℃可生存 12 小时，18℃生存 6 天，酸乳中的病毒迅速死亡，在饲料、水泡皮、唾液、血、尿和污水中能长期存活，高温、阳光和酸性的环境能使病毒很快失去毒力。常用的消毒药是 2%氢氧化钠、10%石灰乳或 2%福尔马林。

牛对口蹄疫病毒具易感性，幼牛的易感性较成年牛为大。潜伏期和康复期的病牛也可带毒排毒。本病传播因素多、传播途径广泛，可呈远距离的跳跃式传播，其暴发流行具有周期性，周期为 1～5 年不等。本病通常经消化道和呼吸道感染，也能经损伤或甚至没有损伤的黏膜和皮肤感染。

牛多在冬、春两季发病，病牛是本病的传染源。

像口蹄疫这样的传染病近年多有区域性大规模暴发，给动物和人类带来灾难。原因固然与动物及其产品的大量流动以及饲养者的管理有关，但与大气的变化、地球环境的恶化甚至厄尔尼诺现象的影响不无关系。

2. 症状　潜伏期 2～7 天，最短 1 天，最长 14 天。病牛体温升至 40～41℃，食欲下降，精神委顿，流涎，1～2 天后，口腔检查，发

现在唇内面、齿龈、舌面和颊部黏膜有大小不等的水泡，此时流涎增多，呈丝状垂于口角两旁，采食、反当完全停止。水泡约经一昼夜溃破，形成浅表的边缘整齐的粉红色糜烂。以后体温降至正常，糜烂逐渐愈合，全身状况逐渐好转。

在趾间及蹄冠的柔软皮肤上同时或相继也发生水泡，并很快破溃，出现糜烂，然后逐渐愈合。若被污染，会使患部化脓，溃疡、坏死，甚至蹄匣脱落。

乳头或乳房皮肤发生水泡，很快破溃，留下溃烂面，影响挤奶及泌乳，有可能感染继发乳房炎。

本病一般为良性经过。如仅口腔发病，约经 1 周即可治愈。如果蹄部出现病变时，则病期可延至 2～3 周或更久。死亡率很低，一般不超过 1%～2%。但有的病牛在康复过程中，病情突然恶化，表现全身虚弱，肌肉发抖，心跳加快，节律不齐，反刍停止，行走摇摆，站立不稳，因心脏麻痹而突然倒地死亡。这种病型叫恶性口蹄疫，死亡率可高达 20%～50%。恶性口蹄疫主要由于病毒侵害心肌所致。犊牛发病时，多数看不到特征性水泡，主要表现为出血性肠炎和心肌麻痹，死亡率很高。

除口、蹄的水泡和烂斑外，瘤胃的黏膜上可发生烂斑和溃疡。心肌病变具有特征性，心包膜有弥漫性及点状出血，心肌切面有灰白色或淡黄色斑点或条纹，好像虎皮上的斑纹。组织观察，可见心肌细胞坏死，肌纤维颗粒变性、坏死、分解。

3. 诊断　根据临床症状的特征性，现场就可以确诊，不必做实验室检验。但应与牛瘟、传染性水疱性口炎相区别：

①与牛瘟的区别：牛瘟无水泡发生，溃疡面不规则，还伴发胃肠炎、腹泻，只有牛感染此病。口蹄疫有水泡发生，溃烂面较规则，边缘平整易愈合，猪也可感染此病。

②与传染性水疱口炎的区别：传染性口炎，除牛、猪外，马、驴也能感染，流行范围小，发病率低。

为了解本地区流行的是何种类型口蹄疫，可作毒型鉴定（补体结合反应），确定毒型的目的，便于选择口蹄疫单价疫苗，从而使防疫有效。

4.治疗　此病目前尚无特效疗法，只能对症治疗。

①对口腔的处理：用0.1%高锰酸钾或1%明矾或2%醋酸溶液，冲洗口腔，每日2～3次。冲洗后可涂抹下列药物：3%紫药水，碘甘油，冰硼散（冰片250克、硼砂250克、硭硝300克，研成细末），青黛散（青黛100克、黄柏150克、冰片50克，研成细末）。

②对蹄部的处理：先用1%硫酸铜溶液或3%来苏儿水，彻底洗净患蹄，然后涂10%碘酊、松馏油。如果病变严重，可打蹄绷带，每隔2天处理1次。

③对乳房的处理：用0.1%高锰酸钾液或1%～2%来苏儿水或0.1%新洁尔灭液，洗净患部乳区，待挤完乳后，可涂抹10%磺胺膏或抗生素软膏或3%紫药水。

对体温升高、食欲废绝的病牛，为防止其继发感染和缓解病情，可用抗生素、磺胺、补糖等药物治疗。

5.预防

①平时对牛群要加强检疫，常发地区要定期注射疫苗。

②发生口蹄疫的牛场，在将疫情上报主管单位的同时，应采取紧急措施：

封锁牛场，隔离病牛，严格消毒。食槽每日都要用清水洗刷，每隔3～4日消毒1次。运动场、牛舍地面，每隔5～7日消毒1次。消毒液为2%氢氧化钠。

鉴定毒型，以便确定诊断，并针对毒型，注射相应的疫苗。口蹄疫弱毒疫苗注射后14天产生免疫力，免疫期4～6个月。

护理和治疗病畜。在严格隔离条件下，及时对病畜进行治疗，同时加强饲养管理，给予可口、易消化的饲料，多给饮水，防止因饥饿使病情恶化。畜舍应保持干燥、清洁、通风、暖和。

场内的工作人员上下班时要用1%来苏儿水洗手、消毒。

销毁病牛产牛奶，同场其他牛产的奶要高温处理。

③未发病的牛场，要采取有效措施严加防范。必要时，可考虑注射口蹄疫疫苗预防。人的口蹄疫俗称鹅口疮，可因喝奶、与病畜接触或通过外伤而感染。病人表现发热、呕吐，口腔和手可发生水泡，儿童可发生胃肠炎，严重的也能因心肌麻痹而死亡，所以必须注意人体防护。

六、牛病毒性腹泻

1. 症状　简称牛病毒性腹泻或牛黏膜病。以发热、白细胞减少、口腔及消化道黏膜糜烂或溃疡以及腹泻为主要特征。但多数牛呈隐性感染。

本病以冬季和初春多发。牛潜伏期7～10天，急性牛发病突然，体温升高达40～42℃，2～3天后鼻镜及口腔黏膜表面出现糜烂，舌上皮坏死，流涎多，呼气恶臭。继而出现严重腹泻呈水样，甚至带有黏液纤维性伪膜和血。慢性病例发热不明显，以持续性或间歇性腹泻和口腔黏膜反复发生坏死溃疡为特征。可引发蹄叶炎和趾间坏死，有的出现局部脱毛，皮肤皲裂和表皮角质化。妊娠牛发病常引起流产或犊牛先天性缺陷。

2. 防制　引进种牛必须严格检疫，一旦发病应及时隔离或屠杀消毒防止扩大传播。

应用收敛剂和补液等保守疗法，为防继发感染可投抗生素或磺胺类药物。由于慢性病牛可长期带毒，经济条件许可下，对病牛尽可能淘汰，彻底清除传染源。

七、流行性感冒

牛流行性感冒（简称牛流感）是一种急性、热性、病毒性传染病，其特征为呼吸和消化器官及关节呈不同程度的炎性变化。间有皮下气肿和继发性咽喉麻痹。

1. 病原　认为是一种病毒。其结构和特性目前正在研究中。本病传播快，能迅速使牛群中多数牛发生感染。不同性别、年龄和品种的牛都可感染，以 3～5 岁的牛易感性大，重胎牛和高产乳牛的症状较严重。据调查，乳牛发病率约为 20%，死亡率一般不超过发病数的 3%。本病多发于 6～9 月份。其流行似有一定的规律性，周期为 3～4 年。

2. 症状　突然发病，病牛精神极度委顿，食欲、反刍减弱或停止，产乳量迅速下降。肌肉震颤，喜卧，强迫行走，则步态不稳，甚至倒地不起。鼻镜干热，体温升至 40～42℃，呈稽留热。呼吸加快，每分钟 80～140 次，呼吸困难时，表现为伸颈张口、舌外伸，有明显的鼾声。脉搏细弱，每分钟 70～110 次。眼结膜充血、水肿、表现轻度流泪和畏光。随后鼻腔有浆液性分泌物流出，口腔大量流涎成线状，病初便秘，粪便干而少，并发肠炎时则粪中含有大量黏液，甚至带血。孕牛可能流产。病程 7 天左右，多数牛能耐过此病并获得短时间的免疫力。缺氧是死亡的直接原因，剖检可见肺膨大，显著水肿和气肿。

3. 诊断　本病的特点是突然暴发流行，迅速的传播和停息，发病率高而死亡率低，临床上表现为消化道和呼吸道严重扰乱。

4. 防制　本病发生后，应立即提供阴凉而安静的牛舍环境。可喷洒冷水于地面、牛身，或在牛舍内放置冰块，同时开启排气扇，或用空调器降温。实践证明，对病牛加强护理常可不药而愈。

静脉注射生理盐水或 5%葡萄糖水 2 000～3 000 毫升。发烧时可用安乃近或复方氨基比林退热，必要时酌情使用安钠咖强心，为防止细菌继发感染可使用抗生素或磺胺类药。

5. 中药疗法　在病初可用柴胡、黄芩、葛根、荆芥、防风、秦艽、羌活各 50 克，知母 40 克，甘草 40 克，大葱 3 根为引，共为末冲服。也可用板蓝根 100 克，紫苏 150 克，白菊花 100 克，煎服，疗效尚好。

第三节　牛常见的寄生虫病

一、焦虫病

巴贝斯虫病是由巴贝斯属的双芽巴贝斯虫和牛巴贝斯虫，寄生在牛的红细胞内，由蜱传播，呈急性发作的牛血液原虫病。临床上患牛常出现血红蛋白尿，所以俗称为红尿热。奶牛、黄牛和水牛均可感染，本病流行于热带、亚热带地区，我国最少有14个省（区）报道有本病存在，是牛的主要血液原虫病之一，对刚从非疫地引进的易感牛的威胁最大。

1. 病原形态

（1）双芽巴贝斯虫　它寄生于宿主的红细胞中，虫体长度大于红细胞的半径，是一种大型焦虫，虫体形态多样，有圆形、梨籽形、椭圆形及不规则形，典型的形态是两个梨籽形虫体以其尖端成锐角相连。绝大多数虫体位于红细胞的中部，每个红细胞内虫体寄生的数目多为12个，偶尔见3个以上，红细胞染虫率为2%～5%，每个虫体内有一团染色质块，经姬氏法染色后，染色质呈紫红色，而胞浆呈淡蓝色。

（2）牛巴贝斯虫　它也寄生于宿主红细胞内，虫体长度小于红细胞半径，大部分虫体寄生于红细胞边缘，典型形态也为梨籽形，单个或成对。成对的虫体呈钝角相连。

2. 生活史　双芽巴贝斯虫在牛体内以“成对出芽”方式进行繁殖，至于虫体在中间宿主蜱体内的繁殖方式，由于不同研究者的见解不同，目前还无一个统一的结论。最早研究报道牛双芽巴贝斯虫生活史的是Dennis（1932），他提出牛红细胞内的同形配子体在雌蜱的肠管内配合，形成能动的动合子，动合子经肠壁到达子宫的卵子内，经孢子生殖，形成许多子孢子，子孢子进入幼蜱的唾液腺内,随幼蜱吸血时进入牛体内。但 Rick(1964)的报道与 Dennis 的结果不一致,Rick 详细研究了双芽巴贝斯虫在微小牛蜱体内的发育和繁殖情况,他观察到当含有虫体的红细胞被吸入到蜱的肠管后,大部分虫体被破坏而死亡,只有小部分可以继续发育。

焦虫进入蜱体内 24 小时后,可在肠管内见到雪茄形虫体,长 8～10 微米,宽 3.5～4.5 微米。24～48 小时之间,虫体进入肠上皮细胞中发育,形成不规则的、纺锤状虫体,单个核团略居中央,此时,虫体进行复分裂,繁殖很快,形成许多卵圆形或球形,直径 3.2～6.5 微米大小的虫体。72 小时发育成虫样体,长 9～13 微米,宽 2～3 微米,它们由肠上皮细胞移入肠管和血淋巴。当幼蜱蜕化为若蜱时,可以在若蜱的唾液腺内见到长 2～3 微米、宽 1～2 微米的梨籽形的虫体,这种形态同在牛红细胞中见到的梨形虫体相似。因此可以说,Rick 观察到的,双芽焦虫在媒介体内发育到感染阶段是幼蜱蜕化为若蜱的时期,大约是幼蜱在牛体上吸血 8～10 天之后。

3. 流行病学　在我国已查明双芽巴贝斯虫的传播者是微小牛蜱,以经卵传播方式,由次代若虫和成虫阶段传播,幼虫阶段无传播能力。已证实双芽巴贝斯虫在牛蜱体内可继代传递 3 个世纪之久。微小牛蜱是一宿主蜱,主要寄生于牛,每年可繁殖 2～5 代,每代所需时间约为 2 个月,本病在 1 年内可暴发 2～3 次,我国南方主要发生于 6～9 月份。微小牛蜱是在野外发育繁殖,所以本病多发生于放牧时期,舍饲牛较少发生。不同年龄和不同品种牛的易感性不同,2 岁内的犊牛发病率高,但症状轻,死亡率低;相反,成年牛发病率低,但症状严重,死亡率高;纯种牛和从外地引入的牛易感性高,容易发病。

牛巴贝斯虫的传播者为硬蜱属的一些蜱,也可通过胎盘感染胎儿。

4.致病作用和症状

①虫体寄生在红细胞内，以出芽增殖法进行繁殖，大量破坏红细胞，引起溶血性贫血。红细胞被破坏后，血红蛋白经肝代谢转变为胆红素，引起黄疸。

②虫体分泌毒素和代谢产物的刺激，作用于中枢神经系统，调节机能受损，引起一系列的临床症状。潜伏期 8～15 天，甚至更长，发病后第一个出现的临床症状是呈稽留热型的体温升高，达 40～42℃，可持续 1 周以上，随着体温的升高，脉搏和呼吸加快，精神不振，喜卧地，食欲减退，反刍迟缓或停止，腹泻或便秘不定，但粪便呈黄棕色或黑褐色，怀孕母牛可发生流产，泌乳牛泌乳量减少或停产，随着病情的发展，更明显的症状是由于大量红细胞被破坏所带来的一系列变化，可见贫血、消瘦，黏膜苍白和黄染，并出现血红蛋白尿，尿液颜色从淡红变为棕红色乃至黑色。血液稀薄，75％的红细胞被破坏，红细胞数降至 100 万～200 万，血红蛋白量减少到 25％，血沉快 10 倍以上，白细胞初期正常，以后增至正常的 3～4 倍；重症者如不治疗，1 周内死亡，死亡率高达 50％～80％。慢性病例体温升幅较小，在 40℃左右维持数周，伴有渐进性贫血和消瘦，一般要经几周甚至数月才能康复。

5.病理变化　尸体消瘦，并出现贫血样病变——黏膜苍白，血液稀薄，皮下组织、肌间、结缔组织和脂肪均呈黄色胨样水肿。脾、肝、肾肿大，胆囊扩张，胆汁浓稠，脾髓软化呈暗红色，白髓肿大呈颗粒状突出于切面，胃、肠黏膜充血、有出血点，膀胱肿大、黏膜出血、内有红色尿液。

6.诊断　首先要从流行病学资料入手，了解当地以往的发病情况，是否存在传播本病的蜱，发病前有无从其他地区引进牛只。第二了解有无特征性临床症状，即病牛体温在 40℃以上，呈稽留热，贫血、黄疸和血红蛋白尿，如有这些症状，应怀疑为本病。确诊有赖于病原检查，在体温升高后 1～2 天，采耳静脉血涂片、染色镜检,如发现典型虫体即可确诊。

近年来报道多种用于本病的免疫学诊断方法,如补体结合反应(CF)、间接血凝试验(IHA)、胶乳凝集反应、间接荧光抗体试验(IFAT)、酶联免疫吸附试验(ELISA)等,其中 IFAT 和 ELISA 法已可供常规使用,主要用于染虫率较低的带虫牛的检出和疫区的流行病学调查。

7. 治疗　治疗要做到早确诊、早给药,并要标本兼治,即除给予特效药外,还要结合病情给予健胃、强心、补液,同时加强饲养管理,停止使役。常用特效药有:

①三氮脒,也称贝尼尔。应以 7 毫克/千克体重的剂量配成 5%～7%溶液,深部肌肉注射,一般用药一次较安全,多次用药易出现中毒反应,甚至造成死亡。

②咪唑苯脲,对各种巴贝斯虫有较好的治疗效果,以 1～3 毫克/千克体重的剂量配成 10%溶液肌肉注射。本药安全性较好,剂量增大到 8 毫克/千克体重时,仅出现短暂的毒副反应。咪唑苯脲在牛体内残留时间较长,所以本药有一定的预防效果,但屠宰前 28 天应停药。

③锥黄素(吖啶黄),以 3～4 毫克/千克体重的剂量配成 0.5%～1%的溶液静注,症状未减轻时,24 小时后重复用药一次,经治疗的病牛,数日内应避免烈日照射。

④喹啉脲(阿卡普林),以 0.6～1 毫克/千克体重的剂量配成 5%溶液皮下注射,注射后会出现肌肉震颤、呼吸困难、出汗等反应,但 1～4 小时后自行消失,妊娠牛可能会引起流产。反应严重的可皮下注射阿托品,剂量为 10 毫克/千克体重。

8. 预防　关键是灭蜱,切断传播环节。在疫病流行地区应有计划地采取一些有效的灭蜱措施,包括使用杀蜱药物杀灭牛体上及牛舍内的蜱。不到有多蜱滋生的牧场放牧。牛只的调动最好选在无蜱活动的季节进行,调动前先用药物杀蜱。敏感牛调入疫区

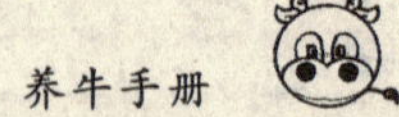

时,可用咪唑苯脲预防。

国外已有一些地区应用抗巴贝斯虫弱毒虫苗和分泌抗原虫苗进行免疫接种以防治本病。

二、肝片吸虫病

片形吸虫病是牛最主要的寄生虫病之一。其病原体系片形科 Fasciolidae 片形属的肝片形吸虫 *Fasciola hepatica* 和大片形吸虫 *Fgigantica*,寄生于牛的肝脏胆管中。本病能引起急性或慢性的肝炎和胆管炎,并并发全身性的中毒现象和营养障碍,为害相当严重,尤其是幼畜,可引起大批死亡。奶牛患病后会引起产奶量减少以及大批病畜的肝脏成为废品,因此给畜牧业经济带来很大的损失。

1. *病原形态* 肝片形吸虫虫体扁平,外观呈叶片状,自肝胆管取出时呈棕红色,固定后变为灰白色。体长 20～35 毫米,宽 5～13 毫米。虫体前端呈圆锥状突出,称为头椎。头椎后方变宽,称为肩部,肩部以后逐渐变窄。体表生有许多小刺。口吸盘位于头椎的前端,口吸盘稍后方为腹吸盘。在口吸盘与腹吸盘之间有生殖孔。

消化系统由口吸盘底部的口孔开始,下为咽及短的食道,而后向左右分成多枝的两条肠道。

生殖系统极为发达,雌雄同体。

虫卵呈长卵圆形,黄褐色。前端较窄,有一个不明显的卵盖,后端较钝。卵壳较薄而透明,卵内充满着卵黄细胞和一个胚细胞。虫卵大小为(116～132)微米×(66～82)微米。

2. *生活史* 肝片形吸虫的成虫在动物的胆管内排出大量虫卵,卵随胆汁进入消化道,随粪便排出体外。卵在适宜温度(15～30℃)和足够的氧气、水分及光线的条件下,经 10～25 天孵出毛蚴。

毛蚴呈长形，前端较宽，后端较狭。前端有一吻突，体表被有纤毛。有一对黑褐色眼点。体内有袋状的原肠，其两侧各有一个穿刺腺。焰细胞一对，与曲折的排泄管相连。体后部有胚团及胚细胞。毛蚴在水中迅速游动，如遇到适宜的中间宿主——某种淡水螺时即钻入其体内。毛蚴在外界环境中，通常只能生存 6～36 小时，如遇不到适宜的中间宿主则渐渐死亡。

肝片形吸虫的幼虫在螺体内营无性繁殖，有胞蚴、母雷蚴、子雷蚴和尾蚴几个发育阶段。成熟的尾蚴离开螺体，靠尾的摆动游泳于水中，在水生植物或水面下脱尾后形成囊蚴。牛在吃草或饮水时，吞入囊蚴而遭感染。幼虫穿过肠壁，经肝表面钻入实质后入胆管发育成熟。从被吃入的囊蚴到发育为成虫需 2～4 个月，虫体寿命 3～5 年，一般 1 年左右即从动物体内排出。

3.流行病学　本病的流行病学因素包括病原体、中间宿主与终末宿主间的关系，和外界环境与寄生虫及宿主之间的相互关系中的各个方面。

卵在外界环境中的发育和孵化与外界的温度、湿度和光线均有密切关系。肝片吸虫卵在平均温度 12℃时停止发育；16℃时开始发育，但需 50～70 天才能孵化。在 25～30℃时，仅需 10～15 天就可以孵化。

虫卵对干燥很敏感，在干燥的粪便中停止发育，在完全干燥下迅速死亡，在湿润的环境中能生存数月。新鲜虫卵与含毛蚴的卵在冰箱内经 2 个月仍保持生活力；如放室内，干燥半小时即破裂死亡；阳光直接照射 3 分钟也告死亡。在高温 40～50℃几分钟即死亡。

毛蚴的孵化与光线、温度、水的新鲜度等因素有关。毛蚴在早晨阳光出现后开始孵化，早上 8～10 时之间是毛蚴孵化的高潮。新鲜水可刺激毛蚴大量孵化。含毛蚴的卵在低温 14℃时不能孵化，20～30℃之间毛蚴最活跃。

本病呈地方性流行，多发生在低洼和沼泽地带的放牧地区。本病的流行感染季节多在每年的夏秋两季（南方春季也能感染）。春末夏秋各季节的气候适合肝片形吸虫虫卵的发育。温度及阳光对肝片形吸虫的卵的发育与毛蚴的孵化有促进作用。同时椎实螺繁殖很多，散布甚广，因此这些季节是椎实螺感染肝片形吸虫毛蚴的重要季节。

此外，尾蚴逸出螺体与外界环境条件有密切关系。在温度9℃时（冬季），尾蚴不能逸出螺体，27～29℃尾蚴大量逸出，33℃又停止逸出。新鲜水有刺激作用，能诱导尾蚴大量逸出。因此在夏秋两季，气候温暖，雨量充足，特别在夏秋暴雨之后，可使大量尾蚴游出螺体，并随着雨后水涨，广泛地在草叶上形成囊蚴，从而感染牲畜，造成肝片吸虫病的普遍流行。同时由于囊蚴的生活力较强，在湿润的自然环境下，能保持相当久的感染能力。因而冬季也能感染。

4.致病作用及病理变化　片形吸虫的致病作用和病理变化依其发育阶段而有不同的表现，并且和感染的数量有关，当一次感染大量囊蚴时，在其初进入畜体阶段，幼虫穿过小肠壁并再由腹腔进入肝实质，引起肠壁和肝组织的损伤。肝肿大，肝包膜上有纤维素沉积、出血，有数毫米长的暗红色虫道，虫道内有凝固的血液和很小的童虫，可引起急性肝炎和内出血，腹腔中有带血色的液体。有腹膜炎变化，是患本病时的急性死亡原因。

虫体进入胆管后，由于虫体长期的机械性刺激和毒素的作用，引起慢性胆管炎、慢性肝炎和贫血现象。早期肝脏肿大，以后萎缩硬化，小叶间结缔组织增生。寄生多时，引起胆管扩张、增厚、变粗甚至堵塞；胆汁停滞而引起黄疸。胆管像绳索样凸出于肝脏表面，胆管内壁有盐类（磷酸钙和磷酸镁）沉积，使内膜粗糙，刀切时有沙沙声。胆管内有虫体和污浊稠厚的液体，但也有胆管病严重却找不到虫体的。病畜出现贫血和水肿等现象，再加上虫体本身不断地以宿主的血液和细胞为其营养，结果引起家畜营养扰乱和体质消瘦，这即是慢性片形吸虫病。

5. 症状　片形吸虫病的临床表现因感染强度的家畜机体的抵抗力、年龄、饲养管理条件等不同而有差异。轻度感染往往不表现症状。感染数量多时（牛约为 250 条成虫）则表现症状。但对幼畜即使轻度感染也可能表现症状。

对于牛来说，片形吸虫病多呈慢性经过。犊牛症状明显，成年牛一般不明显，但如果感染严重、营养状况差时，也能引起死亡。患畜逐渐消瘦，被毛粗乱、易脱落，食欲减少，反刍不正常，继而出现周期性瘤胃膨胀或前胃弛缓，拉稀，行动缓慢，黏膜苍白；到后期出现下颌、胸下水肿，触诊有波动感或捏面团样感觉，但无痛热，高度贫血。母畜不孕或流产，公畜繁殖力降低。此时如不治疗，最后可能陷于极度衰弱而死亡。

6. 诊断　慢性肝片形吸虫病的生前诊断是根据粪便中找虫卵，并结合流行病学和症状加以分析来确定的。死后根据发现大量虫体或特有的病变可以确诊。

7. 治疗

①硫双二氯酚（又称别丁），每千克体重 40～60 毫克。将药物装在小纸袋内投服，有良好的驱虫效果。服药后常有拉稀现象，但经 1～4 天后，不加处理，自然恢复正常。

②硝氯酚（国产拜耳 9015 或称比勒冯），牛每千克体重 5～8 毫克，一次口服。本药驱虫效果良好而安全。

③硫溴酚（又名“抗虫—349”），是我国新合成的一种驱虫药。牛每千克体重 30～50 毫克，一次口服。此药的化学结构与硫双二氯酚相似，但毒性低而疗效高，服药后仅有部分牛只减食、稀便等轻微反应。

④血防—846，牛每千克体重 125 毫克，一次口服。

⑤六氯乙烷，牛每千克体重 0.2～0.4 克，最高量不超过 80

克，瘦牛可将总剂量分为2等份，于2天内连续投服。

⑥中药治疗：本病在中兽医应辨证论治，病初牛体尚未十分虚弱，属里实证，以杀虫为主，可用处方：贯众12克、槟榔30克、龙胆12克、泽泻12克，共研末加温水冲服。到病的后期，牛只极度瘦弱，出现水肿、贫血等现象，属里虚证，以止痢、消水肿、滋补为主，可用处方：细辛12克、黄精30克、莪术9克、银花30克、泽泻15克、榴皮45克、茯苓30克。

用中西药驱虫后，如牛只体质虚弱均可用八珍汤或茵陈汤加减以调理。

8.预防　为了有效地预防片形吸虫病，必须根据其流行病学及其发育史的特点，制定综合性的防治措施。

①驱虫：肝片形吸虫病的传播主要是源于病畜和带虫者。因此驱虫不仅是治疗病畜，也是积极的预防措施。驱虫的时间与次数必须与流行地区具体条件相结合。在我国北部地区，每年有舍饲和放牧两种形式的改换，每年应有二次定期驱虫：一次在秋末冬初或由放牧转为舍饲之后，这次驱虫是保护动物过冬，并预防动物冬季发病；另一次在冬末春初动物由舍饲改为放牧之前，这次驱虫可以减少动物在放牧时散播病原。南方地区终年放牧，每年可进行3次驱虫。

家畜粪便应经生物热处理后使用。积于畜舍内的粪便，每天清除后进行堆肥，把粪便堆成1～1.5米^{3}的粪堆，堆上盖以干草或封以泥土，经1～2个月后使用。这样就可以利用粪便发酵产热而杀死虫卵。对驱虫后排出的粪便和虫体尤应严格处理。

②消灭中间宿主：灭螺是预防片形吸虫病的重要措施。在放牧地区消灭椎形螺最好结合兴修水利和填平改造低洼地等措施，以改变螺蛳的生活条件。此外，还可以用化学药物灭螺，在我国经试用证明效果较好的有血防67和硫酸铜等。施药的方法可分为浸杀与喷杀两种。血防67的灭螺浓度为2.5×10^{-6}，施药后5小

时椎实螺的死亡率为94%，24小时为100%，这种药物对哺乳动物毒性很低，但对鱼类毒性较大。沼泽地区可施用硫酸铜(1∶50 000)杀灭螺蛳。此外还可以辅之以生物灭螺，饲养水禽，消毒螺蛳。大群养鸭，既能促进副业生产，又能消灭许多螺蛳。

③动物饮水和饲草的卫生：片形吸虫病多流行在低洼而潮湿的地区。牲畜在吃草或饮水时最易吞吃附有囊蚴的草料或其他物体，因此应尽可能地选高燥的地区放牧。动物的饮水最好用自来水，井水或流动的河水，并保持水源的清洁，以预防感染。

三、疥癣病

本病是由各种螨(俗称疥癣虫)引起的一种高度接触传染的皮肤病，故又称螨病，俗名“癞”。病畜以剧痒、皮肤增厚、脱毛和消瘦为主要特征。

1.病原形态　本病主要由疥螨科、疥螨属的疥螨和痒螨科痒螨属的痒螨为主。其中以疥螨流行最广，危害严重。牛疥螨是一种小的寄生虫，灰白色或略带黄色，近于圆形，雄虫(0.2～0.235)毫米×(0.145～0.19)毫米，雌虫(0.33～0.45)毫米×(0.25～0.35)毫米。有足4对，很短，2对向前，向后的2对有腹下，末端不露于体外。

痒螨虫体较大，长0.5～0.8毫米，有4对细长的足，2对前足特别发达。虫卵呈灰白色，透明、椭圆形，卵内含有不均匀的卵胚或已成形的幼虫。

2.生活史　螨类的生长发育均在宿主身上，经过卵、幼虫、若虫和成虫4个阶段肉卵发育为成虫需2～3周。疥螨在皮肤角质层下进行发育和繁殖，掘隧道，以表皮细胞液和淋巴液为营养。疥螨病通常开始发生于毛短而皮肤柔软的部位，然后波及全身。

痒螨的口器为刺吸式，寄生在宿主的皮肤表面，不掘隧道。以皮屑、细胞为食物。痒螨病通常开始发生于被毛长而温、湿度比较

稳定的部位，然后蔓延至全身。

3.流行病学

①螨病的传染方式为接触传染，既可以由病畜与健康家畜相互接触感染，也可以由间接接触的方式感染。如螨及其虫卵污染了厩舍、用具等，健康家畜与这些部位接触引起感染。另外，工作上不注意，可由饲养人员和兽医人员的衣服和手传播病原。

②螨对外界环境有一定的抵抗力，但日光、干燥和气温的突变对螨的生存有直接的影响。疥螨在宿主体外一般能存活3周左右，在18～20℃和相对湿度65%时，可存活2～3天，而在7～8℃时，则经过15～18天才死亡。卵在离开宿主10～30天仍保持发育能力。痒螨对外界的抵抗力较疥螨强，6～8℃温度和相对湿度85%～100%时，在畜舍可存活2个月，在牧场可存活35天，在－12～－2℃时，4天死亡，在－12℃下6小时死亡。

③螨病主要发生在冬季和秋末春初，因为这些季节，日光照射不足，家畜被毛增厚，绒毛增生，皮肤湿度增高，加之畜舍拥挤、阴暗，这些最适合螨的发育繁殖。

④潮湿、阴暗拥挤的畜舍，饲养管理和卫生条件不良，都是促使螨病蔓延的重要因素。

⑤幼龄动物易受螨病侵害，发病也较严重，随着年龄的增长，抗螨力也随之增强。体质瘦弱，抵抗力差的家畜易受感染。反之，体质健壮、抵抗力强的家畜则不易感染。

4.症状　感染后，一般经2～4周呈现症状。临床表现有以下几个特点：

①剧痒：由于螨体表长有许多刺、毛、鳞片，同时口器内分泌毒素，通过操作的创口刺激神经末梢而引起。当进入温暖畜舍内或运动后皮温增高时，则痒感更加强烈。由于剧痒，病牛不停地啃咬患处或在各种物体上摩擦，使之皮肤出现局部脱毛、光滑，甚至出血，加重了患部的炎症和损伤，同时还向周围环境散布大量病原。

②结痂：脱毛和皮肤肥厚。由于在虫体机械性刺激和毒素的作用下，局部皮肤发生炎性浸润。随后，形成结节和水疱，后破溃，流出渗出液，干燥后形成痂皮。痂皮很薄、很硬、表面平整。时间久后，一端稍微翘起。痂皮去除后，流出带血的渗出液，也可看到黄白色的虫体爬动，以后又重新结痂。随着角质层角化过度，患部脱毛，皮肤增厚，失去弹性，上有许多皱纹，甚至龟裂。严重时流出恶臭分泌物。

③消瘦：由于剧痒，病牛长期烦躁不安，影响正常的采食和休息，从而使之消化吸收机能及营养状况日渐下降而急剧消瘦。如发生继发感染，则出现体温升高，精神沉郁，食欲减退等全身症状，严重时易引起死亡。

5. 诊断　根据流行病学特点，发病季节秋冬春初，阴暗潮湿和临床表现剧痒与皮肤炎症，即可做出初步诊断。本病的确诊要靠实验室检查，其方法步骤是：

①刮取病料：选择患部皮肤与健康皮肤交界处，先把被毛剪去，再刮下表层痂皮，然后用蘸有水、甘油、煤油（煤油有透明皮屑的作用，使其中虫体易被发现，但虫体在煤油中容易死亡，故需观察活体时不用煤油）、液体石蜡或5%氢氧化钠溶液的凸刃小刀，刀刃与皮肤表面垂直，刮取皮屑，刮至皮肤稍微出血为止，将刮下的皮屑收集于培养皿或试管内。

②检查方法：

直接涂片法　将刮取粘在刀刃上的皮屑病料，涂在载玻片上，滴加一些液体石蜡、50%甘油水溶液或10%氢氧化钠溶液，镜检观察活螨。

沉淀法　将刮取的皮屑病料，放入试管中，加入10%氢氧化钠溶液煮沸数分钟，或浸泡2小时，自然沉淀或离心数分钟后，取沉渣少许涂于载玻片上，盖上盖玻片用低倍镜检查虫体。

漂浮法　用沉淀法处理后，在沉渣中加入60%硫代硫酸钠溶液，离心沉淀或静置10余分钟后，取表层液镜检。

6. 治疗

①2%敌百虫水溶液，涂擦患部，每次不宜超过10克，每次治疗后应间隔2～3天再处理。

②敌百虫1份加液体石蜡4份，加温溶解后涂擦患部。

③敌百虫软膏：取强发泡膏100克，加温溶解后，加菜籽油700毫升及克辽林100毫升。再加入敌百虫100克，混合均匀后，晾至40℃左右，供患部涂擦用。

④来苏儿油剂（废机油或煤油19份加来苏儿溶液1份）适量，涂擦患部。

⑤0.05%辛硫磷涂擦、喷雾或药浴。

⑥伊维菌素，每千克体重200 μg皮下注射。严重病例，间隔7～10天重复用药1次。

⑦0.1%～0.2%杀虫脒溶液或乳剂，喷洒、涂擦或药浴。

⑧狼毒500克、煅硫磺90克、炒白胡椒45克，共碎细末，取上述药30克加入烧开的植物油750毫升中，混匀，涂擦患部。

⑨25%二嗪农溶液，初液1毫升加水400毫升，补充液6毫升加水1 000毫升，进行药浴。

7. 预防　对螨病的预防可以从以下几方面考虑：

①畜舍要经常保持干燥清洁，通风，透光，不拥挤，畜体要常刷常晒，减少感染。

②畜舍及饲具定期消毒，可用20%生石灰水或5%克辽林溶液喷洒和洗刷，温度不低于80℃。

对常发病地区，要定期观察，经常预防，一旦发现病畜应立即隔离治疗。同群未发现螨病的家畜也要进行灭螨处理。对新引进的牲畜，应隔离观察15～30天，证明健康者才能合群。

第四节 牛的消化系统疾病

一、前胃弛缓

前胃弛缓是前胃(包括瘤胃、网胃、瓣胃)的兴奋性和收缩力降低,致使前胃内容物排出延迟所引起的以前胃运动和消化机能障碍为主要症状的一种疾病。临床上主要以前胃蠕动减弱或停止,食欲差,反刍、嗳气紊乱,且常伴有一定的酸中毒为特征。本病舍饲牛多发。

1. 病因 原发性前胃弛缓,主要是饲养管理失宜所致。如长期饲喂粗劣难以消化的饲料,而又饮水不足;或长期饲喂细碎柔软的饲料,不能兴奋前胃;草料骤变,前胃一时难以适应;牛舍阴冷潮湿,过于拥挤,环境卫生不良;过劳或运动不足,缺乏光照,而使神经反应性降低,致使消化道弛缓均易引起本病。支配前胃的迷走神经受到机械性或物理性损伤,常发生顽固性前胃弛缓,常见于创伤性网胃——腹膜炎和妊娠牛。

继发性前胃弛缓,常继发于酮血病、真胃变位、肝片吸虫病以及一些急性热性传染病的经过中。

2. 临床症状 可分为急性型和慢性型 2 种。

①急性型:急性型一般表现为急性消化不良,出现食欲减退或废绝,反刍缓慢或停止,此时全身机能状态尚无显著改变。听诊瘤胃蠕动减弱,蠕动次数减少,时而嗳气,便秘,奶牛泌乳量下降。触诊左侧瘤胃部位时,瘤胃内容物充满,黏硬,由变质饲料引起的,瘤胃收缩停止,同时伴有轻度或中等度气胀、下痢或便秘。排粪减少,稍干硬,色黑附有黏液。单纯性消化不良,经治疗后,不久即可痊愈。若伴发瘤胃炎和酸血症,则粪便恶臭。口腔有酸臭味,唾液黏稠,泌乳下降。体温、呼吸、脉搏变化不大。但若伴发酸血症时,

则病情急剧恶化，精神高度沉郁，眼球下陷，呻吟，食欲、反刍停止，鼻镜干燥，可视黏膜发绀，末梢发凉，最终衰竭死亡。

②慢性型：慢性型多为继发性的病理过程，或由急性转变而来。多数病例食欲时好时坏，有的发生异嗜。反刍不规律、间断无力或停止。嗳气有臭味。常间歇性发生瘤胃臌气，瘤胃蠕动减弱或消失，虚嚼，磨牙，精神委顿，便秘和下痢交替。病程长时，病牛日渐消瘦，被毛粗乱，皮肤弹性减弱，贫血，脱水，黏膜发绀，终因自体中毒衰竭而死亡。

3.病理变化　原发性前胃弛缓，病情轻，很少死亡。重剧病例，发生自体中毒和脱水时，多数死亡。主要病理变化，瘤胃和瓣胃胀满，皱胃下垂，其中瓣胃容积甚至增大3倍，内容物干燥，可捻成粉末状；瓣叶间内容物干涸，形同胶合板状，其上覆盖脱落上皮及成块的瓣叶。瘤胃和瓣胃露出的黏膜潮红，具有出血斑，瓣叶组织坏死、溃疡和穿孔。有的病例有局限性或弥漫性腹膜炎以及全身败血症等病变。

4.诊断　依据病史、临床症状有食欲减少，反刍与嗳气缺乏，瘤胃蠕动减弱，轻度臌气等，可做出初步诊断。

检验瘤胃内容物理化性状，作为临床诊断的依据。瘤胃液pH值正常为6.5～7.0；前胃弛缓时，pH值下降至5.5以下或更低，但也有少数病例升高至8.0以上。其次检查瘤胃内纤毛虫数，正常瘤胃内容物每毫升100万个，瘤胃弛缓时纤毛虫数下降或消失。临床上应注意与酮血症、创伤性网胃炎、皱胃变位等相区别，此外应注意是原发性前胃弛缓还是继发性前胃弛缓。

①酮血症：主要发生于产犊后1～2个月内的奶牛；尿中酮体明显增多，呼出气带酮味；

②创伤性网胃炎：泌乳量下降，姿势异常，体温中度升高，网胃区触诊有疼痛反应；

③皱胃变位：奶牛通常于分娩后突然发病，左腹胁下可听到特

殊的金属音；

④瘤胃积食：多因过食，瘤胃内容物充满、坚硬，腹部膨大，瘤胃扩张。

5. 防制

(1)预防　前胃弛缓的发生，多因饲料变质、饲养管理不当而引起。因此，应注意饲料选择、保管和调理，防止霉败变质，改进饲养方法。奶牛依据饲料日粮标准，不可突然变更饲料，或任意加料。保持安静，避免奇异声、光、音、色等不利因素的刺激和干扰，引起应激反应。注意牛舍清洁卫生和通风保暖。提高牛群健康水平，防止本病的发生。

(2)治疗　本病的治疗原则是加强护理，增强瘤胃机能。奶牛在病初食欲废绝，应该多给饮水，以后给予优质易消化的干草等饲料。如瘤胃内容物已腐败发酵，可插入粗胃管进行洗胃(0.1%高锰酸钾或1%碳酸氢钠液)，异物冲洗出来后，投服健康牛的新鲜瘤胃液或食团(用胃管抽取或趁牛反刍时从口腔迅速取出反刍食团)。

为增强瘤胃蠕动机能，通常先服缓泻止酵剂，后用兴奋瘤胃蠕动的药物。缓泻止酵剂，用硫酸镁 500 克，鱼石脂 20 克，温水 4～5 升 1 次内服；也可用液状石蜡 1 000～1 500 毫升，苦味酊 20～30 毫升，酒精 100 毫升，常水 500 毫升，1 次内服，每日 1 次，连用数日，效果较好，也可应用植物神经兴奋药，如投服马钱子酊，注射毛果芸香碱、新斯的明、毒扁豆碱等。例如：酒石酸锑钾 3～5 克，陈皮酊 40～80 毫升，马钱子酊 15～25 毫升，硫酸钠 100～300 克，加水 1～3 升，1 次灌服，每日 2 次。如果发酵腐败严重，可添加止酵剂，如鱼石脂 10～15 克或来苏儿 15～20 毫升。与此同时，静脉注射 10%氯化钠液 100 毫升，5%氯化钙液 200 毫升，20%安钠咖 10 毫升，可促进前胃蠕动，提高疗效。病牛食欲废绝时，可静注 25%葡萄糖液 500～1 000 毫升，每日 1～2 次。

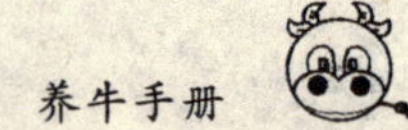

为改善瘤胃内微生物学环境，提高纤毛虫活力，可内服碳酸氢钠，1次30克。

二、瘤胃臌气

瘤胃臌气是反刍兽采食了大量易发酵的饲料，在瘤胃内发酵，产生大量气体，以致瘤胃和网胃迅速扩张的疾病。临床上以呼吸极度困难，腹围急剧膨大为特征。

1. 病因

①原发性瘤胃臌气：主要是采食了大量易发酵的青绿饲料，特别是舍饲转为放牧的牛最易导致急性瘤胃臌气。其次，采食堆积发热的青草，或经雨露、冰冻的饲草，霉败的干草以及多汁易发酵的青饲料，均可造成瘤胃臌气。

②幼嫩多汁的豆科饲料：如苜蓿、三叶草、豌豆藤、紫云英等，含有多量的蛋白质、皂甙、果胶等物质，都可产生气泡，最易引起急性泡沫性瘤胃臌气。

③继发性瘤胃臌气：见于食道阻塞、创伤性网胃炎、瓣胃阻塞、真胃积食、瘤胃与腹膜的粘连等。除食管阻塞可发生急性瘤胃臌气外，其他疾病引起的瘤胃臌气多为慢性经过。

2. 临床症状

①原发性瘤胃臌气：病牛常在采食不久或采食过程中突然发病，而出现瘤胃臌胀。最典型的症状是左侧肷窝部明显突出，腹围迅速膨大，左肷部的隆起可高出髋结节。叩诊时为鼓音，触诊瘤胃壁紧张有弹性，听诊时瘤胃初期蠕动频繁，有金属音或捻发音，后期蠕动音减弱消失。呼吸高度困难，呼吸数为60～80次/分钟，表现为张口呼吸。病牛呈现惊恐不安，时而回顾腹部，后肢踢腹，不断起卧等腹痛症状。静脉怒张，可视黏膜发绀。心音初期增强，后期减弱，脉搏快而弱，120～140次/分钟。食欲、反刍、嗳气很快停止。若未及时采取有效治疗措施，则病情加重，病牛精神沉郁，站

立不稳，行走摇晃，运动失调，卧地不起，瘤胃内积有大量气体，压迫肺部，影响呼吸，终因窒息和心脏麻痹而死亡。本型发病急，病程短，重症病例常在0.5～1小时内迅速死亡。

②继发性瘤胃臌气：先出现原发病的表现，然后才逐渐出现瘤胃臌气。病程缓慢，症状与急性原发性瘤胃臌气相似，但臌气程度轻微，多呈间歇性，并随原发病的变化而变化。

3.病理变化　死后立即剖检的病例，瘤胃壁过度扩张，充满大量气体及含有泡沫状的内容物。死后数小时剖检，瘤胃内容物无泡沫，间或有瘤胃或膈肌破裂。瘤胃腹囊黏膜有出血斑，甚至黏膜下淤血，角化上皮脱落。肺脏充血，肝脏和脾脏被压迫呈贫血状态，浆膜下出血等。

4.诊断　急性瘤胃臌气，病情急剧，根据病史，采食大量易发酵性饲料发病，腹部膨胀，左侧肷窝凸出，血液循环障碍，呼吸极度困难，确诊容易。慢性臌气，病情弛张，反复产生气体。随原发病而异，通过病因分析，也能确诊。但在临诊时，应注意与前胃弛缓、瘤胃积食、创伤性网胃腹膜炎、食管阻塞以及破伤风等疾病进行鉴别。至于膈疝，于左侧第六肋间前方出现网胃音，心脏移位，间歇性臌胀，伴发呼吸困难，注意检查，亦可判定。

5.防制

(1)预防　本病的预防在于着重加强饲养管理，增强前胃神经反应性，促进消化机能。

①在放牧或改喂青绿饲料前一周，先饲喂青干草、稻草，或作物秸秆，然后放牧或青饲，以免饲料骤变发生过食。

②清明后放牧或刈割青草，应注意避免采刈开花前的豆科植物；堆积发酵或被雨露浸湿的青草，要尽量少喂，以防臌胀。

③幼嫩牧草，采食后易发酵，应晒干后掺杂干草饲喂。饲喂量应有所限制；牛、羊放牧还应注意茂盛牧区和贫瘠草场进行轮牧，避免过食。

④注意饲料保管，防止霉败变质；加喂精料应适当限制，特别是粉渣、酒糟、甘薯、马铃薯、胡萝卜等，更不宜突然多喂，饲喂后也不能立即饮水，以防发生本病。

⑤舍饲牛在开始放牧前一两天内，先给予聚氧化乙烯，或聚氧化丙烯 20～30 克，加豆油少量，放在饮水内，内服，然后再放牧，可以预防本病。

6. 治疗　本病的治疗原则着重于排除气体、防止酵解、理气消胀、强心补液、健胃消导。

①胃管放气法：用开口器固定口腔，用口径 2～3 厘米硬质胶管，经口腔插入瘤胃中，术者可前、后、左、右、上、下移动胶管，助手随管子的移动，以手用力推动左侧腹壁，促使胃内气体排出。待腹围缩小后将药物灌入，根据是原发性臌气还是继发性臌气，灌入不同药物。

②瘤胃穿刺法：在牛左侧肷部突出部剪毛；皮肤用 3%碘酊消毒，穿刺针管煮沸消毒或以 75%酒精棉球拭净。术部先用小手术刀切开皮肤，左手按压皮肤，使之贴紧瘤胃壁，右手将套管针在背突与穿刺点的腹壁呈 60°角通过切口猛力刺入瘤胃达一定深度后，拔出针栓压紧创孔与套管之间的间隙。使臌气缓慢排出。必要时，通过套管向瘤胃内灌注松节油、鱼石脂等制酵剂，或注入来苏儿、福尔马林溶液。

③原发性臌气药物疗法：花生油、石蜡油和豆油 200～3 000 毫升 1 次灌服，每日 2 次；二甲基硅油 5～10 克，加 5%酒精 100～200 毫升，混合后 1 次灌服；聚氧化丙烯 25～50 克，1 次灌服；松节油 50～60 毫升，鱼石脂 10～15 克，酒精 100～150 毫升，混合 1 次灌服。

④ 继发性臌气治疗方法：除利用胃管放气、套管针穿刺瘤胃放气外，也可徒手打开牛口腔，牵引牛舌，促进嗳气；或使牛站立在斜坡上，牛头和前躯提高，口衔涂有松节油或大酱的小木棒，用绳

固定在角上，增加唾液分泌，增加嗳气。此外，也可灌服硫酸镁500～1 000克，苏打粉100～150克，水1 000毫升混合液。在瘤胃pH值降低时可用3%碳酸氢钠溶液洗涤瘤胃。在瘤胃弛缓时，可皮下注射20～50毫克毛果芸香碱或10～20毫克新斯的明以兴奋前胃神经。

三、瘤胃积食

瘤胃积食是由于胃内积滞过多的粗饲料，引起胃体积增大，胃壁扩张，胃正常运动机能紊乱的疾病。以瘤胃膨满，触诊黏硬或坚硬，瘤胃蠕动音消失为特征。舍饲牛多发。

1. 病因　主要是在使役或饥饿后暴食所致，若饲料的适口性强亦可引起。通常在采食过多或容易膨胀的干料（如大豆、豌豆、玉米、麦子、稻谷、油饼等）或难以消化的饲料（如麦秸、干甘薯藤、玉米秸、谷草等）后，引起本病发生。过劳，缺乏运动，消瘦，消化不良，饮水不足，突然变换饲料等，也是发病的诱因。瘤胃积食尚可继发于前胃弛缓、瓣胃阻塞、创伤性网胃炎、真胃积食及真胃炎等病程中。

2. 临床症状　病初食欲、反刍、嗳气减少或很快废绝。病畜表现呻吟，努责，腹痛不安，腹围明显增大；尤以左肷部明显。外部触诊瘤胃充满、坚实，并有痛感，叩诊呈浊音，听诊瘤胃蠕动音减弱或废绝。病初作排粪姿势，排出少量干硬而带有黏液的粪便，亦有排少量褐色恶臭的稀粪。尿少或无尿。鼻镜干燥，呼吸困难，结膜发绀。重症病例脉搏快而弱，但体温正常。病至后期，因胃内容物分解产生的有毒物质作用于机体，则病畜呈现疲乏无力，四肢颤抖，步态不稳，站立困难，昏迷倒地，最后可因窒息或心脏衰竭而死亡。

3. 病理变化　因瘤胃积食而死亡的牛，尸体剖检可见瘤胃内积有面团状的内容物，表现为干涸硬结，内容物呈现草团状附有胃黏膜上皮，有恶臭味。瘤胃黏膜表层弥散性脱落，黏膜层弥散性潮

红充血，严重病例可有出血现象。肠道有不同程度的卡他性炎症。心、肝、肾等实质脏器可见有变性变化。肺常见有淤血水肿。

4. 诊断　瘤胃积食根据其发生原因，过食后发病，瘤胃内容物充满而硬实，食欲、反刍停止等病征，可以确诊。但是也易与下列疾病混淆，故须鉴别诊断。

①前胃弛缓：食欲反刍减退，瘤胃内容物呈粥状，不断嗳气，并呈现间歇性瘤胃臌胀。

②急性瘤胃臌胀：病情发展急剧，肚腹显著膨胀，瘤胃壁紧张而有弹性，叩诊呈鼓音，血液循环障碍，呼吸困难。

③创伤性网胃炎：网胃区疼痛，姿势异常，神情忧郁，头颈伸张，不愿运动，周期性瘤胃臌胀，应用副交感神经兴奋药物，病情显著恶化。

④皱胃阻塞：瘤胃积液，左下腹部显著膨隆，皱胃冲击性触诊，病牛有疼痛反应，腰旁窝听诊结合轻叩倒数第1～2肋骨弓，可听到特征性的钢管音。

⑤牛黑斑病甘薯中毒：症状与瘤胃积食相似，但呼吸用力而困难，鼻翼扇动，喘粗，皮下气肿，特征明显。

5. 治疗　治疗原则是排除瘤胃内容物和兴奋瘤胃蠕动。

(1)排除瘤胃内容物　在禁食的前提下给予大量清洁饮水。对轻度的积食，进行瘤胃按摩，1～2小时1次，每次20分钟，如能结合灌服大量温水，则效果更好。可在口腔内横衔木棒，反射性地促进瘤胃蠕动、反刍和嗳气。亦可内服酵母粉250～500克，每日2次。较重的瘤胃积食，需内服泻剂。用硫酸镁500～800克，鱼石脂15～20克，常水5～8升，1次内服。也可内服液状石蜡1～2升。或两者合并应用。

(2)兴奋瘤胃蠕动　可于内容物泻下后或与泻下同时进行。兴奋瘤胃蠕动机能，用硫酸钠400～600克，稀盐酸30毫升，马钱子酊20毫升，加水4～6升，灌服。在内容物已泻下，食欲似无好转时，可内服健胃剂，如马钱子酊 15～20 毫升，龙胆酊 50～80 毫升，加水适量，1 次内服。病畜高度脱水时，每天至少静脉注射 5%葡萄糖生理盐水 4 升以上，同时注射 5%碳酸氢钠液 500～1 000 毫升。

重症而顽固的病例，经上述措施无效时，可行瘤胃切开术，取出积滞的内容物。

四、创伤性网胃腹膜炎及心包炎

本病是由于金属异物（针、钉、碎铁丝）混杂在饲料内，被采食吞咽落入网胃，导致急性或慢性前胃弛缓，瘤胃反复臌胀，消化不良。并因穿透网胃刺伤膈肌和腹膜，引起急性弥漫性或慢性局限性腹膜炎，或继发创伤性心包炎。该病主要发生于舍饲的牛，草原上放牧的牛群很少发生。

1. 病因　由于牛对异物的辨别能力较低，大口采食饲草易误食混入饲料中的铁钉、铁丝、缝针、别针等尖锐的金属异物。被吞咽的异物停留在上部食道时，造成食管的部分阻塞和创伤，影响吞咽和反刍。当异物经瘤胃沉积在网胃底部后，由于网胃体积小，黏膜呈蜂窝状皱槽结构，能卡住尖锐异物于槽内，在网胃强有力收缩时，导致胃壁刺伤，并随后发生感染，若损伤到浆膜处，就能感染为腹膜炎。根据尖锐异物不同的穿刺方向，可继发创伤性心包炎、肺炎、脾炎或脓肿、胸膜炎及胸壁脓肿等。极少数病例还可穿刺到皱胃或可能因急性出血突然死亡，或恢复痊愈，但以后任何时候都可能复发，特别是在发情期、活动增加期和妊娠后期。

2. 临床症状　在慢性前胃弛缓的基础上，随着病情发展，逐渐呈现网胃炎的症状。病牛的行动和姿势异常，站立时肘头外展，多取前高后低的姿势，以缓解疼痛。不愿卧地，起卧异常谨慎，肘肌颤抖，甚至呻吟。嫌忌下坡、跨沟和急转弯，愿走软地，在砖石、水泥路面行走时，止步不前。有的病牛在排粪尿时表现痛苦不安。

触压网胃时，多数病牛疼痛不安，呻吟躲闪。有的病牛反应不明显。全身症状一般无明显变化，但网胃穿孔后，最初几天体温可能升高至40℃以上，其后降至常温，疾病转为慢性，病畜无神无力，消化不良，病情时好时坏，逐渐消瘦。

3. 病理变化　本病的病理变化依金属异物的性状而异。一部分病例只引起创伤性网胃炎，特别是铁钉或销钉，可使胃壁深层组织损伤，局部增厚，发生化脓，形成瘘管或瘢痕。也有一部分病例，网胃与膈粘连，或胃壁局部结缔组织增生，其中埋藏铁钉或销钉，并形成干酪腔或脓腔。还有一部分病例，由于网胃壁穿孔，形成弥漫性或局限性腹膜炎，乃至胸膜炎，常常与腹腔脏器互相粘连。心脏受损害时，心包中充满多量纤维蛋白性渗出液；也可能发生肺炎、肺脓肿、肺与胸膜粘连等病理学病变。

4. 诊断　由于本病临床特征不突出，一般病例，都具有顽固性消化机能紊乱现象，容易与胃肠道其他疾病混淆。只有反复临床检查，结合病史进行论证分析，予以综合判定，才能确诊。

本病的诊断应根据饲养管理情况，结合病情发展过程进行。姿态与运动异常，顽固性前胃弛缓，逐渐消瘦，网胃区触诊与疼痛试验，血象变化(白细胞总数增多，中性粒细胞与淋巴细胞比例倒置)以及长期治疗不见效果，是为本病的基本特征。应用金属异物探测器检查，可获得阳性结果。有条件单位，应用X线透视或摄影，也可获得正确诊断印象。

但在临诊时，必须注意同前胃弛缓、慢性瘤胃臌胀、皱胃溃疡等所引起的消化机能障碍、肠套叠和子宫扭转等所导致的剧烈腹痛症状，牛肺疫、吸入性肺炎等所呈现的呼吸系统症状，以及牛肺结核所形成的慢性体质消耗性疾病等相比较，进行鉴别诊断，以免误诊。

5. 防制

(1)预防　仔细检查饲草饲料，在铡草时严防尖锐金属异物及非金属的锐性异物混杂其中；有条件者可给牛用磁铁穿鼻环，拌草用磁铁料杈，槽底固定大磁铁；定期用“牛胃取铁器”取铁；不要在工矿区附近草地上放牧。只要重视预防工作，本病是完全可以避免的。

(2)治疗

①保守疗法：将病牛站立在前方较后方高出15～20厘米的斜面牛床上，同时肌肉注射普鲁卡因青霉素300万国际单位，链霉素5克，每日3次，连注3～5天。或将一种由铅、钴、镍合金制成的长5.71～6.27厘米、宽1.27～2.54厘米的钝圆头圆柱状的磁铁，经口投入网胃，以使其异物吸在磁棒上，同时肌肉或腹腔内注射青霉素300万～500万国际单位及链霉素5克。

②手术疗法：早期确诊及时手术，切开瘤胃或网胃，取除异物，否则异物已损伤心、肝、脾、肺产生炎症或脓肿，即使手术，效果也不佳。

第五节 奶牛的乳房疾病

一、乳房炎

乳房炎是奶牛最常见的一种乳腺疾病，多见于高产奶牛泌乳的初期或产奶量较高的时期。根据有无明显临床症状分为隐性乳房炎和临床型乳房炎。

1.病因 细菌感染，这是引起乳房炎的主要原因。引起乳房炎的病原有无乳链球菌、乳房炎链球菌、停乳链球菌、葡萄球菌、化脓性棒状杆菌、肠道杆菌、枯草杆菌、甲链球菌、四链球菌、绿脓杆菌、霉菌、病毒等等。细菌的感染有两种，一种是血源性的，指细菌经血液转移而引起，如患结核病、布氏杆菌病、胎衣不下、流行热、子宫内膜炎、创伤性心包炎时，乳房炎为其继发性症状；另一种是

外源性的，指细菌由外界侵入而引起。

机械挤奶，乳房炎发病率高，其原因：机械抽力过大，引起乳头裂伤、出血；电压不稳，抽力忽大忽小；频率不定，过快或过慢；抽的时间过长，跑空机；乳杯大小不合适，机器配套不全，内壁弹性低、松软等；机器用完未及时清洗，或刷洗不彻底。没有严格按操作规程挤奶，如挤奶员的手法不对，或将乳头拉得过长，或过度压迫乳头管等，都会损伤乳头黏膜而引起乳房炎。其他原因，乳房或乳头有外伤，乳牛场内环境卫生差，挤奶用具消毒不严，洗乳房的水不清洁，或突然更换挤奶员等。

2. 症状　隐性乳房炎，细菌侵入乳房，未引起临床症状，肉眼观察乳房、乳汁无异常，但乳汁在生化上及细菌学上已发生变化。

临床型乳房炎，肉眼可见乳房、乳汁发生异常。根据其变化与全身反应程度不同，可分为：①轻症。乳汁稀薄、呈灰白色，最初几把乳常有豆腐状絮状物；乳房肿胀疼痛不明显，产乳量变化不大；食欲、体温正常；停乳时，可见乳汁呈黄白色、黏稠状。②重症。患牛乳房肿胀、发红、质硬、疼痛明显，乳呈淡黄色，产乳量下降，仅为正常的1/3～1/2，有的仅有几把乳；体温升高，食欲废绝，乳上淋巴结肿大，健区乳房的产奶量也显著下降；恶性，发病急，患畜无乳，患区和整个乳房肿胀，坚硬如石。皮肤发紫，龟裂，疼痛极明显。患区仅能挤出1或2把黄水或血水，病畜不愿行走，食欲废绝，体温高达41.5℃以上，呈稽留热型，持续数日不退。心跳增数(100～150次/分钟)，泌乳停止。病初期粪干，后呈黑绿色粪汤，消瘦明显。

3. 诊断

(1)隐性乳房炎　一般无明显的临床症状。只是乳汁的质和量发生潜在性的改变，如乳中白细胞数比正常增多；乳汁由正常的弱酸性(氢离子浓度为316.3～1 000纳摩/升，pH值6～6.5)，变为偏于碱性；泌乳量减少。通常需通过理化学检查才能确诊，如苛性钠凝乳试验(新鲜牛奶5滴加4%苛性钠溶液2滴,混匀25秒后,依据是否出现乳凝块来进行判定)、烷基硫酸盐试验法(CMT)。

(2)临床型乳房炎　临床型乳房炎的共有症状是患部红、肿、热、痛、机能障碍,乳汁的质和量明显改变,即乳汁稀薄或呈水样,含有絮状物、乳凝块、脓汁或血液,乳量减少或停止。重症乳房炎患牛出现精神沉郁、食欲减退、体温升高等全身症状。如发生坏疽性乳房炎时,抢救不及时还会因败血症而死亡。根据炎症的性质不同,可分为以下几型:

①浆液性乳房炎:浆液及大量白细胞渗入到间质组织中,乳房红肿热痛明显,乳房上淋巴结肿大。乳汁稀薄,含絮片。母牛通常有全身症状,主要发生在产后头几天内。

②黏液性乳房炎:特征是腺泡、输乳管及乳池的上皮变性、脱落,并有黏液性渗出物。乳管及乳池炎症,先挤出的奶含絮片,后挤出的奶不见异常。部分乳腺发生炎症时,触诊患叶可摸到局灶性肿块,乳汁中含絮片和凝块,乳汁稀薄。如全乳腺发生炎症,整个患叶硬固肿胀,乳汁变水样,分解成乳清、乳渣及絮状物。患畜可出现全身症状。

③纤维素性乳房炎:特征是纤维蛋白原渗出,形成纤维蛋白并在腺体组织内和乳管黏膜上沉积。成为重剧急性炎症。患叶肿大、坚硬、增温而有剧痛。乳房上淋巴结肿胀。产乳量显著降低或停止,经2~3天后,只能挤出极少量黄色的乳清。全身症状重剧。可由浆液性乳房炎继发,也可是原发性的。常与产后子宫急性化脓性炎症并发。

④化脓性乳房炎

A.黏液脓性乳房炎:由黏液性炎症转来。除患区炎性反应外,乳量剧减或完全无乳,乳汁水样,含絮片。有较重的全身症状。数日后转为慢性,最后患叶萎缩而硬化,乳汁稀薄或黏液样,乳量渐减，直至无乳。

B. 乳房脓肿：乳房中有多数小米粒大至豆大脓肿。个别有大脓肿充满患叶，有时向皮肤外破溃。乳房上淋巴结肿胀，乳汁呈黏性脓样，含絮片。

C. 乳房蜂窝织炎：是皮下组织和间质结缔组织的各种化脓性和化脓坏死性炎症。多继发于浆液性乳房炎。全身症状重于浆液性乳房炎。

D. 出血性乳房炎：深部组织及腺管出血。皮肤有红色斑。乳房上淋巴结肿胀。乳量剧减，乳汁水样，含絮片及血液。可能是溶血性大肠杆菌等所引起。应注意与一般血乳相区别。

E. 坏疽性乳房炎：腐败菌自乳头或皮肤外伤等侵入乳房，或由重剧乳房炎转化而来。最初患区皮肤出现紫红斑，乳房硬、痛，皮肤冷湿暗褐。不久病灶组织腐败分解，形成坏疽性溃疡，有臭味。严重时整个患叶坏死脱落。患牛全身症状重剧，有时发生剧烈腹泻。治疗不当常于发病的7～9天死于败血症。

4. *治疗*　乳房炎的治疗越早越好，延误治疗会加重病情，影响以后泌乳机能的恢复。

①挤奶及按摩疗法：为了及时地从患叶排出炎性渗出物，降低乳腺内的紧张性，每经2～3小时挤奶1次，夜间5～6小时1次。每次挤奶时按摩乳房15～20分钟。浆液性乳房炎从下而上按摩，黏液及黏液脓性的需自上而下按摩。其他性质的乳房炎，一律禁止按摩，以防炎症扩散和通过血液转移。

②冷敷、热敷及涂擦刺激剂：为了制止炎性渗出，对浆液性、黏液性及纤维素性炎症的病例，在炎症的初期行冷敷，2～3日后可行热敷，也可红外线照射。涂擦樟脑酯、樟脑软膏或用醋调制的复方醋酸铅散糊剂等微刺激性药物，以促进吸收、消散炎症。

③乳房内注入药液：通常用青霉素80万～160万单位和链霉素100万单位，溶于100毫升0.25%盐酸普鲁卡因溶液或蒸馏水

中，在挤净乳汁或炎性蓄积物后；借助导乳管经乳头注入。然后抖动乳头基部和乳房。每日 2 次，连续 2～4 天。

④乳房基部封闭疗法：封闭前叶时，需将乳叶向下方推压，充分暴露乳房和腹壁的间隙，在乳房侧面转向前方的交界处，将封闭针头朝向对侧膝关节刺入 8～10 厘米，每叶注入 0.25%盐酸普鲁卡因溶液 150～200 毫升，注射时注意扩大浸润面。后叶的刺针点在乳房中线旁开 2 厘米，乳房基部的后缘，将针头对向同侧腕关节方向刺入。

⑤全身疗法：除局部用药外，对较重乳房炎还应肌肉或静脉注射广谱抗生素，并给予强心、补液、解毒等治疗措施。

⑥手术疗法：乳房浅在脓肿宜切开排脓，并进行外科疗法。深在性脓肿，可先用注射器抽出脓汁，然后向脓肿腔内注入抗生素水溶液或防腐消毒药。

⑦中药治疗。

处方一：当归、蒲公英、紫花地丁、莲苕、大黄、鱼腥草、荆芥、川芎、薄荷、大盐、红花、苍术、通草、甘草、大茴香各 50 克，加水，每次加醋 1 000 克，煎汤 800 毫升，局部温敷。一剂煎 6 次，每次 30～40 分钟。

处方二：金银花 80 克、蒲公英 90 克、莲苕 60 克、紫花地丁 80 克、陈皮 40 克、青皮 40 克、生甘草 30 克，加白酒适量，水煎去渣，取汁内服，每日 1 剂。重病牛每日服 2 剂。

对已形成坏疽性溃疡时，宜用 10%硫酸铜或硝酸银棒腐蚀，并用 0.1%高锰酸钾液或 3%过氧化氢液洗涤。坏疽部分较大时，宜切除乳房的患部。

5. 预防

①严格执行消毒措施，以防止细菌感染：挤奶前用 50～56℃的温净水清洗乳房及乳头，或用 1∶4 000 漂白粉液、0.1%新洁尔灭液，0.1%高锰酸钾液洗乳房。用 3%次氯酸钠液、0.3%洗必泰

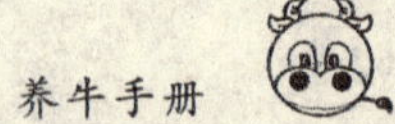

液或70%酒精浸泡乳头。挤奶机在每次挤完奶后应彻底消毒，夏季每3日要用1%碱水洗刷1次，挤奶机的内胎可在85℃热水中浸泡。患牛的奶应集中处理，不可乱倒。

②严格执行挤奶操作制度：手工挤奶应采取拳握式，乳头过短时可用滑下法，挤奶时应按慢—快—慢的原则。机器挤奶时，洗好乳房后及时装上乳杯，以防空挤。真空泵区以47 996～50 662帕，频率在60～80次/分钟为宜。

③加强对干乳期牛的防治：停奶时应向乳头内注射青霉素，每个乳区用20万～40万国际单位，或用青霉素40万国际单位、链霉素40万国际单位和花生油20毫升，做混悬液注入。育成牛群中如有偷吸吃乳头的恶癖牛，应从牛群中挑出，或带上笼头。

二、乳房浮肿

乳房浮肿（又称乳房浆液性水肿）是在开始泌乳以前，由于乳房局部血液淤滞而发生的。此病开始于分娩前1周左右，有时发生在产后数日之内，但不影响乳的质量。多见于奶牛。

1. 病因　乳房浮肿多因怀孕后期供应子宫的大量血液流向乳房或初期（特别是高产奶牛）乳静脉压增高而引起。如部分乳房畸形或心机能不全而又缺乏运动，也可发生乳房浮肿。

2. 症状　根据乳房浮肿出现的时间和临床症状，可将乳房浮肿分为急性生理型和慢性病理型两类，前者出现于分娩时，后者是指在泌乳期间发生的水肿。

乳房浮肿的发生有2个过程 最初乳房皮肤逐渐充血，乳房极度扩张、膨胀，内充满乳汁；其后的临床特征是压迫水肿的乳房可留下指痕，压痕持续数分钟不消退，乳房皮肤增厚，触诊坚实，有的见乳房上有数条裂缝，从中渗出清亮的淡黄色液体。

典型的乳房浮肿是4个乳区全部被侵害；但也有只侵害半侧乳房或1个乳区。乳房基部、乳头也可出现水肿。触诊皮肤发凉，无痛感，似如掐面粉袋样。乳头短粗，挤奶极其困难，乳量少，乳汁无肉眼变化。精神、食欲正常，全身反应轻微。

轻度浮肿范围在乳房基底前缘和下腹部；严重浮肿可涉及到胸下、腹下、会阴及四肢，乳房下垂，后肢张开，运步困难。迈步时由于乳房基部与大腿的摩擦，因此常常发现其内侧溃烂。

产犊后1～2周内浮肿消除者，对乳房影响较小；病程长者，水肿部因结缔组织增生，皮肤增厚，失去弹性，乳房内有硬块并使乳腺萎缩，奶产量下降。冬天严寒季节，有的可出现冻疮，皮肤暗紫色，坏疽。

3. 诊断　根据病史、肿胀的性质、乳房的质地及渗出液的性质即可确诊。但应与乳房血肿、腹部赫尔尼热和乳房炎进行鉴别。

临床上应注意乳房浮肿与浆液性乳房炎的鉴别诊断。

4. 治疗　分娩前后1个月，尽量减少精饲料，增加干料进食量，适当加强运动。轻度浮肿时，可进行热敷，每日做数次局部按摩（自下而上按摩较好），增加挤奶次数亦可。

严重病例，可涂布弱刺激诱导药，如樟脑软膏、碘软膏、鱼石脂软膏、松节油等。并注射可的松类药，服利尿剂或缓泻剂。

5. 预防　加强干奶母牛饲养管理，控制精料喂量，加强运动，防止发生低镁血症，增加干草进食量，降低日粮中钾离子的含量等，都有一定的预防作用。

三、酒精阳性乳

酒精阳性乳是指用68%或70%酒精与等量的牛乳混合而产生微细颗粒或絮状凝块的牛乳。根据酒精阳性牛乳酸度的差异，可将其分为高酸度酒精阳性乳和低酸度酒精阳性乳两种。

高酸度酒精阳性乳：指酸度为18～20°T或以上，加70%酒精发生凝固的乳。其发生是因牛乳在收藏、运输等过程中，由于卫生消毒不严，未及时冷却，乳中微生物迅速繁殖，乳糖分解为乳酸，致

使酸度增高所致，这种乳加热后凝固，其实质是发酵变质牛乳。

低酸度酒精阳性乳：指酸度在 11～18°T 之间，加 70%酒精可产生细小絮状凝块的乳。这种乳加热不凝固，因质量低于正常乳，故又称为二等乳。刚从乳房内挤出来的乳出现酒精阳性反应，即属这一类。20 世纪 60 年代前后，世界养牛业中这种现象较多，据日本报道，1961 年，这种乳约占总产乳量的 5%～12%。多年来，酒精试验已经成为乳品厂检验牛乳品质好坏的一个指标，常用来作为评定牛乳酸度变化的依据。因此，凡属酒精阳性乳，不论其酸度高低，加热凝固与否，皆按不合格乳处理，致使大批质量稍差但尚能利用的新鲜牛乳被废弃。

1.病因　酒精阳性乳的产生原因有以下五大方面：

(1)饲养管理失调

①日粮不平衡，可消化粗蛋白（DCP）和总消化养分（TDN）的过多或缺乏。据调查，泌乳牛空怀时饲料不足，营养缺乏，妊娠中的泌乳牛饲料过剩，发病率较高。其原因是营养不足或饲料中含蛋白过高，使肝机能障碍所致。

②矿物质的不足或过量。乳中的矿物质来源于饲料。日粮中矿物质 Ca，P，Mg，Na 等的含量及比例直接影响牛乳矿物质含量的变化。饲喂过高 Ca^{2+} 离子，分泌的乳呈酒精阳性反应；碳酸钙喂量过高，Ca，P 代谢紊乱，牛患软骨症，而软骨症的牛易出现酒精阳性乳。

③饲料发霉变质，体内代谢平衡失调。

(2)乳中无机离子含量改变　牛奶中钙磷比例、钠钾比例失去平衡，均能影响蛋白质对热的稳定性。正常牛乳，钙、磷、镁、柠檬酸盐之间保持平衡是保证牛乳稳定性的必要条件。乳中钙、镁实际添加 4.5 毫克/分升呈阴性，高于 6.8～9.0 毫克/分升呈阳性。硫酸镁 2.4 毫克/分升呈阴性，高于 4.8～7.2 毫克/分升呈阳性，所以在奶牛饲养时，不要乱买乱喂添加剂，更不可乱加钙。

(3)乳蛋白的稳定性降低　牛奶的蛋白质成分是酪蛋白、乳蛋白和少量的免疫蛋白,蛋白具有亲水性,能和钙、磷结合吸附,凝聚成非溶性的微胶粒分散于溶液中,因此当酪蛋白成分改变、增加或减少时,也易发生酒精阳性乳。

(4)环境因素　当气候、环境不良因素作用于乳牛机体时可成为酒精阳性乳发生的诱因。如炎热、寒冷,气温突然改变,过度疲劳,挤奶过度,牛舍阴暗潮湿、通风不良、卫生条件差、刺激味过大(氨气)、噪声、车辆运输等各种应激因素对牛只的刺激,引起内分泌系统机能失去平衡,使乳腺组织分泌乳汁异常,也可出现酒精阳性乳。患酒精阳性乳的牛夏季比冬季多。

(5)病理因素　乳房炎、隐性乳房炎一般乳中可测知。乳中含铁过多,钼过少等特征,检测时均呈阳性。还有如肝功能障碍、骨质疏松症(软骨症)、奶牛代谢病,糖、脂肪代谢紊乱等都易出现酒精阳性乳。

2. 治疗

①用 5%碳酸氢钠 500 毫升、10%葡萄糖 500 毫升、10%氯化钠 500 毫升、维生素 C 30 毫升混合,1 次静脉注射。

②益生菌(素)50 克,每天 1 次内服,连用 7 天。

③磷酸二氢钠 50～60 克,1 次内服,每天 1 次,连用 7 天。

④ 碘化钾 10～15 克,口服每日 1 次,连服 3～5 天。

⑤为恢复乳腺机能可用 2%甲硫基哌嘧啶 20 毫升,1 次肌肉注射,与维生素 B_1 配合使用效果更佳。

⑥对隐性乳房炎引起的酒精阳性乳,可按隐性乳房炎的治疗方法进行治疗。

3. 预防

①加强饲养管理。改进饲养管理方法,排除各种不良环境因素,减少各种应激因素对奶牛的刺激,增强机体抵抗力,使机体的生理机能和乳腺机能免受影响。

②合理搭配日粮。要根据不同阶段的营养需要合理供给日粮，日粮的精料特别是蛋白质饲料的喂量不应过高或不足，保证充足的青贮、干草、苜蓿等饲草。青贮饲料酸性较大，为防止酒精阳性乳和瘤胃酸中毒，可在饲料中加入占精料量1%的碳酸氢钠。精粗比例合理搭配，饲料要多样化，并适当补充维生素。

③加强饲料的保管。防止牛偷吃过多的精料，严禁饲喂发霉、变质、腐败的饲料。

④注重矿物质饲料的供给。

⑤饲料要固定。不能突然更换，需要更换饲料时，要有10～15天的过渡期。

⑥搞好挤奶机、挤奶罐及环境卫生消毒，提供良好的环境条件。炎热夏季做好防暑降温，安装吊扇、排风扇，寒冷的冬季做好防寒保暖，如铺垫褥草，设置挡风墙。

第六节　奶牛的蹄病

一、蹄叶炎

蹄叶炎是发生于蹄壁前半部的真皮小叶层及血管层的弥漫性、无菌性的炎症。患病奶牛一后肢或两后肢表现出蹄角质软弱，临床特征是疼痛、蹄变形和不同程度的跛行。

1.病因　引起蹄叶炎的发病因素很多，一般认为多属变态反应引起，也可由蹄部血液循环障碍或外伤引起。其中营养因素是最主要的原因，具体表现：一是产前精料太多，产后精料增加太快，这就增加了瘤胃酸中毒、乳房水肿、乳房炎和酮病发生的可能性。二是围产前精料喂量过多，粗饲料采食量减少，日粮中含粗纤维饲料过少，将影响瘤胃消化功能，导致消化道疾病的发生。三是干奶期精料过多，母牛肥胖，易使产后母牛发生肥胖母牛综合征。综上所述，饲料中精料过多，粗饲料不足或缺乏，奶牛分娩时后肢的水肿使蹄真皮的抵抗力降低，加至持续不合理的负重是本病发生的原因，瘤胃酸中毒、霉败饲料中毒、胎衣不下、乳房水肿、乳房炎及酮病等，皆可促使本病的发生。

2. 症状　急性病例体温升高 40～41℃，呼吸每分钟达 40 次以上，心动亢进，脉率每分钟达 100 次以上。食欲减少，出汗，肌肉震颤，蹄冠部肿胀，蹄壁叩诊时疼痛。四肢发病时，四肢频频交替负重，为避免疼痛，肢势改变，弓背站立，或前肢向前伸，后肢伸于腹下，或四肢缩于一起。两前肢发病时，见两前肢交叉负重。两后肢发病时，头低下，两前肢后踏，两后肢稍向前伸。不愿走动，行走时步态强拘，腹部紧缩。喜在软地上行走，对硬地、不平地躲避，或步态困难。病牛喜卧，卧地后，四肢伸直呈侧卧姿势。蹄部角质变软，色呈黄色蜡样。

慢性病例全身症状轻微，患蹄出现特征性的异常形状；患指(趾)前缘弯曲，趾尖翘起；蹄轮向后下方延伸且彼此分离；蹄踵高而蹄冠部倾斜度变小，角质蹄壁浑圆而蹄底角质凸出。蹄壁延长，系部和球节下沉，重型病例弓背、全身僵直，步态强拘，消瘦。X 光检查蹄骨变位，下沉，与蹄尖壁间隔加大；蹄壁角质面凹凸不平，蹄骨骨质疏松，骨端吸收消失。

3. 诊断　急性型应根据长期过量饲喂精料，以及典型症状如突发跛行、异常姿势、弓背、步态强拘及全身僵硬，可以做出确诊。类别鉴别诊断时应与多发性关节炎、蹄骨骨折、软骨症、蹄糜烂、腱鞘炎、腐蹄病、产乳热、缺镁症、破伤风等区分。

慢性型蹄叶炎往往误认为蹄变形，而这只能通过 X 线检查确定。其依据是系部和球节的下沉；指(趾)静脉的持久性扩张，生角质物质的消失及蹄小叶广泛性纤维化。

4. 治疗　在治疗时，应分清是原发性和继发性。原发性多因饲喂精饲料过高所致，故应改变日粮结构，减少精料，增加优质干

草喂量。如因乳房炎、子宫炎、酮病等引起，应加强对这些疾病的治疗。患牛置于清洁、干燥软地上饲喂，以促使蹄内血液循环。为缓解疼痛，可用1%普鲁卡因液20～30毫升行指(趾)神经封闭，也可用乙酰普吗嗪肌肉注射。蹄部温浴，以促使渗出物吸收。

静脉放血1 000～2 000毫升，静脉注射5%～7%碳酸氢钠液500～1 000毫升，5%～10%葡萄糖溶液500～1 000毫升，也可静脉注射10%水杨酸钠液100毫升，20%葡萄糖酸钙500毫升。还可应用抗组织胺制剂、可的松类药物。慢性病例主要是保护蹄底角质，修整蹄形，将蹄壁角质和蹄尖角质多削。

中药对本病有较好的疗效，因过劳引起者，服茵陈散：茵陈40克，当归50克，川芎25克，桔梗35克，柴胡、红花、紫苑、青皮、陈皮各30克，乳香、没药各20克，杏仁(去皮)25克，白芍、白药子、黄药子各25克，甘草15克，共为细末，开水冲调，候温灌服，每日1剂，连用3～5剂；没药散：没药10克，乳香10克，白药子、黄药子各25克，当归50克，红花40克，柴胡40克，生草25克，共为细末，开水冲调，候温灌服，每日1剂，连用4～5剂。

因饲料引起者服红花散：红花、没药、焦山楂、莱菔子各40克，神曲、炒麦芽各50克，桔梗、当归、炒枳壳、川厚朴、陈皮各30克，白药子、黄药子各25克，甘草15克，共为细末，开水冲调，候温灌服。为加速蹄部渗出物的吸收，可用温热疗法。如渗出液多，症状不改善时，在患处的白线部造沟，直达真皮，以利渗出液的排除。

急性期如延误治疗，变成慢性则疗效不显著。

5. 预防　合理的饲养管理是预防蹄叶炎的基础。就营养而言，日粮中供应的营养成分与机体营养需要平衡，为其预防本病所必须遵循的原则。只有这样，才能保持正常的消化功能，才能使消化率最高而有毒物质产生的最少，奶牛也才能有健壮的体质。

①加强围产前后奶牛的饲养，制定围产期精料供应计划。一是干奶期，控制精料饲喂量，防止母牛过肥。日粮中精饲料每日给

3～4千克，青贮15千克，优质干草自由采食，不限其量；二是产犊后，精料量应逐渐增加，产后2周内精料给量不能达到最高数量，只有在3周后再给高水平精料，但也要保证粗纤维的供应。据国内外的试验和生产实践经验表明，日粮中干物质以15%～20%为宜，最低不能少于13%。饲料要稳定，避免日粮的突然改变。特别是在日粮中增加含蛋白质和碳水化合物饲料时，要逐渐引进，使瘤胃内环境有一个适应阶段，减少消化道疾病的发生。加强饲料保管，严禁饲喂发霉、变质饲料。

②保持瘤胃内环境相对稳定，运动场内设置食盐槽，令牛自由舔食食盐或碘化盐，促进唾液分泌，改善瘤胃pH值。在精料喂量大的情况下，防止瘤胃pH值的明显下降，可投服碳酸氢钠（以精料的1%为宜），0.8%氧化镁（按干物质计）等缓冲物质。定期用4%硫酸铜溶液喷洒浴蹄，定期进行全群奶牛修蹄。

二、蹄糜烂

蹄底和球负面角质的糜烂称蹄糜烂。常因角质深层组织感染、化脓，临床上出现跛行。为舍饲奶牛常见的蹄病之一。

1. 病因　牛舍阴暗潮湿；雨水大，运动场泥泞，粪便未及时清扫，致使圈舍、运动场内污水积存，粪污物堆积，牛蹄长期于污泥、粪尿中浸渍，角质变软，细菌感染。蹄形不正，蹄底负重不均，如延蹄、芜蹄、蹄叶炎易诱发本病。疾病的诱发，如指间皮炎与球部的糜烂有关。牛患热性病时，可在底球之间角质结合处发生糜烂。再就是管理不当，未定期进行修蹄，无完善的护蹄措施。

2. 症状　本病常呈慢性过程，通常不再出现异常。当局部感染化脓，并向深部组织蔓延，出现跛行后才被注意。病牛站立时免负或减负体重，患蹄球关节以下屈曲，频频倒步，并见患蹄打地、踢腹。前蹄患病，见患肢向前伸出。患蹄跓立时间缩短，运步时呈明显的后方短步。患蹄检查，蹄变形，蹄底磨灭不正，在球部或蹄底

出现小的黑色小洞，有时许多小洞可融合为一个大洞或沟，蹄底常形成潜道，管道内充满黑色浓稠脓汁，污灰色或污黑色，具腐臭、难闻气味。腐烂后，炎症蔓延到蹄冠、球节时，关节肿胀，皮肤增厚，失去弹性，疼痛明显，步行呈“三脚跳”，当化脓后，关节处破溃，流出乳酪样脓汁，病牛全身症状加重，体温升高，食欲减退，奶产量下降，卧地，消瘦。

3. 诊断　四季皆可发病，但以7～9月份最多。蹄底部有黑色小洞，角质糜烂、溶解，从管道内流出黑色脓汁。

鉴别诊断：

①蹄底溃疡(局限性蹄底炎)跛行严重、持续时间长。典型症状是底球接合部的角质呈红色、黄色，角质软、疼痛，角质因溃疡而缺损，真皮暴露，或长出菜花样的肉芽组织。

②蹄底刺伤，由锐利物体直接刺伤蹄真皮组织所致。疼痛突然发生，跛行明显，检查蹄部，可能发现异物存在。蹄部肿胀，蹄抖动，减负体重。

③蹄底挫伤，由运动场内地面不平，砖头、石块等钝性物体对蹄底挤压，致使真皮损伤所致。削蹄时，蹄角质有黄色、红色、褐色的血斑，经1～3次削蹄，血斑痕迹即可消除。

④白线病，主要是因白线处软角质裂开或糜烂，蹄壁角质与蹄底角质分离，泥沙、粪土、石子嵌入，致使真皮发生化脓过程。病牛患蹄减负体重，蹄壁温度增高，疼痛明显，白线色变深，宽度增大，内嵌异物，当伴发继发感染时，体温升高，食欲减退。

4. 治疗　局部处理，先将患蹄修理平整，找出角质部糜烂的黑斑，由糜烂的角质部向内逐渐轻轻搔刮，直到见有黑色腐臭的脓汁流出为止。用10％硫酸铜溶液彻底洗净创口，创内涂10％碘酊，填入松馏油棉球或放入高锰酸钾粉、硫酸铜粉，打蹄绷带。全身疗法：如体温升高，食欲减退，或伴有关节炎症时，可用磺胺抗生素治疗。磺胺吡啶钠56克和青霉素800万国际单位一次注射。10％

磺胺噻唑钠 150～200 毫升，一次静脉注射，每日 1 次，连注 7 日。5%碳酸氢钠 500 毫升，一次静脉注射，连注 3～5 天。金霉素或四环素，按每千克体重 0.01 克，静脉注射，也有效果。关节发炎者，可应用巴布剂，酒精鱼石脂绷带包裹。

5. 预防　加强管理，粪便及时处理，运动场内的石块、异物及时清除，保护牛蹄卫生，减少蹄部外伤的发生。坚持蹄浴，4%硫酸铜溶液浴蹄，5～7 天进行 1 或 2 次蹄部喷洒。已经发病牛，应加强护理，单独饲喂，根据具体病状采取合理治疗，促使牛尽早痊愈。

第七节　牛的繁殖疾病

一、胎衣不下

胎衣不下又叫胎衣停滞。是指母牛产出胎犊后的一定时间内，胎衣不能自行脱落而滞留于子宫内。经过调查 500 头黑白花奶牛胎衣脱落时间统计，产犊后 5 小时内脱落占 55.5%，6～10 小时脱落占 41.6%，10 小时内脱落者，共占 97%。因各场饲养管理水平不同，胎衣不下发病率各异。我国的发生率为 12%～30%。由于胎衣不下易引起子宫内膜炎，导致产后发情时间延迟，配种次数增加，极大地影响繁殖率，故给奶牛生产造成一定损失。

1. 病因　日粮中矿物质、维生素缺乏与不足，饲料单纯，品质差；或过度饲喂精料等，机体过肥，全身张力降低。子宫收缩乏力、弛缓、牛的胎盘属于上皮绒毛膜与结缔组织绒毛膜的混合型。由于子宫肌较强的收缩力，使宫腔变小，绒毛膜的皱襞增大，血管被压缩，血液循环减慢，供血减少，腺窝的紧张度减轻；加至胎儿胎盘血液循环停止，使绒毛的膨胀压力降低，故胎儿与母体胎盘之间失去联系，胎衣排出。当子宫收缩力减弱、子宫弛缓，上述过程减弱或停止，致使胎儿胎盘与母体胎盘部分地或全部地不能分离而发

生滞留。造成子宫弛缓的原因常见有:胎儿过大、胎水过多、双胎、流产,由子宫炎症而引起的胎盘粘连,如子宫炎、布氏杆菌病等。

2.症状　根据胎衣在子宫内贮留的多少,常可分为全部胎衣不下和部分胎衣不下。

①全部胎衣不下,指整个胎衣停留于子宫内。这多由于子宫坠垂于腹腔或脐带断端过短所致。故外观仅有少量胎膜悬垂于阴门外,或看不见胎衣,经阴道检查时发现。一般患牛无任何表现,仅见一些头胎牛有举尾、弓腰、不安和轻微努责。

②部分胎衣不下,指大部分垂于阴门外,少部分粘连。垂附于阴门外的胎衣,初为粉红色,由于附于后躯悬垂,故易受外界污染,胎衣上附着粪末、草屑、泥土。粪尿浸渍发生腐败,尤以在夏季炎热天气显著。胎衣色呈熟肉样,具剧烈的难闻腐臭味。子宫颈开张,阴道有褐色、稀薄发酵腐臭的分泌物。也有大部脱落,仅有少部或个别子叶而留于子宫内,其残存部分发生于子宫角。这只有在检查胎衣时,或经3～4天后,由阴道内排出腐败的,色呈灰红色,熟肉样的胎衣块时才发现。

通常,胎衣不下对奶牛全身影响不大,食欲、精神、体温正常。仅有少数病牛,由于胎衣腐败,恶露潴留、细菌生长繁殖,毒素吸收,母牛发生自体中毒,表现体温升高,精神沉郁,食欲下降或废绝,产乳量下降。胎衣不下易于确诊,但有些牛有吃胎衣现象,而误为胎衣不下。也有脱落不完整者,故必须要尽早通过阴道检查。

3.治疗　产后10小时胎衣不下即可处理,夏季可在产后7小时处理。

(1)全身用药

①20%葡萄糖酸钙(或10%葡萄糖和3%氯化钙)与25%葡萄糖液各500毫升,一次静脉注射,每日1次。

②垂体后叶素100单位,或麦角新碱20毫升,一次肌肉注射。

③激素疗法,促肾上腺皮质激素30～50单位,氢化可的松

125～150 毫克，强的松龙(剂量为 0.05～1 毫克/千克体重)，一次注射，每隔 24 小时注射 1 次，共注 2 或 3 次。具有抗炎作用，可减弱组织损伤和中毒表现。促使糖、蛋白质脂肪的正常代谢，并有抗组织胺作用。用后可使体温、呼吸、脉率恢复正常。

(2)子宫内注入

①10%高渗盐水。1 000～1500 毫升一次灌入子宫内，常于灌药后 3～5 天，胎衣脱落。其作用是促使胎盘绒毛脱水收缩而从宫阜中脱落。

②抗生素注入。土霉素 2 克或金霉素 1 克，溶于蒸馏水 250 毫升中，一次灌入子宫，隔日 1 次，常于 5～7 天后胎衣自行分解脱落。排出胎衣后，继续灌药，直到子宫阴道内分泌物清亮为止。一般在 14～20 天子宫干净。据临床体会，金霉素、土霉素效果好，而呋喃西林，磺胺药物效果较差。

③中药处方。车前子 250～300 克，酒(市售白酒或 75%酒精)拌湿车前子，拌匀后点火烧，边烧边拌，放凉后碾成面，加温水灌服。服药后 2 日胎衣能自行脱落。

④手术治疗即胎衣剥离。目前，常采用胎衣剥离加灌注抗生素的方法，收到好效果。但应注意胎衣容易剥脱者剥，不易剥脱者不应硬剥。剥离后，可隔日灌注金霉素或土霉素。

4.预防　加强饲养管理，供应平衡日粮。干奶期不仅要注意精粗比例，并应重视矿物质、维生素的供应，加强运动，加强全身张力。加强兽医消毒卫生，临产牛要置于安静、清洁、宽敞的圈舍内，令其自然分娩，避免各种应激；助产应严格消毒，操作细致；全场应做好防疫消毒工作；凡有流产发生，应查明原因，确定病性。由传染性病因引起的流产，应将母畜从牛群隔离，流产胎儿、胎衣、分泌物应严格处理。

预防母牛胎衣不下，可采取如下措施：

①补糖、补钙。对年老、高产和有胎衣不下病史母牛，临产前

3～5天，每日或隔日用24％葡萄糖液和20％葡萄糖酸钙各500毫升，一次静小时脉注射可促使胎衣脱落。

②产后肌肉注射垂体后叶素100单位也有效。但应早期使用，如24小时后再用，其作用微小。因为在产后12小时内，由于妊娠末期胎盘产生的雌激素，使子宫对垂体激素具有敏感性，因而产生明显的子宫收缩，当时间延长，雌激素消失。则使子宫对垂体激素的敏感性降低或消失，即使再用此药，子宫的收缩反应也就不明显了，起不到治疗作用。

③肌内注射亚硒酸钠维生素E。预产前15日和30日可使用亚硒酸钠10毫克，维生素E 5 000单位，一次肌肉注射。

④静注钙制剂。产后2小时内用10％葡萄糖酸钙500毫升或3％氯化钙500毫升，一次静脉注射，可促使胎衣脱落。

⑤产前7天肌肉注射维生素A、维生素D 10毫升（每毫升含维生素A 50 000单位、维生素D 35 000单位），每日1次，直到分娩为止，可起到预防作用。

⑥饮用羊水或母牛产犊后1小时颈部皮下注射初乳，也有预防作用。

⑦产前9天，每日注射孕酮100毫克，或产犊后4～5小时，注射甲基麦角新碱5毫克，可降低胎衣不下发生率，缩短产后配种期。

二、子宫内膜炎

子宫内膜炎为子宫内膜的炎症。根据黏膜损伤程度及分泌物性质的不同，可将其分为隐性、慢性卡他性、慢性卡他性脓性和慢性脓性子宫内膜炎4种。

经过对母牛发病统计，子宫炎发病率占7.5％，为母牛常发病。由于受子宫黏膜的炎症病程，炎性产物及细菌毒素的影响，一方面母牛呈现出发情周期紊乱，另一方面又直接危害着精子的活力及胚胎着床，致使配种不孕，是引起母牛不孕症的主要原因之一，给养牛生产造成一定的损失。

1. 病因　细菌感染，病原微生物的感染是引起子宫内膜炎的主要原因。通常易见的细菌有链球菌、葡萄球菌，大肠杆菌、布氏杆菌、化脓杆菌、嗜血杆菌等；病毒有牛传染性鼻气管炎病毒，牛病毒性腹泻病病毒；真菌有酵母菌、念珠菌、放线菌及毛霉菌等；寄生虫有滴虫，以及生殖道支原体。

不严格的执行兽医消毒规程。一是兽医在助产时消毒不严，助产粗鲁，致使产道损伤；在处置胎衣不下、子宫脱出、阴道和子宫颈炎时，消毒不彻底，治疗不及时，治疗方法不得当。二是配种时，不严格执行输精操作规程，输精器械、外阴部、手臂消毒不严；输精时不仔细，损伤阴道及子宫颈黏膜，过度的增加输精次数等。

机体患有疾病，结核病、布氏杆菌病、黏膜病，传染性鼻气管炎，创伤性网胃-心包炎等。饲养管理不当，机体营养不良、过肥；运动缺乏，过度催乳等，使母牛全身张力降低，造成产后子宫弛缓，恶露蓄积，子宫内感染。

2. 症状　隐性子宫内膜炎，母牛发情周期正常，但配种不易受孕。经检查阴道、子宫形态及全身无何异常。仅见发情黏液量多，混浊或含有絮状物；冲洗子宫的回流液经静止后，有蛋白絮状物沉淀。

慢性卡他性子宫内膜炎：性周期、发情、排卵正常，但是屡配不妊；或配种受妊后发生流产。阴道内集有少量混浊黏液，于发情时，从子宫内流出混有絮状物的黏液；子宫角增粗，子宫壁肥厚质软，弹性减低，子宫收缩微弱；阴道检查，子宫颈口张开，子宫颈阴道部肿胀、充血；阴道内积有混浊的或含有絮状物的透明黏液。

慢性卡他性脓性子宫内膜炎：母牛精神不振，食欲减少，前胃弛缓，体温时有升高现象；性周期紊乱，或久不发情或发情持续。从阴门内流出稀薄的污白色黏液，或脓液流出，粘附坐骨结节、尾

根并结痂。阴道检查，子宫口张开，子宫颈阴道部充血、潮红、肿胀，有脓性分泌物。直肠检查，子宫角增大，质度不均，薄厚不匀，有时有轻微波动，卵巢上或有持久黄体，或有囊肿。

慢性脓性子宫内膜炎：性周期不规律，发情不规律或不发情；从阴道内排出多量脓性分泌物，尤以卧地后排出量更多，脓性分泌物黏稠、灰白色或黄褐色，且恶臭；子宫角肥大，子宫壁肥厚不均，收缩反应极其微弱；子宫颈阴道部充血、肿胀，有脓性分泌物贮留。

3.诊断　临床检查，通过阴道检查，直肠检查确定其炎症变化、肿胀、质地和收缩反应，结合发情、配种情况等，进行综合分析，可以确诊。

黏液加精液试验，在加温(38℃)的载玻片上，分开滴上2滴精液，(保存在液氮中，用2.9％柠檬酸钠溶液于38～40℃下解冻)，再将被检母牛的黏液，分别加入其中的一滴精液中，用干净的盖玻片将2个液滴盖上，镜检。如精子在黏液中逐渐不运动或凝集，即为子宫内膜炎。

子宫内膜检查，取子宫内膜刮下物镜检；若标本上有淋巴样细胞集聚，上皮细胞正常，上皮下有中性白细胞集聚，血管扩张，子宫腺体萎缩，即确诊为本病。

4.治疗

(1)子宫内灌注法

①抗生素子宫内注入，金霉素、四环素、青霉素、链霉素、红霉素及磺胺类药物皆可。其目的是消炎、抑菌。其中以土霉素效果较好。剂量是1～3克，隔日1次灌入。

②碘溶液子宫内注入，卢格氏液：碘25克、碘化钾50克，加蒸馏水40～50毫升溶解，再加入蒸馏水至500毫升，配成5％溶液，取5％碘溶液20毫升，加蒸馏水500～600毫升，一次灌入子宫。其作用是：碘具有较强的杀菌力；能活化子宫，促使子宫黏膜慢性炎症过程转成急性炎症过程，渗出加强，起到子宫自净作用，促使

子宫恢复。

③鱼石脂溶液子宫灌入，取纯鱼石脂 8～10 克，溶于蒸馏水，1 000毫升中，每次灌入 100 毫升，一般用 1～3 次即可，其作用是使子宫软化。鱼石脂对局部有微弱的温和刺激作用，故可调节神经，改善组织中血液循环和营养供应，并有防腐作用，可抑制病原微生物繁殖生长。

关于子宫冲洗问题，所谓冲洗，即指将药物灌入子宫后，再使其由子宫内流出(实际上是导出)的过程。通过药液灌入与导出以达到子宫干净的目的。然而，根据临床实践体会到：子宫口虽稍有张开，但开口并不完全，大导管进入困难，细导管也很难插入，因此，药液的灌入和导出都较为困难；灌入药液如果导不出，停留于子宫内，使子宫内环境改变；反复的抽出或送入导管，一是机械损伤子宫黏膜，二是因导管、手臂等消毒不严，造成子宫内感染的机会增多。所以，子宫冲洗应谨慎使用，在一般情况下，只要及时使用抗菌药物，并持续治疗，手臂、器械消毒彻底，也会收到满意效果，可避免冲洗法带来的不利影响。

(2)生物学疗法　即窦得来因氏阴道杆菌治疗。其原理是杆菌在生活过程中，利用阴道黏膜上皮的糖原，将其分解为乳酸，以此来抑制阴道内其他微生物的繁殖。窦得来因氏阴道杆菌即用阴道杆菌，在 1%葡萄糖的胆汁肉汤培养基上培养 24 小时，即可。1 毫升中含约 40 亿菌体，一次给牛子宫颈内灌入 4 毫升，对大肠杆菌、绿脓杆菌、变形杆菌和葡萄球菌均有对抗作用。一般情况下，在注射后 7～8 天，母牛排出黏液性和少量脓性分泌物，15 日后，子宫恢复正常。注射后，母牛血糖、胆红素含量增高；渗出作用增强，加速子宫黏膜无生命力细胞的脱落过程及子宫黏膜上皮增生。这对于治疗和保护母牛繁殖机能均起到良好的影响。

(3)中草药治疗　中药治疗多采用一些具有抗菌消炎、清热解毒、活血祛瘀作用的药物，如金银花、连翘、黄芩、当归、益母草、红

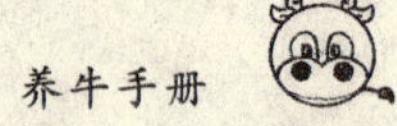

花、赤芍、冰片等。

还有激素疗法、激光疗法，其他疗法等都有治疗效果。

5. 预防　加强饲料配合，供应全价饲料，促使母牛健康，增强其体质。加强兽医和配种时卫生，加强消毒措施，严格执行操作规程，彻底消毒，尽量减少子宫感染机会，及时治疗母牛全身疾病，因为产后瘫痪、乳房炎、胎衣不下、酮病等，都会直接或间接的引起子宫炎症及其恢复不全的发生，故应尽早治疗。

三、卵巢囊肿

卵巢囊肿是指卵巢上长期存在大于成熟并内含液体的卵泡。其特征是在预期排卵时间不排卵，继续增大。在奶牛繁殖疾病中的占6％～19％，为奶牛最常见的一种疾病，常引起不妊。卵巢囊肿分卵泡囊肿和黄体囊肿两种。卵泡囊肿是由于卵泡上皮变性，卵泡壁结缔组织增生变厚；卵泡液未被吸收或增多而形成；据报道，在1 191头卵巢囊肿病牛中，约占69.5％。黄体囊肿是由未排卵的卵泡壁上皮黄体化而形成。

1. 病因　饲养管理失调，常见于为促进奶产量而在日粮中过度增加蛋白质饲料（黄豆、豆饼），造成蛋白过度，能量不足；母牛过肥、运动不足、缺乏日照。内分泌机能紊乱，当垂体前叶分泌LH不足，卵泡壁产生PGF受阻时，排卵受阻，或大剂量的使用雌激素制剂和孕马血清，导致卵泡滞留。生殖系统疾病，当卵巢、输卵管、子宫有炎症时，常引起卵巢炎症而发生囊肿。遗传因素也是不可忽视的因素。

2. 症状　卵巢囊肿的主要症状是发情周期紊乱，牛均无正常的发情周期。由于囊肿性质不同，故症状各异。

（1）卵泡囊肿　表现发情明显而频繁。发情期短，发情期延长，性欲旺盛，强烈，过度兴奋，故食欲降低，奶量下降。阴门浮肿、弛缓、增大；子宫颈口开张而松弛；排出多量灰白色、不透明的黏液。约有27%的病牛表现有慕雄狂症状，患牛常追逐、爬跨其他牛只，致使全群牛只乱跑，极不安宁，患牛颈部肌肉发达，目光怒视，焦急不安、刨地，大声鸣叫，声音很像公牛。食欲降低，奶产量骤减。约有78%的持续发情病牛的荐坐韧带弛缓，尾根翘起，尾根与坐骨结节形成凹陷。直肠检查，子宫颈口肥大，子宫增大，壁厚而柔软；一侧或两侧卵巢上有多少不等、直径为3～5厘米的囊肿，突出于卵巢表面，壁薄、有弹性。据调查病牛统计，两侧囊肿占50%，右侧占31%，左侧占19%，右侧发病多于左侧。当卵泡上皮发生退行变性、萎缩，卵泡素生成受阻时，母牛出现不发情。

(2)黄体囊肿　血中孕酮水平极度升高，故主要表现不发情。囊肿多为一个，壁厚、柔软。

诊断：根据临床症状即可确诊，但要进行类型鉴别，分清是何种囊肿，需要测定乳和血中孕酮含量。其鉴别如表12-1所示。

表12-1　卵巢囊肿的类型鉴别

项目	卵泡囊肿	黄体囊肿
病性	卵泡上皮变性，卵泡壁增生	卵泡壁上皮黄体化
发情	持续而频繁，后期无	不发情
囊肿大小	直径2.5厘米以上	2.5厘米以上
囊肿数目	囊肿可为一侧性或两侧性，数目多少不等	为单侧性，一个
囊肿状态	壁薄、膨满、紧张、有波动	壁厚而柔软
穿刺液	呈黄色、透明	深黄色、褐色
发生比例	70%	30%
血清孕酮纳克/毫升	0.59±0.30(0.10～0.98)	3.70±1.75(1.50～7.00)

3.治疗

(1)对卵泡囊肿的治疗

①促黄体素(LH)100～200单位，一次肌肉注射，连续5～7日。一般用药后3～6天，囊肿黄体化，15～30天恢复正常发情。

②绒毛膜促性腺激素(HCG)5 000～10 000 单位,一次静脉或肌肉注射。

③促黄体素释放激素(LRH)类似物,常用是 LRH-A,用量是 50～500 微克,1 次肌肉注射,连注 1～4 天,如配合黄体酮 100 毫克,肌肉注射,效果更好。

④孕酮 50～100 毫克,一次肌肉注射,连续 14 天,总量为 750～1 000 毫克,治疗后 10～20 日,有 60%～70%的患牛发情恢复正常。

⑤前列腺素 $F_{2\alpha}$($PGF_{2\alpha}$)5～10 毫克,一次肌肉注射。

⑥地塞米松 10 毫克,一次静脉注射,隔日 1 次,连注 2～3 次。

⑦穿刺或挤破囊肿,据报道,对牛挤破或穿刺囊肿后 2～3 天,囊肿仍可复发,如配合注射孕酮 200～500 毫克,或注射绒毛膜促性腺激素 2 500～10 000 国际单位,对恢复卵巢的正常机能,有较高疗效。

⑧加强对并发病的治疗,如患有子宫炎时,可用抗生素(金霉素或土霉素)注入子宫。药物治疗卵泡囊肿的效果,临床上以囊肿的消失和发情配孕为标准。为提高疗效,应加强饲养管理,促使奶牛体质增强;同时,可结合内服碘化钾,每次量为 150 毫克,连服 7 日,配合肌肉注射 1%孕酮,每次量 50 毫克,连注 7 日,对于预防和治疗囊肿都是有效的。

(2)对黄体囊肿的治疗

①催产素 200 单位,1 次肌肉注射,日注 2 次,总量为 400 国际单位。

②垂体后叶激素 50 国际单位,1 次肌肉注射,隔日 1 次,共注 2～3 次。

③前列腺素 $F_{2\alpha}$($PGF_{2\alpha}$)5～10 毫克,1 次肌肉注射。

④前列腺素类似物。15-甲基前列腺素 $F_{2\alpha}$2 毫克,一次肌肉注射,氯前列烯醇 0.5～10 毫克,1 次肌肉注射,必要时,可隔 7～

10 日后再注射 1 次。

4. 预防　正确饲养，供应平衡日粮，饲料供应要多样化，特别要注意精粗比例、钙磷比例和矿物质、微量元素及维生素的含量，加强运动。加强产后母牛繁殖监控，在产后 30 日进行直肠检查，触摸子宫及卵巢的变化，如有异常，应及时治疗。对发情正常的母牛，及时、准确配种受精时，要严格执行操作规程，提高受孕率。增强子宫收缩，促进恶露排出，预防子宫内膜炎的发生；使 LH 浓度升高，孕酮分泌减少，具有提早排卵的作用。正确诊断，如确诊为卵巢囊肿，在进行治疗时，药物选择和剂量要准确。加强选种选配工作，对患有卵巢囊肿病史母牛新产之犊应少留或不留，尽可能的降低遗传因素的影响。

四、持久黄体

持久黄体也称永久黄体或黄体滞留，是指母牛在分娩后或性周期排卵后，妊娠黄体或发情性周期黄体及其机能长期存在而不消失。从组织构造和对机体的生理作用，性周期黄体、妊娠黄体无任何区别。由于黄体滞留，黄体分泌助孕素的作用持续，抑制了卵泡的发育，因此，其临床特征是性周期停止，母牛常不发情。

1. 病因　饲养管理不当，饲料单纯、品质低劣，母牛营养不足；日粮配合不平衡，特别是矿物质、维生素 A、维生素 E 不足或缺乏。子宫及全身疾病、子宫慢性炎症、胎衣不下、子宫复旧不全等；子宫内存有异物如胎儿木乃伊、子宫蓄脓、子宫积水、子宫肿瘤及胎儿浸溶等，都会使黄体吸收受阻，而成为持久黄体。结核病、布氏杆菌病等也可能促使本病的发生。高产奶牛在分娩后，由于大量饲喂高精料，致使乳产量高而持续，由于营养消耗严重，血中促乳素水平增高，不仅表现出发情延滞，而且也易导致本病的发生。从临床观察，持久黄体发生的原因较为复杂，它不仅与机体状况如营养过肥或过瘦、泌乳量的过高等有密切关系，而且也与子宫、卵

巢的状况和机能有关。因此，在了解其病因时，不能单纯认为只是黄体滞留，而应视本病是机体全身状况和卵巢机能不全的综合临床表现。

2. 症状　持久黄体的症状特征是母牛性周期停滞，长期不发情。直肠检查，一侧或两侧卵巢体积增大，卵巢内有持久黄体存在，并突出于卵巢表面。由于黄体所处阶段不同，有的是掐粉感，有的质度较硬，其大小不一，有 1 个或 2 个以上。子宫收缩反应微弱，如子宫内有异物，可以触摸到，子宫沉于腹腔内。

3. 诊断　本病因与妊娠黄体表现相同，故应鉴别。对母牛在发情时间不发情，需间隔 5～7 天进行一次直肠检查，连续 2 或 3 次。如黄体的大小位置、形态及质变均无变化，子宫内不见妊娠，即可确诊为持久黄体。

4. 治疗　药物治疗的目的是引起前列腺素 $F_{2\alpha}$ 的合成与分泌，促使黄体溶解。为提高疗效，应加强管理，改善饲养条件，调整饲料比例，减少挤奶量等。常用的方法有以下几种：

①前列腺素 $F_{2\alpha}$ 及其类似物：前列腺素 $F_{2\alpha}$ 30 毫克，1 次肌肉注射；13-去氢-W-乙基-前列腺素 $F_{2\alpha}$，2～4 毫克，1 次肌肉注射；15-甲基前列腺素 $F_{2\alpha}$，5～6 毫克，1 次肌肉注射，间隔 11 天可再注一次；氯前列烯醇 500 毫克 1 次肌肉注射。

②垂体促性腺激素 200～400 单位，1 次肌肉注射，隔 2 日 1 次，连续 3 次。

③孕马血清，第一次量 20～30 毫克，1 次皮下或肌肉注射，7 日后再注 1 次，量为 30～40 毫升。

④己烯雌酚 20～25 毫升，或雌二醇 4～10 毫克，1 次肌肉注射。

⑤催产素 50 单位，1 次肌肉注射，隔日 1 次，共注 2 或 3 天。

⑥卵巢按摩法，即手隔直肠按摩卵巢，使之充血，每日 1 次，每次 5 分，连续 2～3 次。

⑦黄体穿刺或挤破法，手伸入直肠内，握住卵巢，使卵巢固定于大拇指与其余四指之间，轻轻挤破黄体。

⑧氦氖激光照射交巢穴，距离 50～60 厘米，每日 1 次，每次照射 8 分，7 日为一疗程，对治疗持久黄体收到较好疗效。

⑨伴发子宫炎时，应肌肉注射乙烯雌酚，15～20 毫克，促使子宫颈开张，再用土霉素 2 克或金霉素 1～1.5 克，溶于蒸馏水 150 毫升内，一次注入子宫内，每日或隔日 1 次，直到阴道分泌物清亮为止。

五、不孕症

到达繁殖年龄的母牛，虽经一定次数交配或授精仍不能怀孕，致使分娩间隔时间延长、产犊数减少，就叫做不孕。

1. 病因　导致母牛不孕的原因很多，可以概括为以下 5 个方面。

(1)先天性不孕　主要是生殖器官发育异常。

①异性孪生母犊。母牛怀双胎，胎儿一公一母时，所生母犊中 91%～94%生殖器官发育不良，不能繁殖。从外表看是母牛，但外阴部比正常的小，阴蒂较发达，阴门下联合的毛穗变长，阴道短小，多与生殖道其他部分不相通。卵巢小，往往只有黄豆大。子宫小、软、薄，常没有管腔，或根本没有子宫外形，直肠检查时触诊不清。这种牛乳腺也不发育。

②生殖道畸形。由于遗传或先天的原因，胚胎时期中肾管系发生上的缺陷造成生殖道发育异常，牛常出现仅有一个子宫角，偶尔发生缺少一侧卵巢。这种畸形并不一定导致不孕。

(2)疾病引起的不孕　引起母畜不孕的疾病，除某些内外科疾病及传染病外，主要是生殖器官疾病，例如阴道炎、子宫颈管炎、子宫颈管狭窄及闭锁、子宫弛缓、子宫内膜炎、盆腔炎、卵巢硬化、卵巢炎、持久黄体、卵巢囊肿及输卵管炎等疾病。

(3)饲养管理不当引起的不孕　饲料不足时，母畜机体瘦弱，其生殖机能也受到破坏，从而造成不孕。精料过多，且运动不足，可使母畜肥胖，卵巢脂肪变性和浸润，致使卵巢机能减退。饲料不全价，如维生素A不足或缺乏时，可以使子宫内膜的上皮变性角质化，胚胎着床受阻，卵细胞及卵泡上皮变性，卵泡闭锁或形成囊肿；维生素B缺乏时，发情周期失调，并且生殖腺变性；维生素E缺乏时，可引起早期胚胎死亡；维生素D缺乏时，可影响钙磷代谢引起不孕；缺乏磷时，可使卵巢机能受到影响，阻碍卵泡的生长和成熟；钙不足时，可影响子宫的紧张性，而易发生感染；饲草含雌激素类物质过多时，可使生殖机能紊乱；使役过重或泌乳过多，也可使卵巢机能减退。

(4)繁殖技术性不孕　繁殖技术性不孕是由于繁殖技术不良所引起的。如发情鉴定不准确，配种不适时；精液处理方法不当，精液中有效精子数少；精液自身品质不良，不能及时发现；怀孕诊断技术差，不能及时发现空怀；配种时造成子宫感染发炎。

(5)气候水土性及衰老性不孕　母畜的生殖机能与日照、气温、湿度、饲料成分的变异及其他外界因素都有密切关系。在天气严寒的季节，饲养管理跟不上会使发情周期不正常或停止。奶牛夏季酷热时，配种率降低，易发生静默发情，可能与高温使甲状腺机能降低有关。另外，炎热季节，不注意防治子宫内膜炎，也会使配种受胎率降低。

衰老性不孕是指未达到衰老期的母畜，未老先衰，生殖机能过早地停止。如发生卵巢机能减退或萎缩，子宫角也缩小。对大龄母畜要考虑这方面的原因。牛发生子宫颈韧带松弛及子宫的松弛，而使子宫角下垂，造成尿液在阴道内蓄积，浸泡子宫颈，甚至逆流入子宫(尿膣症)，常与本病发生有关。

2. 治疗

（1）卵巢囊肿防治措施　治疗方针是促进囊肿内容物的消散吸收；治疗时必须加强饲养管理，充分运动。

对高产母牛应减少挤奶量，并及早消除发病的原因。可用5%碘化钾溶液，隔日静脉注射，剂量分别为60，80，100，120和140毫升，共5次。

绒膜促性腺激素：5 000国际单位静脉注射，或5 000～10 000国际单位肌肉注射，如在生成卵巢囊肿以后最初几天内，当囊肿的壁由同一的细胞和成熟的卵泡组成的时候应用制剂最有效。

绒膜促性腺激素：3 000国际单位静脉注射，和2.5%孕酮油剂5毫升（125毫克制剂）肌肉注射1次，对促进囊肿消退有比较好的疗效。

油剂孕酮：剂量100～125毫克，每天1次，连用14天，接着注射前列腺素$F_{2\alpha}$2～4毫克，可使黄体囊肿退化，对产犊后持续存在90天以上的囊肿效果很好。

促黄体素：100～200国际单位，肌肉注射，一般3～6天囊肿即形成黄体，临床症状消失，15～30天恢复性周期。如不见效果7天后再用，剂量可稍大些。

促黄体激素释放激素类似物：400～600微克，肌肉注射，每天1次，用1～4天，总量不超过3 000微克。

也可以应用电针配合治疗。囊肿挤破法对卵巢有损伤，并发出血及粘连，有可能引起生育力降低，一般不提倡应用。

（2）持久黄体防治措施　首先要消除病因、改进饲养管理，加强运动，补喂含维生素的青饲料和矿物质，同时治疗引起持久黄体的其他疾病。治疗时，可应用黄体溶解剂，如前列腺素$F_{2\alpha}$5～10毫克，肌肉注射或放入子宫内，2～5天后发情；或氯前列烯醇或氟前列烯醇0.5～1毫克，肌肉注射；如无效，7～10天后再重复注射1次。

(3)子宫内膜炎防治措施　对于慢性子宫内膜炎，用鱼腥草40支(2毫克/支)溶解160万国际单位青霉素5支，充分混合后1次肌肉注射，每隔2天注射1次，连续3～4天，即可痊愈；对脓性子宫内膜炎，用雷佛奴尔60毫升和5粒洗必泰混合后1次灌入子宫内，每隔2天1次，连续3天即可痊愈发情配种；或取1%己烯雌酚注射液5毫升，同时用抗生素、可溶性氨苯磺胺15克，再加适量的注射用水1次灌入患牛子宫内，此法治愈率可达90%。

(4)子宫积脓和子宫积水防治措施　首先用生理盐水反复冲洗子宫后，灌入1%碘液100毫升，每日1次，经3次后，再用260万国际单位青霉素和200万国际单位链霉素灌入子宫内，每日1次，经2次后即可痊愈。

(5)四物汤加减疗法　当归、熟地、菟丝子、凤仙草全草各200克，川芎150克，益母草500克，丹皮120克，红花90克，水煎、候温分三次灌服，每日1次。

因饲养不善，使役重，营养不良致使气血双亏、冲任二脉空虚，造成不发情的用加味四物汤加附子、阳起石、淫羊霍各120克。

因营养过虚，膘满肥壮，油脂过多，致使脆闭不开而缺性欲者，用加味四物汤去熟地加阳起石、淫羊霍各150克。

体质肥壮，大便秘结、小便黄、多次发情而屡配不孕者，用加味四物汤加大黄、桃仁各120克。

因淤血舌呈紫色或有紫色斑点，用加味四物汤加桃仁、赤芍各120克。

血热型体质肥壮，病畜口渴多饮冷水，舌色紫红，用加味四物汤去熟地加生地、白茅草根各150克。

血虚且寒、舌色淡、口腔津液滑利稀薄，消瘦，精神沉郁，久不受孕，用加味四物汤去丹皮，加附子100克。

体质瘦弱的老母牛，每发情而配不受孕，用加味四物汤加黄芪、党参各150克。

3. 预防

①加强围产期母牛的饲养管理，减少产后疾病的发生，围产前期的饲养管理水平，直接影响到产后母牛的泌乳性能的高低、子宫的恢复和发情配种。

②加强母牛的繁殖管理，提高受孕率，加强妊娠诊断，提早发现未妊牛只。

思考题

1. 牛群保健内容是什么？
2. 牛群保健措施有哪些？
3. 如何进行下痢、病毒性腹泻和流行性感冒的防制？
4. 简述牛常见寄生虫病的防制。
5. 牛消化系统疾病主要有哪些？如何进行防制？
6. 奶牛乳房炎的防制措施有哪些？
7. 牛繁殖系统疾病主要有哪些？如何防制子宫内膜炎？

第十三章　牛场的建设

重点提示：本章重点学习奶牛场场址的选择原则、牛场布局的确定原则、拴系式牛舍和散放式牛舍的建筑要求。

第一节　场址的选择

牛场是影响牛生长发育和生产性能最主要、最直接的环境因素之一，因此，搞好牛场的建设，是提高养牛业生产和经济效益的非常重要的措施。而要搞好牛场的建设，首先就要选好场址。

牛场场址的选择，要用长远发展的眼光周密考虑，全盘安排。

一、选址原则

①符合牛的生物学特性、有利于保持牛体健康。

②有利于牛生产潜力的充分发挥。

③有利于充分利用当地自然资源。

④有利于环境保护。

二、选址要求

建场必须符合当地土地利用发展规划和村镇建设发展规划要求。

①位置选择：牛场是生产单位，在生产过程中产生的废弃物会对环境造成污染。在选择牛场的位置时必须考虑到尽可能减少牛场对人类和其他动物造成的污染，避免人畜共患病的交叉传播。为此，牛场应选择在居民点的下风向，海拔高度不得高于居民点，

径流的下方,距离居民点和其他养殖场不少于1 000米,距离畜产品加工厂不少于1 000米。为避免奶牛场与居民点、其他养殖场及畜产品加工厂之间的相互干扰,建立树林隔离区是非常有利的。

交通方便是牛场与外界进行物资交流的必要条件,但在距离公路、铁路过近时,交通工具所产生的噪声会影响牛的休息与消化,人流、物流也易传播疾病,所以牛场应距离交通干线不少于200米,一般交通线100米,以便防疫。

②地形、地势的选择:牛场应建设在地势高燥、背风、阳光充足的地方,这样的地形、地势可防潮湿,有利于排水,有利于牛的生长发育和生产,也有利于防止疾病的发生。地下水位应在2米以下,这样的地势,可以避免雨季洪水的威胁,减轻地面毛细现象造成的地面潮湿。在丘陵山地建场应选择向阳坡,坡度不超过20°,总坡度应与水流方向相同,避开悬崖、山顶、雷击区等地。

③土壤的选择:土壤分为沙土、黏土和沙壤土。沙土的特性是透气吸湿性差,透水能力强,易导热,热容量小,毛细管作用弱,故易保持干燥,不利于细菌繁殖,但昼夜温差大,不利于牛体温的调节。

黏土的特性是透气吸湿性好,吸水能力强,不易导热,热容量大,毛细管作用明显,此类土壤的牛舍和运动场内潮湿、泥泞,不利于牛体健康,但昼夜温差小,有利于牛体温的调节。

沙壤土的特性介于沙土和黏土之间,透气透水性强、毛细管作用弱、吸湿性小、导热性小,使牛场较干燥、地温较恒定,是牛场较理想的土壤。牛场的沙壤土也必须符合国家规定的土壤环境质量标准。

④水源的选择:养牛场要求水源充足,取用方便,每100头存栏牛每天需水约30吨,水质应符合国家规定的动物饮用水水质标准的规定。此外,在选择时,要调查当地是否因水质不良而出现过某些地方疾病等;便于防护,以保证水源水质处于良好状态,不受

周围的污染;取用方便,设备投资少。

⑤资源条件选择:粗饲料资源丰富,牛场半径 5 千米内的粗饲料资源及原有草食动物的存养量决定牛场的规模。电力要充足可靠,必须符合国家工业与民用供电系统设计规范标准的要求。

⑥其他条件的选择:水保护区、旅游区、自然保护区、环境污染严重区、动物疫病常发区和山谷洼地等洪涝威胁地段,不得建场。

第二节 牛场污染的控制

随着养牛业生产规模化、集约化的迅速发展,一方面为市场提供了大量物美价廉的奶和肉,另一方面养牛场也产生大量的粪、尿、污水、废弃物、甲烷、二氧化碳等,控制与处理不当,将造成对环境的污染。牛场污染能否得到有效控制也是关系着养牛业能否持续发展的关键因素之一。

目前,牛场污物处理的措施主要有土地还原法、厌气发酵法、人工湿地处理和生态工程处理。

一、土地还原法

牛粪尿的主要成分是粗纤维以及蛋白质、糖类和脂肪类等物质,这些物质都易于在环境中分解,经土壤、水和大气等的物理、化学及生物的分解、稀释和扩散,逐渐得以净化,并通过微生物、动植物的同化和异化作用,又重新形成动植物性的糖类、蛋白质和脂肪等,也就是再度变为饲料。我国的国情决定了在今后相当长的时期里,特别是在农村,粪尿仍以无害化处理、还田为根本出路。

二、厌气(甲烷)发酵法

将牛场粪尿进行厌气(甲烷)发酵法处理,不仅净化了环境,而且可以获得沼气(生物能源),同时通过发酵后的沼渣、沼液把种植业和养殖业有机地结合起来，形成一个多次利用多次增值的生态系统，目前世界上许多国家广泛采用此法处理牛场粪尿，我国也有一些大型养牛场采用厌气（甲烷）发酵法处理牛粪尿，取得了很好的生态效益。

三、人工湿地处理

湿地是经过精心设计和建造的，湿地上种有多种水生植物。投入水池的牛粪尿为水生植物（如水葫芦、绿萍）提供了养分，而水生植物根系发达，为微生物提供了良好的生存场所。微生物以有机质为食物而生存，它们排泄的物质又成为水生植物的养料，收获的水生植物可作为沼气原料、肥料或草鱼等的饵料，水生动物及菌藻，随水流入鱼塘作为鱼的饵料。通过微生物与水生植物的共生互利作用，使污水得以净化。据报道，高浓度有机粪水在水葫芦池中经 7～8 天吸收净化，有机物质可降低 82.2％，有效态氮降低 52.4％，速效磷降低 51.3％。该处理模式与其他粪污处理设施比较，具有投资少，维护保养简单的优点。

四、生态工程处理

该系统首先通过分离器或沉淀池将固体厩肥与液体厩肥分离，其中，固体厩肥作为有机肥还田或作为食用菌的培养基，液体厩肥进入沼气厌氧发酵池。通过微生物－植物－动物－菌藻的多层生态净化系统，使污水得到净化。净化的水达到国家排放标准，可排到江河回归自然或直接回收利用进行冲刷牛舍等。

为了养牛业的健康、持续发展，必须高度重视牛场污染问题。解决牛场污染问题的措施，应因地制宜，实事求是，根据当地具体情况，选择相应的治理措施。

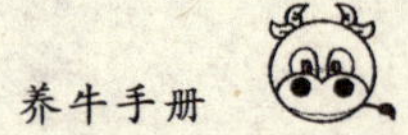

第三节　牛场规划与布局

奶牛场规划原则要求建筑紧凑，在节约土地、满足当前生产需要的同时，综合考虑将来扩建和改造的可能性。规划面积按每头牛 60～80 平方米计算。

规模奶牛场应具备消毒室、消毒池、兽医室、成年奶牛舍、产房、犊牛舍、育成牛舍、观察牛舍、隔离牛舍、饲料间、青贮池、氨化池、贮粪场、粪污处理设施、装牛台、车库、办公室、宿舍等设施。这些设施依据其功能分区进行布局，全场共形成 3 个功能区：生活管理区、生产区与隔离区。根据全年的主风向和地形地势将管理区和生活区放在上风向及地势较高处，粪污处理场和病畜舍则放在最下风向和地势最低处，生产区位于中间。牛舍建筑其长轴方向为东西向，牛舍朝向南或南偏东 15°以内。

各功能区界限分明，联系方便。功能区间距不少于 50 米，并有防疫隔离带或墙。

生活管理区设在场区常年主导风向上风向及地势较高处，主要包括生活设施、办公设施、与外界接触密切的生产辅助设施，设主大门。

生产区设在场区中间，主要包括牛舍与有关生产辅助设施。

隔离区设在场区下风向或侧风向及地势较低处，主要包括兽医室、隔离牛舍、贮粪场、装卸牛台和污水池。兽医室、隔离牛舍应设在距最近牛舍 100 米以外的地方，设有后门。

饲料库和饲料加工车间设在生产区、生活区之间，应方便车辆运输。草场设置在生产区的侧向。草场内建有青贮窖池、草垛等，有专用通道通向场外，草垛距房舍 50 米以上。牛舍一侧设饲料调制间和更衣室。

与外界应有专用道路相连通。场内道路分净道和污道，两者严格分开，不得交叉、混用。净道路面宽度不小于3.5米，转弯半径不小于8米。道路上空净高4米内没有障碍物。

奶牛场一般采用分阶段饲养工艺。其设施要求应满足奶牛生产的技术要求；经济实用，便于清洗消毒，安全卫生；优先选用性能可靠的配套定型产品。主要包括精、粗饲料加工、运输、供水、排水、粪尿处理、环保、消防、消毒等设施。

第四节 奶牛舍建筑

一、拴系式牛舍

拴系式牛舍，亦称常规牛舍。母牛的饲喂、挤奶、休息均在牛舍内。其优点是挤奶或饲养员可全天对乳牛进行看护，做到个别饲养，分别对待；母牛如有发情或不正常现象能及时发现；采用这种方式，有可能充分发挥每头乳牛的生产潜力，夺取高产。但这种方式使用劳力多，占用的时间多，劳动强度大，牛舍造价较高；母牛的角和乳房易损伤，因为母牛在此种方式下不能“自我护养”。

1.建筑形式 常见的有钟楼式、半钟楼式和双坡式3种。

钟楼式：通风良好，但构造比较复杂，耗建筑材料多，造价高，不便于管理。

半钟楼式：通风较好，但夏天牛舍北侧较热，其构造也较复杂。

双坡式：这种形式的屋顶可适用于较大跨度的牛舍，为增强通风换气可加大舍内窗户面积。冬季关闭门窗有利保温，牛舍建筑易施工，造价低。近几年，采用这种形式较为普遍。

2.排列方式 牛舍内部的排列方式，视牛头数的多少而定，分为单列式和双列式。一般饲养头数较多的牛场多采用双列式，对于饲养头数较少牛场(如农村奶牛场)，则多采用单列式。

在双列式中，又可分为双列对尾式和双列对头式2种，以对尾

式应用较为广泛。因牛头向窗，有利日光和空气的调节，传染病的机会较少，挤奶及清理工作也较便利；同时还可避免墙被排泄物所腐蚀。但分发饲料稍感不便。对头式的优缺点与对尾式相反。

3. 牛舍布局　牛舍内布局应合理，且便于人工操作（包括机械操作）。

①牛床：牛床是乳牛采食、挤奶和休息的场所，牛床应具有保温、不吸水、坚固耐用、易于清洁消毒等特点。牛床的长度、宽度取决于牛体大小，并应利于挤奶。

牛床一般采用如下尺寸：

泌乳牛（170～190）×（120～140）（厘米^2）

初孕和育成牛（170～180）×（110）（厘米^2）

犊牛 120×80（厘米^2）

牛床的坡度一般为1%～1.5%，以利向粪尿沟排水。坡度不宜过大，否则容易发生子宫脱或胯脱。牛床不宜过短或过长，过短时乳牛起卧受限容易引起乳房损伤、发生乳房炎或腰肢受损等；牛床过长则粪便容易污染牛床和牛体。水泥牛床后半部可用手指粗的木条，把水泥面压成10～15厘米大斜方块，可防止牛只滑倒。

②隔栏：为了防止牛只互相侵占床位和便于挤奶及其他管理工作，在牛床上设有隔栏，通常用变曲的钢管制成。隔栏前端与拴牛架连在一起，后端固定在牛床的2/3处，栏杆高80厘米，由前向后倾斜。

③饲槽：饲槽位于牛床前，通常为统槽。饲槽长度与牛床总宽度相等，饲槽底平面高于牛床。饲槽必须坚固、光滑、便于洗刷；槽面不渗水、耐磨、耐酸。饲槽一般采用如下尺寸（表13-1）。饲槽前沿设有牛栏杆，饲槽端部装置给水导管及水阀，饲槽两端设有窗栅的排水器，以防草、渣类堵塞阴井。近来，也有些乳牛场，饲槽采用地面饲槽，地面饲槽低于饲喂通道。

表 13-1 乳牛饲槽尺寸 厘米

牛	槽上部内宽	槽底部内宽	前沿高	后沿高
泌乳牛	55～60	35～40	35～40	60～65
初孕和育成牛	45～50	30～35	30～35	50～55
犊牛	30～35	25～30	15～20	30～35

④饲喂通道:饲喂通道位于饲槽前,是饲喂饲料的通道。通道宽度应便于 2 人操作(包括机械),其宽度为 1.2～1.5 米,坡度为 1%。

⑤拴系形式:拴系形式有硬式和软式 2 种,硬式多采用钢管制成;软式多用铁链。铁链拴牛通常采用固定式、直链式和横链式。一般采用直链式,因直链式简单实用,坚固造价低。直链式尺寸为:直杆铁链(长链)上,短链能沿长链上下滑动。采用这种拴系方法,可使牛颈上下左右转动,采食、休息都很方便。

⑥粪尿沟:牛床与清粪通道之间,应设粪尿沟,粪尿沟通常为明沟,沟宽为 30～40 厘米,沟深为 5～10 厘米,沟底向流出处略倾斜,坡度为 0.6%。粪尿沟也可采用半漏缝地板。现代化乳牛场多安装链刮板式自动清粪装置,链刮板在牛舍往返运动,可将牛粪直接送出牛舍,并撒入贮粪池中或堆肥,而后送到田地。

⑦清粪通道:清粪通道与粪尿沟相连,在双列式牛舍中,即为中央通道,它是乳牛出入和进行挤奶作业的通道。为便于操作,清粪通道宽度为 1.6～2.0 米,路面最好有大于 1%的拱度,标高一般低于牛床,地面应抹制粗糙。

⑧门窗:为便于牛群安全出入,各龄乳牛舍门的尺寸应是:

	门宽	门高
泌乳牛	1.8～2.0 米	2.0～2.2 米
犊牛	1.4～1.6 米	2.0～2.2 米

牛舍窗口大小一般为占地面积的8%，窗口有效采光面积与牛舍占地面积相比，泌乳牛1∶12，青年牛则为1∶(10～14)。

4.建舍要求 根据奶牛的特点，建筑牛舍时首先要考虑到防暑降温和减少潮湿，为此，建筑牛舍要求：

①提高牛舍屋盖，增加墙体厚度：屋檐距地面高度应为320～360厘米；墙体厚度要在37厘米以上，或在墙体中心增设一绝热层（如玻璃纤维层等），可有效地防止和削弱高温和太阳辐射对牛舍的气温影响，起到隔热和保暖作用，除在墙体上开窗口外，还要在屋顶设天窗，以加强通风，起到降温作用。

②注意通风设施的设计和安装。

③牛舍内应设排水设施以及污水排放设施。

5.附属设施 附属设施主要包括运动场、围栏、凉棚、消毒池及粪尿池等。

①运动场：运动场是乳牛自由运动和休息的地方，成年母牛以每头20～25米^{2}为宜。一般多设在牛舍南侧，要求场地干燥、平坦，并有一定坡度，场外设有排水沟。牛舍及运动场的周围要植树、种草绿化，以削弱太阳辐射对牛舍的气温影响。

围栏，设在运动场周围，围栏包括横栏与栏柱，围栏必须坚固，横栏高1～1.2米，栏柱间距1.5米。围栏门多采用钢管横鞘，即小管套大管，作横向推拉开关。亦有的奶牛场是设置电围栏。可用钢管或水泥柱为栏柱，用废旧钢管将其串联起来即可。运动场内还应设饲槽、饮水池。饲槽、饮水池周围应铺设2～3米宽的水泥地面，并且向外要有一定坡度。运动场还应设凉棚，凉棚为南向，棚盖应有较好的隔热能力。

②消毒池：乳牛饲养区进口处应设消毒池，消毒池结构应坚固，以使其能承载通行车辆的重量。消毒池还必须不透水、耐酸碱。池子的尺寸应以车轮间距确定，长度以车轮的周长而定。常用消毒池的尺寸一般是长3.8米，宽3米，深0.1米。

消毒池如仅供人和自行车通行，可采用药液湿润，踏脚垫放入池内进行消毒，其尺寸为长 2.8 米，宽 1.4 米，深 5 厘米。池底要有一定坡度，池内设排水孔。

③粪尿池：牛舍和粪尿池之间要保持有 200～300 米的距离。粪尿池的容积应由饲养乳牛的头数和贮粪周期确定。

二、散放式牛舍

散放式牛舍是将传统的集中乳牛采食、休息和挤奶于牛舍内同一床位的饲养方式改变为分别建立采食区、休息区和挤奶区，以适应乳牛生活、生态和生产所需的不同环境条件。

在总体布局上，散栏式牛场以乳牛为中心，通过对饲草、饲料、牛乳和粪便处理四个方面的活动进行分工，逐步形成 4 条专业生产线，即精料生产线、粗饲料生产线、牛乳生产线和粪便处理线。另外建立公用的兽医室、人工授精室、产房等建筑和供水、供电、供热、供水、排污及道路等服务系统。

散放式比拴系式较为复杂，但具有广阔的发展前景，在北美和西欧已推行近 40 年。我国目前还不普遍，少数地区刚刚兴起。

三、旧房改造

将现有房屋改为牛舍，可大大降低建设费用。现有房屋一般为鸡舍、厂房和农村旧房。

鸡舍、厂房跨度在 9 米以上时，可采用双列式、尾对尾、头朝窗，否则采用单列式。后墙上的窗户要改到同前窗一样大，舍内布局同前述一样。

农村旧房跨度小，一般 4 米左右，即使采用头朝窗的单列式，其跨度也小，因饲喂通道、饲槽和牛床就需 3.6～4.0 米，这就无法设置清粪通道，故此类房屋可采用纵向双列对尾排列，即头朝东和西，尾对着尾，南北墙要加 1.2 米高的水泥裙。舍内布局同前述，只是由横向排列改为纵向排列，另外，后墙上的窗户也需加大到同前窗。

第五节　肉牛舍建筑

建筑形式可采用敞棚式或半开放式。牛舍内部排列方式视牛场规模而定，主要有单列式和双列式。单列式内径跨度 4.5～5.0 米；双列式内径跨度 9.0～10.0 米，采用对头式饲养。

牛舍布局及建舍要求与奶牛舍基本一致。

建筑结构，牛舍可采用砖混结构或轻钢结构，棚舍可采用钢管支柱。每栋牛舍长度根据养牛数量而定，两栋牛舍间距不少于 15 米。

运动场设在牛舍的前面或后面，面积按每头牛 6～8 平方米设计。自由运动场四周围栏可用钢管，高 150 厘米。运动场地面以三合土为宜，并向四周有一定坡度(3°～5°)。运动场可设置拴桩，一字排开，桩距 1.2 米。

思考题

1. 为什么要重视牛场的建设?
2. 在牛场场址的选择上要注意哪些问题?
3. 如何合理布局奶牛场?
4. 简述拴系式牛舍和散放式牛舍的建筑要求。

附录一　奶牛营养需要和饲养标准(摘编)

附表 1-1　成年母牛维持的营养需要

体重(千克)	日粮干物质(千克)	奶牛能量单位(NND)	可消化粗蛋白(克)	小肠可消化粗蛋白(克)	钙(克)	磷(克)	胡萝卜素(毫克)	维生素(A)国际单位
350	5.02	9.17	243	202	21	16	37	15 000
400	5.55	10.13	268	224	24	18	42	17 000
450	6.06	11.07	293	244	27	20	48	19 000
500	6.56	11.97	317	264	30	22	53	21 000
550	7.04	12.88	341	284	33	25	58	23 000
600	7.52	13.73	364	303	36	27	64	26 000
650	7.98	14.59	386	322	39	30	69	28 000
700	8.44	15.43	408	340	42	32	74	30 000
750	8.89	16.24	430	358	45	34	79	32 000

注:1. 对第一泌乳期的维持需要按上表基础增加20%,第二个泌乳期增加10%。

2. 如第一个泌乳期的年龄和体重过小,应按生长牛的需要计算实际增重的营养需要。

3. 放牧运动时,须在上表基础上增加能量需要量,按正文中的说明计算。

4. 在环境温度低的情况下,维持能量消耗增加,须在上表基础上增加能量需要量,按正文中说明计算。

5. 泌乳期间,每增重1千克体重需增加8个NND和325克可消化粗蛋白;每减重1千克体重需扣除6.56个NND和250克可消化粗蛋白。

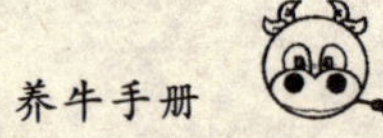

附表 1-2　每产 1 千克奶的营养需要

乳脂率（%）	日粮干物质（千克）	奶牛能量单位（NND）	产奶净能（兆焦）	可消化粗蛋白（克）	小肠可消化粗蛋白（克）	钙（克）	磷（克）
2.5	0.31～0.35	0.80	2.51	49	42	3.6	2.4
3.0	0.34～0.38	0.87	2.72	51	44	3.9	2.6
3.5	0.37～0.41	0.93	2.93	53	46	4.2	2.8
4.0	0.40～0.45	1.00	3.14	55	47	4.5	3.0
4.5	0.43～0.49	1.06	3.35	57	49	4.8	3.2
5.0	0.46～0.52	1.13	3.52	59	51	5.1	3.4
5.5	0.49～0.55	1.19	3.72	61	53	5.4	3.6

注：乳蛋白率＝2.36%＋0.24×乳脂率（%）。

附表 1-3　母牛妊娠最后四个月的营养需要

体重（千克）	怀孕月份	日粮干物质（千克）	奶牛能量单位（NND）	产奶净能（兆焦）	可消化粗蛋白（克）	小肠可消化粗蛋白（克）	钙（克）	磷（克）	胡萝卜素（毫克）	维生素（A）（×10^3单位）
350	6	5.78	10.51	32.97	293	245	27	18	67	27
	7	6.58	11.44	35.90	327	275	31	20		
	8	7.23	13.17	41.34	375	317	37	22		
	9	8.70	15.84	49.54	437	370	45	25		
400	6	6.30	11.47	35.99	318	267	30	20	76	30
	7	6.81	12.40	38.92	352	297	34	22		
	8	7.76	14.13	44.36	400	339	40	24		
	9	9.22	16.80	52.72	462	392	48	27		
450	6	6.81	12.40	38.92	343	287	33	22	86	34
	7	7.32	13.33	41.84	377	317	37	24		
	8	8.27	15.07	47.28	425	359	43	26		
	9	9.73	17.73	55.65	487	412	51	29		

续附表 1-3

体重(千克)	怀孕月份	日粮干物质(千克)	奶牛能量单位(NND)	产奶净能(兆焦)	可消化粗蛋白(克)	小肠可消化粗蛋白(克)	钙(克)	磷(克)	胡萝卜素(毫克)	维生素(A)(×10³单位)
500	6	7.31	13.32	41.80	367	307	36	25	95	38
	7	7.82	14.25	44.73	401	337	40	27		
	8	8.78	15.99	50.17	449	379	46	29		
	9	10.24	18.65	58.54	511	432	54	32		
550	6	7.80	14.20	44.56	391	327	39	27	105	42
	7	8.31	15.13	47.49	425	357	43	29		
	8	9.26	16.87	52.93	473	399	49	31		
	9	10.72	19.53	61.30	555	452	57	34		
600	6	8.27	15.07	47.28	414	346	42	29	114	46
	7	8.78	16.00	50.21	448	376	46	31		
	8	9.73	17.73	55.65	496	418	52	33		
	9	11.20	20.40	64.02	558	473	60	36		
650	6	8.74	15.92	49.96	436	365	45	31	124	50
	7	9.25	16.85	52.89	470	395	49	33		
	8	10.21	18.59	58.33	518	437	55	35		
	9	11.67	21.25	66.70	580	490	63	38		
700	6	9.22	16.76	52.60	458	383	48	34	133	53
	7	9.71	17.69	55.53	492	413	52	36		
	8	10.67	19.43	60.97	540	455	58	38		
	9	12.13	22.09	69.33	602	508	66	41		
750	6	9.65	17.57	55.15	480	401	51	36	143	57
	7	10.16	18.51	58.08	514	431	55	38		
	8	11.11	20.24	63.52	562	473	61	40		
	9	12.58	22.91	71.89	624	526	69	43		

注:①怀孕牛干奶期按上表计算营养需要。

②怀孕期间如未干奶,除按上表计算营养需要外还应加产奶的营养需要。

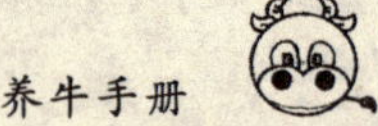

附表 1-4 生长母牛的营养需要

体重（千克）	日增重（克）	日粮干物质（千克）	奶牛能量单位（NND）	可消化粗蛋白（克）	小肠可消化粗蛋白（克）	钙（克）	磷（克）	胡萝卜素（毫克）	维生素（A）（×10³单位）
40	0		2.20	41		2	2	4.0	1.6
	200		2.67	92		6	4	4.1	1.6
	300		2.93	117		8	5	4.2	1.7
	400		2.23	141		11	6	4.3	1.7
	500		3.52	164		12	7	4.4	1.8
	600		3.84	188		14	8	4.5	1.8
	700		4.19	210		16	10	4.6	1.8
	800		4.56	231		18	11	4.7	1.9
50	0		2.56	49		3	3	5.0	2.0
	300		3.32	124		9	5	5.3	2.1
	400		3.60	148		11	6	5.4	2.2
	500		3.92	172		13	8	5.5	2.2
	600		4.24	194		15	9	5.6	2.2
	700		4.60	216		17	10	5.7	2.3
	800		4.99	238		19	11	5.8	2.3
60	0		2.89	56		4	3	6.0	2.4
	300		3.67	131		10	5	6.3	2.5
	400		3.96	154		12	6	6.4	2.6
	500		4.28	178		14	8	6.5	2.6
	600		4.63	199		16	9	6.6	2.6
	700		4.99	221		18	10	6.7	2.7
	800		5.37	243		20	11	6.8	2.7
70	0	1.22	3.21	63		4	4	7.0	2.8
	300	1.67	4.01	142		10	6	7.9	3.2
	400	1.85	4.32	168		12	7	8.1	3.2
	500	2.03	4.64	193		14	8	8.3	3.3
	600	2.21	4.99	215		16	10	8.4	3.4
	700	2.39	5.36	239		18	11	8.5	3.4
	800	3.61	5.76	262		20	12	8.6	3.4

续附表 1-4

体重(千克)	日增重(克)	日粮干物质(千克)	奶牛能量单位(NND)	可消化粗蛋白(克)	小肠可消化粗蛋白(克)	钙(克)	磷(克)	胡萝卜素(毫克)	维生素(A)(×10³单位)
80	0	1.35	3.51	70		5	4	8.0	3.2
	300	1.80	3.80	149		11	6	9.0	3.6
	400	1.98	4.64	174		13	7	9.1	3.6
	500	2.16	4.96	198		15	8	9.2	3.7
	600	2.34	5.32	222		17	10	9.3	3.7
	700	2.57	5.71	245		19	11	9.4	3.8
	800	2.79	6.12	268		21	12	9.5	3.8
90	0	1.45	3.80	76		6	5	9.0	3.6
	300	1.84	4.64	154		12	7	9.5	3.8
	400	2.12	4.96	179		14	8	9.7	3.9
	500	2.30	5.29	203		16	9	9.9	4.0
	600	2.48	5.65	226		18	11	10.1	4.0
	700	2.70	6.06	249		20	12	10.3	4.1
	800	2.93	6.48	272		22	13	10.5	4.2
100	0	1.62	4.08	82		6	5	10.0	4.0
	300	2.07	4.93	173		13	7	10.5	4.2
	400	2.25	5.27	202		14	8	10.7	4.3
	500	2.43	5.61	231		16	9	11.0	4.4
	600	2.66	5.99	258		18	11	11.2	4.4
	700	2.84	6.39	285		20	12	11.4	4.5
	800	3.11	6.81	311		22	13	11.6	4.6
125	0	1.89	4.73	97	82	8	6	12.5	5.0
	300	2.39	5.64	186	164	14	7	13.0	5.2
	400	2.57	5.96	215	190	16	8	13.2	5.3
	500	2.79	6.35	243	215	18	10	13.4	5.4
	600	3.02	6.75	268	239	20	11	13.6	5.4
	700	3.24	7.17	295	264	22	12	13.8	5.5
	800	3.51	7.63	322	288	24	13	14.0	5.6
	900	3.74	8.12	347	311	26	14	14.2	5.7
	1000	4.05	8.67	370	332	28	16	14.4	5.8

续附表 1-4

体重（千克）	日增重（克）	日粮干物质（千克）	奶牛能量单位（NND）	可消化粗蛋白（克）	小肠可消化粗蛋白（克）	钙（克）	磷（克）	胡萝卜素（毫克）	维生素(A)（×10³单位）
150	0	2.21	5.35	111	94	9	8	15.0	6.0
	300	2.70	6.31	202	175	15	9	15.7	6.3
	400	2.88	6.67	226	200	17	10	16.0	6.4
	500	3.11	7.05	254	225	19	11	16.3	6.5
	600	3.33	7.47	279	248	21	12	16.6	6.6
	700	3.60	7.92	305	272	23	13	17.0	6.8
	800	3.83	8.40	331	296	25	14	17.3	6.9
	900	4.10	8.92	356	319	27	16	17.6	7.0
	1000	4.41	9.49	378	339	29	17	18.0	7.2
175	0	2.48	5.93	125	106	11	9	17.5	7.0
	300	3.02	7.05	210	184	17	10	18.2	7.3
	400	3.20	7.48	238	210	19	11	18.5	7.4
	500	3.42	7.95	266	235	21	12	18.8	7.5
	600	3.65	8.43	290	257	23	13	19.1	7.6
	700	3.92	8.96	316	281	25	14	19.4	7.8
	800	4.19	9.53	341	304	27	15	19.7	7.9
	900	4.50	10.15	365	326	29	16	20.0	8.0
	1000	4.82	10.81	387	346	31	17	20.3	8.1
200	0	2.70	6.48	160	133	12	10	20.0	8.0
	300	3.29	7.65	244	210	18	11	21.0	8.4
	400	3.51	8.11	271	235	20	12	21.5	8.6
	500	3.74	8.59	297	259	22	13	22.0	8.8
	600	3.96	9.11	322	282	24	14	22.5	9.0
	700	4.23	9.67	347	305	26	15	23.0	9.2
	800	4.55	10.25	372	327	28	16	23.5	9.4
	900	4.86	10.91	396	349	30	17	24.0	9.6
	1000	5.18	11.60	417	368	32	18	24.5	9.8

续附表 1-4

体重(千克)	日增重(克)	日粮干物质(千克)	奶牛能量单位(NND)	可消化粗蛋白(克)	小肠可消化粗蛋白(克)	钙(克)	磷(克)	胡萝卜素(毫克)	维生素(A)(×10³单位)
250	0	3.20	7.53	189	157	15	13	25.0	10.0
	300	3.83	8.83	270	231	21	14	26.5	10.6
	400	4.05	9.31	296	255	23	15	27.0	10.8
	500	4.32	9.83	323	279	25	16	27.5	11.0
	600	4.59	10.40	345	300	27	17	28.0	11.2
	700	4.86	11.01	370	323	29	18	28.5	11.4
	800	5.18	11.65	394	345	31	19	29.0	11.6
	900	5.54	12.37	417	365	33	20	29.5	11.8
	1000	5.90	13.13	437	385	35	21	30.0	12.0
300	0	3.69	8.51	216	180	18	15	30.0	12.0
	300	4.37	10.08	295	253	24	16	31.5	12.6
	400	4.59	10.68	321	276	26	17	32.0	12.8
	500	4.91	11.31	346	299	28	18	32.5	13.0
	600	5.18	11.99	368	320	30	19	33.0	13.2
	700	5.49	12.72	392	342	32	20	33.5	13.4
	800	5.85	13.51	415	362	34	21	34.0	13.6
	900	6.21	14.36	438	383	36	22	34.5	13.8
	1000	6.62	15.29	458	402	38	23	35.0	14.0
350	0	4.14	9.43	243	202	21	18	35.0	14.0
	300	4.86	11.11	321	273	27	19	36.8	14.7
	400	5.13	11.76	345	296	29	20	37.4	15.0
	500	5.45	12.44	369	318	31	21	38.0	15.2
	600	5.76	13.17	392	338	33	22	38.6	15.4
	700	6.08	13.96	415	360	35	23	39.2	15.7
	800	6.39	14.83	442	381	37	24	39.8	15.9
	900	6.84	15.75	460	401	39	25	40.0	16.1
	1000	7.29	16.75	480	419	41	26	41.0	16.4

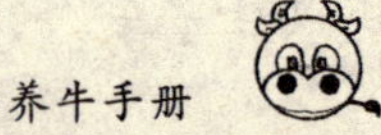

续附表 1-4

体重（千克）	日增重（克）	日粮干物质（千克）	奶牛能量单位（NND）	可消化粗蛋白（克）	小肠可消化粗蛋白（克）	钙（克）	磷（克）	胡萝卜素（毫克）	维生素(A)（×10³单位）
	0	4.55	10.32	268	224	24	20	40.0	16.0
	300	5.36	12.28	344	294	30	21	42.0	16.8
	400	5.63	13.03	368	316	32	22	43.0	17.2
	500	5.94	13.81	393	338	34	23	44.0	17.6
400	600	6.30	14.65	415	359	36	24	45.0	18.0
	700	6.66	15.57	438	380	38	25	46.0	18.4
	800	7.07	16.56	460	400	40	26	47.0	18.8
	900	7.47	17.64	482	420	42	27	48.0	19.2
	1000	7.97	18.80	501	437	44	28	49.0	19.6
	0	5.00	11.16	293	244	27	23	45.0	18.0
	300	5.80	13.25	368	313	33	24	48.0	19.2
	400	6.10	14.04	393	335	35	25	49.0	19.6
	500	6.50	14.88	417	355	37	26	50.0	20.0
450	600	6.80	15.80	439	377	39	27	51.0	20.4
	700	7.20	16.79	461	398	41	28	52.0	20.8
	800	7.70	17.84	484	419	43	29	53.0	21.2
	900	8.10	18.99	505	439	45	30	54.0	21.6
	1000	8.60	20.23	524	456	47	31	55.0	22.0
	0	5.40	11.97	317	264	30	25	50.0	20.0
	300	6.30	14.37	392	333	36	26	53.0	21.2
	400	6.60	15.27	417	355	38	27	54.0	21.6
	500	7.00	16.24	441	377	40	28	55.0	22.0
500	600	7.30	17.27	463	397	42	29	56.0	22.4
	700	7.80	18.39	485	418	44	30	57.0	22.8
	800	8.20	19.61	507	438	46	31	58.0	23.2
	900	8.70	20.91	529	458	48	32	59.0	23.6
	1000	9.30	22.33	548	476	50	33	60.0	24.0

续附表 1-4

体重(千克)	日增重(克)	日粮干物质(千克)	奶牛能量单位(NND)	可消化粗蛋白(克)	小肠可消化粗蛋白(克)	钙(克)	磷(克)	胡萝卜素(毫克)	维生素(A)(×10³单位)
550	0	5.80	12.77	341	284	33	28	55.0	22.0
	300	6.80	15.31	417	354	39	29	58.0	23.0
	400	7.10	16.27	441	376	41	30	59.0	23.6
	500	7.50	17.29	465	397	43	31	60.0	24.0
	600	7.90	18.40	487	418	45	32	61.0	24.4
	700	8.30	19.57	510	439	47	33	62.0	24.8
	800	8.80	20.85	533	460	49	34	63.0	25.2
	900	9.30	22.25	554	480	51	35	64.0	25.6
	1000	9.90	23.76	573	496	53	36	65.0	26.0
600	0	6.20	13.53	364	303	36	30	60.0	24.0
	300	7.20	16.39	441	374	42	31	66.0	26.4
	400	7.60	17.48	465	396	44	32	67.0	26.8
	500	8.00	18.64	489	418	46	33	68.0	27.2
	600	8.40	19.88	512	439	48	34	69.0	27.6
	700	8.90	21.23	535	459	50	35	70.0	28.0
	800	9.40	22.67	557	480	52	36	71.0	28.4
	900	9.90	24.24	580	501	54	37	72.0	28.8
	1000	10.50	25.93	599	518	56	38	73.0	29.2

附表 1-5 奶牛常用饲料的营养价值

号/饲料种类	饲料名称	样品说明	干物质(%)	粗蛋白(%)	钙(%)	磷(%)	总能量(兆焦/千克)	奶牛能量单位(NND/千克)	可消化粗蛋白(克/千克)
青绿饲料类									
2-01-610	大麦青割	北京,五月上旬	15.7	2.0	—	—	2.78	0.29	12
2-01-614	大豆青割	北京,全株	35.2	3.4	0.36	0.29	5.76	0.59	20
2-01-099	胡萝卜秧	4 省市 4 样平均值	12.0	2.0	0.38	0.05	2.07	0.23	13
2-01-197	苜 蓿	公主岭,亚洲苜蓿营养期	25.0	5.2	0.52	0.06	4.55	0.47	31
2-01-655	沙 打 旺	北京	14.9	3.5	0.20	0.05	2.61	0.30	21
2-01-333	甜 菜 叶	新疆	8.7	2.0	0.11	0.04	1.39	0.17	12
2-01-668	小麦青割	北京春小麦	29.8	4.8	0.27	0.03	5.43	0.57	29
2-01-680	野 青 草	广州,混杂草	29.6	2.3	—	—	5.26	0.49	14
2-01-243	玉米青割	哈尔滨,乳熟期,玉米叶	17.9	1.1	0.06	0.04	3.37	0.32	7
2-01-429	紫云英	8 省市 8 样平均值	13.0	2.9	0.18	0.07	2.42	0.28	17
青贮饲料类									
3-03-602	甘薯藤青贮	北京,秋甘薯藤	33.1	2.0	0.46	0.15	5.14	0.47	12
3-03-605	玉米青贮	4 省市 5 样平均值	22.7	1.6	0.10	0.06	3.96	0.36	10
3-03-606	玉米大豆青贮	北京	21.8	2.1	0.15	0.06	3.46	0.35	13
3-03-010	胡萝卜青贮	甘肃	23.6	2.1	0.25	0.03	3.29	0.44	13
3-03-019	苜蓿青贮	西宁,盛花期	33.7	5.3	0.50	0.10	6.25	0.52	32

续附表 1-5

号/饲料种类	饲料名称	样品说明	干物质(%)	粗蛋白(%)	钙(%)	磷(%)	总能量(兆焦/千克)	奶牛能量单位(NND/千克)	可消化粗蛋白(克/千克)
块根、块茎瓜果类									
4-4-200	甘薯	7 省市 8 样平均值	25.0	1.0	0.13	0.05	4.25	0.59	7
4-4-208	胡萝卜	12 省市 13 样平均值	12.0	1.1	0.15	0.09	2.04	0.29	7
4-4-212	南瓜	9 省市 9 样平均值	10.0	1.0	0.04	0.02	1.71	0.24	7
4-4-213	甜 菜	8 省市 9 样平均值	15.0	2.0	0.06	0.04	2.59	0.31	13
4-4-611	甜菜丝干	北京	88.6	7.3	0.66	0.07	1.54	1.97	47
青干草类									
1-05-616	碱草	内蒙,抽穗期	90.1	13.4	—	—	1.69	1.40	80
1-05-617	碱草	内蒙,结实期	91.7	7.4	—	—	1.68	1.03	44
1-05-031	苜蓿干草	吉林公农 1 号苜蓿,营养期一茬	87.7	18.3	1.47	0.19	1.63	1.64	110
1-05-644	羊草	东北三级草	88.3	3.2	0.25	0.18	1.56	1.15	19
1-05-645	羊草	黑龙江,4 样平均值	91.6	7.4	0.37	0.18	1.70	1.38	44
1-05-054	野干草	内蒙,海金山	91.4	6.2	—	—	1.64	1.32	37
秸秆类									
1-06-632	大麦秸	北京	90.0	4.9	0.12	0.11	15.81	1.17	14
1-06-604	大豆秸	吉林,公主岭	89.7	3.2	0.61	0.03	16.32	1.10	8
1-06-630	稻草	北京	90.0	2.7	0.11	0.05	13.41	1.04	7
1-06-038	甘薯蔓	山东,25 样平均值	90.0	7.6	1.63	0.08	15.78	1.39	24

续附表 1-5

号/饲料种类	饲料名称	样品说明	干物质（%）	粗蛋白（%）	钙（%）	磷（%）	总能量（兆焦/千克）	奶牛能量单位（NND/千克）	可消化粗蛋白（克/千克）
1-06-100	甘薯蔓	7省市，13样平均值	88.0	8.1	1.55	0.11	15.29	1.34	26
1-06-617	花生藤	山东，伏花生	91.3	11.0	2.46	0.04	16.11	1.54	28
1-06-620	小麦秸	北京，冬小麦	90.0	3.9	0.25	0.03	7.49	0.99	10
1-06-629	玉米秸	北京	90.0	5.8	—	—	15.22	1.21	18
谷实类									
4-07-022	大麦	20省市49样平均值	88.8	10.8	0.12	0.29	15.80	2.13	70
4-07-104	高粱	17省市38样平均值	89.3	8.7	0.09	0.28	16.12	2.09	57
4-07-123	荞麦	11省市14样平均值	87.1	9.9	0.09	0.30	15.82	1.94	64
4-07-164	小麦	15省市28样平均值	91.8	12.1	0.11	0.36	16.43	2.39	79
4-07-188	燕麦	11省市17样平均值	90.3	11.6	0.15	0.33	16.86	2.13	75
4-07-263	玉米	23省市120样平均值	88.4	8.6	0.08	0.21	16.14	2.76	56
糠麸类									
1-08-001	大豆皮	北京	91.0	18.8	—	0.35	17.16	1.85	113
4-08-016	高粱糠	2省8样平均值	91.1	9.6	0.07	0.81	17.42	2.17	58
4-08-030	米糠	4省市13样平均值	90.2	12.1	0.14	1.04	18.20	2.16	73
4-08-049	小麦麸	山东，39样平均值	89.3	15.0	0.14	0.54	16.27	1.89	90
4-08-078	小麦麸	全国115样平均值	88.6	14.4	0.18	0.78	16.24	1.91	86
4-08-094	玉米皮	6省市6样平均值	88.2	9.7	0.28	0.35	16.17	1.84	58

续附表 1-5

号/饲料种类	饲料名称	样品说明	干物质(%)	粗蛋白(%)	钙(%)	磷(%)	总能量(兆焦/千克)	奶牛能量单位(NND/千克)	可消化粗蛋白(克/千克)
豆类									
5-09-201	蚕豆	全国 14 样平均值	88.0	24.9	0.15	0.40	16.45	2.25	162
5-09-217	大豆	16 省市 40 样平均值	88.0	37.0	0.27	0.48	20.55	2.76	241
油饼类									
5-10-022	菜籽饼	13 省市机榨 21 样平均值	92.2	36.4	0.73	0.95	18.90	2.43	237
5-10-043	豆饼	13 省,机榨 42 样平均值	90.6	43.0	0.32	0.50	18.74	2.64	280
5-10-075	花生饼	9 省市机榨 34 样平均值	89.9	46.4	0.24	0.52	19.22	2.71	302
5-10-084	米糠饼	7 省市机榨 13 样平均值	90.7	15.2	0.12	0.18	16.64	1.86	99
5-10-612	棉籽饼	4 省市去壳机榨 6 样平均值	89.6	32.5	0.27	0.81	18.00	2.34	211
5-10-110	向日葵饼	北京,去 壳 浸 提	92.6	46.1	0.53	0.35	18.65	2.17	300
5-10-138	芝麻饼	10 省市机榨 13 样平均值	90.7	41.1	2.29	0.79	18.29	2.40	267
糟渣类									
1-11-602	豆腐渣	2 省市，4 样平均值	11.0	3.3	0.05	0.03	2.27	0.31	21
4-11-058	粉 渣	玉米粉渣,6 省 7 样平均值	15.0	1.8	0.02	0.02	2.79	0.39	12
4-11-069	粉 渣	马铃薯粉渣,3 省 3 样平均值	15.0	1.0	0.06	0.04	2.63	0.29	7
5-11-103	酒 糟	吉林,高粱酒糟	37.7	9.3	—	—	7.54	0.96	60
4-11-092	酒 糟	贵州,玉米酒糟	21.0	4.0	—	—	4.26	0.43	26
5-11-607	啤酒糟	2 省市,3 样平均值	23.4	6.8	0.09	0.18	4.77	0.51	44
1-11-610	甜菜渣	黑龙江	12.2	1.4	0.12	0.01	2.00	0.24	9

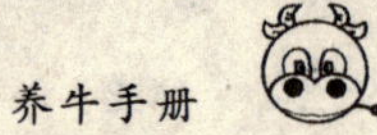

附表 1-6　奶牛常用矿物质饲料中元素含量表

饲料名称	化学式	元素含量(%)	元素含量(%)
碳酸钙	$CaCO_3$	Ca=40	
石灰石粉	$CaCO_3$	Ca=35.89	P=0.02
煮骨粉		Ca=24～25	P=11～18
蒸骨粉		Ca=31～32	P=13～15
磷酸氢二钠	$Na_2HPO_4 \cdot 12H_2O$	P=8.7	Na=12.8
亚磷酸氢二钠	$Na_2HPO_3 \cdot 5H_2O$	P=14.3	Na=21.3
磷酸钠	$Na_3PO_4 \cdot 12H_2O$	P=8.2	Na=12.1
焦磷酸钠	$Na_4P_2O_7 \cdot 10H_2O$	P=14.1	Na=10.3
磷酸氢钙	$CaHPO_4 \cdot 2H_2O$	P=18.0	Ca=23.2
磷酸钙	$Ca_3(PO_4)_2$	P=20.0	Ca=38.7
过磷酸钙	$Ca(H_2PO_4)_2 \cdot H_2O$	P=24.6	Ca=15.9
氯化钠	NaCl	Na=39.7	Cl=60.3
硫酸亚铁	$FeSO_4 \cdot 7H_2O$	Fe =20.1	
碳酸亚铁	$FeCO_3 \cdot H_2O$	Fe =41.7	
碳酸亚铁	$FeCO_3$	Fe =48.2	
氯化亚铁	$FeCl_2 \cdot 4H_2O$	Fe =28.1	
氯化铁	$FeCl_3 \cdot 6H_2O$	Fe =20.7	
氯化铁	$FeCl_3$	Fe =34.4	
硫酸铜	$CuSO_4 \cdot 5H_2O$	Cu=39.8	S=20.06
氯化铜	$CuCl_2 \cdot 2H_2O$(绿色)	Cu=47.2	Cl=52.71
氧化镁	MgO	Mg=60.31	
硫酸镁	$MgSO_4 \cdot 7H_2O$	Mg=20.18	S=26.58
碳酸铜	$CuCO_3 \cdot Cu(OH)_2H_2O$	Cu=53.2	
碳酸铜(碱式)孔雀石	$CuCO_3 \cdot Cu(OH)_2$	Cu=57.5	
氢氧化铜	$Cu(OH)_2$	Cu=65.2	

续附表 1-6

饲料名称	化学式	元素含量(%)	元素含量(%)
氯化铜(白色)	$CuCl_2$	Cu=64.2	
硫酸锰	$MnSO_4 \cdot 5H_2O$	Mn=22.8	
碳酸锰	$MnCO_3$	Mn=47.8	
氧化锰	MnO	Mn=77.4	
氯化锰	$MnCl_2 \cdot 4H_2O$	Mn=27.8	
硫酸锌	$ZnSO_4 \cdot 7H_2O$	Zn=22.7	
碳酸锌	$ZnCO_3$	Zn=52.1	
氧化锌	ZnO	Zn=80.3	
氯化锌	$ZnCl_2$	Zn=48.0	
碘化钾	KI	I=76.4	K=23.56
二氧化锰	MnO_2	Mn=63.2	
亚硒酸钠	$Na_2SeO_3 \cdot 5H_2O$	Se= 30.0	
硒酸钠	$Na_2SeO_4 \cdot 10H_2O$	Se= 21.4	
硫酸钴	$CoSO_4$	Co=38.02	S=20.68
碳酸钴	$CoCO_3$	Co=49.55	
氯化钴	$CoCl_2 \cdot 6H_2O$	Co=24.78	

附表 1-7　奶牛微量元素的需要量及中毒极限量的参考 毫克/千克干物质

元 素	缺乏极限量	需要量	中毒极限量
铁	—	50	—
铜	7	10	30
钴	0.07	0.1	10
碘	0.15	0.2	8
锰	45	50	1 000
锌	45	50	250
硒	0.1	0.1	0.5
钼	—	—	3.0

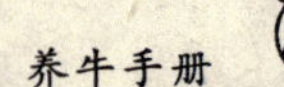

附表 1-8　微量元素缺乏的症候

	铁		铜		钴		碘		锰		锌		硒	
	成年牛	青年牛	成年牛	青年牛	成年牛	青年牛	成年牛	青年牛	成年牛	青年牛	成年牛	青年牛	成年牛	青年牛
生长受阻		V	V	V	V	V		V		V	V	V		
产奶下降			V		V		V				V			
食欲减退		V	V	V	V	V	V	V			V	V		
异食			V	V	V	V								
消瘦		V	V	V	▲	▲					V	V		
贫血			V	V	V	V								
肢势不正			V	V					▲	▲	V	V		
自发骨裂			V	V										
跛行			V	V					V	V	V	V		V
心脏疾患			▲	▲										V
呼吸困难			V	V										V
腹泄			V		V	V								
毛发褪色			▲	▲							V	V		
毛发乱			V	V	▲	▲		V						
脱发								V			▲	▲		
皮炎											▲	▲		
甲状腺肿							▲	▲						
繁殖障碍			V		V		V		V		V			
肌变性														▲
蹄变形											V	V		

注：V 为一般症候，▲为特殊症候。

附录二 肉牛营养需要和饲养标准(摘编)

附表 2-1 生长肥育牛的营养需要

体重（千克）	日增重（千克）	干物质（千克）	肉牛能量单位（RND）	综合净能（兆焦）	粗蛋白质（克）	钙（克）	磷（克）
150	0	2.66	1.46	11.76	236	5	5
	0.3	3.29	1.87	15.10	377	14	8
	0.4	3.49	1.97	15.90	421	17	9
	0.5	3.70	2.07	16.74	465	19	10
	0.6	3.91	2.19	17.66	507	22	11
	0.7	4.12	2.30	18.58	548	25	12
	0.8	4.33	2.45	19.75	589	28	13
	0.9	4.54	2.61	21.05	627	31	14
	1.0	4.75	2.80	22.64	665	34	15
	1.1	4.95	3.02	20.35	704	37	16
	1.2	5.16	3.25	26.28	739	40	16
175	0	2.98	1.63	13.18	265	6	6
	0.3	3.63	2.09	16.90	403	14	9
	0.4	3.85	2.20	17.78	447	17	9
	0.5	4.07	2.32	18.70	489	20	10
	0.6	4.29	2.44	19.71	530	23	11
	0.7	4.51	2.57	20.75	571	26	12
	0.8	4.72	2.79	22.05	609	28	13
	0.9	4.94	2.91	23.47	650	31	14
	1.0	5.16	3.12	25.23	686	34	15
	1.1	5.38	3.37	27.20	724	37	16
	1.2	5.59	3.63	29.29	759	40	17

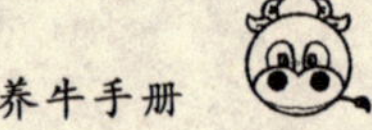

续附表 2-1

体重（千克）	日增重（千克）	干物质（千克）	肉牛能量单位（RND）	综合净能（兆焦）	粗蛋白质（克）	钙（克）	磷（克）
200	0	3.30	1.80	14.56	293	7	7
	0.3	3.98	2.32	18.70	428	15	9
	0.4	4.21	2.43	19.62	472	17	10
	0.5	4.44	2.56	20.67	514	20	11
	0.6	4.66	2.69	21.76	555	23	12
	0.7	4.89	2.83	22.47	593	26	13
	0.8	5.12	3.01	24.31	631	29	14
	0.9	5.34	3.21	25.90	669	31	15
	1.0	5.57	3.45	27.82	708	34	16
	1.1	5.80	3.71	29.96	743	37	17
	1.2	6.03	4.00	32.30	778	40	17
225	0	3.60	1.87	15.10	320	7	7
	0.3	4.31	2.56	20.71	452	15	10
	0.4	4.55	2.69	21.76	494	18	11
	0.5	4.78	2.83	22.89	535	20	12
	0.6	5.02	2.98	24.10	576	23	13
	0.7	5.26	3.14	25.36	614	26	14
	0.8	5.49	3.33	26.90	652	29	14
	0.9	5.73	3.55	28.66	691	31	15
	1.0	5.96	3.81	30.79	726	34	16
	1.1	6.20	4.10	33.10	761	37	17
	1.2	6.44	4.42	35.69	796	39	18
250	0	3.90	2.20	17.78	346	8	8
	0.3	4.64	2.81	22.72	475	16	11
	0.4	4.88	2.95	23.85	517	18	12
	0.5	5.13	3.11	25.10	558	21	12
	0.6	5.37	3.27	26.44	599	23	13
	0.7	5.62	3.45	27.82	637	26	14
	0.8	5.87	3.65	29.50	672	29	15
	0.9	6.11	3.89	31.38	711	31	16
	1.0	6.36	4.18	33.72	746	34	17
	1.1	6.60	4.49	36.28	781	36	18
	1.2	6.85	4.84	39.08	814	39	18

续附表 2-1

体重(千克)	日增重(千克)	干物质(千克)	肉牛能量单位(RND)	综合净能(兆焦)	粗蛋白质(克)	钙(克)	磷(克)
275	0	4.19	2.40	19.37	372	9	9
	0.3	4.96	3.07	24.77	501	16	12
	0.4	5.21	3.22	25.98	543	19	12
	0.5	5.47	3.39	27.36	581	21	13
	0.6	5.72	3.57	28.79	619	24	14
	0.7	5.98	3.75	30.29	657	26	15
	0.8	6.23	3.98	32.13	696	29	16
	0.9	6.49	4.23	34.18	731	31	16
	1.0	6.74	4.55	36.74	766	34	17
	1.1	7.00	4.89	39.50	798	36	18
	1.2	7.25	5.60	42.51	834	39	19
300	0	4.47	2.60	21.00	397	10	10
	0.3	5.26	3.32	26.78	523	17	12
	0.4	5.53	3.48	28.12	565	19	13
	0.5	5.79	3.66	29.58	603	21	14
	0.6	6.06	3.86	31.13	641	24	15
	0.7	6.32	4.06	32.76	679	26	15
	0.8	6.58	4.31	34.77	715	29	16
	0.9	6.85	4.58	36.99	750	31	17
	1.0	7.11	4.92	39.71	785	34	18
	1.1	7.38	5.29	42.68	818	36	19
	1.2	7.64	5.69	45.98	850	38	19
325	0	4.75	2.78	22.43	421	11	11
	0.3	5.57	3.54	28.58	547	17	13
	0.4	5.84	3.72	30.04	586	19	14
	0.5	6.12	3.91	31.59	624	22	14
	0.6	6.39	4.12	33.26	662	24	15
	0.7	6.66	4.36	35.02	700	26	16
	0.8	6.94	4.60	37.15	736	29	17
	0.9	7.21	4.90	39.54	771	31	18
	1.0	7.49	5.25	42.43	803	33	18
	1.1	7.76	5.65	45.61	839	36	19
	1.2	8.03	6.08	49.12	868	38	20

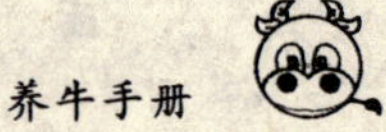

续附表 2-1

体重（千克）	日增重（千克）	干物质（千克）	肉牛能量单位（RND）	综合净能（兆焦）	粗蛋白质（克）	钙（克）	磷（克）
350	0	5.02	2.95	23.85	445	12	12
	0.3	5.87	3.76	30.38	569	18	14
	0.4	6.15	3.95	31.92	607	20	14
	0.5	6.43	4.16	33.60	645	22	15
	0.6	6.72	4.38	35.40	683	24	16
	0.7	7.00	4.61	37.24	719	27	17
	0.8	7.28	4.89	39.50	757	29	17
	0.9	7.57	5.21	42.05	789	31	18
	1.0	7.85	5.59	45.15	824	33	19
	1.1	8.13	6.01	48.53	857	36	20
	1.2	8.41	6.47	52.26	889	38	20
375	0	5.28	3.13	25.27	469	12	12
	0.3	6.16	3.99	32.22	593	18	14
	0.4	6.45	4.19	33.85	631	20	15
	0.5	6.74	4.41	35.61	669	22	16
	0.6	7.03	4.65	37.53	704	25	17
	0.7	7.32	4.89	39.50	743	27	17
	0.8	7.62	5.19	41.88	778	29	18
	0.9	7.91	5.52	44.60	810	31	19
	1.0	8.20	5.93	47.87	845	33	19
	1.1	8.49	6.26	50.54	878	35	20
	1.2	8.79	6.75	54.48	907	38	20
400	0	5.55	3.31	26.74	492	13	13
	0.3	6.45	4.22	34.06	613	19	15
	0.4	6.76	4.43	35.77	651	21	16
	0.5	7.06	4.66	37.66	689	23	17
	0.6	7.36	4.91	39.66	727	25	17
	0.7	7.66	5.17	41.76	763	27	18
	0.8	7.96	5.49	44.31	798	29	19
	0.9	8.26	5.64	47.15	830	31	19
	1.0	8.56	6.27	50.63	866	33	20
	1.1	8.57	6.74	54.43	895	35	21
	1.2	9.17	7.26	58.66	927	37	21

续附表 2-1

体重（千克）	日增重（千克）	干物质（千克）	肉牛能量单位（RND）	综合净能（兆焦）	粗蛋白质（克）	钙（克）	磷（克）
425	0	5.80	3.48	28.08	515	14	14
	0.3	6.73	4.43	35.77	636	19	16
	0.4	7.04	4.65	37.57	674	21	17
	0.5	7.35	4.90	39.54	712	23	17
	0.6	7.66	5.16	41.67	747	25	18
	0.7	7.97	5.44	43.89	783	27	18
	0.8	8.29	5.77	46.57	818	29	19
	0.9	8.60	6.14	49.58	850	31	20
	1.0	8.91	6.59	53.22	886	33	20
	1.1	9.22	7.09	57.24	918	35	21
	1.2	9.53	7.64	61.67	947	37	22
450	0	6.06	3.63	29.33	538	15	15
	0.3	7.02	4.63	37.41	659	20	17
	0.4	7.34	4.87	39.33	697	21	17
	0.5	7.66	5.12	41.83	732	23	18
	0.6	7.98	5.40	43.60	770	25	19
	0.7	8.30	5.69	45.94	806	27	19
	0.8	8.62	6.03	48.74	841	29	20
	0.9	8.94	6.43	51.92	873	31	20
	1.0	9.26	6.90	55.77	906	33	21
	1.1	9.58	7.42	59.96	938	35	22
	1.2	9.90	8.00	64.60	967	37	22
475	0	6.31	3.79	30.63	560	16	16
	0.3	7.30	4.84	39.08	681	20	17
	0.4	7.63	5.09	41.09	719	22	18
	0.5	7.96	5.35	43.26	754	24	19
	0.6	8.29	5.64	45.61	789	25	19
	0.7	8.61	5.94	48.03	825	27	20
	0.8	8.94	6.31	51.00	860	29	20
	0.9	9.27	6.72	54.31	892	21	21
	1.0	9.60	7.22	58.32	928	33	21
	1.1	9.93	7.77	62.76	957	35	22
	1.2	10.26	8.37	67.61	989	36	22

续附表 2-1

体重（千克）	日增重（千克）	干物质（千克）	肉牛能量单位（RND）	综合净能（兆焦）	粗蛋白质（克）	钙（克）	磷（克）
500	0	6.56	3.95	31.92	582	16	16
	0.3	7.58	5.04	40.71	700	21	18
	0.4	7.91	5.30	42.84	738	22	19
	0.5	8.25	5.58	45.10	776	24	19
	0.6	8.59	5.88	47.53	811	26	20
	0.7	8.93	6.20	50.08	847	27	20
	0.8	9.27	6.58	53.18	882	29	21
	0.9	9.61	7.01	56.65	912	31	21
	1.0	9.94	7.53	60.88	947	33	22
	1.1	10.28	8.10	65.48	979	34	23
	1.2	10.62	8.73	70.54	1 011	36	23

注：为简化起见，小肠可消化粗蛋白质的需要量可按表所列粗蛋白质的55%进行计算。

附表 2-2 生长母牛的营养需要

体重（千克）	日增重（千克）	干物质（千克）	肉牛能量单位（RND）	综合净能（兆焦）	粗蛋白质（克）	钙（克）	磷（克）
150	0	2.66	1.46	11.76	236	5	5
	0.3	3.29	1.90	15.31	377	13	8
	0.4	3.49	2.00	16.15	421	16	9
	0.5	3.70	2.11	17.07	465	19	10
	0.6	3.91	2.24	18.07	507	22	11
	0.7	4.12	2.36	19.08	548	25	11
	0.8	4.33	2.52	20.33	589	28	12
	0.9	4.54	2.69	21.76	627	31	13
	1.0	4.75	2.91	23.47	665	34	14

续附表 2-2

体重（千克）	日增重（千克）	干物质（千克）	肉牛能量单位（RND）	综合净能（兆焦）	粗蛋白质（克）	钙（克）	磷（克）
175	0	2.98	1.63	13.18	265	6	6
	0.3	3.63	2.12	17.15	403	14	8
	0.4	3.85	2.24	18.07	447	17	9
	0.5	4.07	2.37	19.12	489	19	10
	0.6	4.29	2.50	20.21	530	22	11
	0.7	4.51	2.64	21.34	571	25	12
	0.8	4.72	2.81	22.72	609	28	13
	0.9	4.94	3.01	24.31	650	30	14
	1.0	5.16	3.24	26.19	686	33	15
200	0	3.30	1.80	14.56	293	7	7
	0.3	3.98	2.34	18.92	428	14	9
	0.4	4.21	2.47	19.46	472	17	10
	0.5	4.44	2.61	21.09	514	20	11
	0.6	4.66	2.76	22.30	555	22	12
	0.7	4.89	2.92	23.43	593	25	13
	0.8	5.12	3.10	25.06	631	28	14
	0.9	5.34	3.32	26.78	669	30	14
	1.0	5.57	3.58	28.87	708	33	15
225	0	3.60	1.87	15.10	320	7	7
	0.3	4.31	2.60	20.71	452	15	10
	0.4	4.55	2.74	21.76	494	17	11
	0.5	4.78	2.89	22.89	535	20	12
	0.6	5.02	3.06	24.10	576	23	12
	0.7	5.26	3.22	25.36	614	25	13
	0.8	5.49	3.44	26.90	652	28	14
	0.9	5.73	3.67	29.92	691	30	15
	1.0	5.96	3.95	31.92	726	33	16

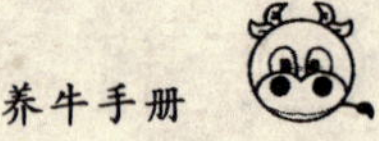

续附表 2-2

体重（千克）	日增重（千克）	干物质（千克）	肉牛能量单位（RND）	综合净能（兆焦）	粗蛋白质（克）	钙（克）	磷（克）
250	0	3.90	2.20	17.18	346	8	8
	0.3	4.64	2.84	22.97	475	15	11
	0.4	4.88	3.00	24.23	517	18	11
	0.5	5.13	3.17	25.01	558	20	12
	0.6	5.37	3.35	27.03	599	23	13
	0.7	5.62	3.53	28.53	637	25	14
	0.8	5.87	3.76	30.38	672	28	15
	0.9	6.11	4.02	32.47	711	30	15
	1.0	6.36	4.33	34.98	746	33	17
275	0	4.49	2.40	19.37	372	9	9
	0.3	4.96	3.10	25.06	501	16	11
	0.4	5.21	3.27	26.40	543	18	12
	0.5	5.47	3.45	27.87	581	20	13
	0.6	5.72	3.65	29.46	619	23	14
	0.7	5.98	3.85	31.09	657	25	14
	0.8	6.23	4.10	33.10	696	28	15
	0.9	6.49	4.38	35.35	731	30	16
	1.0	6.74	4.72	38.07	766	32	17
300	0	4.47	2.60	21.00	397	10	10
	0.3	5.26	3.35	27.07	523	16	12
	0.4	5.53	3.54	28.58	565	18	13
	0.5	5.79	3.74	30.17	603	21	14
	0.6	6.06	3.95	31.88	641	23	14
	0.7	6.32	4.17	33.64	679	25	15
	0.8	6.58	4.44	35.82	715	28	16
	0.9	6.85	4.74	38.24	750	30	17
	1.0	7.11	5.10	41.17	785	32	17

续附表 2-2

体重（千克）	日增重（千克）	干物质（千克）	肉牛能量单位（RND）	综合净能（兆焦）	粗蛋白质（克）	钙（克）	磷（克）
325	0	4.75	2.78	22.43	421	11	11
	0.3	5.57	3.59	28.95	547	17	13
	0.4	5.84	3.78	30.54	586	19	14
	0.5	6.12	3.99	32.22	624	21	14
	0.6	6.39	4.22	34.06	662	23	15
	0.7	6.66	4.46	35.98	700	25	16
	0.8	6.94	4.74	38.28	736	28	16
	0.9	7.21	5.06	40.88	771	30	17
	1.0	7.49	5.45	44.02	803	32	18
350	0	5.02	2.95	23.85	445	12	12
	0.3	5.87	3.81	30.75	569	17	14
	0.4	6.15	4.02	32.47	607	19	14
	0.5	6.43	4.24	34.27	645	21	15
	0.6	6.72	4.49	36.23	683	23	16
	0.7	7.00	4.74	38.24	719	25	16
	0.8	7.28	5.04	40.71	757	28	17
	0.9	7.57	5.38	43.47	789	30	18
	1.0	7.85	5.80	46.82	824	32	18
375	0	5.28	3.13	25.27	469	12	12
	0.3	6.16	4.04	32.59	593	18	14
	0.4	6.45	4.26	34.39	631	20	15
	0.5	6.74	4.50	36.32	669	22	16
	0.6	7.03	4.76	38.41	704	24	17
	0.7	7.32	5.03	40.58	743	26	17
	0.8	7.62	5.35	43.18	778	28	18
	0.9	7.91	5.71	46.11	810	30	19
	1.0	8.20	6.15	49.66	845	32	19

续附表 2-2

体重（千克）	日增重（千克）	干物质（千克）	肉牛能量单位（RND）	综合净能（兆焦）	粗蛋白质（克）	钙（克）	磷（克）
400	0	5.55	3.31	26.74	492	13	13
	0.3	6.45	4.26	34.43	613	18	15
	0.4	6.76	4.50	36.36	651	20	16
	0.5	7.06	4.76	38.41	689	22	16
	0.6	7.36	5.03	40.58	727	24	17
	0.7	7.66	5.31	42.89	763	26	17
	0.8	7.96	5.65	45.65	798	28	18
	0.9	8.26	6.04	48.74	830	29	19
	1.0	8.56	6.50	52.51	866	31	19

注：为简化起见，小肠可消化粗蛋白质的需要量可按表所列粗蛋白质的55%进行计算。

附表 2-3　妊娠母牛的营养需要

体重（千克）	妊娠月份	干物质（千克）	肉牛能量单位（RND）	综合净能（兆焦）	粗蛋白质（克）	钙（克）	磷（克）
300	6	6.32	2.80	22.60	409	14	12
	7	6.43	3.11	25.12	477	16	12
	8	6.60	3.50	28.26	587	18	13
	9	6.77	3.97	32.05	735	20	13
350	6	6.86	3.12	25.19	449	16	13
	7	6.98	3.45	27.87	517	18	14
	8	7.15	3.87	31.24	627	20	15
	9	7.32	4.37	35.30	775	22	15

续附表 2-3

体重（千克）	妊娠月份	干物质（千克）	肉牛能量单位（RND）	综合净能（兆焦）	粗蛋白质（克）	钙（克）	磷（克）
400	6	7.39	3.43	27.69	488	18	15
	7	7.51	3.78	30.56	556	20	16
	8	7.68	4.23	34.13	666	22	16
	9	7.84	4.76	38.47	814	24	17
450	6	7.90	3.73	30.12	526	20	17
	7	8.02	4.11	33.15	594	22	18
	8	8.19	4.58	36.99	704	24	18
	9	8.36	5.15	41.58	852	27	19
500	6	8.40	4.03	32.51	563	22	19
	7	8.52	4.42	35.72	631	24	19
	8	8.69	4.92	39.76	741	26	20
	9	8.86	5.53	44.62	889	29	21
550	6	8.89	4.31	34.83	599	24	20
	7	9.00	4.73	38.23	667	26	21
	8	9.17	5.26	42.47	777	29	22
	9	9.34	5.90	47.61	925	31	23

注:为简化起见,小肠可消化粗蛋白质的需要量可按表所列粗蛋白质的 55%进行计算。

附表 2-4　哺乳母牛的营养需要

体重（千克）	干物质（千克）	肉牛能量单位（RND）	综合净能（兆焦）	粗蛋白质（克）	钙（克）	磷（克）
300	4.47	2.36	19.04	332	10	10
350	5.02	2.65	21.38	372	12	12

续附表 2-4

体重（千克）	干物质（千克）	肉牛能量单位（RND）	综合净能（兆焦）	粗蛋白质（克）	钙（克）	磷（克）
400	5.55	2.93	23.64	411	13	13
450	6.06	3.20	25.82	449	15	15
500	6.56	3.46	27.91	486	16	16
550	7.04	3.72	30.04	522	18	18

附表 2-5　哺乳母牛每千克泌乳的营养需要

干物质（千克）	肉牛能量单位（RND）	综合净能（兆焦）	粗蛋白质（克）	钙（克）	磷（克）
0.45	0.32	2.57	85	2.46	1.12

附表 2-6　哺乳母牛各泌乳月预计日泌乳量(4%乳脂率)　千克

泌乳量	哺乳月					
	一	二	三	四	五	六
较好	10.00	9.10	8.20	7.30	6.40	5.50
平均	7.50	6.90	6.20	5.50	4.80	4.20
较差	5.00	4.60	4.10	3.70	3.20	2.80

附表 2-7 肉牛常用饲料成分与营养价值表

(一)青绿饲料类

编号	饲料名称	样品说明	干物质(%)	粗蛋白(%)	粗纤维(%)	无氮浸出物(%)	钙(%)	磷(%)	肉牛能量单位(RND/千克)
2-01-610	大麦青割	北京,五月上旬	15.7	2.0	4.7	6.9	—	—	0.11
2-01-072	甘薯藤	11 省市 15 样平均	13.0	2.1	2.5	6.2	0.20	0.05	0.08
2-01-632	黑麦草	北京意大利黑麦草	18.0	3.3	4.2	7.6	0.13	0.05	0.14
2-01-645	苜蓿	北京,盛花期	26.2	3.8	9.4	10.8	0.34	0.01	0.13
2-01-655	沙打旺	北京	14.9	3.5	2.3	6.6	0.20	0.05	0.10
2-01-664	象草	广东,湛江	20.0	2.0	7.0	9.4	0.15	0.02	0.13
2-01-677	野青草	北京,狗尾草为主	25.3	1.7	7.1	13.3	—	0.12	0.14
3-03-605	玉米青贮	4 省市 5 样平均值	22.7	1.6	6.9	11.6	0.10	0.06	0.12
3-03-606	玉米大豆贮	北京	21.8	2.1	6.9	8.1	0.15	0.06	0.13
3-03-601	冬大麦青贮	北京,7 样平均	22.2	2.6	6.6	9.5	0.05	0.03	0.15
3-03-011	胡萝卜叶贮	西宁,起薹	19.7	3.1	5.7	4.8	0.35	0.03	0.12
3-03-005	苜蓿青贮	西宁,盛花期	33.7	5.3	12.8	10.3	0.50	0.10	0.16
3-03-021	甘薯蔓青贮	上海	18.3	1.7	4.5	7.3	—	—	0.08

续附表 2-7

(二)块根、块茎、瓜果类

编号	饲料名称	样品说明	干物质(%)	粗蛋白(%)	粗纤维(%)	无氮浸出物(%)	钙(%)	磷(%)	肉牛能量单位(RND/千克)
4-04-200	甘薯	7省市8样平均	25.0	1.0	0.9	22.0	0.13	0.05	0.26
4-04-208	胡萝卜	12省市13样平均	12.0	1.1	1.2	8.4	0.15	0.09	0.13
4-04-211	马铃薯	10省市10样平均	22.0	1.6	0.7	18.7	0.02	0.03	0.23
4-04-213	甜菜	8省市9样平均	15.0	2.0	1.7	9.1	0.06	0.04	0.12
4-04-611	甜菜丝干	北京	88.6	7.3	19.6	56.6	0.66	0.07	0.80
4-04-215	芜菁甘蓝	3省市5样平均	10.0	1.0	1.3	6.7	0.06	0.02	0.11

(三)干草类

编号	饲料名称	样品说明	干物质(%)	粗蛋白(%)	粗纤维(%)	无氮浸出物(%)	钙(%)	磷(%)	肉牛能量单位(RND/千克)
1-05-645	羊草	黑龙江4样平均	91.6	7.4	29.4	46.6	0.37	0.18	0.46
1-05-622	苜蓿干草	北京,苏联苜蓿	92.4	16.8	29.5	34.5	1.95	0.28	0.56
1-05-625	苜蓿干草	北京,下等	88.7	11.6	43.3	25.0	1.24	0.39	0.39
1-05-646	野干草	北京,秋白草	85.2	6.8	27.5	40.1	0.41	0.31	0.42
1-05-607	黑麦草	吉林	87.8	17.0	20.4	34.3	0.39	0.24	0.62
1-05-617	碱草	内蒙古,结实期	91.7	7.4	41.3	32.5	—	—	0.29

续附表 2-7

(四)农副产品类

编号	饲料名称	样品说明	干物质(%)	粗蛋白(%)	粗纤维(%)	无氮浸出物(%)	钙(%)	磷(%)	肉牛能量单位(RND/千克)
1-06-062	玉米秸	辽宁,3 样平均	90.0	5.9	24.9	50.2	—	—	0.31
1-06-620	小麦秸	北京,冬小麦	83.5	4.4	15.7	18.1	—	—	0.11
1-06-611	稻草	河南	90.3	6.2	27.0	37.3	0.56	0.17	0.22
1-06-615	谷草	黑龙江,2 样平均	90.7	4.5	32.6	44.2	0.34	0.03	0.34
1-06-100	甘薯蔓	7 省市 31 样平均	88.0	8.1	28.5	39.0	1.55	0.11	0.41
1-06-617	花生蔓	山东,伏花生	91.3	11.0	29.6	41.3	2.46	0.04	0.53

(五)谷实类

编号	饲料名称	样品说明	干物质(%)	粗蛋白(%)	粗纤维(%)	无氮浸出物(%)	钙(%)	磷(%)	肉牛能量单位(RND/千克)
4-07-263	玉米	23 省市 120 样平均	88.4	8.6	2.0	72.9	0.08	0.21	1.00
4-07-104	高粱	17 省市 38 样平均	89.3	8.7	2.2	72.9	0.09	0.28	0.88
4-07-022	大麦	20 省市 49 样平均	88.8	10.8	4.7	68.1	0.12	0.29	0.89
4-07-188	燕麦	11 省市 17 样平均	90.3	11.6	8.9	60.7	0.15	0.33	0.86
4-07-164	小麦	15 省市 28 样平均	91.8	12.1	2.4	73.2	0.11	0.36	1.03

续附表 2-7

(六)糠麸类

编号	饲料名称	样品说明	干物质(%)	粗蛋白(%)	粗纤维(%)	无氮浸出物(%)	钙(%)	磷(%)	肉牛能量单位(RND/千克)
4-08-078	小麦麸	全国115样平均	88.6	14.4	9.2	56.2	0.18	0.78	0.73
4-08-094	玉米皮	北京	87.9	10.17	13.8	57.0	—	—	0.57
4-08-030	米糠	4省市13样平均	90.2	12.1	9.2	43.3	0.14	1.04	0.89
4-08-603	黄面粉	北京，土面粉	87.2	9.5	1.3	74.3	0.08	0.44	1.00
4-08-001	大豆皮	北京	91.0	18.8	25.4	39.4	—	0.35	0.67

(七)饼粕类

编号	饲料名称	样品说明	干物质(%)	粗蛋白(%)	粗纤维(%)	无氮浸出物(%)	钙(%)	磷(%)	肉牛能量单位(RND/千克)
5-10-043	豆饼	13省机榨42样平均	90.6	43.0	5.7	30.6	0.32	0.50	0.92
5-10-022	菜子饼	13省市机榨21样平均	92.2	36.4	10.7	29.3	0.73	0.95	0.84
5-10-075	花生饼	9省市机榨34样平均	89.9	46.4	5.8	25.7	0.24	0.52	0.92
5-10-612	棉子饼	4省去壳机榨6样平均	89.6	32.5	10.7	34.5	0.27	0.81	0.82
5-10-110	葵花饼	北京，去壳浸提	92.6	46.1	11.8	25.5	0.53	0.35	0.61

续附表 2-7

（八）糟渣类

编号	饲料名称	样品说明	干物质（%）	粗蛋白（%）	粗纤维（%）	无氮浸出物（%）	钙（%）	磷（%）	肉牛能量单位（RND/千克）
5-11-103	酒糟	吉林，高粱酒糟	37.7	9.3	3.4	17.6	—	—	0.38
4-11-092	酒糟	贵州，玉米酒糟	21.0	4.0	2.3	11.7	—	—	0.15
4-11-058	粉渣	玉米粉渣 6 省 7 样平均	15.0	2.8	1.4	10.7	0.02	0.02	0.16
4-11-069	粉渣	马铃薯渣 3 省 3 样平均	15.0	1.0	1.3	11.7	0.06	0.04	0.12
5-11-607	啤酒糟	2 省 3 样平均	23.4	6.8	3.9	9.5	0.09	0.18	0.17
1-11-609	甜菜渣	黑龙江	8.4	0.9	2.6	3.4	0.08	0.05	0.06
1-11-602	豆腐渣	2 省市 4 样平均	11.0	3.3	2.1	4.4	0.05	0.03	0.12
5-11-080	酱油渣	银川豆饼 3 份麸皮 2 份	24.3	7.1	3.3	7.9	0.11	0.03	0.21

（九）矿物质饲料类

编号	饲料名称	样品说明	干物质（%）	钙（%）	磷（%）
6-14-007	贝壳粉	浙江舟山	98.6	34.76	0.02
6-14-016	蛋壳粉	四川	—	37.00	0.15
6-14-022	骨粉	河南南阳	91.0	31.82	13.39
6-14-030	砺粉	北京	99.6	39.23	0.23
6-14-042	石粉	昆明	92.1	33.98	0
6-14-034	磷酸氢钙	四川	风干	23.20	18.60
6-14-046	碳酸钙	浙江湖州	99.1	35.19	0.14

附录三　牛奶记录体系(DHI)介绍及应用

DHI 是 dairy herd improvement 的缩写，其意为牛群改良计划，也称牛奶记录体系。DHI 作为奶牛场饲养管理的有效工具，在国外奶牛业已经应用了 50 多年，并一直应用到现在。世界上奶牛业发达国家如加拿大、美国、荷兰、日本、瑞典等都有类似的组织，负责 DHI 测定，为奶牛户提供服务。DHI 已成为世界奶牛业发展的方向。

我国 DHI 系统创立于 1994 年，是由中国—加拿大奶牛综合育种项目与我国有关组织在上海、西安、杭州三地分别建立起了牛奶监测中心实验室。由加拿大免费提供监测设备、计算机及专用软件进行人员培训，国内有关机构协调组织奶牛场加入，发展至今已有 10 多年时间了。济南农工商集团佳宝乳业公司也于 1998 年开始了这方面的工作。

牛奶记录体系实质上是奶牛场由经验管理、被动管理转变为数据管理、主动管理的一次大的变革，必将对我国奶业的发展起到极大的推动作用。

一、DHI 基本情况介绍

(一)组织形式

可根据不同的实际情况组织进行。具体操作就是购置奶成分测定仪、体细胞测定仪、计算机等仪器设备建立一个中心实验室。按规范的采样办法对每月固定时间采来的奶样进行测试分析，测试后形成书面的产奶记录报告。报告内容多达 20 多项，主要有产量记录，奶成分含量，每毫升体细胞数量等内容。中国奶协已经成立了全国DHI工作委员会,制定了DHI技术认可标准,实验室验收标准及采样和制取标准样品的操作要求。

(二)测试对象和间隔

测试对象为具有一定规模(20头以上成乳牛)愿运用这一先进技术来管理牛群并提高效益的牧场。国有、集体、个体均可参加。采样对象是所有泌乳牛(不含产后15天之内的牛,但包括手工挤奶的患乳房炎的牛),测试间隔1月1次(21～35天/次),参测后不应间断,否则影响数据准确性。

(三)工作程序

1. 取样

(1)方法 用进口的加有防腐剂的取样瓶,对参加DHI测定的每头牛每月采集乳样一次。每次采样总量为40毫升。按每日各次挤奶量占每日总产量比例进行采样。

(2)注意事项

①确保每头奶牛编号的唯一性,奶牛编号与样品编号对应一致。

②采样前先加入防腐剂(进口颗粒或重铬酸钾饱和液),检查流量计工作状况,备好其他必需用具。

③所取奶样应具有代表性,即充分混合奶样。

④每次取样完毕后,把样品箱放在阴凉干燥处,取样装束后,盖紧采样瓶盖,并在样品箱外贴上标签,标明场名、采样时间、采样人和送达地。

⑤取样的准确性是DHI测试数据正确与否的关键,如果取样不准确,其结果无利用价值。要求在采样前对采样员进行培训,按要求进行采样,保证数据的准确可靠。有的地方配备专门采样员,以保证数据的可靠性。

⑥在一般情况下,加防腐剂的奶样在常温下可保存5～7天。

⑦加防腐剂的奶样应防止误食。

2. 收集资料　新加入 DHI 系统的奶牛场，应事先填报下表（表附 3-1）给测试中心。已进入 DHI 系统的奶牛场每月只需把繁殖报表、产量报表交付测试中心。为防止混乱，要求奶量单按牛号大小顺序排列，或将奶量单、牛号顺序与样品箱中的样品号顺序保持一致。

附表 3-1　进入 DHI 系统的奶牛所需资料

所需资料
牛号
生日
父号
母号
本胎产犊日
胎次
奶量
母犊号
母犊父号

3. 测定奶量　实行机器挤奶的单位，通过流量计测定奶量，要注意正确安装流量计，使其保持垂直姿势。保证奶量的准确与其牛号的统一。若手工挤奶则用台秤称量，所有测试工具都应定期进行校正。

4. 奶样分析

（1）测试内容　乳成分：乳蛋白率、乳脂率、乳糖率、干物质含量等；体细胞含量计数。

（2）测试仪器　远红外乳成分测定仪、激光体细胞测定仪。

（3）测试原理　乳成分测定是依照各成分分子功能团对对红外线的吸收程度不同，经仪器变成交流信号，再转为直流信号并直流化、数字化，最后经数学方法调整而成。测试过程是自动的，测试结果在屏幕上显示与计算机和打印机联结。

体细胞的测定原理是把奶样稀释，用荧光染料染色，分配到仪器的不锈钢碟的外围上，当不锈钢碟转动到显微镜下时，激光照射于其上的体细胞核上，使荧光染料发光，发光的体细胞被显微境内的感光体检测到并计数，测试结果在屏幕上显示。仪器与计算机联结。

5. 数据处理及形成报告　计算机室将奶牛场的基础资料输入计算机，建立牛群档案，并与测试结果一起经过牛群管理软件和其他有关软件进行数据加工处理形成 DHI 报告。另外，还可根据奶牛场的需要提供 305 天产奶量排名报告、不同牛群生产性能比较报告、体细胞超过设定数的单列报告、典型牛只产奶曲线报告、DHI 报告分析与咨询。

一般情况下，在奶样送到 DHI 测试中心后的 3～5 天即可得到 DHI 报告。奶牛场可利用提供的数据及时采取措施，改进生产管理。

二、DHI 的分析应用

(一)DHI 提供的信息

DHI 报告提供了二十多项数据信息。这些信息若不被奶牛场管理者利用、不去改进管理则毫无价值。

从目前开展 DHI 服务的几个单位来看，DHI 记录提供了以下信息：

(1)序号　只是简单的样品测试的顺序号。

(2)牛号　对奶牛来说这是唯一的号，没有别的牛与它重号。

(3)分娩日期　参测奶牛分娩的准确时间，由参试单位填报。对现在的胎次而言，分娩日期是很重要的。如果不准确，计算机产生的大多数信息会毫无用处。

(4)泌乳天数　这是计算机按照你提供的分娩日期产生的第一个数字，它依赖于你提供的分娩日期的准确性。

(5)胎次　这也是牧场提供的数字，它对计算机产生 305 天预

计产奶量很重要，因计算机需要精确的胎次以识别泌乳曲线。

(6)奶量　是以千克为单位的牛只本次测奶日的产奶量。

(7)校正奶量　这是个以千克为单位的计算机产生的数据，根据泌乳天数和乳脂率校正为产奶天数为150天，乳脂率力3.5%的数据。校正奶量可用于不同牛只、牛群间生产水平的比较。

(8)上次奶量　这是以千克为单位的上个测定日该牛的产奶量。

(9)乳脂率　这是从测试日呈送的样品中分析出的乳脂肪的百分比。

(10)乳蛋白率　这是从测试日呈送的样品中分析出的乳蛋白的百分比。

(11)乳脂/蛋白比例　这是该牛在测奶时的牛奶中乳脂率与蛋白率的比值。

(12)体细胞数(1 000)　是每毫升样品中的体细胞数的记录。体细胞主要为白细胞，也含有少量的乳腺上皮细胞。

(13)奶损失　指由于乳房感染所造成的奶量损失，由计算机根据产奶量与体细胞数计算而得。

(14)线性体细胞计数　是计算机基于体细胞计数产生的数据，用于确定奶量的损失。

(15)前次体细胞计数(1 000)　上月样品体细胞数。

(16)累计奶量　是计算机产生的数据，以千克为单位，基于胎次和泌乳日期，可以用于估计该牛只本胎次产奶的累计总量。

(17)累计乳脂量　是计算机产生的以千克为单位的数据，基于胎次和泌乳日期，用于估计该牛本胎次生产的脂肪总量。

(18)累计蛋白量　是计算机产生的数据，基于胎次和泌乳日期，用于估计本胎次以来生产的蛋白总量。

(19)峰值奶量(高峰奶)　以千克为单位的最高的日产奶量，是以该牛本胎次以前几次产奶量比较得出的。

(20)峰值日　表示产奶峰值日发生在产后的多少天。

(21)305天奶量　是计算机产生的数据,以千克为单位,如果泌乳天数不足305天,则为预计产量,如果完成305天奶量,该数据为实际奶量。

(22)繁殖状况　如果牛场管理者呈送了配种信息,这将指出该牛是产犊、空怀、已配还是怀孕状态。

(23)预产期　如果牛场管理者提供繁殖信息,如怀胎检查,指出是怀孕状态,这一项将以上次的配种日期计算出预产期。

(二)产奶峰值日的启示

国外研究人员在研究DHI记录时,提出了这样一个问题,产奶量5 000千克和10 000千克的牛有什么不同呢?他们从看泌乳曲线开始,检查了数以千头的奶牛,按产量分组,分析胎次,通过这些检验,看到了两者的相似及不同之处,他们发现:

高产母牛的产奶量高,产奶峰值也高。

所有母牛的正常峰值出现在第2个测奶日,所有的牛在峰值过后产量逐日下降。在相同的胎次组,所有不同的产量水平的曲线下降斜率是相似的,这一下降率正常情况下为每日0.07千克。

从以上研究中,可以得出这样的结论,峰值奶量是使总产量提高的动力,如果我们想使牛的产量是10 000千克而不是5 000千克,则必须管好产奶高峰期的奶牛,使其峰值产奶量达到最高。

为了管理好峰值奶量,必须了解在峰值时母牛发生了什么,除了峰值日出现在第2测奶日,还要知道泌乳早期发生的变化。

所有的奶牛饲养主都承认采食量与产奶量有朕系,如果牛吃不好,其产奶量也不高,通常吃的好的牛产量也高。许多奶户也认识到在奶牛身上有一个采食循环,在围产期采食量很差,在泌乳期采食量逐渐上升,直到采食峰值的到来,然后逐渐下降。

将这2个循环一起分析对比时,则观察到:1头奶牛在产后6～7周即在40～50天达到峰值产奶量,而采食峰值在产后13～

14周，约在90～100天出现。当我们观察在一个胎次中体重的变化，发现了第3个相关的曲线，牛在泌乳早期体重下降，直到采食高峰值到达后，体重才开始恢复。现在，可以得出这样的结论：峰值产奶量是提高胎次产量的动力。如果想要实现高产，则必须管理好上述3个循环。

(三)DHI记录的分析应用

DHI的分析应用可以涉及到奶牛业的任何一个方面。

DHI的应用范围很广，现简要介绍如下。

每份DHI报告可以提供牛群群体水平和个体水平2个方面信息。

1. 群体水平　一个合格的奶牛场管理者，他最关心的应是牛群的整体水平，主要包括以下几个方面：

(1)较理想的牛群泌乳天数为150～170天　如果牛群为全年均衡产犊，也就使得全年的产奶量均衡，这是许多乳品加工厂希望的，这样的话DHI就应处于150～170天，这一指标可以显示牛群繁殖性能及产犊间隔。如果数据比这一水平高许多，表明该场产犊不均衡，有季节性或配种繁殖工作尚存在问题。管理者可以用此提供的信息，分析原因并加以改善。

(2)牛群平均理想胎次为3～3.5胎　处于此状态的牛群不但有较高的产奶潜力及持续力，还有机会不断更新牛群。

3～3.5胎这个参数是根据奶牛泌乳生理特点、胎次泌乳量的效益率和健康管理的水平提出来的，可以作为衡量一个奶牛场管理水平的依据，也是高效奶牛场必然达到的目标。

(3)日奶量与前奶量的比较　从牛群本月平均奶量与上月平均奶量(测定日奶量)比较，可以看出本月牛场的生产经营情况，结合平均产奶天数观察牛群，可能有两种情况：第一，平均天数未变，如果两个月平均产奶量差距很大(超过天数与日减0.07千克乘积)说明饲养管理方面存在很多同题；第二，本月测奶时牛群平均产奶天数比上月高 20 天，则相应地本日测定奶产量可能下降20×0.07 千克×牛群头数，需要进一步的深入分析，则要依赖对每头产奶牛的对比，这样分析的结果，才能使改进管理的措施更具有针对性，效果会更好。应当根据个体产奶量对牛群进行分群，按牛群产奶量配制日粮。

(4)乳脂率和乳蛋白率可以提示营养状况　如果乳脂率低于2.8%可能是瘤胃功能不佳、代谢紊乱、饲料组成或饲料加工有问题等。如果产后 100 天蛋白率太低，可能的原因是：干奶牛日粮不合理，产犊时膘情差，泌乳早期精料喂量不足，蛋白含量低，过瘤胃蛋白含量低。

乳脂率和蛋白率之比，在正常情况下，荷斯坦牛的比例在1∶1.12～1∶1.13。一般情况下，高产牛比值偏小。处于泌乳30～120 天之间比值太大，高脂低蛋白，可能是日粮中添加了脂肪或日粮中蛋白不足，或不可降解的蛋白不足。而低比例值则相反，蛋白大于脂肪，可能是日粮中有太多的谷物精料，或日粮中缺乏纤维素。

(5)体细胞数是牛群乳房健康水平的标志　奶牛乳房的健康与其产奶量密切相关。利用这一记录项目，奶牛场管理者可以检测乳房健康状况。由于奶牛乳房的内部结构极易遭受外界细菌的侵袭，受感染的机会时刻都存在。体细胞数与乳房健康状况息息相关，体细胞数越高，健康状况越差；体细胞数越少，健康状况越好。体细胞数的多少也关系到生奶的质量，在国外许多国家已用于验收生鲜牛奶的奖罚体系中。体细胞数的量值影响牛奶产品的质量和数量，影响奶农的效益，也影响乳制品的存放时间。

对于体细胞数较高的牛群，存在两种情况，第一，牛群体细胞数由个别体细胞数很高的奶牛所造成，只需对个别进行有关治疗；第二，牛群体细胞数由大部分含体细胞数高的奶牛造成，说明乳房保健存在同题，应检查挤奶设备的消毒效果、真空稳定性、牛床、运动场等环境卫生和牛体卫生并加以改进。

(6)体细胞数与泌乳天数　体细胞数与泌乳天数这两项结合使用,可以确定与乳房健康相关的问题在什么地方发生。如果高的体细胞数在泌乳早期发生,可能预示着干奶期隐性乳房炎的防治较差,或可能是干奶牛舍和产房卫生条件太差。如果泌乳早期体细胞数很低,但在泌乳期持续上升,则可能预示着挤奶程序或挤奶设备有问题。上述问题一解决,体细胞数就会下降。

(7)体细胞数与奶量损失　在国外,体细胞数＞30 万则认为是临床性乳房炎,相关的法规规定乳品加工厂拒收这种奶进行加工饮用。由于国内开始 DHI 测定工作时间不长,根据现有奶牛场卫生管理现状和改进管理后,能普遍达到中加奶牛项目初步确定体细胞数＞70 万来作为防治隐性乳房炎的标准。

(8)前次体细胞数　前次体细胞数与本次体细胞数比较,提供了管理变化和治疗效果的指示,也提供了变化趋势。如果体细胞数在提高,则说明问题在继续发生,如果在下降,则显示改进管理后见效。

如果体细胞数持续很高,常常预示是传染性乳房炎,一般是由葡萄球菌或链球菌引起的,常在挤奶时传染。如果体细胞数开始低,接着高,再接着低,一般是环境型的乳房炎,与奶牛场卫生管理状况密切相关。

(9)与峰值奶量有关的分析应用　奶牛场所有管理的目的就是为了增加单产。其中,增加峰值奶量是重要的指标。如前所述,峰值产奶量推动着总产的提高,峰值产量是胎次潜在产量的指示性指标。峰值奶量与日粮营养的有效性和产犊时的体况有关。峰值奶量每提高 1 千克,相当于一个胎次奶产量一胎牛提高 400 千克,二胎牛提高 270 千克,三胎以上提高 256 千克。限制峰值奶量的因素有:

①膘情:牛恢复体膘的过程应始于泌乳后期(泌乳期的后

1/3)，在泌乳的同时增加体膘。干乳期只满足维持需要和胎儿生长发育的营养需要即可。

②后备牛的培育：后备牛培育好坏在产奶后表现得很明显，疾病甚至新生犊牛患一次肠炎也会影响该牛应达到的峰值水平。

③产期管护：所有的奶牛都应在干净、干燥、舒适的环境中产犊，避免人为的环境不洁造成子宫感染。

④泌乳早期营养。应抓好以下几个关键环节：日粮的改变必须渐进进行，以使瘤胃中的微生物数量调整而适应新的日粮；高浓度易消化的日粮；增加饲喂次数和适口性；临产前 2 周变干奶牛饲料为围产期饲料；清洁饮水等。

⑤乳房炎：如果一头奶牛产后发生乳房炎，将达不到遗传允许的峰值奶量。如果能做到避免乳房炎而达到峰值奶量，将获得大的经济回报。产期照顾和环境卫生是影响泌乳早期乳房炎发生的重要因素，干奶期不适当的营养、管理也都是不可忽视的因素。

⑥遗传：十分明显，遗传在奶牛达到什么样高度的峰值奶量能力方面起很大作用。加强遗传改进工作是奶牛场的一项重要工作。

⑦防止产后并发症：做到挤奶完全，加强干奶牛管理，避免产后应激，这都是影响峰值奶量的因素，要全面考虑，采取综合措施，使奶牛达到应有的峰值奶量。

⑧干奶牛管理：一是注意达到应有的体膘(如果泌乳后期牛恢复体膘不理想的话)；二是做好隐性乳房炎的防治。

(10)305 天预测奶量　305 天产奶量是衡量一个奶牛场生产经营状况的指标，也是牛只淘汰离群的重要依据，有助于管理者及早淘汰那些亏本牛，以保证牛群的整体水平和经济效益。DHI 预测 305 天产奶量是奶牛场管理者提高效益最有利的手段。

2. 个体水平　一个奶牛场管理的好坏，应当从每头牛的情况着手管理。DHI 报告为实现对每头奶牛的管理提供了非常实用的信息。

对照检查每头牛前后两次测定的奶产量，可分析出其产奶量升降是否正常，如果异常应及时查找原因并采取补救措施；个体牛的体细胞数直接反映了牛只乳房的健康状况，对比前后两次体细胞数可发现防治措施是否有效。总之，对比前后数据变化其余DHI项目均可在比较中发现问题。

3. DHI对乳品加工企业的作用

①降低体细胞数使原料奶质量不断提高，为乳品厂以质取胜打下了良好基础。DHI工作的开展，有利于提高生奶质量。

②也可通过DHI测定作为以质论价的依据。逐步与国际收奶政策接轨。

总之，DHI的应用，涉及奶牛场管理的各个方面。科学的管理没有一项不是以DHI测定作为依据的。

虽然，这一科学的先进技术的应用在我国刚刚起步，但对我国奶牛业的发展具有划时代的促进作用。坚持应用，定会取得优厚的回报。